ENCYCLOPÉDIE AGRICOLE
Publiée sous la direction de G. WERY

E. BOULLANGER

INDUSTRIES AGRICOLES

DE FERMENTATION

ENCYCLOPÉDIE AGRICOLE

Publiée par une réunion d'Ingénieurs agronomes

SOUS LA DIRECTION DE

G. WERY

Ingénieur agronome
Sous-Directeur de l'Institut National Agronomique

Introduction par le Dr P. REGNARD

Directeur de l'Institut National Agronomique
Membre de la Société Nationale d'Agriculture de France.

22 volumes in-16 de chacun 400 à 500 pages illustrés de nombreuses figures.
Chaque volume : broché, **5 fr.** ; cartonné, **6 fr.**

Agriculture générale........... M. P. Diffloth, ingénieur agronome, professeur spécial d'agriculture.

Industries agricoles de fermentation (Brasserie, Cidrerie, Hydromels, Distillerie) .... M. Boullanger, ingénieur agronome, chef de Laboratoire à l'Institut Pasteur de Lille.

Engrais.......... M. Garola, ingénieur agronome, professeur départemental d'agriculture à Chartres.
Plantes fourragères...........

Drainage et irrigations........ M. Risler, directeur honoraire de l'Institut national agronomique, Membre de la Société Nationale d'Agriculture de France.
M. G. Wery, ingénieur agronome, sous-directeur de l'Institut national agronomique.

Plantes industrielles........... M. Troude, ingénieur agronome, professeur à l'École nationale des industries agricoles de Douai.

Céréales... .... M. Lavallée, ingénieur agronome, ancien chef des travaux de la Station expérimentale agricole de Cappelle.

Cultures potagères........... M. Léon Bussard, ingénieur agronome, chef des travaux de la Station d'essais de semences, à l'Institut national agronomique, professeur à l'École nationale d'horticulture.
Arboriculture........

Sylviculture................ M. Fron, ingénieur agronome, professeur à l'École forestière des Barres (Loiret).

Viticulture................ M. Pacottet, ingénieur agronome, répétiteur à l'Institut national agronomique.
Vinification (Vin, Vinaigre, Eau-de-Vie)............ M. Pacottet et M. Lepage, ingénieurs agronomes.
Zoologie agricole........... M. Georges Guénaux, ingénieur agronome, répétiteur à l'Institut national agronomique.

Zootechnie générale........... M. P. Diffloth, ingénieur agronome, professeur spécial d'agriculture.
Zootechnie spéciale (Races).....
Machines agricoles........... M. Coupan, ingénieur agronome, répétiteur à l'Institut national agronomique.

Constructions rurales......... M. Danguy, ingénieur agronome, directeur des études à l'École nationale d'agriculture de Grignon.

Économie agricole............. M. Jouzier, ingénieur agronome, professeur à l'École nationale d'agriculture de Rennes.
Législation rurale...........

Technologie agricole (Sucrerie, féculerie, meunerie, boulangerie)............ M. Saillard, ingénieur agronome, professeur à l'École nationale des industries agricoles de Douai.

Laiterie.................... M. Martin, ingénieur agronome, ancien directeur de l'École nationale d'industrie laitière de Mamirolle.

Aquiculture.................. M. Deloncle, ingénieur agronome, inspecteur général de la pisciculture.

6602-02 — Corbeil. Imprimerie Éd. Crété.

ENCYCLOPÉDIE AGRICOLE

Publiée par une réunion d'Ingénieurs agronomes

SOUS LA DIRECTION DE G. WERY

INDUSTRIES AGRICOLES

DE FERMENTATION

CIDRERIE, BRASSERIE, HYDROMELS, DISTILLERIE

PAR

R. Eugène BOULLANGER

INGÉNIEUR AGRONOME

CHEF DE LABORATOIRE A L'INSTITUT PASTEUR DE LILLE

Introduction par le Dr P. REGNARD

DIRECTEUR DE L'INSTITUT NATIONAL AGRONOMIQUE

MEMBRE DE LA SOCIÉTÉ N^{le} D'AGRICULTURE DE FRANCE

Avec 66 figures intercalées dans le texte.

PARIS

LIBRAIRIE J.-B. BAILLIÈRE ET FILS

19, rue Hautefeuille, près du Boulevard Saint-Germain

1903

INTRODUCTION

Si les choses se passaient en toute justice, ce n'est pas moi qui devrais signer cette préface.

L'honneur en reviendrait bien plus naturellement à l'un de mes deux éminents prédécesseurs.

A Eugène TISSERAND, que nous devons considérer comme le véritable créateur en France de l'enseignement supérieur de l'Agriculture : n'est-ce pas lui qui, pendant de longues années, a pesé de toute sa valeur scientifique sur nos gouvernements, et obtenu qu'il fût créé à Paris un Institut agronomique comparable à ceux dont nos voisins se montraient fiers depuis déjà longtemps ?

Eugène RISLER, lui aussi, aurait dû plutôt que moi présenter au public agricole ses anciens élèves devenus des maîtres. Près de douze cents Ingénieurs Agronomes, répandus sur le territoire français, ont été façonnés par lui : il est aujourd'hui notre vénéré doyen, et je me souviens toujours avec une douce reconnaissance du jour où j'ai débuté sous ses ordres et de celui, proche encore, où il m'a désigné pour être son successeur.

Mais, puisque les éditeurs de cette collection ont voulu que ce fût le directeur en exercice de l'Institut agronomique qui présentât aux lecteurs la nouvelle *Encyclopédie*, je vais tâcher de dire brièvement dans quel esprit elle a été conçue.

Des Ingénieurs agronomes, presque tous professeurs d'agriculture, tous anciens élèves de l'Institut national agronomique, se sont donné la mission de résumer, dans une série de volumes, les connaissances pratiques absolument nécessaires aujourd'hui pour la culture rationnelle du sol. Ils ont choisi pour distribuer, régler, et diriger la besogne de chacun Georges WERY, que j'ai le plaisir et la chance d'avoir pour collaborateur et pour ami.

L'idée directrice de l'œuvre commune a été celle-ci : extraire de notre enseignement supérieur la partie immédiatement utilisable par l'exploitant du domaine rural et faire connaître du même coup à celui-ci les données scientifiques définitivement acquises sur lesquelles la pratique actuelle est basée.

Ce ne sont donc pas de simples Manuels, des Formulaires irraisonnés que nous offrons aux cultivateurs, ce sont de brefs Traités, dans lesquels les résultats incontestables sont mis en évidence, à côté des bases scientifiques qui ont permis de les assurer.

Je voudrais qu'on puisse dire qu'ils représentent le véritable esprit de notre Institut, avec cette restriction qu'ils ne doivent ni ne peuvent contenir les discussions, les erreurs de route, les rectifications qui ont fini par établir la vérité telle qu'elle est, toutes choses que l'on développe longuement dans notre enseignement puisque nous ne devons pas seulement faire des praticiens, mais former aussi des intelligences élevées, capables de faire avancer la science au laboratoire et sur le domaine.

Je conseille donc la lecture de ces petits volumes à nos anciens élèves qui y retrouveront la trace de leur première éducation agricole.

Je la conseille aussi à leurs jeunes camarades actuels qui trouveront là, condensées en un court espace, bien des notions qui pourront leur servir dans leurs études.

J'imagine que les élèves de nos Écoles nationales d'Agriculture pourront y trouver quelque profit et que ceux des Écoles pratiques devront aussi les consulter utilement.

Enfin, c'est au grand public agricole, aux cultivateurs que je les offre avec confiance. Ils nous diront, après les avoir parcourus, si, comme on l'a quelquefois prétendu, l'enseignement supérieur agronomique est exclusif de tout esprit pratique.—Cette critique, usée, disparaîtra définitivement, je l'espère. Elle n'a d'ailleurs jamais été accueillie par nos rivaux d'Allemagne et d'Angleterre qui ont si magnifiquement développé chez eux l'enseignement supérieur de l'Agriculture.

Successivement, nous mettons sous les yeux du lecteur des volumes qui traitent du sol et des façons qu'il doit subir, de sa nature chimique, de la manière de la corriger ou de la compléter, des plantes comestibles ou industrielles qu'on peut lui faire produire, des animaux qu'il peut nourrir, de ceux qui lui nuisent.

Nous étudions les manipulations et les transformations que subissent, par notre industrie, les produits de la terre : la vinification, la distillerie, la panification, la fabrication des sucres, des beurres, des fromages.

Nous terminons en nous occupant des lois sociales qui régissent la possession et l'exploitation de la propriété rurale.

Nous avons le ferme espoir que les agriculteurs feront un bon accueil à l'œuvre que nous leur offrons.

Dr PAUL REGNARD,

Membre de la Société nationale
d'Agriculture de France,
Directeur de l'Institut national
agronomique.

PRÉFACE

Un grand nombre des industries qui utilisent les propriétés vitales des microbes présentent pour l'agriculteur un intérêt capital. En effet, la vinification, la cidrerie, la brasserie, la distillerie, la fabrication des hydromels, des eaux-de-vie, la laiterie, la beurrerie, la fromagerie, qui sont de véritables industries de fermentation, sont aussi des industries spécialement agricoles, ou au moins des industries annexes de l'exploitation rurale.

Le présent ouvrage est consacré à l'étude de quelques-unes de ces industries (*cidrerie, brasserie, hydromels, eaux-de-vie de cidres et de fruits, distillerie*). Il devrait, pour être complet, traiter aussi la *vinification*, la *laiterie*, la *beurrerie* et la *fromagerie*. Mais la vinification présente en France une importance si considérable qu'il lui a été réservé, dans l'ENCYCLOPÉDIE AGRICOLE, un volume spécial. Il en est de même de la *laiterie*, de la *beurrerie* et de la *fromagerie*, qui constituent d'ailleurs un groupe un peu différent des autres industries à cause de la nature particulière des microbes qui y entrent en jeu. Nous nous sommes donc borné à l'étude des industries qui utilisent les propriétés des levures, vinification exceptée, et ce groupe embrasse encore un assez grand nombre d'industries de la plus haute importance pour l'agriculteur.

L'introduction comprend les notions générales qu'il est

indispensable de connaître sur les fermentations. C'est grâce aux immortels travaux de Pasteur que la brasserie, la cidrerie, la distillerie ont pu réaliser en quelques années des progrès énormes : il était donc juste d'exposer dès le début ces recherches, et d'en faire en quelque sorte le fil conducteur de l'étude de ces diverses industries.

La première partie de ce livre est consacrée à la CIDRERIE, qui est la véritable industrie agricole de fermentation, et qui présente pour le cultivateur un si grand intérêt. Nous avons étudié successivement la production et le commerce du cidre, les matières premières de sa fabrication, la préparation des moûts de pommes, leur fermentation, le traitement du cidre après fermentation, et ses maladies. Nous avons traité avec quelques détails l'analyse des moûts et des cidres, afin de donner aux cultivateurs et aux brasseurs les indications nécessaires pour le contrôle de leur fabrication. Cette industrie cidrière, qui était encore, il y a trente-cinq ans, une des plus arriérées, profite aujourd'hui largement de l'introduction des notions scientifiques précises, et il est juste de rendre hommage à MM. de Boutteville, Hauchecorne, Lechartier, Truelle, Power, Kayser, etc., qui ont été les apôtres de cette transformation due à la collaboration assidue de la science et de la pratique. Nous nous sommes efforcé d'exposer le plus clairement possible les conditions théoriques qui doivent guider les fabricants pour la préparation de cidres de bonne qualité, et nous souhaitons bien sincèrement que les renseignements contenus dans cette partie de l'ouvrage puissent rendre service aux cultivateurs qui désirent baser leur fabrication sur autre chose que l'empirisme, et profiter des travaux scientifiques actuels.

La BRASSERIE n'est pas une industrie agricole au sens exact du mot, mais l'agriculteur doit la connaître, car elle utilise ses produits et elle lui livre des résidus pour l'alimentation de son bétail. Nous avons examiné d'abord la production et la consommation de la bière, puis les matières premières nécessaires à sa préparation. Nous avons alors suivi toutes les phases de la fabrication : maltage, brassage, cuisson, houblonnage et fermentation. La brasserie se termine par l'étude des résidus (drèches et touraillons), des maladies de la bière, et par quelques notions sur l'analyse des malts, des moûts et des bières. Notre but n'a pas été ici de faire un ouvrage à l'usage des brasseurs. Ceux-ci ont à leur disposition des traités complets et des manuels de brasserie qui répondent beaucoup mieux à leurs besoins. Nous avons simplement voulu donner aux agriculteurs, sous une forme condensée et précise, et en tenant compte des travaux actuellement acquis, les notions nécessaires pour la connaissance des grandes lignes de cette intéressante industrie.

Nous avons consacré ensuite un chapitre spécial à la PRÉPARATION DES HYDROMELS, qui intéresse tout particulièrement les régions apicoles, et qui constitue une industrie encore susceptible de grands perfectionnements. Nous avons étudié, dans le chapitre suivant, la fabrication des eaux-de-vie de cidres et de fruits, et les rhums.

La DISTILLERIE a été divisée en cinq grandes parties. La première comprend les notions générales sur l'alcool, l'alcoométrie, et l'étude des matières premières. La deuxième est consacrée à la préparation des divers moûts sucrés (betteraves, mélasses, grains, pommes de terre). Dans la troisième, nous avons étudié la fermentation alcoolique de ces moûts, et dans la quatrième leur distillation et la rectification de l'alcool produit. La dernière partie a pour objet les résidus de la distillerie et leur emploi dans l'alimentation du bétail. Ce plan nous a paru le plus rationnel pour faire ressortir les notions générales qui doivent guider le distillateur dans sa fabrication, et nous l'avons préféré à une monographie de chacune des diverses industries (distillerie de betteraves, de mélasses, de pommes de terre, de grains). Toutes ces industries, qui utilisent des matières premières très différentes, ont cependant des règles communes que nous avons cherché à mettre en relief. La distillerie a largement profité des progrès scientifiques modernes, et grâce aux études de nombreux savants, notamment de MM. Champonnois, Sorel, Barbet, Calmette et beaucoup d'autres en France, et de MM. Delbrück, Maercker, etc., en Allemagne, la production de l'alcool est aujourd'hui, dans toutes ses branches, une de nos industries les plus parfaites.

Le cultivateur qui fabrique du cidre, ou qui dirige une industrie annexée à son exploitation agricole, doit posséder aujourd'hui un groupe de connaissances à la fois théoriques et pratiques, qui lui sont tout à fait indispensables. Notre but a été de les résumer ici le plus méthodiquement et le plus clairement possible, et nous serons heureux si ce modeste travail peut être utile aux industriels agriculteurs.

EUGÈNE BOULLANGER.

Lille, 15 février 1903.

INDUSTRIES AGRICOLES

DE FERMENTATION

(CIDRERIE, BRASSERIE, HYDROMELS, DISTILLERIE)

INTRODUCTION

NOTIONS GÉNÉRALES SUR LES FERMENTATIONS.

Pendant longtemps, on a désigné sous le nom générique de *fermentations* les violents dégagements gazeux qui se produisent parfois dans certains moûts sucrés, tels que les jus de raisins ou de pommes, et qui donnent à ces liquides une apparence d'ébullition.

Aujourd'hui, le terme *fermentation* embrasse des phénomènes beaucoup plus vastes : ce mot s'applique d'abord à toutes les transformations produites par les *microbes*, ou *ferments figurés*. Chaque fois qu'un de ces ferments vit aux dépens d'une matière alimentaire appelée *substance fermentescible*, il se produit une fermentation qui résulte des manifestations vitales de ce ferment. En outre, on a appliqué le terme *fermentation* à certains phénomènes chimiques qui se produisent, non plus sous l'action de ferments organisés, mais sous l'action de *ferments solubles* ou *diastases*, par exemple à la transformation de l'amidon en sucre par l'orge germée.

On doit donc considérer comme industries de fermentation toutes celles qui utilisent les propriétés fermentatives des diastases ou des microbes ; ces industries forment un groupe très important qui comprend la vinification, la cidrerie, la brasserie, la distillerie, la vinaigrerie, la fromagerie, la fabrication de certains produits chimiques, comme l'acide lactique, l'acide gallique, etc.

Mais, dans un ordre d'idées plus restreint, on désigne ordinairement sous le nom d'*industries de fermentation* les industries qui mettent en œuvre les propriétés spéciales des ferments alcooliques, et qui sont par conséquent basées sur le phénomène de la transformation du sucre en alcool sous l'influence de la levure. Ce groupe particulier des industries de fermentation présente pour l'agriculteur un intérêt capital : en effet, c'est à lui que se rattachent, par exemple, la distillerie et la cidrerie, qui sont des industries agricoles au premier chef.

Puisque ce sont les microbes qui jouent dans ces industries le rôle le plus important, les progrès de la distillerie, de la cidrerie, de la brasserie ont dû suivre ceux de la science bactériologique elle-même. En effet, ces industries sont restées longtemps arriérées, jusqu'au jour où les immortels travaux de Pasteur vinrent jeter la lumière dans ces phénomènes obscurs des fermentations, et substituer à l'empirisme les méthodes basées sur l'observation scientifique rigoureuse. Les découvertes de la bactériologie ont complètement transformé certaines industries de fermentation ; aussi, avant d'aborder l'étude de ces industries, il est nécessaire de passer sommairement en revue les notions fondamentales que nous possédons aujourd'hui sur les ferments industriels.

Historique de la fermentation alcoolique.

La fermentation alcoolique a été observée depuis la plus haute antiquité. Nous savons en effet que les Grecs faisaient fermenter le jus de raisin ; les Gaulois connaissaient la fabrication de la bière, mais on a ignoré pendant longtemps la nature du phénomène. Les alchimistes l'assimilaient à l'effervescence produite par les acides sur la craie. Becher fut le premier qui, à la fin du xviie siècle, émit des doutes sur l'exactitude de cette théorie ; mais c'est à Lavoisier que nous devons la connaissance des réactions chimiques qui se passent dans la fermentation alcoolique. Lavoisier montra que le sucre mis en fermentation avec la levure de bière se dédoublait en alcool et en acide carbonique, et que la somme des poids de ces deux produits de dédoublement représentait à très peu près le poids du sucre primitif. Ces notions furent précisées par Gay-Lussac et par Dumas et Boulay.

Mais la question était restée jusque-là sur le domaine purement chimique. Aucun expérimentateur ne s'était occupé de cette levure sans laquelle aucune fermentation alcoolique ne pouvait se produire. On considérait la levure comme un composé chimique. Ce fut Cagniard-Latour qui, en 1835, soumit le premier la levure à un examen microscopique et lui attribua nettement le caractère d'être vivant. Schwann faisait en Allemagne, à la même époque, une découverte analogue.

Liebig s'éleva contre cette théorie qui attribuait à la fermentation un caractère d'acte vital. Pour lui, la fermentation alcoolique était due à la décomposition de la levure, qui communiquait son mouvement de dislocation moléculaire au sucre en contact avec elle.

La théorie de Liebig avait fini par triompher lorsque Pasteur vint, en 1859, démontrer d'une façon irréfutable que la fermentation alcoolique était bien un acte vital, résultant de l'organisation et de la multiplication de la levure. En effet, en ensemençant une trace de levure dans un liquide sucré ne contenant que des matières minérales, sans aucune matière organique comme le voulait la théorie de Liebig, Pasteur constata qu'il se produisait une fermentation alcoolique, et que la levure, au lieu de se décomposer, bourgeonnait et augmentait de poids. En outre, Pasteur étendit ces notions aux autres fermentations ; il montra que toute fermentation est un acte vital et a pour cause un organisme spécifique : la fermentation alcoolique est produite par la levure, la fermentation lactique par un être différent, le ferment lactique, etc.

Ces découvertes capitales dans la science ont eu l'influence la plus heureuse sur les industries qui utilisent les propriétés des microorganismes. Depuis Pasteur, la fermentation alcoolique, et en particulier les levures, ont été étudiées par de nombreux savants. En quarante ans, l'arbre de la science bactériologique s'est puissamment développé, et il s'accroît chaque jour davantage, sous l'action de la riche sève qu'il puise largement dans les fécondes théories de Pasteur.

Microbes ou ferments figurés.

Parmi les nombreux microorganismes que nous connaissons aujourd'hui, quelques-uns présentent pour l'industriel un intérêt considérable. Il y a d'abord la *levure*, qui est le véritable ferment alcoolique ; ensuite certains ferments, comme le *ferment lactique*, le *ferment butyrique* et beaucoup d'autres qui occasionnent parfois dans les industries de fermentation des accidents très graves, et qui sont de vrais ferments de maladie. Enfin, d'autres espèces, plus élevées en organisation, qu'on appelle *mucédinées* ou, plus simplement, *moisissures*, offrent un certain intérêt pour l'industriel, soit par leurs actions nuisibles dans quelques fabrications, soit par les propriétés que possèdent certaines de ces mucédinées comme ferments alcooliques.

LEVURES.

Prenons dans une cuve de brasserie en pleine fermentation une goutte du liquide, plaçons-la sur une lame de verre et recouvrons-la d'une lamelle couvre-objet, puis regardons au microscope, à un grossissement d'environ 400 diamètres. Nous verrons un grand nombre de cellules sphériques ou ovales, tantôt isolées, tantôt réunies, composées d'une membrane mince contenant à l'intérieur un liquide incolore qu'on appelle le *protoplasma* (fig. 1). Quand le globule est jeune, le protoplasma est généralement assez homogène, mais dans les vieilles cellules on le trouve rempli de granulations. Ce protoplasma est la

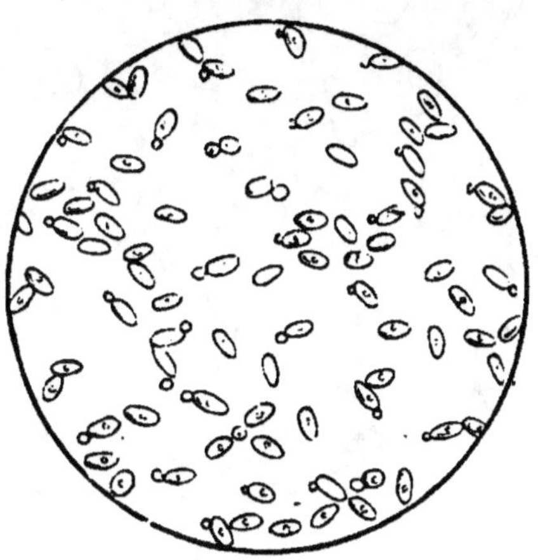

Fig. 1. — Levure de bière jeune.

partie vraiment vivante de la cellule, et l'enveloppe n'est qu'une tunique protectrice.

Reproduction des levures. — La reproduction des levures se fait généralement de la façon suivante : quand l'organisme est en pleine activité vitale, on voit se former, en un point de la paroi de la cellule, un petit mamelon qui grossit peu à peu, fait de plus en plus saillie en dehors en s'arrondissant, et au bout de quarante à cinquante minutes il atteint la grosseur du globule qui lui a donné naissance. Il s'en détache alors ou lui reste uni, mais il est désormais capable de proliférer à son tour. C'est ce qu'on appelle le mode de *reproduction par bourgeonnement*.

Ce mode de reproduction n'est pas le seul que possèdent les levures En effet, quand on soumet des cellules de levures jeunes à l'inanition, en les étendant, par exemple, sur des blocs de plâtre maintenus humides, on voit se former à l'intérieur de ces cellules, au bout d'un temps variable, trois ou quatre globules plus réfringents, ordinairement de forme ronde : ce sont les *spores* de la levure (fig. 2). Ces spores constituent les organes de résistance de l'espèce vis-à-vis des agents extérieurs ; elles sont en effet beaucoup moins sensibles que la levure elle-même aux influences nuisibles.

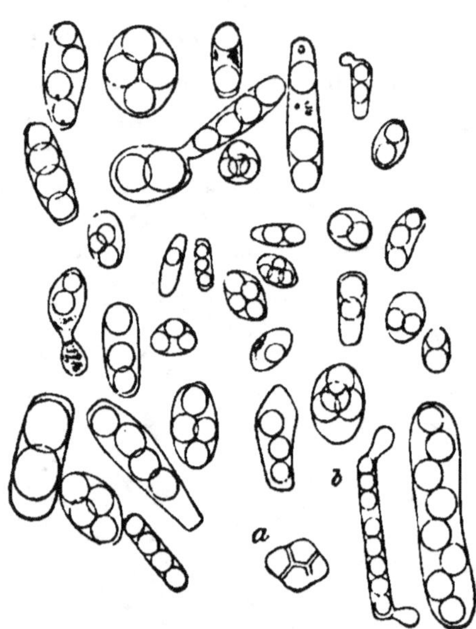

Fig. 2. — *Saccharomyces Pastorianus I.* Formation des spores (Hansen).

Mise dans un milieu sucré, chacune de ces spores grossit, perd de plus en plus sa forme ronde et donne bientôt naissance à un globule de levure qui se met à bourgeonner à son tour.

Conditions physiques de la vie de la levure. — La *chaleur* joue dans la vie de la levure un rôle extrèmement important. En effet, l'expérience nous a appris qu'il existe pour chaque levure une zone de température pour laquelle la vitalité de l'espèce est le plus active. C'est ce qu'on appelle la *zone de température optima*. Cette zone optima est variable avec les diverses levures ; elle est en général comprise entre 25° et 35°. Au-dessous de cette zone, l'activité de la levure devient de plus en plus faible, et bientôt on n'observe plus aucune fermentation.

Mais la levure n'est pas atteinte dans sa vitalité par les basses températures : celles-ci arrêtent simplement son action, et on a pu refroidir à — 130° pendant plus de soixante heures des cellules de levure sans que celles-ci aient perdu le pouvoir de se développer quand on les replace dans des conditions favorables.

Au-dessus de la zone optima, les résultats sont tout différents. Une faible élévation de température au-dessus de l'optimum devient vite dangereuse pour l'espèce qui la supporte, et on atteint rapidement une température à laquelle la levure est tuée. Cette température varie suivant que la levure se trouve à l'état humide ou à l'état sec, à l'état de globules ou à l'état de spores. On peut dire qu'en général la levure humide meurt à une température de 45° à 60° prolongée pendant cinq minutes ; à l'état sec, elle ne résiste pas en général à un chauffage de cinq minutes à 100°-115°. Les spores de levures sont détruites à une température qui est en général de 5 degrés supérieure à celle à laquelle les globules périssent.

L'*électricité* et la *lumière* ne paraissent pas avoir une action bien nette sur les levures.

Conditions chimiques de la vie de la levure. — La levure a besoin, pour sa nutrition, d'eau, de matières hydrocarbonées, de matières azotées et de matières minérales.

L'*eau* est indispensable à la levure ; elle est un élément constitutif de la cellule, puisque la levure fraîche en renferme environ 70 p. 100, et en outre elle sert à la dissolution des éléments nutritifs.

La présence d'un *élément hydrocarboné* est également indispensable à la vie du ferment alcoolique : cet élément est ordinairement un sucre. Certains sucres, comme le glucose, le lévulose, sont assimilés directement par la levure ; d'autres, comme le saccharose, ne deviennent assimilables qu'après avoir été dédoublés par une diastase spéciale sécrétée par la cellule. Beaucoup d'autres matières peuvent servir à la nutrition hydrocarbonée de la levure, par exemple un grand nombre de sels organiques, et d'autres corps capables de devenir des sucres.

L'étude de la composition chimique de la levure nous montre qu'elle contient de l'azote : un *principe azoté* est donc nécessaire à sa nutrition. La levure peut prendre son azote aux sels ammoniacaux, à quelques composés amidés et aux matières albuminoïdes déjà dégradées à l'état de peptones. Les albuminoïdes complexes, comme l'albumine d'œuf, ne peuvent pas servir d'aliments azotés à la levure ; il en est de même des nitrates.

Pasteur a montré enfin que la levure ne pouvait vivre en l'absence de *matières minérales*. L'acide phosphorique et la potasse sont indispensables, la magnésie et la chaux sont utiles. Le soufre paraît également nécessaire : la levure en contient toujours une faible proportion.

Tous les moûts de raisins, de pommes, de grains, contiennent en abondance les éléments indispensables à la vie de la levure. Ce sont donc en général d'excellents milieux pour la culture des ferments alcooliques.

Action de l'air sur la levure. — Nous devons à Pasteur une remarquable expérience sur l'action de l'oxygène de l'air sur la vie de la levure.

Dans une large cuvette plate, on étale, sous une épaisseur de 2 à 3 millimètres, un litre de liquide contenant 100 grammes de sucre de cannes. On ensemence avec une trace imperceptible de levure. Au bout de vingt-quatre heures, on constate que tout le sucre a disparu. Il n'y a que des traces d'alcool, et le poids de levure sèche formée atteint 25 grammes environ pour 100 grammes de sucre. Par conséquent, dans ces conditions très *aérobies*, le sucre a été brûlé et transformé en acide carbonique, et il n'y a pas eu de fermentation alcoolique sensible. Le seul produit est la levure.

Si on opère maintenant dans un flacon rempli environ

au tiers et dans lequel l'accès de l'air est plus réduit, on voit apparaître la fermentation alcoolique ; il y a dégagement gazeux et on trouve finalement, au bout de quatre ou cinq jours, que pour 100 grammes de sucre il s'est formé 5 grammes de levure et une certaine quantité d'alcool. Mais cette proportion d'alcool ne représente guère que les deux tiers de celle qu'on obtient ordinairement dans les fermentations industrielles.

Si maintenant on se place dans les conditions normales du producteur d'alcool, en mettant le liquide aéré dans un flacon rempli à peu près complètement, voici ce qu'on observe : la fermentation dure plus longtemps, et au bout de huit à quinze jours on constate qu'il n'y a que 2 grammes de levure produite, et que la proportion d'alcool atteint 47 à 48 grammes pour les 100 grammes de sucre introduit. C'est la quantité normale qu'on obtient en industrie.

Pasteur poussa les choses encore plus loin et réalisa des fermentations alcooliques dans des milieux à peu près complètement privés d'air. Dans ces conditions, la fermentation devient interminable. Si, après plusieurs mois, on soumet le liquide à l'analyse, on trouve qu'il s'est produit une quantité très faible de levure, environ $0^{gr},5$, et que la quantité d'alcool formé atteint 49 grammes à $49^{gr},5$ pour 100 grammes de sucre introduit, ce qui représente presque la quantité théorique.

On voit par ce qui précède que l'oxygène joue un rôle considérable dans la vie de la levure et que cet organisme peut se plier à des conditions d'existence très différentes. La levure peut vivre indifféremment en présence ou en l'absence de l'air ; toutefois, il y a une limite au delà de laquelle on ne peut pas pousser la privation d'oxygène, car la levure *née à l'abri de l'oxygène* devient incapable de produire la fermentation dans un milieu privé d'air. La *vie aérobie* de la cellule se traduit par une formation abondante de levure, avec traces d'alcool, et le phénomène est rapide. La *vie anaérobie* est caractérisée par la formation de grandes quantités d'alcool et par la multiplication très faible de la levure; la fermentation y est très lente. Les conditions dans lesquelles se place le producteur d'alcool sont des conditions intermédiaires; il faut en effet obtenir le plus d'alcool possible, mais avec une durée de fermentation relativement réduite : aussi les moûts mis à fermenter dans les cuves devront contenir au début une quantité d'air suffisante pour amener une multiplication convenable de la levure. A partir de ce moment, la vie anaérobie dominera, par suite du dégagement d'acide carbonique et de la disparition de l'oxygène, et la plus grande partie du sucre sera rapidement transformée en alcool.

Produits de la fermentation alcoolique. — On a cru pendant longtemps que les seuls produits de la fermentation alcoolique étaient l'acide carbonique et l'alcool. Pasteur a montré qu'il se formait également de la *glycérine*, dans la proportion de 3 grammes environ pour 100 grammes de sucre, et de l'*acide succinique*, dans la proportion de $0^{gr},6$ à $0^{gr},7$. On trouve également des acides volatils, des éthers et divers produits d'excrétion de la levure.

En résumé, Pasteur a montré que 100 grammes de sucre de cannes donnent naissance, dans une fermentation normale, aux produits suivants :

Acide carbonique............	Environ	49 grammes.
Alcool......................	—	51 —
Glycérine...................	—	$3^{gr},5$
Acide succinique............	—	$0^{gr},6$
Substances cédées à la levure..	—	$1^{gr},4$
Total...........		$105^{gr},5$

Mais, puisque nous n'avons opéré que sur 100 grammes de sucre de cannes, comment se fait-il que nous retrouvions $105^{gr},5$ de produits de dédoublement? Ce fait tient à ce que le sucre de cannes ou saccharose ne devient assimilable par la levure qu'après avoir subi l'action d'un ferment soluble particulier, la *sucrase*, qui le dédouble en glucose et en lévulose, *en fixant une molécule d'eau*. 100 grammes de sucre de cannes correspondent donc à 105^{gr},5 de sucre interverti, qui subissent la fermentation alcoolique.

Levures pures. — Il existe un très grand nombre de levures différentes qui se distinguent par leurs propriétés particulières. Certaines evures ont la faculté de végéter dans des moûts riches en sucre et de produire beaucoup d'alcool. Telles sont, par exemple, les levures de vin et certaines levures de distillerie. Au contraire, d'autres levures ne peuvent pas donner naissance à des liquides très alcooliques; dès que la richesse en alcool atteint 5 à 6 degrés, la fermentation s'arrête. Telles sont les levures de cidre et certaines levures de bière.

En outre, il existe entre les levures de grandes différences au sujet du bouquet qu'elles communiquent aux liquides fermentés.

Il y a donc un grand intérêt pratique à séparer d'abord ces diverses levures les unes des autres, à les cultiver et à les différencier ensuite.

La *séparation des levures* s'opère aisément par la méthode des milieux solides ou méthode de Koch. Elle consiste à préparer un moût sucré et à le rendre solide au moyen de la gélatine ou de la gélose. Il faut d'abord débarrasser ce milieu des microbes qu'il contient. A cet effet, on le répartit dans des tubes bouchés d'un tampon de coton, et on le stérilise par trois passages successifs de vingt minutes dans la vapeur à 100°, à un jour d'intervalle. On obtient ainsi un milieu solide complètement privé de germes.

On dilue d'autre part, dans de l'eau stérilisée, une très faible quantité de la lie qui contient les levures à séparer, puis on fait tomber une goutte de cette dilution dans un des tubes, qui contient le milieu gélatinisé rendu liquide par chauffage à 35° environ. On agite vivement pour séparer les divers globules de levures, et on verse le contenu dans une petite boîte plate en verre munie d'un couvercle et préalablement stérilisée par la chaleur. Le milieu fait prise par le refroidissement, et les cellules de levure isolées vont se multiplier à la place où elles ont été fixées par la solidification de la gélatine, en formant bientôt des *colonies* visibles à l'œil nu. Il suffit d'aller piquer avec un fil de platine flambé une de ces colonies et d'en transporter une parcelle imperceptible dans un matras contenant un peu de liquide sucré stérilisé. On obtient ainsi facilement des levures dont on vérifie la pureté au microscope.

M. Hansen a perfectionné cette méthode. Il étale la gélatine nutritive sur un couvre-objet quadrillé, choisit au microscope une cellule de levure unique, en marque la place et l'ensemence dans un milieu sucré quand elle a donné une colonie visible. Cette méthode est surtout appliquée pour les levures de brasserie.

La *culture des levures* se fait très simplement au laboratoire dans des matras stérilisés contenant des moûts sucrés, tels que le jus de raisin, le moût de bière, le moût de pommes, etc. Ces vases de culture doivent être fermés d'un tampon de coton qui empêche l'accès des microbes étrangers.

La forme des levures ne permet pas de les *différencier* entre elles. Elle est en effet essentiellement variable, et beaucoup de levures de même forme sont cependant très différentes. Les caractères principaux qui servent à les différencier sont : la formation des spores, qui varie avec les espèces, l'aspect du dépôt, la résistance à l'acidité, qui est très élevée chez certaines levures de vin, très faible chez les levures de bière, la température optima de fermentation, leur aptitude à faire fermenter les divers sucres, enfin le bouquet qu'elles communiquent aux liquides qu'elles font fermenter.

Diverses variétés de levures. — Toutes ces levures si diverses jouent un rôle prépondérant dans la fabrication de l'alcool et des boissons fermentées.

Les *levures de brasserie* sont en général grosses, de forme ronde ou elliptique. Nous verrons plus loin qu'on les divise en levures *hautes* et levures *basses*, suivant leur mode de bourgeonnement et suivant les bières qu'elles font fermenter. En outre, certaines de ces levures ont la propriété de pousser la fermentation très loin et de donner une forte *atténuation*, c'est-à-dire une forte diminution de l'extrait du moût pendant la fermentation. D'autres, au contraire, ne poussent pas la fermentation aussi loin et donnent, par suite, des bières plus épaisses et moins alcooliques.

Les *levures de cidre* sont de formes plus variées; elles sont extrêmement nombreuses et se distinguent surtout par le bouquet qu'elles communiquent au liquide fermenté, par la quantité d'alcool qu'elles forment et par la clarification plus ou moins rapide du cidre produit.

Il en est de même des *levures de vin*, qui sont très abondantes et souvent spéciales à chaque vignoble.

Les *levures de distillerie* sont également nombreuses. Elles sont toujours plus ou moins adaptées à la nature du moût dans lequel elles travaillent, c'est-à-dire au moût de betteraves, au moût de grains ou au moût de mélasses. Elles doivent donner un haut rendement en alcool, et bien résister à la concurrence vitale des ferments étrangers.

Enfin, certaines levures, appelées *levures sauvages*, sont nuisibles et occasionnent souvent des viciations de goût dans les bières, les cidres et les vins. On doit donc chercher à les éviter dans la fabrication des boissons fermentées.

Nous retrouverons ces notions plus développées quand

nous étudierons spécialement la cidrerie, la brasserie et la distillerie.

FERMENTATIONS SECONDAIRES.

La fermentation alcoolique n'est pas la seule fermentation qui intéresse le fabricant de boissons fermentées et le producteur d'alcool. A côté de la levure, il existe un grand nombre d'autres microorganismes qui produisent des réactions différentes et qui sont, en général, des êtres très dangereux pour l'industriel.

Un des plus importants est le *ferment lactique*, qui transforme le sucre en acide lactique. Cet organisme a été découvert par Pasteur en 1858 ; il en existe de nombreuses variétés, qui se présentent, en général, sous la forme de petits bâtonnets immobiles, tantôt isolés, tantôt en chaînes plus ou moins longues, et beaucoup plus petits que la levure (fig. 3). Sa température optima de culture varie de 35° à 45°. Un excès d'acidité le paralyse, et son action est souvent arrêtée par l'acide lactique même qu'il produit ; aussi se développe-t-il surtout

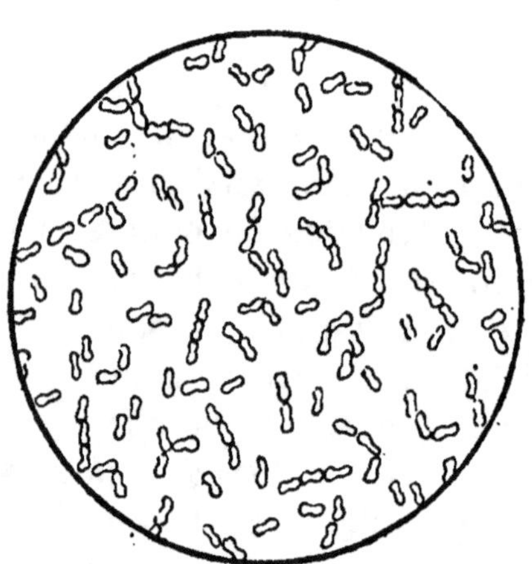

Fig. 3. — Ferment lactique.

dans les milieux neutres. Il n'est donc pas dangereux dans les moûts de raisin ou de pommes, qui sont généralement assez acides par eux-mêmes pour s'opposer à sa multiplication ; mais c'est un ennemi terrible du brasseur et du distillateur, qui doivent prendre contre lui des précautions minutieuses. Il est dangereux en brasserie, parce qu'il altère profondément le goût de la bière qu'il attaque. On doit le redouter en distillerié, car il consomme inutilement du sucre pour le transformer en acide lactique, ce qui occasionne une perte de rendement en alcool.

Cependant, il existe certaines méthodes de distillerie dans lesquelles on utilise les propriétés antiseptiques de l'acide lactique produit par ce ferment pour se préserver d'un autre ferment encore plus dangereux, le *ferment butyrique*. C'est supporter un mal pour en éviter un pire, et nous verrons plus tard les difficultés considérables que rencontre le distillateur qui doit louvoyer entre ces deux écueils.

La *fermentation butyrique* est caractérisée par la formation d'acide butyrique aux dépens des sucres, de l'acide lactique, de certains sels organiques, etc. Elle est occasionnée par un grand nombre de microorganismes appelés *ferments butyriques*, dont le premier a été découvert et étudié par Pasteur. Ce sont des ferments qui vivent bien, en général, en l'absence de l'air, et dont la température optima de culture varie de 35° à 40°. Ils se présentent ordinairement sous la forme de longs bâtonnets qui se meuvent rapidement dans le liquide par les ondulations flexueuses de leur corps, et qui transforment les substances auxquelles ils s'attaquent en acide butyrique, acide carbonique et hydrogène (fig. 4). Les liquides de culture prennent alors une odeur repoussante ; ils deviennent antiseptiques pour la levure et enrayent

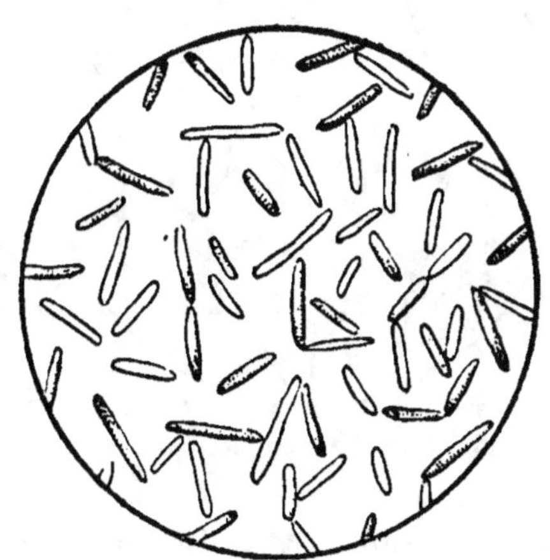

Fig. 4. — Ferment butyrique.

son développement, ce qui permet aux ferments butyriques de se multiplier et de s'emparer du terrain.

Cette concurrence vitale se traduit par une baisse considérable du rendement en alcool. Ce ferment est donc très dangereux en distillerie. Il l'est aussi dans la fabrication des boissons fermentées, telles que le cidre et la bière, parce qu'il communique aux liquides une odeur rance insupportable, qui les rend impropres à la consommation.

La *fermentation acétique* est provoquée par un autre ferment, qui transforme l'alcool en acide acétique au contact de l'air. Cette réaction est la base de l'industrie de la vinaigrerie, et le ferment acétique est dans ce cas un ferment utile, comme la levure dans la fermentation alcoolique. Il en est tout autrement quand il envahit les cuves du distillateur, ou quand il s'attaque aux boissons fermentées. Il abaisse, lui aussi, le rendement en alcool, et il donne aux bières, aux cidres et aux vins dans lesquels il se développe un goût piqué très désagréable.

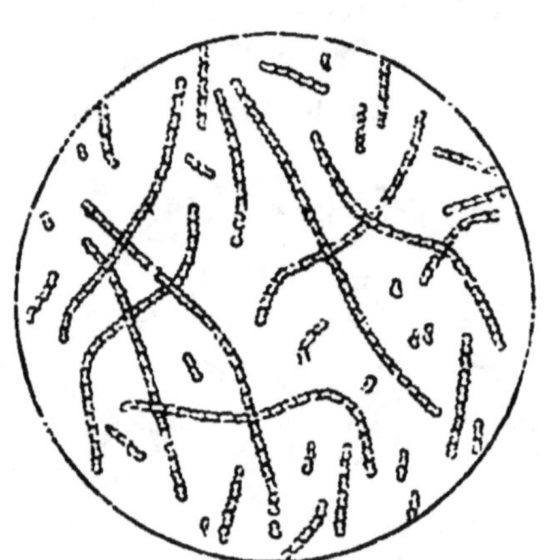

Fig. 5. — Ferment acétique.

Vus au microscope, les ferments acétiques se présentent, en général, sous la forme de chapelets très fins, composés de petits articles étranglés au milieu (fig. 5). Leur température optima de culture varie de 20° à 35°.

Il existe encore un grand nombre d'autres organismes qui produisent des accidents dans les industries de fermentation, par exemple certains bacilles qui rendent la bière ou le cidre visqueux, d'autres espèces qui occasionnent des troubles, de l'amertume, etc. Nous les retrouverons dans l'étude spéciale de ces industries.

MUCÉDINÉES OU MOISISSURES.

On donne généralement le nom de *moisissures* à des végétaux microscopiques qu'on rencontre le plus souvent sur les matières organiques en décomposition, qu'ils recouvrent d'une masse de filaments grêles entrelacés, en formant ce qu'on appelle le *mycélium*. Ce mycélium, qui est l'agent de nutrition de la plante, donne naissance, soit dans son épaisseur même, soit à l'extrémité de tubes aériens, à des organes particuliers appelés *spores*, qui ont pour but d'assurer la dissémination de l'espèce et sa

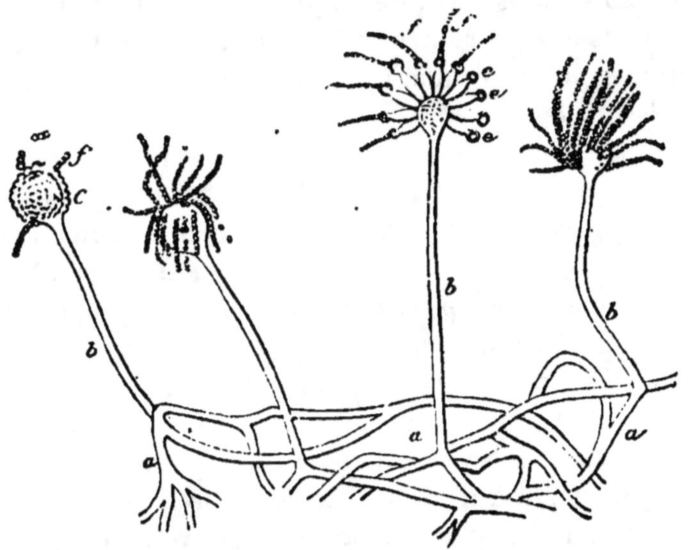

Fig. 6. — *Penicillium glaucum.*

a, b, filaments mycéliens ; *e,* conidiophores ; *f,* pinceaux de spores.

reproduction. La figure 6 représente une de ces moisissures les plus répandues, le *Penicillium glaucum,* qui recouvre d'une couche verdâtre les substances sur lesquelles il végète.

Ces moisissures sont extrèmement nombreuses, et tout le monde sait qu'il suffit d'abandonner à l'air un liquide organique quelconque pour le voir bientôt recouvert par ces organismes. Ce sont des agents de combustion très active, qui transforment directement le sucre en acide carbonique et en eau quand ils vivent en surface au large contact de l'air.

Les mucédinées doivent donc être considérées comme dangereuses, d'abord à cause de leurs propriétés destructives vis-à-vis des sucres, ensuite parce que leur développement est toujours accompagné de celui d'autres ferments nuisibles. Elles sont surtout à redouter en malterie ; aussi le brasseur ne doit-il négliger aucun moyen pour les combattre et les détruire.

Toutefois, dans certaines industries, comme la fromagerie, elles ont un rôle bienfaisant en brûlant certaines substances, et en rendant le milieu favorable à d'autres microbes utiles.

En outre, on a découvert, dans ces dernières années, que quelques moisissures, appartenant au groupe des *mucors*, pouvaient présenter pour le distillateur un haut intérêt pratique, quand on les cultive dans des conditions particulières. Elles possèdent, en effet, la propriété de transformer l'amidon et la dextrine en sucre, et de faire subir à ce sucre la fermentation alcoolique. Ces mucors semblent donc pouvoir remplir, à la fois, le double rôle du malt et de la levure, dans la fabrication de l'alcool au moyen des matières amylacées. Nous retrouverons ces notions à leur place ; mais nous pouvons dès maintenant conclure que, malgré cette réhabilitation partielle, toute moisissure doit être considérée, dans les industries de l'alcool et des boissons fermentées, comme un ferment de maladie.

Diastases ou ferments solubles.

Parmi les matières alimentaires auxquelles s'attaquent les microbes, un certain nombre sont directement assimilables, par exemple le glucose par la levure. Au contraire, d'autres ne deviennent assimilables qu'après avoir subi une transformation préalable ; ainsi le sucre de canne ou saccharose n'est consommé par la levure qu'après avoir été transformé en glucose et en lévulose. Ces transformations sont produites par des principes solubles, auxquels on donne le nom de *diastases*.

Propriétés générales des diastases. — Ces diastases sont des substances chimiques non organisées précipitables par l'alcool sans perdre leurs propriétés. On les appelle aussi *ferments solubles*, parce qu'une quantité très faible de ces diastases suffit pour transformer des quantités considérables des matières auxquelles elles s'attaquent, et c'est précisément un des caractères des *ferments* de présenter une disproportion très grande entre leur poids et le poids de la substance qu'ils transforment.

Il a été jusqu'ici impossible de préparer ces substances à l'état de pureté. Pour en obtenir sous une forme purifiée, on précipite d'ordinaire leur solution aqueuse par l'alcool à 95°. Le précipité qui se forme, recueilli et lavé, contient la substance active. On obtient ainsi, après dessiccation, une poudre blanche, amorphe, qui se dissout dans l'eau en donnant un liquide actif.

La *chaleur* agit très fortement sur les diastases. D'abord, comme pour les microbes, il y a une température optima à laquelle la diastase a son maximum d'action. En outre, quand on les chauffe à une température déterminée, elles sont détruites et perdent leurs propriétés. Cette température varie surtout avec la nature de la diastase et l'état dans lequel elle se trouve (sec ou humide). Elle est, en général, assez inférieure à 100°, et oscille entre 60° et 75° pour les diastases en solutions aqueuses. Seules, certaines diastases oxydantes ne sont détruites qu'à 100°. A l'état sec, la résistance des diastases est beaucoup plus élevée ; elles supportent alors facilement des températures supérieures à 100°. Nous verrons, plus tard, que ce fait a une importance pratique considérable, surtout dans la préparation du malt.

Si l'influence de la chaleur est à peu près la même pour les diastases et pour les microbes, il en est tout autrement pour l'influence de certaines substances chimiques. Par exemple, le chloroforme, le fluorure de sodium à un centième, l'essence de moutarde, le thymol arrètent le développement des microbes et ne gènent pas l'action des diastases.

Lois générales de l'action des diastases. — En général, lorsqu'on considère une diastase au début de son action, on trouve que les quantités de substances transformées sont proportionnelles à la quantité de diastase présente et à la durée de l'action diastasique. Mais on ne constate pas longtemps cette proportionnalité ; au bout d'un certain temps, on remarque que la transformation se ralentit de plus en plus, et bientôt elle s'arrète. Ce fait tient principalement à ce que l'accumulation des produits auxquels la diastase a donné naissance gène considérablement l'action diastasique, comme l'ont montré plusieurs savants, notamment M. Duclaux et M. Lindet. Par exemple, le maltose formé aux dépens de l'amidon par la diastase de l'orge germée empèche, au bout d'un certain temps, la saccharification de progresser. Si on supprime ce maltose, l'action diastasique reprend. Nous aurons à rappeler ces faits en étudiant la saccharification.

Diverses variétés de diastases. — Les diastases ont une importance énorme, car on tend à reconnaître aujourd'hui, de plus en plus, que c'est grâce à leur présence dans les sécrétions des cellules vivantes que celles-ci peuvent exercer leur action sur une foule de substances variées, et les transformer en matières alimentaires. Ces sécrétions diastasiques se rencontrent aussi bien dans les

cellules des animaux supérieurs que dans les cellules
microbiennes, et, puisque ce sont des substances
solubles, elles constituent pour la cellule vivante un
moyen d'aller produire, à distance et en dehors d'elle,
les transformations nécessaires pour rendre nutritives
pour le protoplasma cellulaire certaines matières qui ne
sont pas directement assimilables.

M. Duclaux a donné une classification des diastases
d'après les actions qu'elles produisent.

Un premier groupe de diastases produit des *actions de
coagulation*. Tel est le cas de la *présure*, qui, ajoutée à
une dose très faible dans le lait, en coagule rapidement
la caséine. Tout le monde sait que cette diastase, qu'on
retire de l'estomac de veau, est utilisée pour la fabrication des fromages.

D'autres diastases produisent, au contraire, des *actions
de décoagulation*. Ainsi, la *caséase* a la propriété de solubiliser la caséine coagulée, en la transformant en une
matière jaunâtre de plus en plus liquide, qu'on observe
facilement dans le fromage fermenté. Cette diastase est
sécrétée par de nombreux microbes, notamment par les
agents de maturation des fromages.

Un autre groupe de diastases produit des *actions d'hydratation*. Ces diastases ont la faculté d'adjoindre à certains corps une ou plusieurs molécules d'eau pour les
transformer en d'autres corps plus simples. Dans ce
groupe, nous trouvons d'abord la *sucrase*, qui a la propriété de transformer le saccharose en glucose et en lévulose. Cette diastase est sécrétée très abondamment par
presque toutes les levures et par beaucoup de mucédinées, et il est facile de s'en procurer en faisant macérer
pendant quelques heures de la levure fraîche dans de
l'eau distillée. On obtient ainsi une solution qui, débarrassée par filtration de la levure, possède la propriété de
dédoubler le sucre de canne.

A côté de la sucrase, il faut citer l'*amylase*, ou diastase de l'orge germée, qui a la faculté de transformer l'amidon en maltose et en dextrine. Cette diastase prend naissance pendant la germination de l'orge ; elle présente un intérêt capital pour la brasserie et la distillerie de matières amylacées, et nous reviendrons avec plus de détails sur son étude quand nous nous occuperons de ces industries.

Il existe, en outre, un grand nombre de diastases douées de propriétés *oxydantes*. Ces *oxydases* portent l'oxygène de l'air sur certaines matières organiques ; par exemple, c'est une diastase de cette nature qui oxyde la matière colorante rouge des vins et qui la précipite en produisant la maladie de la casse. Le noircissement du cidre est également dû à une oxydase.

Enfin, un dernier groupe de diastases est constitué par les *diastases décomposantes*, dont on connaît jusqu'ici un seul exemple, la *diastase alcoolique* ou *zymase*. Cette substance, qu'on extrait par forte pression de la levure broyée avec du sable, dédouble instantanément le sucre en alcool et en acide carbonique. Elle a été découverte récemment en Allemagne par E. Buchner, et c'est à la zymase que la levure doit ses propriétés de ferment alcoolique.

Les notions fondamentales que nous venons d'exposer brièvement sur les microbes et les diastases constituent la base des industries de fermentation. Elles sont indispensables à connaître, et dans l'étude spéciale de la cidrerie, de la brasserie et de la distillerie, nous aurons souvent à y faire appel. En effet, dans ces diverses fabrications, la pratique doit se conformer avec une souplesse parfaite aux conditions théoriques dictées par la science pure, et c'est grâce à cette collaboration intime que plusieurs de ces industries ont pu réaliser, depuis quelques années, des progrès très considérables.

CIDRERIE

CHAPITRE I

HISTORIQUE. — PRODUCTION. — COMMERCE DU CIDRE.

Le *cidre* est une boisson alcoolique qui résulte de la fermentation du jus de certaines espèces de pommes. La même boisson, extraite des poires, porte le nom de *poiré*.

Historique. — L'origine du cidre ne paraît pas être très ancienne. En effet, on ne trouve une preuve certaine de son existence que chez les écrivains latins des premiers siècles de l'ère chrétienne. Pline l'Ancien et Palladius sont les premiers auteurs qui parlent des vins de poires et de pommes, et il est probable que l'usage du cidre en France date de la conquête de la Gaule par les Romains. Ceux-ci firent connaître aux Gaulois la manière de fabriquer le cidre, et la culture des pommiers et des poiriers prit rapidement une grande extension, surtout à la suite des ordres de Domitien, qui fit arracher une grande partie des vignobles de la Gaule.

A partir du milieu du vᵉ siècle, on trouve, dans les documents de l'histoire ecclésiastique, des preuves de l'usage du cidre dans certaines congrégations religieuses. Mais le cidre ne paraît s'être implanté en Normandie que beaucoup plus tard, et il faut atteindre le xɪɪᵉ siècle pour trouver des textes qui indiquent la connaissance de la fabrication du cidre dans cette région. Elle semble s'être développée d'abord dans le Cotentin, puis dans la région de Rouen et dans le pays de Caux. L'extension fut surtout rapide à partir du moment où les variétés de pommes cultivées en Espagne furent introduites en Cotentin par les populations de la Navarre, avec lesquelles les Normands faisaient du commerce. Au XVIᵉ siècle, le cidre était devenu la boisson courante du pays. La fabrication s'étendit alors de plus en plus, et gagna, au XVIIIᵉ siècle, la Picardie, la région de l'Aisne et les autres parties de la France.

Propriétés du cidre. — Le cidre est un breuvage hygiénique et rafraîchissant, à condition qu'il soit bien préparé et exempt d'altérations. On l'a accusé d'avoir des propriétés irritantes vis-à-vis de l'estomac, mais ce reproche paraît s'adresser surtout aux cidres piqués, qui sont parfois assez acides pour amener des troubles gastriques. Le Dr Denis-Dumont, qui a étudié soigneusement les propriétés hygiéniques et médicales du cidre, a montré que cette boisson est parfaitement saine et possède des propriétés diurétiques, grâce à l'acide malique qu'elle contient. En outre, l'usage journalier du cidre paraît préserver de certaines maladies, telles que la gravelle, la goutte et la pierre; en effet, ces affections sont très rares dans les pays où le cidre est la boisson exclusive des habitants.

Production du cidre. — Les principales provinces dans lesquelles on consomme du cidre sont la Normandie, la Bretagne, le Maine et la Picardie. Dans d'autres régions, l'usage du cidre est assez fréquent, surtout dans les populations agricoles, par exemple dans l'Eure-et-Loir, l'Aisne, l'Oise, etc.

La culture du pommier est principalement répandue dans le nord et le nord-ouest de la France, mais c'est surtout en Normandie et en Bretagne qu'elle a pris une extension considérable. Ces deux provinces fournissent environ les trois quarts de la production totale de la France. Après elles viennent le Maine, la Picardie, l'Ile-de-France, l'Orléanais, la Champagne, la Bourgogne et l'Artois.

A l'étranger, les principaux pays producteurs de cidre sont l'Allemagne, la Suisse, les États-Unis et l'Espagne. L'Allemagne fabrique, surtout dans les environs de Francfort, des cidres d'exportation pour les colonies, soit secs, soit mousseux, et ces derniers sont plus spéciale-ment destinés à faire la concurrence à nos vins de Cham-pagne. En Amérique, la production des pommes est très élevée, et on a réalisé des progrès considérables dans la fabrication des pommes desséchées, dont la majeure partie est expédiée en Europe pour la fabrication des cidres et surtout des compotes.

La production moyenne du cidre en France, de 1891 à 1901, s'élève environ à 16 900 000 hectolitres, et représente un revenu annuel de plus de 165 millions de francs. Mais si on considère la production particulière de chaque année, dans cette même période, on est aussitôt frappé par les variations considérables des récoltes. En 1897, la production a été seulement de 6 789 000 hectolitres; en 1893, elle a atteint 31 609 000 hectolitres; en 1900, elle s'est élevée à 29 409 000 hectolitres, pour retomber, en 1901, à 12 734 000 hectolitres. — La figure 7 représente le graphique de ces variations dans la dernière période de quinze années, de 1886 à 1900.

On voit combien la production du cidre est irrégulière. Ce fait tient à des causes multiples, parmi lesquelles on peut citer d'abord les écarts considérables des rende-ments des pommiers à cidre d'une année à l'autre, par suite des conditions météorologiques différentes. En outre, lors de la récolte des pommes, on détruit souvent par le gaulage, quand il est effectué sans précautions, un nombre de bourgeons d'autant plus grand que la récolte est plus abondante, de sorte qu'à une forte récolte suc-

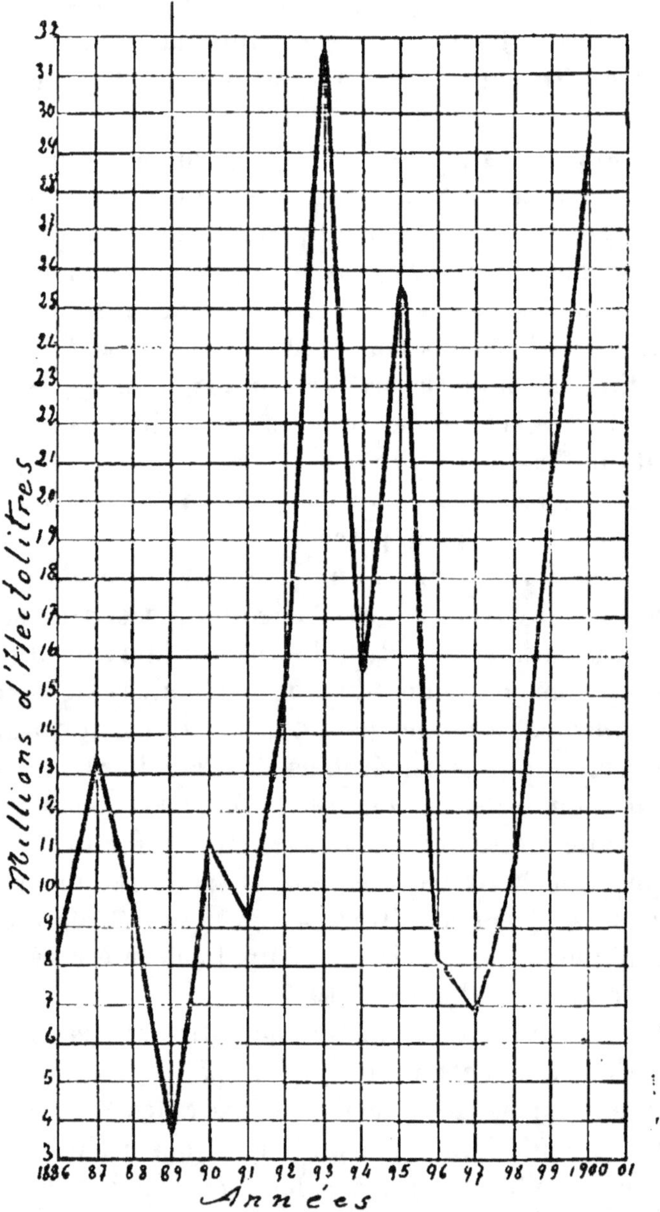

Fig. 7. — Graphique de la production annuelle du cidre de 1886 à 1900.

cède souvent une récolte mauvaise. Cette irrégularité

dans la production est évidemment une condition très désavantageuse pour la bonne marche de l'industrie cidrière.

Commerce du cidre. — Le cidre ne donne pas lieu à un fort mouvement d'importation et d'exportation. L'importation est très faible et atteint à peine 700 hectolitres, sauf en 1898, où une tentative d'importation de cidres américains a élevé ce chiffre à 4 500 hectolitres. L'importation est aujourd'hui redevenue insignifiante.

Quant à l'exportation, elle est également faible et n'atteint guère que 20 000 hectolitres en moyenne par an. Cependant, depuis quelques années, elle paraît en voie d'accroissement et a dépassé 40 000 hectolitres en 1901. Il faut espérer que ce mouvement s'accentuera de plus en plus par la fabrication de cidres mousseux pour les pays étrangers. Le tableau suivant résume le mouvement de l'importation et de l'exportation des cidres dans les dix dernières années :

Années.	Importations.	Exportations.
1891....	684 hectolitres.	10 000 hectolitres.
1892..	402 —	10 600 —
1893.....	845 —	14 537 —
1894.......	744 —	18 172 —
1895........... ..	577 —	23 028 —
1896..	402 —	25 707 —
1897..............	395 —	23 360 —
1898..	4 524 —	17 881 —
1899...............	598 —	26 989 —
1900........	895 —	35 537 —
1901 (10 premiers mois).	712 —	42 767 —
Moyenne 1891-1900.....	1 010 hectolitres.	20 602 hectolitres.

La consommation du cidre est donc surtout locale ; elle atteint environ 16 millions d'hectolitres par an en France. Elle est notablement supérieure à celle de la bière, mais elle reste fortement au-dessous de celle du vin, qui atteint 45 millions d'hectolitres en moyenne.

Le prix du cidre varie suivant l'abondance ou la pénurie de la récolte, et suivant la nature de la boisson. Le cidre *pur jus*, qui provient de la fermentation du jus de pommes sans addition d'eau, vaut d'ordinaire en gros de 12 à 30 francs l'hectolitre suivant les années. Le cidre *marchand*, qui résulte de la fermentation du jus de pommes additionné d'une certaine quantité d'eau, se vend de 10 à 20 francs l'hectolitre. Enfin, dans les campagnes, les cultivateurs boivent couramment un cidre très étendu d'eau, qu'on appelle la *boisson* ou cidre *commun* et qui vaut de 5 à 12 francs l'hectolitre.

État actuel de l'industrie cidrière. — Pendant très longtemps, la préparation du cidre a été effectuée par les méthodes les plus rudimentaires. Les méthodes employées par les ancêtres étaient soigneusement transmises à la génération suivante, et la routine seule servait de guide. Les notions scientifiques ont commencé à pénétrer dans cette industrie il y a seulement trente-cinq ans. Les cultures de pommiers ont été améliorées, les diverses variétés de fruits étudiées; la chimie a appris aux fabricants de cidre la composition des jus de pommes et les éléments utiles qui s'y trouvent; la bactériologie leur a enseigné les règles fondamentales de la fermentation et les moyens d'éviter les maladies. Ce mouvement scientifique et pratique est loin d'être terminé, et il n'existe certainement pas une boisson fermentée où le terrain d'études soit encore aussi vaste. Mais, aujourd'hui déjà, cette introduction de la science en cidrerie a porté ses fruits. Comme cela se pratique toujours dans les cas semblables, un trop grand nombre de praticiens ont jusqu'ici refusé obstinément de renoncer aux anciens errements et de se baser, dans leur fabrication, sur autre chose que sur l'empirisme et la routine séculaire. Mais leur nombre diminue chaque jour; au contraire, on voit grossir peu à peu le chiffre des cultivateurs qui utilisent maintenant dans la pratique les nôtions scientifiques acquises et qui profitent largement des progrès actuels.

Une autre conséquence heureuse a été le développement de la cidrerie industrielle, qui a pris déjà une grande extension, et qui est surtout développée en France dans la vallée d'Auge. La fabrication du cidre s'y fait en usine, par des procédés perfectionnés et avec l'outillage moderne. Il existe aujourd'hui dans le Calvados un grand nombre de brasseries de cidre dont la production annuelle varie de 4 000 à 30 000 hectolitres, et l'extension de cette industrie est due en grande partie à l'entrée dans la pratique des notions scientifiques précises.

· D'ailleurs, la création toute récente d'une station pomologique à Caen a montré l'intérêt que porte le gouvernement à l'industrie cidrière. Cette création sera de grande utilité, aussi bien pour les agriculteurs que pour les brasseurs de cidre, et elle ne pourra que donner une impulsion plus active à la marche dans la voie du progrès.

CHAPITRE II

LES MATIÈRES PREMIÈRES DE LA FABRICATION DU CIDRE.

La culture des pommiers à cidre a été considérablement améliorée dans les quarante dernières années. Pendant longtemps, on ne s'est pas préoccupé de l'étude des diverses variétés de pommes et de la sélection des meilleures d'entre elles. Ce furent de Boutteville et Hauchecorne qui donnèrent les premiers, en 1864, l'impulsion scientifique féconde qui conduisit à l'étude de ces problèmes si importants pour la cidrerie. Depuis ce temps, plusieurs savants distingués se sont consacrés aux recherches pomologiques, en particulier Lechartier, Truelle, Power, Hérissant, etc., qui ont fait de très beaux travaux sur la classification des pommes et sur la sélection des variétés utiles, et qui ont ainsi rendu les plus grands services à l'industrie cidrière. On ne saurait trop engager les cultivateurs à profiter de l'excellent enseignement de ces maîtres, et à poursuivre l'amélioration progressive de leurs vergers, en remplaçant les mauvaises variétés par les bonnes.

Nous devons donc nous demander quels sont les facteurs qui influent sur la valeur des variétés de pommes. Ces facteurs sont de deux sortes : d'abord ceux qui sont relatifs à l'arbre, ensuite ceux qui se rapportent à la nature du fruit. Nous retrouverons les premiers plus loin ; quant à ceux qui dépendent du fruit lui-même, nous devons, pour les discuter, étudier au préalable les caractères chimiques du jus de pommes.

Composition de la pomme. — La pomme renferme environ 95 p. 100 de jus et 5 p. 100 de matières insolubles qui forment le tissu végétal.

Les matières insolubles sont principalement composées de cellulose, de vasculose et de matières albuminoïdes. Ce sont ces matières insolubles qui constituent après la fabrication ce qu'on appelle les *marcs*, en mélange avec une certaine quantité de jus de pommes plus ou moins étendu que les pressurages n'ont pu extraire.

Les matières solubles forment le jus de la pomme qui contient des sucres, des acides libres, notamment de l'acide tartrique et de l'acide malique, des tannins, des matières pectiques, des matières azotées et des matières minérales. Parmi ces éléments, il y en a un certain nombre qu'il est indispensable de connaître ; ce sont : 1° les *sucres* ; 2° l'*acidité* ; 3° les *tannins* ; 4° les *matières pectiques*. Ce fut Hauchecorne qui eut le mérite d'attirer le premier l'attention sur l'importance de ces substances pour l'appréciation de la valeur des pommes à cidre,

La proportion relative de ces diverses matières est très variable suivant les espèces de pommes, et les exemples réunis dans le tableau suivant, qui sont empruntés aux ouvrages de Truelle, montrent les limites entre lesquelles elles varient.

Principes en grammes par litre de jus.

VARIÉTÉS.	Densité.	Sucre.	Tannins.	Matières pectiques.	Acidité.
Blanc Mollet	1.065	130	3,06	21,0	0,71
Girard........	1.070	157	2,71	9,2	1,26
Cimetière de Blangy	1.055	123	2,55	8,8	1,03
Argile nouvelle.....	1.131	261	2,14	22,3	3,30
Fréquin rouge......	1.064	141	3,48	4,0	1,10
Gros matois rouge..	1.077	168	3,86	11,0	1,54
Bon Henri...... ...	1.046	99	1,18	6,7	0,82
Médaille d'or.......	1.078	171	10,43	8,2	1,48
Petit amer...... ...	1.082	180	3,37	26,5	1,92
Binet rouge........	1.075	176	1,91	1,8	1,25
Bouquet...........	1.082	170	2,88	6,5	0,09
Joly rouge........	1.060	132	2,06	4,8	1,15
Longuet..	1.068	151	0,66	9,1	0,62
Bedan......... ...	1.068	146	2,33	9,0	1,04
Bouteille ;....	1.059	130	1,00	11,0	1,39
Moulin à vent	1.081	180	3,65	17,0	1,98
Grise Dieppois......	1.090	196	3,99	15,5	1,21
Gilet rouge........	1.051	146	1,08	3,5	5,77
Doux Véret (Petit)..	1.087	180	3,60	15,0	1,81
Rouge Bruyère.....	1.078	167	1,24	11,0	1,37
Reine des Pommes.	1.081	167	5,12	8,5	0,84
Doux Évêque précoce.	1.075	160	1,33	15,0	1,21
Marin Onfroy.......	1.061	152	1,20	12,0	1,04

On voit combien les divers principes du jus de pommes sont variables suivant les espèces. La densité oscille entre 1042 dans les variétés les plus médiocres et 1130 dans les variétés d'élite. Les travaux de Truelle sur les diverses variétés de pommes l'ont conduit à classer les fruits, au point de vue de la densité, de la façon suivante :

Fruits médiocres, ceux dont la densité du jus varie de 1047 à 1056.

—	moyens,	—	—	—	1057 à 1064.
—	bons,	—	—	—	1065 à 1069.
—	très bons,	—	—	—	1070 à 1079.
—	excellents,	—	—	—	1079 à 1089.
—	supérieurs,	—	—	—	1090 et au delà.

La densité moyenne, en année moyenne, varie de 1050 à 1065.

La richesse en sucres s'abaisse parfois à 90 grammes par litre de jus; elle s'élève exceptionnellement à 260 grammes, et oscille en moyenne entre 130 et 165 grammes.

La teneur en tannins est également très variable : quelques variétés n'en contiennent presque pas, d'autres en ont jusqu'à 10 et 15 grammes par litre. Le taux normal est habituellement de 2 à 3 grammes.

Les matières pectiques ont des variations encore plus grandes; leur proportion tombe quelquefois à 2 ou 3 grammes par litre, et s'élève chez d'autres espèces de pommes à 20 ou 25 grammes. La richesse ordinaire est de 8 à 10 grammes par litre.

Enfin l'acidité, presque nulle chez certaines pommes, est très élevée chez d'autres et atteint jusqu'à 6 et 7 grammes en acide sulfurique. En moyenne, l'acidité est de 1^{gr},5 environ.

Caractères des bons fruits à cidre. — Autrefois on se contentait, pour apprécier les fruits, de les déguster, et on considérait que, pour être classé au premier rang, un fruit devait être sucré, amer et parfumé. Hauchecorne montra en 1869 qu'il était de toute nécessité de faire intervenir l'analyse chimique, qui pouvait seule donner des renseignements précis sur la qualité des fruits. L'introduction de cette méthode d'appréciation dans les études pomologiques a rendu les plus grands services pour la sélection des meilleures variétés.

Quelle est donc l'influence de la proportion des divers

principes chimiques énumérés plus haut sur la valeur des fruits à cidre?

Tout d'abord, il importe de remarquer que le bon cidre est obtenu le plus souvent au moyen de diverses espèces de pommes. Bien qu'il existe quelques variétés qui possèdent toutes les qualités réunies, c'est en général par un mélange approprié de divers fruits qu'on arrive à produire une boisson de bonne nature.

Le sucre est évidemment un élément de la plus haute utilité, et les pommes doivent en contenir beaucoup, mais à condition, naturellement, que ce ne soit pas au détriment de la fertilité. En effet, il arrive souvent que les pommes très riches en sucre sont des variétés à petit rendement; en outre, elles fournissent souvent des cidres alcooliques qui manquent de parfum. Il ne faut donc pas les employer seules, mais les mélanger à des fruits de richesse moyenne qui sont souvent plus parfumés.

L'acidité ne doit pas dépasser 2 grammes à $2^{gr},5$ par litre, évaluée en acide sulfurique. Cette limite peut être dépassée, quand il s'agit de fabriquer des cidres doux, dans lesquels l'acidité est en partie masquée par le goût sucré du liquide. Pour les cidres secs, le taux de $2^{gr},5$ dans le moût à l'origine donne souvent naissance à des liquides de saveur trop acide. Une trop faible acidité du moût le rend sujet aux altérations, mais on rencontre assez rarement dans la pratique des jus de pommes qui pèchent par défaut d'acidité.

Les tannins doivent se trouver au moins dans la proportion de 2 grammes à $2^{gr},5$ par litre; les pommes pauvres en tannins donnent des cidres de saveur médiocre; les pommes trop riches donnent souvent des cidres un peu amers. Toutefois, cette question n'est pas encore bien élucidée, aussi bien au point de vue scientifique qu'au point de vue pratique.

On peut en dire autant des matières pectiques, pour lesquelles on admet ordinairement que la proportion ne doit pas dépasser 12 grammes par litre. Le rôle des tannins et des matières pectiques dans la fabrication du cidre exige encore de nouvelles recherches.

Caractères des bonnes variétés de pommiers. — Nous avons vu, par ce qui précède, que pour déterminer la valeur d'une variété de fruits à cidre, il est nécessaire de tenir compte non seulement des caractères de l'arbre, mais aussi des caractères chimiques des fruits qu'il donne.

Une bonne variété de pommier doit donc fournir des fruits répondant aux exigences de composition que nous venons d'exposer. En outre, au point de vue cultural, elle doit avant tout être *fertile*. D'après Truelle, une variété peut être considérée comme fertile quand, en prenant la moyenne de sa production pendant une période de dix années, on obtient ainsi par arbre un chiffre égal ou supérieur au tiers d'une pleine récolte, c'est-à-dire 1 hectolitre et demi.

Une bonne variété doit, en outre, être *vigoureuse*, c'est-à-dire que la tête de l'arbre parvenu à toute sa croissance doit avoir un diamètre au moins égal à 7 mètres et ne dépassant guère 10 mètres, terme maximum utile.

Elle doit être *résistante* à l'action des gelées hivernales et printanières et aux attaques des insectes et des maladies parasitaires.

Enfin, une bonne variété doit posséder une *puissance d'assimilation suffisante* pour lui permettre de se développer dans la majorité des terrains (1).

Nous pouvons donc nous résumer en disant que la meilleure variété de pommes pour le cultivateur est celle qui, en année moyenne et en sol moyen, tout en tenant compte des exigences de composition chimique pour la cidrerie, lui fournit le plus de cidre à l'hectare.

Récolte et conservation des pommes. — Ce n'est

______

(1) *Rappor   du Congrès international pour l'étude des fruits de pressoir et de l'industrie du cidre.* Paris, 1900.

que quand la pomme est mûre qu'elle possède les qualités utiles pour donner une bonne boisson. Or, il existe, au point de vue de la maturité, des différences considérables entre les diverses variétés de pommes. On peut diviser, sous ce rapport, les pommes en trois groupes :

1° Les pommes *hâtives* ou pommes *tendres*, qui mûrissent à l'arbre du 15 septembre au 15 octobre, et qui doivent être brassées aussitôt après la récolte ;

2° Les pommes *de maturité moyenne* ou pommes *demi-dures*, qui mûrissent à l'arbre du 15 octobre au 15 novembre, mais qui achèvent le plus souvent leur maturité au grenier, après une courte période de garde ;

3° Les pommes *tardives*, pommes *dures* ou pommes *de garde*, qui sont récoltées avant maturité et qui doivent subir au grenier une longue période de maturation complémentaire. Cette troisième catégorie est particulièrement intéressante ; et on prétend, en Normandie, que ces pommes de garde sont souvent celles qui donnent le cidre le meilleur.

Puisque la maturité des diverses variétés de pommes est si différente, il est donc indispensable de récolter séparément les espèces qui mûrissent à des époques distinctes (pommes tendres, demi-dures et dures).

En outre, pour les fruits de la première catégorie, on ne doit théoriquement procéder à la récolte que quand ils sont parfaitement mûrs, puisque ce n'est qu'à ce moment qu'ils possèdent toutes leurs qualités. Il en est de même pour les fruits de deuxième et de troisième catégorie, qui ne doivent être brassés qu'après un séjour au grenier suffisant pour amener la maturité parfaite. En pratique, les choses se passent un peu différemment. La maturité dans un même arbre n'est jamais au même point ; il y a toujours des fruits plus hâtifs que d'autres, et il en résulte que le cultivateur et le brasseur doivent choisir le moment de la maturité moyenne, c'est-à-dire l'époque où le plus grand nombre des fruits se trouve au point voulu. A ce moment, il y a une certaine proportion de fruits restés un peu verts, d'autres ont dépassé le point de maturité et sont blets ou même pourris, mais la grande majorité est à un état de maturité parfaite. C'est cette constatation pratique qui a donné lieu dans les campagnes à un préjugé, d'après lequel on ne pouvait faire du bon cidre qu'avec une certaine quantité de pommes pourries. Le préjugé part d'une idée juste, attendu que le point de maturité convenable n'est généralement atteint que quand un certain nombre de pommes a dépassé ce point de maturité, mais la conclusion est manifestement inexacte. Les fruits pourris donnent des cidres détestables, qui se transforment rapidement en vinaigre. Le triage des pommes pourries s'impose donc de la façon la plus absolue, quand on veut obtenir des cidres de bonne qualité et de bonne conservation.

La récolte s'effectue d'ordinaire en secouant les branches des arbres, soit à la main quand les branches sont à portée, soit à l'aide d'un crochet quand elles sont hors d'atteinte. Il y a généralement un certain nombre de pommes qui se détachent mal et qu'on ne peut obtenir qu'au moyen du *gaulage*. Cette opération donne des résultats déplorables quand elle est pratiquée sans soin ; elle est nuisible à la fois aux fruits qu'on récolte, aux branches et aux bourgeons du pommier. Elle doit donc être effectuée avec le plus grand soin et sous une surveillance active, en évitant de nuire à l'arbre et d'endommager les pommes.

Il arrive fréquemment qu'un certain nombre de pommes tombent de l'arbre avant maturité. Ce sont, en général, des fruits véreux qu'il est bon de ramasser et de mettre à part.

Les pommes récoltées doivent être conservées à l'abri de toute humidité et en tas de peu d'épaisseur (70 à 80 centimètres), afin que l'air puisse y circuler librement. Pour cela, il est bon de disposer les pommes dans des greniers ou sous des hangars, pour les garantir de la pluie et de la gelée.

Toutes ces précautions nécessaires sont malheureusement encore très négligées ; et il est, cependant, hors de doute que leur application permettrait d'améliorer un grand nombre de cidres, qui ne doivent leur médiocrité qu'au manque de soins dans la récolte et la conservation des pommes dont ils proviennent.

Commerce des pommes. — Le commerce des pommes présente, en France, une grande importance, non seulement pour la consommation locale, mais aussi pour le commerce extérieur. Nous exportons des pommes surtout en Allemagne, sur les marchés de Stuttgart, de Francfort et de Hambourg. Cette exportation atteint dans certaines années 1 000 à 1 200 wagons, rien que pour le marché de Stuttgart. L'Amérique nous envoie, par contre, des fruits desséchés en quantité assez considérable.

L'achat des pommes se fait tantôt à la mesure, tantôt au poids. Quand on achète à la mesure, on emploie, en Normandie, comme unité la *rasière* ou demi-hectolitre, qui correspond à 27 kilogrammes de pommes, et on livre généralement 4 p. 100 en plus, c'est-à-dire 104 rasières pour 100 rasières payées. Ce mode de commerce, assez compliqué, est aujourd'hui beaucoup moins employé par les gros vendeurs. Ceux-ci adoptent la vente aux 1 000 kilogrammes, ce qui est plus simple et plus rationnel. Mais, chez le petit cultivateur, la vente à la rasière est encore celle qui est le plus fréquemment employée. En Bretagne, l'unité de vente est la *barrique*.

Le commerce des pommes dure quatre à cinq mois, et la vente a lieu à livrer ou à terme. Au début de la campagne, il y a donc deux cours : le cours livrable et le cours à terme, et il en résulte que les variations dans les prix sont surtout considérables au commencement de la saison. Les fluctuations du cours moyen livrable des pommes sont très considérables d'année en année, suivant l'abondance ou la pénurie de la récolte, comme l'indique le graphique représenté à la figure 8, qui résume les variations du prix moyen annuel de la rasière de pommes de 1890 à 1902.

On voit que le prix moyen de la rasière de pommes

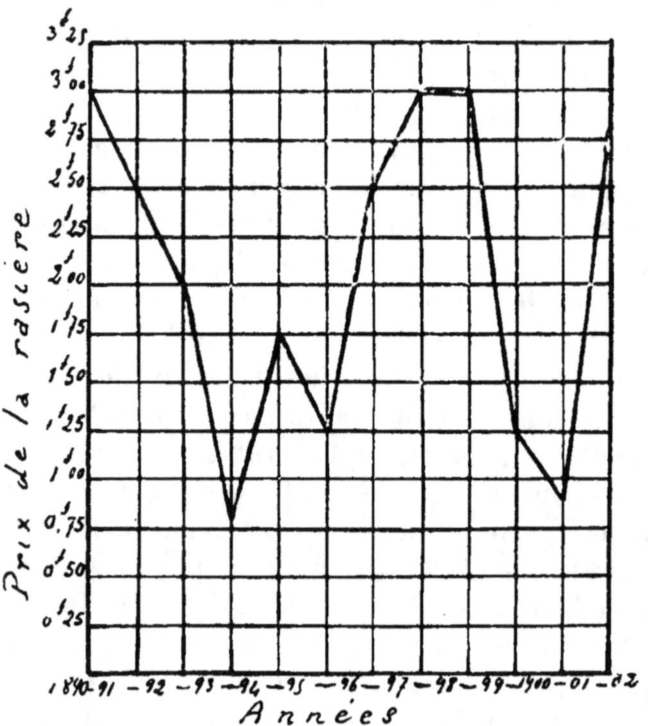

Fig. 8. — Graphique des variations du prix moyen annuel de la rasière de pommes de 1890 à 1902.

oscille entre 0 fr. 80 et 3 francs, ce qui correspond à une variation moyenne de 28 à 100 francs dans le prix des 1 000 kilogrammes. Les prix extrêmes atteignent parfois 5 fr. 50 à la rasière, soit 200 francs les 1 000 kilogrammes, et descendent à 0 fr. 50, soit 18 francs les 1 000 kilogrammes.

En outre, dans le cours de la période annuelle de com-

merce, il se produit parfois des fluctuations considérables. Les graphiques de la figure 9 montrent les varia-

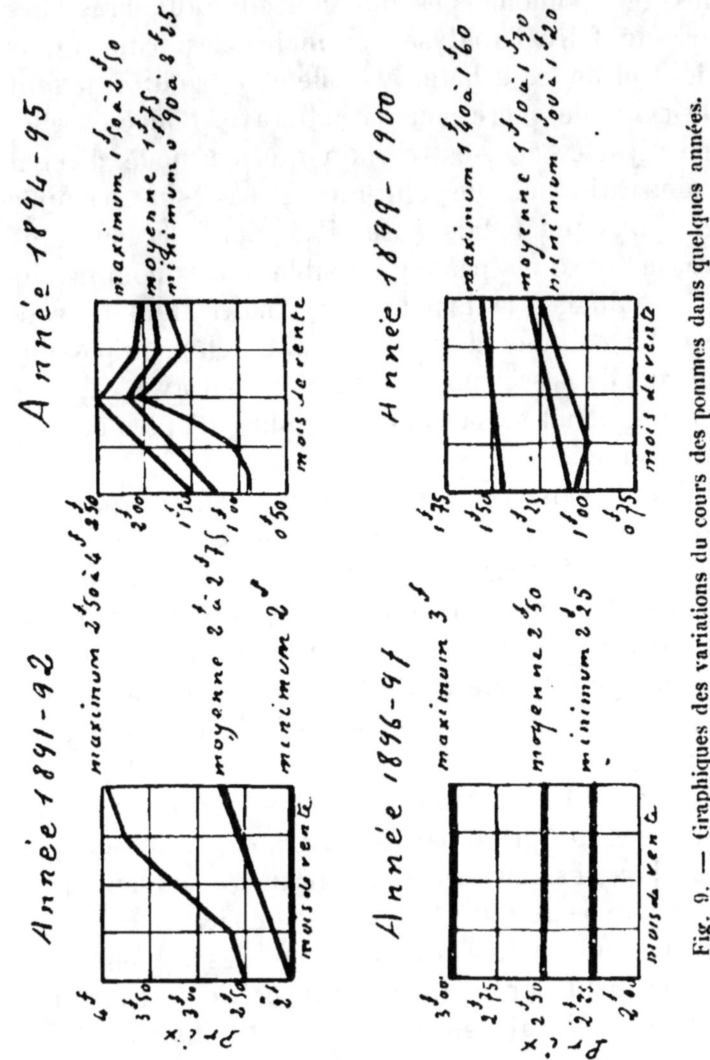

Fig. 9. — Graphiques des variations du cours des pommes dans quelques années.

tions énormes des cours certaines années (1891-92,
1894-95), et leur constance dans d'autres (1896-97, 1899-
1900).

L'achat des pommes se fait toujours d'après l'aspect
physique des fruits et nullement d'après leur composi-

tion chimique. A la suite des travaux de Hauchecorne,
Lechartier, Truelle, sur les éléments utiles des moûts de
pommes, les pomologistes ont conseillé aux brasseurs
de cidre de faire l'analyse sommaire des fruits qu'ils
emploient et de les acheter à la densité, comme le font
les fabricants de sucre pour la betterave. L'idée en elle-
même est juste, et il est certain que ce mode d'achat
serait plus rationnel que celui qui est basé sur un simple
examen physique. Mais jusqu'ici, dans la pratique
cidrière, la chose n'a pas été possible, et les pommes ne
s'achètent jamais à la densité, car le cultivateur ne veut
pas accepter ce mode d'achat. Il est, en effet, impossible
à l'acheteur de passer un seul marché écrit avec garantie
d'analyse. L'achat se fait donc toujours d'après l'aspect
et la provenance.

Cependant, l'analyse sommaire du moût de pommes
reste très recommandable dans les brasseries de cidre,
car elle donne des renseignements utiles sur la nature
des moûts et permet au brasseur de modifier sa fabrication suivant la composition parfois anormale. des
fruits employés. On ne saurait trop recommander cette
pratique aux industriels soucieux de la bonne marche de
leur travail.

Transport des pommes. — Souvent les pommes
sont utilisées sur place par le cultivateur lui-même, ou
par les cidreries voisines. Mais il arrive souvent aussi
qu'on doit expédier des fruits par voie ferrée à des distances plus ou moins grandes dans des régions où la
récolte est insuffisante. Sous ce rapport, on a souvent à
se plaindre de l'état défectueux des wagons affectés au
transport des pommes. En outre, les tarifs à base décrois-
sante suivant les distances favorisent les expéditions
pour les régions éloignées, ce qui est un avantage sérieux
pour l'exportation; mais, par contre, ils sont souvent
onéreux pour les petites distances qui correspondent au
rayon d'approvisionnement de la plupart des cidreries

bretonnes et normandes. Aussi, le Congrès international pour l'étude des fruits de pressoir et de l'industrie du cidre, en 1900, sur la proposition de M. Lechartier, a-t-il émis les vœux suivants : 1° que les compagnies de chemins de fer abaissent les tarifs de transport des pommes pour toutes les distances inférieures à 200 kilomètres ; 2° que les wagons mis à la disposition du commerce des fruits à cidre soient toujours en nombre suffisant et qu'ils soient livrés en parfait état de propreté.

Il serait à désirer que cet appel soit entendu et qu'on puisse donner satisfaction à ces demandes, qui intéressent au plus haut degré la prospérité de l'industrie cidrière.

Composition des poires. — Principales variétés. - Commerce des poires. — Les savants qui ont étudié les diverses variétés de pommes et leur composition chimique se sont également occupés des poires. La composition des poires est assez différente de celle des pommes. Les sucres s'y trouvent en quantité à peu près égale, mais l'acidité y est plus élevée, et les matières pectiques y sont beaucoup moins abondantes. Les tannins y sont très variables : certaines variétés n'en contiennent pas, d'autres en ont plus de 10 grammes par litre.

Le tableau suivant indique, d'après Truelle, la composition moyenne de quelques variétés de poires les plus répandues :

Principes en grammes par litre de jus.

VARIÉTÉS.	Densité.	Sucre total.	Tannins.	Matières pectiques.	Acidité.
Carisi blanche........	1.054	122	3,52	1,40	3,17
Oignonnet..........	1.065	125	10,21	1,76	2,77
Blanc Roux.........	1.059	121	3,20	1,00	2,15
Ivoie.............	1.064	137	1,70	4,70	2,13
Huchet...........	1.069	120	7,97	0,00	6,02
Ruet........ ...	1.077	146	2,32	2,50	2,72
Gris de Loup........	1.060	122	3,34	1,84	1,26
Gros Vert..........	1.058	140	7,20	Traces.	9,17

Le commerce des poires se fait comme celui des pommes. L'achat a lieu généralement à la rasière, qui pèse 37 kilogrammes, et les prix varient comme ceux des pommes, mais dans de moins grandes proportions. Dans certaines années, la rasière se paie seulement 0 fr. 50, ce qui correspond à un prix de 15 francs environ aux 1 000 kilogrammes. Le prix s'élève dans d'autres années à 3 francs, c'est-à-dire à 80 francs les 1 000 kilogrammes. En moyenne, le prix des poires est de 1 fr. 75 à 1 fr. 80 la rasière, soit aux 1 000 kilogrammes 40 à 50 francs.

Le poirier a toujours été moins apprécié que le pommier, d'abord parce que le poiré n'a pas les qualités de parfum du cidre, et en outre parce qu'on a considéré pendant longtemps le cidre de poires comme une boissōn peu salubre. Cependant, la culture du poirier présente de réels avantages : il est moins difficile que le pommier pour la nature du sol, il résiste mieux aux gelées printanières, ses fruits mûrissent plus tôt et fournissent d'emblée plus de jus que ceux du pommier (1). On ne peut donc que se ranger à l'avis de Truelle, qui conseille d'associer dans les vergers les deux cultures.

CHAPITRE III

LA FABRICATION DU CIDRE.

La fabrication du cidre paraît à première vue tout à fait simple ; il suffit de broyer des pommes, de les presser fortement pour en extraire le jus, de laisser fermenter et de soutirer quand la fermentation est terminée. En réalité, le problème est beaucoup plus compliqué qu'il ne le paraît, et les cidres plats, troubles, aigres, qu'on obtient trop souvent nous font prévoir la présence,

(1) De Boutteville et Hauchecorne, *Le cidre*, 1876.

dans cette fabrication, de difficultés pratiques sérieuses.

Schéma de la fabrication du cidre.— Nous pouvons diviser la fabrication du cidre en trois phases : 1° la préparation du moût sucré ; 2° la fermentation de ce moût ; 3° le traitement du cidre après fermentation.

Les pommes sont d'abord broyées, puis on abandonne la pulpe à la macération pendant douze ou quinze heures (cuvage). On procède alors au pressurage, qui extrait une certaine proportion de jus pur. Le marc obtenu est mis à tremper avec de l'eau ou du jus de troisième pression (rémiage), puis soumis à un second pressurage. Souvent on ajoute de nouveau au marc une certaine quantité d'eau et une troisième pression permet d'obtenir un jus qui sert à délayer le marc après le premier pressurage.

Le jus ainsi préparé est alors abandonné à la fermentation alcoolique, qui se développe soit spontanément sous l'action des ferments apportés par la pomme, soit artificiellement par l'ensemencement de ferments sélectionnés.

Après fermentation, on soutire le cidre, on le clarifie et on prend les mesures nécessaires pour assurer sa conservation.

Nous pouvons donc résumer schématiquement la fabrication du cidre de la façon suivante :

1re Phase. — Préparation du moût sucré..............
- 1° Broyage.
- 2° Cuvage.
- 3° Extraction du jus par pressurages et rémiages.

2e Phase. — Fermentation .
- 4° Fermentation.

3e Phase. — Traitement du cidre après fermentation.
- 5° Soutirages.
- 6° Clarification.
- 7° Conservation.

I. — Préparation du moût sucré.

La préparation du moût peut s'effectuer de deux manières bien distinctes : *par pressurage* ou *par diffusion*.

Dans la première méthode, qui est de beaucoup la plus employée, on soumet d'abord les pommes au broyage pour obtenir une pulpe, et on fait subir à cette pulpe des pressions successives pour obtenir le jus. Dans la seconde méthode, on découpe les pommes en cossettes et on les épuise dans des appareils diffuseurs pour en extraire les principes solubles.

Nous examinerons successivement ces deux modes de fabrication; au préalable, nous devons étudier une opération préliminaire, celle du lavage des pommes.

Lavage des pommes. — Les pommes livrées pour la fabrication du cidre sont le plus souvent souillées par leur chute sur le sol et par leur transport dans les sacs. Aussi a-t-on cherché depuis longtemps à savoir, dans les pays producteurs de cidre, si le lavage des pommes ne présente pas des avantages, et de nombreux auteurs étrangers ont préconisé cette opération. En France, cette question n'a été sérieusement étudiée qu'en 1899 par Truelle, qui a constaté que les fruits lavés abandonnaient les proportions suivantes d'impuretés :

$$\text{Fruits propres}\ldots \quad 0^{kg},100 \text{ d'impuretés par 1000 kilos.}$$
$$- \quad \text{sales}\ldots\ldots \quad 1^{kg},230 \qquad - \qquad - \qquad -$$
$$- \quad \text{moyens}\ldots \quad 0^{kg},362 \qquad - \qquad - \qquad -$$

L'eau de lavage obtenue est généralement boueuse et nauséabonde; elle contient les divers éléments qu'on rencontre dans les fruits, notamment du sucre et des matières pectiques. Si on se base sur une proportion moyenne de $0^{kg},362$ d'impuretés enlevées par 1 000 kilogrammes de pommes, on trouve par l'analyse qu'à cette élimination correspondent les pertes suivantes :

$$\text{Sucre}\ldots\ldots\ldots\ldots\ldots\ldots\ldots\ldots\ldots\ldots\ldots \quad 231^{gr},5$$
$$\text{Matières pectiques}\ldots\ldots\ldots\ldots\ldots\ldots \quad 70^{gr},6$$
$$\text{Acide malique}\ldots\ldots\ldots\ldots\ldots\ldots\ldots \quad 9^{gr},55$$
$$\text{Tannins}\ldots\ldots\ldots\ldots\ldots\ldots\ldots\ldots\ldots \quad 1^{gr},15$$
$$\text{Cendres}\ldots\ldots\ldots\ldots\ldots\ldots\ldots\ldots\ldots \quad 35^{gr},14\ldots$$

La perte en sucre est donc de 0ᵏᵍ,230 environ par 1 000 kilogrammes de fruits qui contiennent environ 120 kilogrammes de sucre total : c'est donc une perte de 0,2 p. 100 d'éléments utiles. Cette faible perte est largement compensée par l'élimination des impuretés et des ferments dangereux. Il est vrai que les ferments alcooliques utiles sont également éliminés en partie, mais la pratique nous apprend qu'il en reste toujours assez pour assurer la fermentation régulière des moûts ; du reste, le levurage artificiel est là pour nous venir en aide si. c'est nécessaire.

D'après Gallemand, les pertes en éléments utiles proviennent surtout des fruits blonds qui accompagnent souvent en quantités variables les fruits industriels mûrs, même soigneusement triés. Cet auteur estime que les pertes sont de peu de valeur et recommande sans restriction un lavage soigneux des pommes avant le broyage.

Quelques grandes cidreries de la vallée d'Auge font cette opération, qui s'effectue alors en pratique de la façon suivante : les pommes sont d'abord soumises à un triage sur une vaste table, les fruits blonds ou pourris sont enlevés, et les pommes saines sont poussées dans le laveur. Celui-ci est constitué par deux appareils identiques placés à la suite l'un de l'autre ; le premier assure un lavage grossier ou débourbage des fruits, le second produit le rinçage. Chaque laveur est constitué par une bâche en tôle munie d'un faux fond demi-cylindrique perforé, et d'un agitateur armé de bras, disposés en hélice et terminé par une surface hélicoïdale qui rejette les fruits au dehors. De l'eau propre arrive constamment en abondance par un robinet d'alimentation placé à la sortie des pommes dans l'appareil ; l'eau sale s'élimine par un trop-plein placé à l'extrémité de l'appareil, qui est alimentée par les pommes à laver.

Les débris lourds en suspension dans l'eau traversent

peu à peu le faux fond, se déposent au fond et sont éliminés par une porte de vidange.

Les fruits jetés dans l'appareil sont remués dans l'eau par les bras disposés en hélice de l'agitateur; ils sont poussés peu à peu vers l'autre extrémité de l'appareil, repris par la surface hélicoïdale et projetés par elle dans le deuxième laveur pour y être rincés dans l'eau propre. Un agitateur semblable au premier les remue, les pousse en avant et les expulse de l'appareil pour les faire tomber sur une table à secousses qui les égoutte et les envoie au broyeur (1).

D'après Gallemand, il n'arrive ainsi au broyeur que des fruits bien épierrés, triés, propres, égouttés et débarrassés aussi des fruits avariés qui gâtent les moûts et apportent les ferments dangereux qui les ont transformés. En effet, les fruits gâtés, plus légers et peu consistants, sont brisés par les bras du premier laveur et entraînés dans l'eau de lavage qui s'élimine par le trop-plein. Le lavage est donc le complément mécanique du triage, qui n'est pas toujours parfait, et on ne saurait trop en recommander l'application en cidrerie industrielle.

1º PRÉPARATION DU MOUT PAR BROYAGE ET PRESSURAGES.

Ce mode de travail, qui est employé presque partout, comprend les opérations suivantes :

1º Le *broyage des pommes* ; 2º le *cuvage de la pulpe* ; 3º l'*extraction du jus*.

A. Broyage des pommes. — Pendant longtemps, le seul appareil de broyage employé pour la fabrication du cidre a été le *tour à piler*.

Cet appareil se compose d'une ou deux roues en bois, actionnées à bras d'hommes ou par un cheval, qui se

____

(1) E.-A. GALLEMAND, *L Cidrerie industrielle* (Journal *le Cidre et le Poiré*, 1er février 1901).

meuvent dans une auge circulaire dans laquelle on met les pommes. Un racloir placé à l'arrière ramasse le marc pilé écarté par les meules et l'accumule de nouveau au milieu de l'auge. Ces tours à piler présentent de graves inconvénients : ils donnent un broyage très lent et très inégal, sont coûteux et encombrants, et nécessitent une surveillance continuelle pour l'alimentation et le ramassage. Aujourd'hui, ils sont presque partout remplacés par les *broyeurs*, qui fournissent un travail beaucoup plus parfait et moins dispendieux.

Les broyeurs ont commencé à apparaître au commencement du xix° siècle en Picardie, et leur construction a été beaucoup améliorée dans les cinquante dernières années. Il existe aujourd'hui de nombreux modèles de broyeurs, parmi lesquels on peut citer ceux de MM. Texier, Benech, Simon, Garnier, etc., qui sont des instruments bien compris.

Les conditions que doit remplir un bon broyeur sont les suivantes :

1° Donner une pulpe très uniforme, sans fragments ou quartiers non broyés ;

2° Être d'un mécanisme simple, robuste, et d'un fonctionnement rapide et régulier ;

3° Posséder un système d'épierrage pour éviter les accidents ;

4° Fournir le broyage à bas prix, c'est-à-dire posséder un bon rendement avec des frais de fonctionnement réduits ;

5° Pouvoir se régler facilement.

Les broyeurs peuvent se diviser en deux catégories principales : les *broyeurs à noix* et les *broyeurs à cylindre* muni de palettes. Les appareils à noix se composent de deux pièces métalliques (noix) munies de dents entre lesquelles s'effectue le broyage. Ces noix sont logées dans un cadre en fonte fixé sur un bâti en bois. Une vis à volant permet de rapprocher ou d'écarter les deux noix, et de régler ainsi le degré de broyage. A la partie supérieure se trouve une trémie d'alimentation.

Les appareils à cylindre muni de palettes sont établis sur le principe suivant, dû à M. Simon : un cylindre A tourne dans le fond d'une trémie T, en entraînant par des lumières des palettes P qui, guidées par leurs extré-

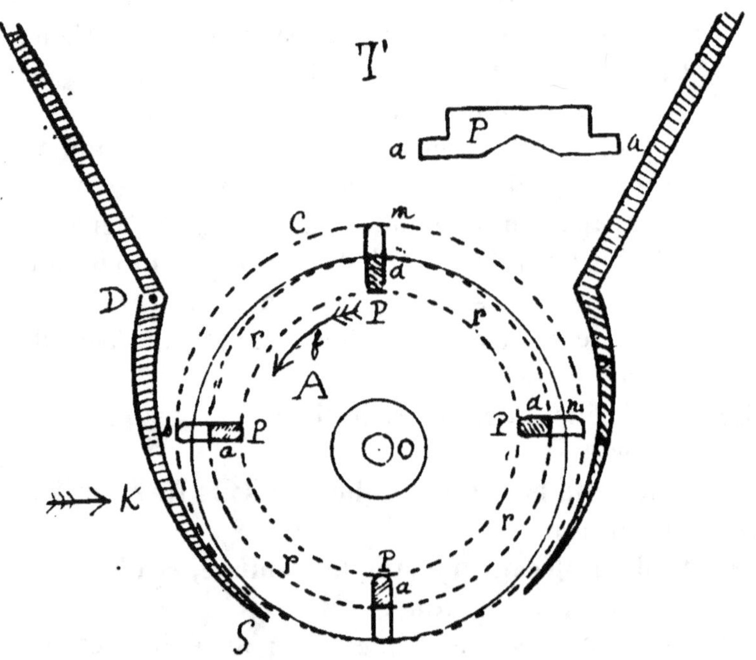

Fig. 10. — Schéma du fonctionnement des broyeurs à cylindre.

mités a, se déplacent dans une rainure r excentrique par rapport à l'axe O du cylindre A (fig. 10).

Dans leur mouvement de rotation suivant le sens de la flèche f, les palettes, dont l'extrémité décrit le cercle c, font saillie dans la trémie et engendrent un volume croissant de n en m qui correspond à la prise des pommes et un volume décroissant de m en s qui correspond au broyage. Ce dernier est effectué contre un dossier DS articulé en D. Le dossier est appuyé contre le cylindre A par une pression dirigée suivant K au moyen de leviers combinés

et de ressorts; le dossier peut s'écarter lors du passage
d'une pierre ou d'un corps dur. Les rainures directrices *r*
sont pratiquées dans les flasques du bâti, et une ouverture *b*, ménagée de chaque côté, permet leur dégorge-

Fig. 11. — Broyeur Simon (de Cherbourg).

ment (1). La figure 11 représente une coupe du broyeur
Simon basé sur l'élégant principe que nous venons de
décrire.

Les broyeurs peuvent être actionnés à bras d'hommes,
à manège, ou au moteur.

M. Ringelmann a constaté que le prix de revient du
broyage de 1 000 kilogrammes de pommes était de 2 fr. 95
avec les broyeurs à bras à deux hommes, de 2 fr. 21 avec
les broyeurs à manège à un cheval et de 1 fr. 30 avec les
broyeurs au moteur. On a donc tout intérêt à remplacer

(1) Max Ringelmann, *Rapport général sur le concours de broyeurs de
pommes à cidre (Bulletin de l'Association pomologique de l'Ouest, 1897).*

le travail de l'homme par celui du cheval et surtout du moteur. C'est pourquoi on emploie partout les broyeurs au moteur dans les cidreries industrielles. En outre, M. Ringelmann a trouvé que les meilleures machines à cylindre muni de palettes nécessitaient 11 p. 100 de travail en plus que les broyeurs à noix. Ces derniers sont donc plus économiques.

Le broyage exige dans la pratique certaines précautions. D'abord, on doit entretenir le broyeur dans un parfait état de propreté et le laver soigneusement à l'eau pure avant de s'en servir. Le broyage doit être conduit de telle sorte que la pulpe obtenue soit bien divisée et bien uniforme, mais elle ne doit pas être réduite en bouillie, car la clarification du cidre devient alors très pénible.

On a beaucoup discuté pour savoir s'il était nuisible d'écraser les pépins des fruits lors du broyage. On considère, en général, qu'il est préférable de les respecter, à cause des huiles essentielles qu'ils contiennent, qui peuvent donner mauvais goût. Le fait est parfaitement exact pour certaines variétés de pommes très parfumées, dont les pépins contiennent beaucoup de ces huiles odorantes, et dans ce cas il faut soigneusement éviter de les broyer. Par contre, la question ne présente plus grande importance pour les cidres fabriqués avec des variétés de pommes peu parfumées, dont les pépins sont très pauvres en huiles empyreumatiques et qui ne peuvent communiquer aucun mauvais goût quand ils sont broyés.

B. **Cuvage de la pulpe.** — La pulpe ainsi obtenue n'est généralement pas soumise aussitôt au pressurage. On a l'habitude de laisser cuver les marcs pendant dix à quinze heures, en les brassant de temps en temps. Les partisans de cette méthode du cuvage lui attribuent deux avantages : 1° celui de donner au moût une teinte plus foncée; 2° celui de favoriser la multiplication des ferments alcooliques.

. Sur le premier point (coloration plus foncée du moût),

l'observation est manifestement inexacte. Au lieu de colorer les jus, l'exposition à l'air les fait pâlir en fixant sur le marc leurs principes colorables. Il n'y a donc, sous ce rapport, aucun intérêt à laisser cuver.

Pour ce qui concerne le second point (multiplication des ferments alcooliques), il est possible que le cuvage favorise le développement des levures. Mais il ne faut pas s'exagérer l'importance de ce fait : les jus provenant de pulpes non cuvées contiennent en pratique une quantité de levure suffisante ; et, d'ailleurs, cette multiplication des ferments peut s'effectuer aussi facilement lors du cuvage des marcs après le premier pressurage.

Le cuvage semble donc une opération inutile, et un grand nombre de fabricants de cidre la suppriment sans aucun inconvénient. Toutefois, cette question demande encore de nouvelles recherches : il est possible que la macération de la pulpe présente des avantages au point de vue des qualités et du bouquet du cidre, mais nous manquons encore d'observations précises à cet égard.

C. **Extraction du jus.** — La pulpe, soumise ou non au cuvage, est alors pressée énergiquement pour en extraire la plus grande quantité de jus possible.

Pressoirs. — Les pressoirs employés en cidrerie sont presque toujours des appareils discontinus ; le cultivateur se sert ordinairement de la presse à vis, et la cidrerie industrielle utilise la presse hydraulique.

Le pressoir à vis se compose en principe d'une table ou *maie*, sur laquelle on empile la matière à presser. Celle-ci est généralement maintenue par une *cage* cylindrique, constituée par des liteaux en bois placés verticalement et espacés environ de 1 centimètre. Cependant, dans certains pressoirs, par exemple dans le pressoir Simon, cette cage n'existe pas et le marc y est placé en huit ou dix couches successives enfermées dans des toiles et séparées par des claies de drainage (fig. 12). Ce dispositif facilite beaucoup l'écoulement du jus. Quel que soit

le système adopté, le marc est recouvert par un *mant·au*
composé de plateaux en bois sur lesquels on place des
poutres ou *bois de charge* qui transmettent la pression.
Enfin, à la partie supérieure se trouve le *blain* ou *mouton*
constitué par une poutre de plus grande dimension, qui

Fig. 12. — Pressoir Simon (de Cherbourg).

s'appuie sur les bois de charge et reçoit la pression. Celle-
ci s'obtient en faisant tourner un écrou autour d'une *vis*
centrale, par l'intermédiaire de mécanismes variables, sur
lesquels agissent des leviers. Ces mécanismes sont très
nombreux : plusieurs sont très ingénieux et permettent
d'atteindre des pressions élevées. Nous nous bornerons

à décrire le mécanisme des pressoirs Mabille, représentés par les figures 13 et 14. L'écrou est formé par un

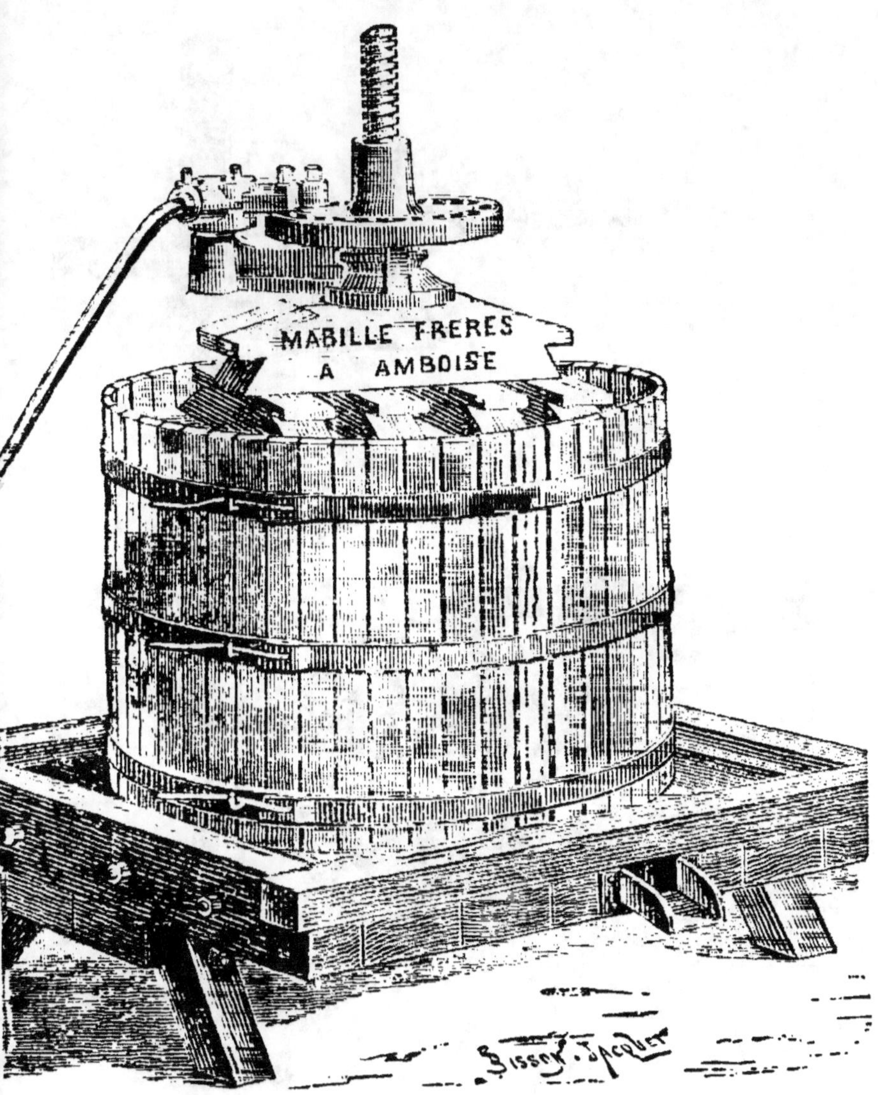

Fig. 13. — Pressoir Mabille (d'Amboise).

plateau horizontal A, garni d'une couronne de trous
rectangulaires. Dans ces trous s'engagent des clavettes F,
taillées en biseau, qui sont alternativement tirées et

poussées par deux bielles E. Ces deux bielles sont reliées
à une boîte à bielles C, qui est mise en mouvemen

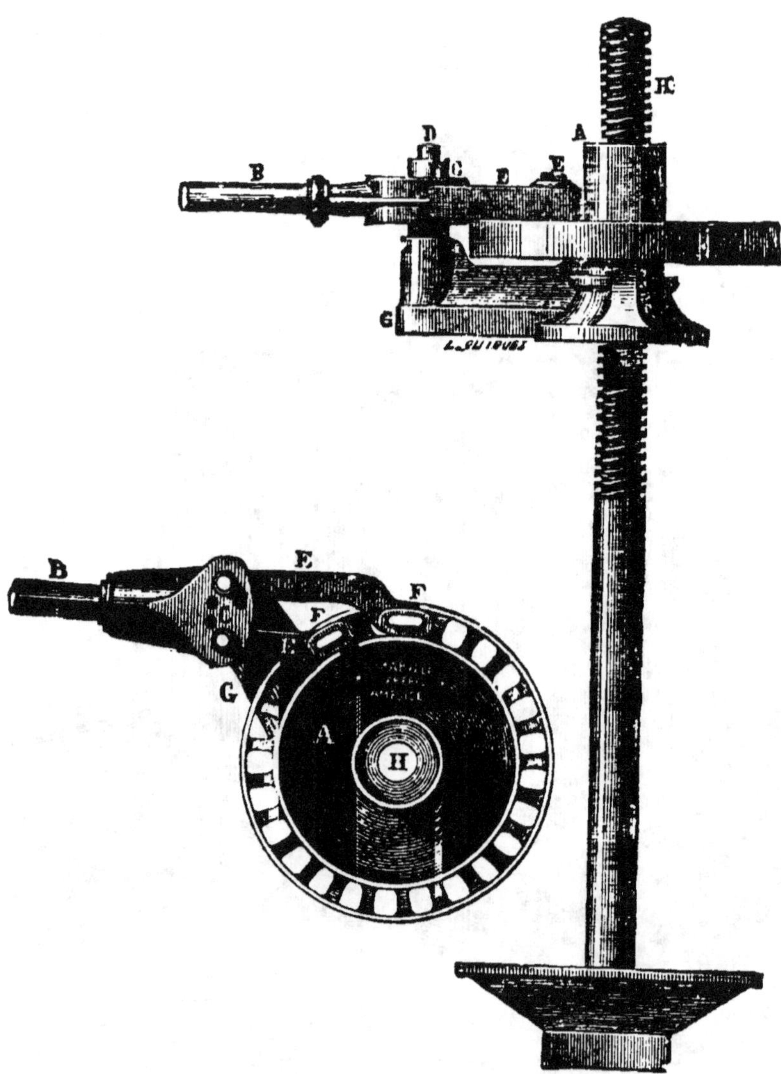

Fig. 14. — Mécanisme du pressoir Mabille (d'Amboise).

par un levier B. La boîte à bielles oscille dans un
plan horizontal, autour d'un axe fixe. Si l'on imprime
au levier B un mouvement de va-et-vient, les bielles

agissent alternativement sur le plateau-écrou qui avance ainsi à chaque oscillation du levier.

Pour obtenir un écoulement facile du jus, il est nécessaire d'interposer dans la masse des claies de drainage en bois. Ces claies sont en nombre variable suivant les pressoirs : il y en a une au fond, et on y ajoute tantôt une claie intermédiaire, tantôt deux, trois, et même dix ou douze. On remplace fréquemment ces claies en bois par des couches de paille de seigle qui donnent également un bon drainage du jus.

Pour augmenter le rendement en jus, on pratique souvent le *béchage* du marc dans la cage du pressoir, après avoir enlevé les bois de charge et le manteau. Dans les pressoirs Marmonier, on peut, à la fin du travail, écarter de 10 centimètres les deux portions de la cage cylindrique qui maintient le marc. On continue alors à presser, et il se produit un affaissement de la charge qui remplace avantageusement l'opération du béchage du marc, en augmentant le rendement en jus avec la même pression.

M. Ringelmann (1) a constaté que le rendement en jus était surtout influencé : 1° par la pression ; 2° par le mode de drainage ; 3° par la durée du travail. Examinons successivement ces trois facteurs.

La quantité de jus obtenue par égouttage direct pendant trois heures atteint environ 25 p. 100 du poids des pommes. Pour une pression de 50 kilogrammes par décimètre carré, elle monte en moyenne à 45,6 p. 100. Elle n'est que de 50,5 p. 100 pour une pression double, c'est-à-dire de 100 kilogrammes par décimètre carré; de 57,1 p. 100 pour une pression de 300 kilogrammes; de 59,4 p. 100 pour une pression de 500 kilogrammes; de 60,8 p. 100 pour une pression de 670 kilogrammes. On voit donc qu'on arrive très rapidement à une limite à laquelle un fort accroissement de pression ne donne

____

(1) Max Ringelmann, *Rapport sur le concours spécial de pressoirs* (*Bulletin de l'Association française pomologique*, t. XV).

qu'une augmentation insignifiante du rendement en
jus ; et il semble, d'après ces chiffres, qu'il n'y a pas
intérêt à dépasser, en pratique, une pression effective
de 400 à 500 kilogrammes par décimètre carré de
marc.

Le rendement en jus est notablement influencé par le
mode de drainage : il est donc nécessaire que les pressoirs possèdent de bons appareils de drainage, mais il ne
faut pas que ces appareils soient une cause de complica-
tion pour le chargement ou pour le nettoyage du matériel.
- Enfin, la durée de l'opération influe également sur le
rendement en jus. Le temps qu'on laisse à l'écoulement
du jus peut, en effet, remplacer, dans une certaine mesure,
une augmentation de pression.

Dans les brasseries de cidre, on utilise la presse
hydraulique, qui a l'avantage de donner une pression
beaucoup plus rapide. On dispose alors le marc entre le
plateau et le sommier de la presse, et on soumet ainsi la
matière à un pressurage énergique.

Les pressoirs à marche discontinue ont plusieurs inconvénients : 1° on perd un temps considérable pour disposer
sur la maie la matière à presser, pour mettre l'appareil
en fonctionnement et pour décharger ensuite ; 2° la matière à presser subit une sorte de feutrage qui a pour
effet de répartir inégalement la pression : les parties
supérieures sont pressées très fortement et les parties
centrales le sont incomplètement ; 3° le pressoir à
vis est un mauvais appareil au point de vue du rendement, car le travail utilisé à comprimer la masse est très
faible par rapport au travail employé pour produire la
pression.

A cause de ces multiples inconvénients, on a cherché
à construire des pressoirs continus, dans lesquels le pressurage s'effectuerait plus rapidement, et où il ne se produirait pas de feutrage par suite de la faible épaisseur de
la matière à presser. Cette question est à l'étude depuis

plusieurs années ; mais, jusqu'ici, le fonctionnement des pressoirs continus n'a pas encore présenté la régularité nécessaire pour la pratique courante. On doit cependant reconnaître que des efforts très consciencieux ont été tentés dans cette voie par divers constructeurs, et on peut espérer que la mise au point définitive de ce problème, particulièrement important pour la cidrerie industrielle, ne se fera pas longtemps attendre.

La quantité de pur jus qu'on extrait par un premier pressurage atteint environ 60 à 66 p. 100 du poids du jus contenu dans les pommes. Comme nous avons vu que les pommes renfermaient environ 95 p. 100 de jus et 5 p. 100 de matières solides, le premier pressurage permet donc d'obtenir 57 à 63 kilogrammes de jus pur. Il reste, par conséquent, dans le marc, 32 à 38 p. 100 du jus de la pomme, qu'on ne peut extraire que par le *rémiage*, suivi d'un second pressurage.

Rémiage. — Le marc résultant de la première pression est repassé au broyeur et additionné, soit de jus faible provenant d'un troisième pressurage, soit d'eau pure. La quantité de jus ou d'eau à employer est de 20 à 25 litres pour le marc provenant de 100 kilogrammes de pommes. On laisse alors macérer pendant vingt-quatre heures pour permettre au marc de bien s'imbiber et aux substances solubles de se diffuser, puis on soumet la matière à un second pressurage.

Pendant très longtemps on a considéré que la nature et la qualité de l'eau employée pour le rémiage étaient sans importance, et un grand nombre de cultivateurs utilisaient des eaux de mares plus ou moins corrompues, ou souillées avec du jus de fumier, car on pensait que la fermentation purifiait suffisamment le liquide. Ce préjugé disparaît de plus en plus aujourd'hui devant l'évidence des faits : les eaux malpropres communiquent au cidre un goût détestable, et on doit donc employer pour le trempage des marcs de l'eau de bonne qualité.

En outre, certains microbes pathogènes, qui sont souvent contenus dans les eaux contaminées, ne sont nullement détruits par la fermentation alcoolique : c'est ce qui résulte nettement des expériences de Louis Olivier et de Bordas et Joulin sur le bacille de la fièvre typhoïde. L'utilisation des eaux souillées par des déjections ou par des matières organiques est donc très dangereuse, puisqu'elle peut communiquer ultérieurement au cidre des propriétés nocives très graves. Nous concluons donc que l'eau employée dans le rémiage doit être une eau *potable*, au sens que l'hygiène moderne attribue à ce mot, c'est-à-dire une eau qui possède toutes les qualités qu'on exige pour qu'elle puisse être consommée sans danger.

Le second pressurage fournit, par 100 kilogrammes de pommes, environ 40 à 42 kilogrammes de jus dilué, qui correspondent environ à 22 à 25 kilogrammes de jus pur. Les deux pressurages réunis donnent donc en moyenne : par 100 kilogrammes de pommes, 79 à 88 kilogrammes de jus pur, sur les 95 kilogrammes que contiennent les pommes. Il reste donc encore dans les marcs, après le second pressurage, de 8 à 17 p. 100 du poids du jus contenu dans la pomme.

Si on veut extraire plus complètement encore les fruits, ce qui se fait surtout dans les années où les pommes sont chères, on additionne de nouveau le marc d'eau pure, à raison de 25 litres par 100 kilogrammes de pommes. Après un trempage de vingt-quatre heures, on presse une troisième fois, et on obtient ainsi un jus à très bas degré qui sert à mouiller le marc pour le deuxième pressurage, ou qui est mélangé aux jus précédemment extraits pour obtenir un moût assez étendu qui sert à fabriquer de la boisson. On extrait ainsi 88 à 92 p. 100 du jus contenu dans la pomme.

Les chiffres suivants, dus à l'obligeance de M. Gallemand, résument ce que nous venons d'exposer au sujet des rendements qu'on peut obtenir, avec deux pressurages

marchand et de la boisson. Enfin, dans les années mauvaises, quand les pommes sont très chères, on fait exclusivement de la boisson, et à cet effet on épuise le marc à fond par trois pressurages et on dilue le jus suffisamment pour faire la boisson. Dans l'industrie, on fait trois pressurages quand les pommes sont d'un prix assez élevé pour que l'augmentation de rendement ainsi obtenue paie la main-d'œuvre.

2° PRÉPARATION DES MOUTS PAR DIFFUSION.

Les résultats remarquables obtenus en sucrerie par la méthode de diffusion pour l'extraction du jus de betteraves devaient conduire à l'essai de cette méthode dans la préparation des moûts de pommes. Ces premiers essais remontent à une quinzaine d'années, époque à laquelle M. Fossier étudia l'application de la diffusion à la cidrerie.

Le principe de la méthode est le suivant : prenons quatre cuves en bois et remplissons-les de pommes découpées en cossettes, en forme de toit. Plaçons de l'eau dans la cuve n° 1 ; les principes solubles de la pomme vont se diffuser, et l'eau se chargera de ces substances. Au bout d'un certain temps, envoyons l'eau de la cuve n° 1 dans la cuve n° 2, et remplissons de nouveau d'eau pure la cuve n° 1. Le même phénomène de diffusion va se reproduire, le n° 1 va s'épuiser davantage et le n° 2 laissera à son tour diffuser ses principes solubles et enrichira le jus venant du n° 1. Au bout d'un nouveau laps de temps, nous envoyons le jus du n° 2 dans la cuve n° 3, celui du n° 1 dans le n° 2, et nous remplissons une troisième fois le n° 1 d'eau pure. Enfin, dans une quatrième opération semblable, nous faisons passer le jus du n° 3 sur le n° 4, et nous soutirons ce jus concentré qui s'est enrichi au contact des quatre cuves ; le jus du n° 2 passe sur le n° 3, celui du n° 1 sur le n° 2 et nous remettons une dernière fois de l'eau pure sur le n° 1. Celui-ci est alors considéré

comme épuisé ; il suffit de le vider et de le remplir de
nouveau de cossettes fraîches. La cuve n° 2 reçoit alors
de l'eau pure, et le jus de la cuve n° 4 vient au n° 1 rempli de cossettes neuves. Le travail marche ainsi d'une
façon continue, chaque cuve devenant à son tour première, deuxième, troisième ou dernière, et recevant trois
fois des jus de moins en moins concentrés et la quatrième
fois de l'eau pure.

En pratique, les pommes passent au laveur-épierreur,
puis au coupe-pommes qui les transforme en cossettes,
et ces cossettes sont envoyées aux diffuseurs. Ceux-ci
sont généralement en bois, en nombre variable de cinq
à dix, et sont disposés sur un chemin de fer circulaire, le
long duquel ils peuvent être déplacés.

D'après Briet, on peut obtenir par la diffusion 90 à
94 kilogrammes de moût, calculé en pur jus, par 100 kilogrammes de pommes. Les cossettes épuisées ne contiennent plus que des traces de sucre. Les moûts obtenus par
diffusion, à densité égale, contiennent les mêmes éléments
que les moûts de pression, et à peu près dans les mêmes
proportions. Cette méthode a donc l'avantage d'épuiser à
fond la pulpe ; elle est en outre moins coûteuse, car, si
elle exige un capital d'installation assez considérable,
elle permet par la suite une grande réduction de la main-
d'œuvre.

Mais la diffusion présente, par contre, de graves inconvénients. On lui reproche d'abord de donner avec les
variétés de pommes parfumées des moûts qui possèdent
une odeur empyreumatique très désagréable, qui devient
surtout accentuée quand la diffusion ne s'effectue pas à
basse température. On doit diffuser à une température
qui ne doit guère dépasser 15°, d'abord pour ne pas
augmenter cette odeur d'huiles essentielles, et ensuite
pour combattre les fermentations dans les diffuseurs.
Mais à ces basses températures la diffusion est beaucoup
plus lente. On doit donc conduire la marche très lente-

ment, ce qui prolonge le séjour du jus dans les diffuseurs et augmente les chances de fermentations secondaires.

Cette marche lente est d'autant plus nécessaire qu'on veut obtenir des jus plus concentrés. Quand on se borne à fabriquer du cidre marchand, on peut augmenter la rapidité de la circulation des jus.

Enfin, l'entretien des couteaux des coupe-pommes est extrèmement pénible ; il se produit des obstructions fréquentes et, pour que la cossette soit bien faite, il est nécessaire de changer fréquemment les couteaux.

Somme toute, on est forcé de reconnaître que la diffusion n'a pas donné, dans la majorité des cas, les bons résultats qu'on en attendait. Est-ce à dire que la méthode est mauvaise ? Évidemment non ; mais la question exige encore de nouvelles recherches, et on peut espérer que les études qui se poursuivent sur ce sujet nous conduiront bientôt à la solution parfaite du problème au point de vue industriel.

Composition des moûts mis en fermentation. — Quel que soit le mode adopté pour la préparation du moût, diffusion ou pressurage, on obtient ainsi des jus sucrés qu'on amène à une concentration variable suivant la nature du cidre qu'on veut produire.

Ces jus contiennent évidemment tous les principes solubles que nous avons rencontrés dans la pomme : sucres, tannins, matières pectiques, acides, matières azotées, matières minérales.

Le jus de premier pressurage, qui sert à fabriquer le cidre pur jus, a une densité qui varie de 1045 à 1060 et possède de 95 grammes à 130 grammes de sucre par litre. Quand on veut fabriquer du cidre marchand, on mélange les jus de premier et de deuxième pressurage, de manière à former un jus moyen dont la densité est de 1035 à 1040 environ et qui renferme 65 à 80 grammes de sucre par litre. Enfin, pour fabriquer la boisson, on emploie des jus très étendus, qu'on obtient soit par les deuxième et troisième pressurages, soit, dans les années mauvaises, en additionnant les jus d'une quantité d'eau suffisante. Ces moûts dilués ont une densité qui varie de 1015 à 1025 et contiennent environ 35 à 50 grammes de sucre par litre.

Sucrage. — Quand les conditions météorologiques ont été très défavorables, il arrive parfois que les pommes ne sont qu'imparfaitement mûres, et il peut y avoir intérèt à augmenter la richesse saccharine des moûts en les additionnant d'une certaine quantité de sucre, afin de produire un cidre de plus haut titre alcoolique. La nouvelle loi sur les boissons du 29 décembre 1900 accorde aux producteurs seuls le bénéfice du droit réduit de 24 francs par 100 kilogrammes sur les sucres bruts ou raffinés employés au sucrage des cidres ; mais cette quantité de sucre est limitée à celle du cidre nécessaire à la consommation familiale des producteurs, et elle ne peut dépasser 40 kilogrammes par membre de la famille et domestique attaché à la personne.

La demande de sucrage doit être adressée au directeur ou au sous-directeur des contributions indirectes de la circonscription où demeure le producteur, au plus tard quinze jours avant la récolte, et revètue de l'avis du maire sur l'exactitude des renseignements qu'elle contient.

Voici le modèle d'après lequel doit être rédigée cette demande de sucrage :

Je, soussigné (*nom, prénoms, qualité de propriétaire ou de fermier*), domicilié à....., commune de....., arrondissement de....., désirant bénéficier de l'article 16 de la loi du 29 décembre 1900, demande que la modération de taxe me soit concédée sur une quantité totale de..... (*en toutes lettres*) kilogrammes de sucre..... (*brut ou raffiné*) pour être employé comme suit :

..... kilogrammes pour sucrer..... (*en toutes lettres*) hectolitres de cidre.

Dans ce but, je déclare :

1° Que les personnes composant ma famille et vivant d'une façon permanente sous mon toit sont au nombre de....., savoir : (*nom, prénoms et âge de chacune des personnes de la famille*) ;

2° Que le nombre des domestiques attachés d'une manière permanente à ma personne, nourris et logés par moi, et vivant sur le domaine où se récolte le cidre pour la fabrication duquel la présente demande de sucrage est formée, s'élève à.....

Pour la culture :.....

Pour les travaux intérieurs :.....

3° Que ma récolte atteindra approximativement..... (*en toutes lettres*) hectolitres de (*pommes ou poires*).

Je demande, en outre, l'autorisation de procéder à la dénaturation du sucre vers le..... du mois de...... et à effectuer cette opération à mon domicile ci-dessus indiqué ou à mon cellier situé à....., commune de....., ou au dépôt de M....., établi à.....

Fait à....., le..... 190 .

Signature.

Le sucrage est d'ailleurs très peu employé en cidrerie, surtout depuis la loi nouvelle qui accorde aux *producteurs seuls* la détaxe sur les sucres. On a proposé d'utiliser le miel pour le sucrage des cidres faibles, à raison de 4 kilogrammes par hectolitre de moût, pour une augmentation de richesse alcoolique de 2 degrés. On emploie à cet effet les miels de seconde récolte, qu'on fait bouillir et qu'on écume avant de s'en servir. D'après Délépine, on obtiendrait ainsi des cidres supérieurs, sans aucun goût désagréable et de conservation parfaite.

II. — Fermentation du moût.

La fermentation du moût sucré est l'opération la plus importante de la fabrication du cidre. Nous savons en effet qu'il existe, à côté des ferments alcooliques utiles, un grand nombre de microbes nuisibles, dont le dévelop-

4.

pement dans les moûts compromet souvent la qualité du produit. Il n'y a pas de bon cidre possible sans une bonne fermentation, et les producteurs de cidre doivent donc faire tous leurs efforts pour aider au développement de la levure et pour arrêter celui des mauvais ferments.

Levures de cidre. — Les ferments sont apportés dans le moût par les pommes elles-mêmes. Ils se trouvent en effet à la surface des fruits au moment de leur maturité, où ils ont été transportés par les poussières de l'air et par les insectes.

C'est à M. Kayser que nous devons les premières notions précises sur les diverses levures de cidre. Ce savant a isolé, en 1890, dans les lies des cidres provenant de l'Exposition nationale des cidres et poirés, onze levures différentes dont il a étudié soigneusement les propriétés. Il a constaté que ces diverses levures faisaient fermenter les moûts de pommes d'une façon très variable. Quelques-unes poussent la fermentation très loin, en faisant disparaître tout le sucre et en donnant des cidres secs; d'autres, au contraire, laissent beaucoup de sucre non transformé et fournissent des cidres doux.

Voici les caractères de quelques-unes des levures isolées par M. Kayser :

Le *Saccharomyces mali* Duclaux (fig. 15) est une levure haute, à globules ovales, donnant beaucoup de corps et de bouquet au cidre, et laissant après fermentation un liquide encore sucré. C'est donc une levure de cidre doux;

Le *Saccharomyces mali* Risler (fig. 16) est une levure basse, ronde, donnant au cidre une saveur bien homogène, et transformant presque complètement le sucre en alcool et en acide carbonique. C'est une levure de cidre sec;

Le *Saccharomyces apiculatus* (fig. 17), isolé d'un cidre par M. Kayser, et faisant partie du groupe des levures apiculées, qui sont extrêmement répandues. Cette levure, comme toutes les levures apiculées, se caractérise par

une forme en citron tout à fait typique, et par sa propriété
de ne faire fermenter que le glucose ou le sucre interverti.

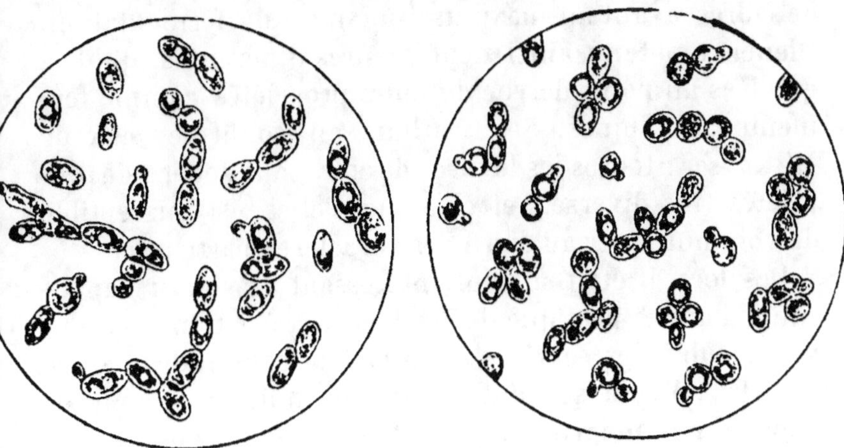

Fig. 15. — *Saccharomyces mali*   Fig. 16. — *Saccharomyces mali*
Duclaux.   Risler.

Elle n'attaque pas le saccharose, et comme ce sucre est
toujours présent dans les moûts de pommes en proportions

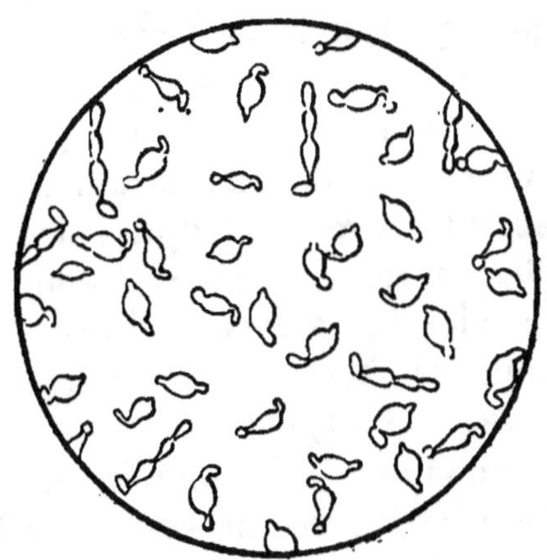

Fig. 17. — *Saccharomyces apiculatus.*

variables, elle laisse donc dans le liquide fermente une
certaine quantité de sucre et fournit des cidres doux.

Dienert a repris en 1896 la question de l'étude des levures de cidre. Au lieu d'employer, comme M. Kayser, des cidres ayant déjà un certain âge, il a isolé des levures de cidres ayant au maximum un mois de fermentation. Dienert a obtenu ainsi neuf levures différentes, qu'il a étudiées au point de vue de leurs propriétés comme ferments alcooliques. Ses résultats ont confirmé ceux de M. Kayser : toutes les levures de cidre sont douées de propriétés très diverses, et chacune d'elles est susceptible de communiquer au cidre des caractères particuliers.

Dès lors, il était surtout intéressant de voir si l'application dans la pratique de ces levures sélectionnées pouvait rendre des services dans la fabrication des cidres. Dès 1890, M. Kayser fit des essais sur 6 litres de moût de pommes ensemencés avec les diverses levures pures qu'il avait isolées, soit seules, soit associées. Les résultats obtenus ainsi confirmèrent ceux qui avaient déjà été obtenus au laboratoire. Certains cidres étaient excellents, de saveur franche et agréable ; d'autres, au contraire étaient plats et désagréables. Il existe donc de bonnes et de mauvaises levures de cidre, et M. Kayser concluait, avec beaucoup de justesse, que seuls des essais industriels sur des levures pures, bien étudiées au préalable au laboratoire, au point de vue de leurs propriétés, pourraient faire avancer la question et amener des perfectionnements dans la fermentation du cidre.

Levures sélectionnées. — La voie était donc tracée, et depuis le travail de M. Kayser les expériences sur les levures sélectionnées ont été nombreuses (Kayser, Martinand, Jacquemin, Dienert, etc.).

Le moût abandonné à lui-même fermente librement, puisqu'il contient les levures nécessaires à la fermentation alcoolique. Mais il ne contient pas que des levures ; on y trouve également un grand nombre de mauvais ferments. En outre, comme les travaux de M. Kayser l'ont montré, le moût apporte à la fois de bonnes levures et des levures médiocres, et nous avons grand intérêt à ne pas tout laisser au hasard et à faire fermenter notre moût avec une bonne levure, qui nous assurera un cidre de qualité et de conservation parfaites.

Le problème théorique ainsi posé paraît simple ; en pratique, nous allons voir qu'il est singulièrement complexe. Tout d'abord, les nombreuses expériences qui ont été instituées avec les levures sélectionnées n'ont pas donné de résultats bien concordants. Parfois on a complètement échoué ; parfois, au contraire, on a pleinement réussi. Quelles sont les causes de cette irrégularité ?.

Ces causes sont assez nombreuses. D'abord, le moût apporte avec lui un grand nombre de levures qui sont souvent mieux adaptées à la nature du milieu que la levure sélectionnée qu'on introduit. Il en résulte que la levure indigène étouffe parfois la levure sélectionnée, de sorte que l'expérience ne conduit à aucune conclusion. Le seul moyen d'éviter cet inconvénient est de chauffer au préalable les moûts à une température de 70° C. pour détruire les levures existantes, puis d'introduire alors seulement la levure pure. Malheureusement, on se heurte alors à un deuxième écueil des plus graves : le chauffage détermine dans les moûts une coagulation des matières albuminoïdes, sous forme d'un trouble fin qu'il est très difficile de faire disparaître. La clarification ultérieure devient très pénible ; or, il faut avant tout faire des cidres clairs. Cette question du chauffage des moûts de pommes, actuellement à l'étude, n'est pas encore résolue, mais il est certain qu'elle le sera un jour et qu'on trouvera le moyen de chauffer les moûts de pommes sans déterminer ces troubles qui deviennent ensuite un obstacle considérable dans la clarification ultérieure.

Une deuxième difficulté se présente dans l'emploi des levures sélectionnées. Chaque levure donne des résultats très variables suivant la nature des moûts qu'on lui offre.

L'application des levures sélectionnées dans les moûts
de pommes doit donc être précédée d'essais qui indiquent
ce qu'on peut attendre de telle ou telle levure dans un
moût de composition déterminée. Mais la composition
des moûts est variable d'une année à l'autre, et une
levure qui a donné dans une campagne de très bons
résultats peut parfaitement donner des résultats médiocres dans la campagne suivante. Ce fait s'est déjà produit en vinification, où on a remarqué l'influence très
nette de la composition chimique des moûts sur la marche
des levures sélectionnées. Mais, en vinification, le problème est encore relativement simple : le vigneron procède souvent avec le même cépage, et il n'y a dans les variations de composition de ses moûts d'une année à l'autre
que celles qui résultent des conditions climatériques.
En cidrerie, au contraire, beaucoup de fabricants prennent
des pommes partout, et la composition des moûts varie
d'une année à l'autre, non seulement sous l'influence
des conditions météorologiques, mais aussi sous l'influence des variations dans les espèces de pommes, qui
sont rarement les mêmes. Qu'un brasseur fasse venir, en
une année de disette, des pommes d'une région différente, et ce simple fait peut suffire, dans certains cas,
pour gêner la marche de telle ou telle levure sélectionnée.

Enfin, en cidrerie, le problème des levures sélectionnées ne se pose pas du tout comme en vinification. Dans
la fabrication du vin, on veut obtenir un liquide possé-
dant un bouquet délicat, mais complètement fermenté,
c'est-à-dire ne contenant que très peu de sucre. En cidrerie, il en est tout autrement. Dans la grande majorité
des cas, le consommateur demande des cidres doux, par
suite incomplètement fermentés. Les levures de cidre
idéales sont donc celles qui donnent une bonne fermentation tumultueuse qui s'arrête bientôt en laissant un
liquide clair, parfumé et contenant encore une certaine

proportion de sucre. Les levures ont été jusqu'ici assez peu étudiées sous ce rapport, le seul qui intéresse le producteur de cidre. Les levures de vin ne conviennent pas du tout pour cette fabrication : elles fournissent des liquides trop secs, dont le bouquet se rapproche de celui du vin et nullement de celui du cidre.

La solution du problème n'est donc pas facile dans cette voie. Toutefois, il importe de remarquer que, depuis quelques années, la question a été mise sérieusement à l'étude, et il est certain que les travaux qui se poursuivent actuellement dans les laboratoires, et les essais industriels qui les complètent, nous conduiront bientôt à une application pratique suffisamment précise pour que l'emploi de ces levures sélectionnées puisse rendre en cidrerie de très précieux services.

Conditions d'une bonne fermentation alcoolique du moût de pommes. — Nous savons que le moût de pommes contient, indépendamment des ferments alcooliques utiles, un grand nombre de ferments étrangers qui peuvent se développer dans les liquides et compromettre la réussite de la fermentation. On doit donc avant tout *chercher à lutter contre les organismes nuisibles.*

Nous avons pour cela deux moyens qui se complètent : Le premier est de placer la levure dans les conditions de vie les plus favorables, de manière à lui assurer un développement facile et à lui donner la force de résister aux autres ferments et de les écraser dans la lutte pour l'existence. Le second consiste à observer, dans toutes les opérations de la fermentation, la propreté la plus absolue, de manière à ne pas augmenter le nombre déjà trop grand des ferments nuisibles par l'apport de ceux qui proviennent d'eaux ou d'ustensiles malpropres. Le fabricant de cidre ne doit pas perdre de vue que la propreté minutieuse est la première condition de bonne réussite dans la fermentation.

La présence d'une *levure de bonne qualité* est également nécessaire pour que la fermentation alcoolique soit régulière. Les pommes apportent toujours dans le moût un certain nombre de levures, dont quelques-unes sont bonnes, d'autres médiocres, et la nature de la fermentation dépendra évidemment de la nature des levures qui s'y trouvent. Dans certains cas, les levures indigènes donneront des résultats excellents; dans d'autres, au contraire, l'absence de bonnes levures pourra compromettre le succès de la fermentation, et il sera nécessaire de recourir à un emploi rationnel des levures sélectionnées.

La *composition du moût* joue également un rôle très important dans la marche de la fermentation alcoolique. Les levures se plaisent dans un milieu légèrement acide, mais un excès d'acidité peut gêner leur développement. Il est rare de rencontrer des moûts de pommes qui pèchent par défaut d'acidité, mais, par contre, il arrive assez fréquemment que l'acidité est trop élevée. Il devient alors utile d'en saturer une partie par de la craie lavée, d'abord pour que la levure ne soit pas gênée dans son travail, ensuite pour ne pas obtenir de cidres trop aigres. Il faut autant que possible ne pas dépasser dans le moût une dose de 2 grammes à 2gr,5 d'acidité par litre, évaluée en acide sulfurique.

La *température du liquide en fermentation* a aussi une importance capitale. Cette température doit être assez basse. En effet, on cherche avant tout à fabriquer des cidres clairs. Pour arriver à ce but, il importe de ne pas avoir une fermentation tumultueuse trop active, car un développement trop vigoureux de la levure empêcherait la formation régulière du chapeau en mettant en suspension toutes les matières précipitées. En outre, une fermentation trop active donne souvent naissance à des cidres trop secs, surtout avec les moûts assez pauvres en sucre. Il ne faut donc pas fermenter à une température trop élevée. D'un autre côté, aux températures trop basses, l'action de la levure se trouve paralysée. Les conditions favorables sont donc des conditions moyennes : le départ de la fermentation doit avoir lieu aux environs de 14° C., et cette température paraît la plus favorable pour une bonne fabrication. Cependant, certains praticiens considèrent comme préférable de laisser partir la fermentation aux environs de 20°, quitte à refroidir par la suite. En cidrerie agricole, où on dispose difficilement de moyens de réfrigération, il vaut mieux mettre en fermentation à une température qui ne dépasse pas 12° à 14° C., afin de ne pas atteindre ultérieurement, par suite du dégagement de chaleur qui accompagne le développement de la levure, une température trop élevée. En cidrerie industrielle, il est utile de disposer les cuves de fermentation de manière qu'elles puissent être refroidies, afin de maintenir la température entre 14° et 18° C.

L'*aération* est le plus souvent inutile : elle ne trouve son emploi que dans le cas de fermentations très paresseuses ; il suffit alors de soutirer le liquide pour produire l'aération voulue.

Pratique de la fermentation du cidre. — Chez le cultivateur, la fermentation s'effectue toujours en tonneaux ; dans la cidrerie industrielle, elle a lieu le plus souvent en cuves.

Nettoyage des tonneaux et des cuves. — Les récipients destinés à recevoir le moût doivent être au préalable parfaitement nettoyés. Quand il s'agit de cuves ou de grands tonneaux, dans lesquels un homme peut pénétrer, le meilleur moyen pour les nettoyer consiste à y descendre, à brosser l'intérieur à l'eau froide, puis à l'eau tiède, dans laquelle on place une certaine quantité de carbonate de soude. On rince, puis on laisse parfaitement égoutter, et on procède alors au soufrage, comme nous l'indiquerons plus loin.

Dans le cas de fûts de petite dimension, on effectue la

nettoyage de la même manière, mais en introduisant dans le fût une chaîne, destinée à détacher des douves les substances adhérentes, et on agite fortement. On laisse égoutter et on soufre.

Le soufrage des fûts est une excellente précaution. Cette opération consiste à brûler dans le tonneau, pendant qu'il est encore humide, environ 2 centimètres de mèche de soufre par hectolitre de capacité, et à boucher ensuite hermétiquement. L'acide sulfureux détruit radicalement tous les mauvais ferments qui peuvent rester dans le tonneau, et empêche tout développement ultérieur de moisissures ou de microbes nuisibles. On conserve ainsi les fûts jusqu'au moment de les utiliser, et il suffit alors de les rincer à l'eau froide pour s'en servir.

Dans les usines, on fait souvent précéder le soufrage d'un passage à la vapeur, suivi d'un rinçage. On obtient ainsi des fûts d'une propreté parfaite.

Quand les tonneaux ont une odeur de pourri ou de moisi, il faut les désinfecter soigneusement si on ne veut pas voir se communiquer ces mauvaises odeurs au cidre. Le meilleur remède paraît être, dans ce cas, d'ouvrir le fût et de le brosser énergiquement à l'intérieur avec une solution de bisulfite de chaux. On fait suivre cette opération de nombreux rinçages à l'eau pure, de manière à éliminer complètement l'agent antiseptique.

Toutes ces précautions sont nécessaires, aussi bien pour les fûts employés pour la fermentation que pour ceux qu'on utilise pour la conservation du cidre. On ne doit jamais placer du cidre que dans un fût propre et absolument sans odeur.

Fermentation tumultueuse. — Le moût de pommes obtenu par pressurage entre généralement en fermentation de lui-même, au bout d'une douzaine d'heures. Le départ de la fermentation est un peu plus tardif avec les moûts de diffusion : elle ne se produit souvent qu'au bout de vingt-quatre à trente-six heures.

Quand on emploie des levures sélectionnées, il est d'abord nécessaire de rajeunir ces levures et de préparer un pied de cuve.

A cet effet, on écrase une quantité suffisante de fruits bien mûrs, pour produire une dizaine de litres de jus, et on déverse dans ces dix litres, préalablement portés à une température moyenne de 25°, le bidon de levure sélectionnée. On agite pour bien mélanger la levure; la fermentation se déclare, et, au bout de trois à quatre jours, on obtient un pied de cuve suffisant pour mettre en fermentation 10 hectolitres de moût. Il faut employer ce pied de cuve aussitôt, quand la levure est en plein développement; on ensemence ainsi largement avec une levure en parfaite activité.

Le pied de cuve ne doit pas être trop abondant, afin de ne pas provoquer une fermentation tumultueuse exagérée.

Les premières bulles d'acide carbonique qui se dégagent ont pour résultat d'entraîner à la surface une grande quantité de matières mucilagineuses, qui constituent bientôt un volumineux chapeau de couleur brune. Il se produit donc là, dès le début, un véritable collage. Ce chapeau doit être bien uniforme, et il ne doit pas être brisé par une mousse blanchâtre. Cette formation du chapeau est assez capricieuse : elle est parfois très régulière ; parfois, au contraire, généralement à la suite d'un départ trop tumultueux de la fermentation, le chapeau se brise rapidement et les matières accumulées sont immédiatement remises en suspension dans le liquide, ce qui est très défavorable pour la clarification ultérieure. Le temps a une influence énorme. En effet, une dépression barométrique sensible a pour résultat de provoquer dans ce liquide saturé d'acide carbonique un dégagement gazeux assez abondant pour agiter les dépôts et les mettre en liberté dans le sein du liquide.

La fermentation tumultueuse se poursuit très régulièrement pendant quelques jours, puis elle se ralentit. A ce moment, la levure commence à se déposer et les matières insolubles forment alors deux couches : la couche supérieure, constituée par le chapeau, et la couche inférieure, constituée par la pulpe la plus dense et par la levure. On dit que le cidre est *entre deux lies* ; la densité est alors généralement descendue à 1025-1020. C'est à ce moment qu'il faut soutirer le liquide. On doit bien se garder de laisser le cidre sur ses lies, comme le font certains praticiens qui obéissent à une opinion malheureusement encore assez accréditée. Le maintien du cidre sur ses lies ne peut que compromettre les qualités gustatives du produit et sa clarification ultérieure. Il faut donc soutirer le cidre et on le place dans des foudres ou dans des fûts bien propres, dans lesquels il va achever sa fermentation complémentaire.

III. — Traitement du cidre après fermentation principale.

Soutirages, fermentation complémentaire et clarification du cidre. — Nous venons de voir que, dès que la fermentation principale commence à se ralentir et que le cidre bout entre deux lies, il est nécessaire de soutirer le liquide et de le placer dans de nouveaux fûts pour qu'il y effectue sa fermentation complémentaire. Ce soutirage s'effectue soit au moyen d'un gros robinet placé au bas d'un des fonds du tonneau, soit, ce qui est préférable, au moyen d'un siphon en fer-blanc ou en caoutchouc qu'on introduit par la bonde jusque près de la surface de la lie.

Il est nécessaire de faire ce premier soutirage quand le cidre fermente encore. En effet, à ce moment, il dégage encore assez d'acide carbonique pour empêcher l'affaissement du chapeau dans le fût, ce qu'il faut à tout prix éviter si on veut avoir un cidre clair et de bonne conservation. En outre, le transvasement fait perdre une grande quantité de gaz carbonique, et il importe que la fermentation ne soit pas terminée pour qu'elle puisse en reproduire, car l'acide carbonique est un des éléments utiles de la conservation des cidres.

Ce soutirage a pour résultat de provoquer, par suite de l'aération, un développement assez abondant de levure, et un second soutirage est généralement nécessaire quelque temps après.

Il est souvent difficile d'obtenir des cidres bien clairs. Un premier moyen de clarification consiste à coller le cidre. Cette opération se pratique au moment du soutirage, quand le cidre est entre deux lies. La composition chimique du cidre n'étant pas la même que celle du vin, on ne peut pas employer, pour le collage des cidres, les mêmes substances qu'en vinification. La substance la meilleure est le tannin, à raison de 10 grammes par hectolitre. On peut également employer le cachou, proposé par MM. de Boutteville et Hauchecorne, à la dose de 60 grammes d'extrait sec par hectolitre de cidre. On ne sait pas bien comment agissent exactement ces substances tannantes. Il est possible qu'elles se combinent aux matières azotées du moût en produisant un précipité qui englobe les matières en suspension; mais ce précipité est peu apparent. Il est plus probable que la présence du tannin augmente la solubilité des matières pectiques et empêche leur précipitation.

Après le soutirage et le collage, le cidre effectue sa fermentation complémentaire. Bientôt le dégagement d'acide carbonique se ralentit et, quand on constate qu'il est devenu très faible, on doit remplir à peu près complètement le tonneau et assujettir solidement la bonde. Le cidre ainsi fabriqué en automne est bon à boire au bout du quatrième ou cinquième mois.

Les grandes difficultés qu'on rencontre dans la clarification des cidres ont amené les fabricants à rechercher si la filtration ne permettrait pas de clarifier d'une façon parfaite les cidres troubles. Cette méthode semble évidemment la plus rationnelle.

On a utilisé, à cet effet, des filtres à bougies poreuses, à tissus comprimés, à amiante, etc. Malheureusement, le problème est assez difficile en pratique. Les matières qui troublent les cidres sont à la fois très fines, ce qui exige un filtre très serré, et très mucilagineuses, ce qui colmate rapidement les masses filtrantes. Aussi arrive-t-il d'ordinaire que la clarification est imparfaite quand on veut avoir un débit suffisant; ou bien que le débit devient très faible quand on veut avoir un cidre parfaitement clair. La solution vraiment pratique de la question demande donc encore des études.

Conservation des cidres. — Par suite des matières altérables qu'il contient, le cidre est beaucoup plus difficile à conserver que le vin.

Les deux premières conditions à observer pour obtenir une bonne conservation du cidre sont de n'employer que des fûts très propres et de placer le cidre dans une bonne cave.

Nous avons déjà vu, en étudiant la pratique de la fermentation du cidre, les soins qu'on devait apporter au nettoyage des tonneaux. Cette condition est assez souvent remplie aujourd'hui par les fabricants de cidre, qui ont bien reconnu les inconvénients graves qui résultent de l'emploi de fûts en mauvais état.

Il n'en est pas de même des caves. Le plus souvent, on conserve le cidre dans des celliers qui répondent très mal aux conditions nécessaires pour assurer la bonne conservation du cidre. D'après M. Power, une bonne cave doit être fraîche en été et relativement chaude en hiver, c'est-à-dire que la température doit y être aussi peu variable que possible. Elle doit être environ de 10°. On ne doit y placer que du cidre, et éviter d'y conserver en même temps des légumes, des salaisons ou d'autres liquides comme du vinaigre et de la bière.

On conserve le cidre souvent dans des fûts, et, en cidrerie industrielle, souvent aussi dans de grandes citernes avec revêtements en granit, en ardoise ou en verre, dont les joints sont soigneusement suiffés pour éviter le contact du cidre avec le ciment qui pourrait nuire au goût et à la couleur du liquide.

Il est très important de soustraire le cidre au contact de l'air. En effet, un grand nombre de maladies du cidre, telles que la fleur et l'acétification, ne peuvent envahir le liquide que si celui-ci se trouve exposé à l'air. On doit donc maintenir les fûts bien remplis et n'avoir en vidange à la fois que le moins de fûts possible. On peut munir les tonneaux en vidange de bondes spéciales contenant un tube rempli de coton ; l'air qui rentre dans le fût se débarrasse ainsi de ses microbes et de ses poussières et la conservation est plus certaine. On peut également placer à la surface du liquide en vidange une couche d'huile destinée à le protéger contre le contact immédiat de l'air et à empêcher le développement du ferment acétique.

Chauffage des cidres. — Les difficultés qu'on rencontre dans la conservation des cidres proviennent du développement de ferments étrangers dans le liquide. Il est donc tout naturel qu'on ait songé à chauffer les cidres de manière à détruire ces ferments. Les expériences de Pasteur ont prouvé en effet que le seul moyen de prévenir l'altération ultérieure des liquides fermentés consiste à les chauffer à une température suffisante pour tuer les germes de maladie qu'ils contiennent.

De nombreux essais ont été faits sur cette question, qui présente pour la cidrerie la plus haute importance. En effet, le consommateur accepte difficilement les cidres durs, et il y a un intérêt considérable à traiter les cidres pour leur assurer une plus longue conservation, qui permette de les utiliser en bon état au moment de l'été, quand la consommation est la plus forte.

Les expériences qui ont été poursuivies à ce sujet ont montré que la pasteurisation était une opération des plus délicates. Le chauffage aux environs de 60° a pour résultat de développer dans les cidres ainsi traités une saveur de cuit caractéristique qui compromet sérieusement les qualités gustatives du produit.

Cependant, M. Lechartier a constaté qu'en provoquant dans le liquide chauffé une nouvelle fermentation par l'addition de ferments alcooliques, le cidre chauffé perd toute saveur de cuit et reprend son goût primitif. Cette refermentation peut être faite seulement au moment de livrer le cidre à la consommation.

Une autre difficulté, qui se présente dans la pasteurisation des cidres, provient de ce fait qu'on risque, par le chauffage, de coaguler parfois certaines matières en solution dans le cidre et de troubler ainsi le liquide. On peut également détruire des parfums. On voit donc que, somme toute, la pasteurisation appliquée aux cidres est une opération délicate, difficile, et toujours assez compliquée dans la pratique, à cause de la refermentation qu'on doit faire subir au liquide pour lui enlever le goût de cuit.

Cidres en bouteilles. — La mise du cidre en bouteilles s'est beaucoup généralisée depuis un certain nombre d'années, et elle donne lieu aujourd'hui à un commerce assez important.

On peut se proposer de mettre en bouteilles des cidres secs, ou bien de préparer des cidres mousseux.

Dans le premier cas, on met le cidre en bouteilles quand il a complètement achevé sa fermentation alcoolique. Il devient alors capiteux, très franc de goût, et se conserve généralement bien quand il a été mis en bouteilles avec précaution. Cette fabrication des cidres secs en bouteilles est surtout répandue en Allemagne.

Quand on veut fabriquer du cidre mousseux, on peut le mettre en bouteilles soit aussitôt après la fin de la fermentation tumultueuse, soit plus tard, pendant le cours de la fermentation complémentaire. Quand on le met en bouteilles aussitôt après la première fermentation, on doit d'abord le clarifier le mieux possible par collage au tannin ou à l'ichthyocolle, puis on le place, quand il est suffisamment clair, dans des bouteilles en verre très épais et très résistant. On remplit ces bouteilles jusqu'à 6 ou 7 centimètres du bouchon, et on bouche solidement. Le bouchon doit être maintenu par un fil de fer. Les bouteilles sont alors gardées debout pendant six ou huit mois, puis on les couche, pour éviter le départ de l'acide carbonique.

On peut également mettre le cidre en bouteilles seulement au moment où la fermentation complémentaire commence à se ralentir. On obtient ainsi une boisson des plus agréables, bien chargée d'acide carbonique et qui mousse assez fortement dans le verre. Ces bouteilles doivent être conservées couchées.

Congélation des cidres. — La fabrication du cidre exigeant des additions d'eau assez considérables, il arrive que, dans les années où la densité est faible, le titre alcoolique du liquide est insuffisant pour aider à la bonne conservation, la vente en devient difficile, et les frais de logement sont, en outre, très onéreux.

On a cherché à congeler le cidre, pour lui soustraire une certaine quantité d'eau et concentrer ainsi le liquide. Des essais assez nombreux ont été entrepris par MM. Lechartier, Descours-Desacres, etc. On a constaté qu'il était possible de congeler les cidres et d'obtenir ainsi, d'une part, des liquides d'une densité beaucoup plus élevée que celle du liquide soumis à la congélation, et, d'autre part, des liquides faibles pouvant remplacer avantageusement l'eau dans la préparation des boissons. La congélation ne produit qu'une concentration du liquide : elle

5.

me supprime nullement les ferments ; la fermentation est donc simplement interrompue pendant la congélation, et reprend parfaitement par la suite dans les liquides ainsi traités. Il en est de même pour les ferments de maladie, qui demeurent vivants dans le cidre après congélation et fusion.

Cette opération de la congélation présente, d'ailleurs, des inconvénients assez graves. Il est difficile de faire fondre la glace dans les conditions de propreté parfaite qui doivent régner dans toute la fabrication du cidre. On expose le liquide au large contact de l'air, ce qui peut occasionner des infections si on travaille dans un local où l'air est impur. En outre, ce contact avec l'air peut amener des changements défavorables dans la coloration des cidres. Le problème demande donc de sérieuses études scientifiques, toute question économique étant mise de côté ; et il n'est pas encore démontré que, sous ce dernier rapport, la congélation des cidres soit une opération possible.

Résidus de la cidrerie.

Le marc obtenu lors du pressurage des pommes possède la composition suivante :

Marc non épuisé (2ᵉ pression). (E. Gallemand.)

Eau......................................		812
Matières solubles....	Glucose...............	50,6
	Saccharose............	7,1
	Diverses...............	11,0
Matières insolubles..........................		120,0

Le marc épuisé est évidemment beaucoup plus pauvre en sucre, comme l'indique l'analyse suivante (E. Gallemand) :

Eau.................................	800
Sucres......	4,5
Matières grasses....................	6,8
— azotées....................	10,6
— cellulosiques...	170,0
— minérales.................	8,1

Les matières minérales sont composées surtout de chaux, de potasse et d'acide phosphorique.

Le marc peut être utilisé de deux manières : 1° pour l'alimentation du bétail ; 2° pour la fumure des terres.

L'alimentation du bétail est le mode d'utilisation le plus rémunérateur ; mais il exige certaines précautions. On doit donner le marc aux animaux avec modération, à cause de ses propriétés laxatives et diurétiques. Le mieux est de le mélanger à des tourteaux ou à de la mélasse, en ne faisant pas entrer le marc pour plus d'un tiers, au maximum, dans la ration journalière de l'animal.

Quand on utilise les marcs frais, les animaux les supportent beaucoup mieux. On doit donc, pendant toute la période de fabrication, faire consommer les marcs à l'état frais. Le reste est mis en silo, à l'abri de l'air, et on l'utilise alors au fur et à mesure des besoins ; mais son emploi demande plus de précautions.

Si tout le marc n'est pas consommé pour l'alimentation des bestiaux, on peut l'employer comme engrais. 1 000 kilogrammes de marc humide à 80 p. 100 d'eau contiennent environ $4^{kg},500$ de chaux à l'état de sels calcaires, $1^{kg},500$ de potasse, $0^{kg},500$ d'acide phosphorique et $0^{kg},160$ d'azote. C'est donc un engrais très pauvre. Le meilleur moyen d'utilisation consiste à le mélanger à des phosphates broyés finement, à raison de 400 kilogrammes de marc par 100 kilogrammes de phosphate. On doit prendre, de préférence, des phosphates tendres et très assimilables, et on obtient ainsi un bon engrais phosphaté.

On peut également préparer un compost en mélangeant le marc avec de la marne et de la terre, à raison de 400 kilogrammes de terre et 200 kilogrammes de marne pour 400 kilogrammes de marc. Ce compost est généralement utilisé, au bout d'un an seulement, comme engrais autour des pommiers, à raison de 2 hectolitres environ par arbre.

CHAPITRE IV

MALADIES DES CIDRES.

Le cidre est sujet à des maladies fréquentes : par suite de sa faible teneur en alcool, et souvent aussi de sa richesse en sucre, il constitue un très bon milieu pour le développement de certains ferments étrangers. Les principales maladies qui attaquent le cidre sont : la fleur, l'acétification, le noircissement, la graisse, les fermentations putrides.

Fleur. — La fleur provient du développement, à la surface du cidre, de certains ferments spéciaux qui appartiennent au groupe des mycodermes. Ils consistent en globules de forme ovale, présentant à l'intérieur des vacuoles, et formant à la surface des liquides des voiles blancs. Ils détruisent d'abord les parfums, ensuite l'alcool, qu'ils brûlent en le transformant en eau et en acide carbonique. C'est pourquoi on trouve beaucoup de cidres plats. Ce ferment serait extrêmement dangereux s'il n'était pas aussi facile à combattre. D'abord, il est très avide d'oxygène, et comme son fonctionnement vital s'accompagne d'un abondant dégagement d'acide carbonique, la couche dense de ce gaz qui s'accumule arrête bientôt le développement de la fleur. En outre, pour empêcher la multiplication de ces mycodermes, il suffit de tenir les tonneaux pleins ; le ferment est ainsi privé de l'oxygène nécessaire et ne peut se développer.

C'est surtout pendant la vidange qu'il est à craindre, principalement quand celle-ci dure longtemps. Le meilleur moyen consiste à munir le tonneau d'une bonde portant un tube rempli de coton, pour éviter l'accès des microbes en général, et particulièrement de ces mycodermes, et de placer à la surface du liquide une couche d'huile, qui intercepte le contact de l'air.

Acétification. — C'est la maladie la plus fréquente dans les cidres. Elle est produite par un ferment différent du précédent, le *Mycoderma aceti,* dont il existe un grand nombre de variétés. Ce ferment, déjà décrit au début de cet ouvrage, fixe l'oxygène de l'air sur l'alcool, et le transforme en acide acétique, d'où il résulte un goût piqué désagréable et une baisse dans le titre alcoolique du liquide. Il est, comme la fleur, très avide d'oxygène.

C'est Pasteur qui a montré le premier que la fermentation acétique est produite par un petit organisme, qui se présente, vu au microscope, sous la forme de chapelets sinueux, et donne à la surface des liquides un voile velouté. Duclaux, Hansen, Henneberg, Rothenbach, etc., ont décrit également un grand nombre d'espèces analogues qui ont toutes la propriété d'oxyder l'alcool et de le transformer en acide acétique.

L'acétification du cidre provient souvent du mauvais état des fûts. On place parfois le cidre dans des tonneaux mal nettoyés, dans lesquels il reste des ferments acétiques. Les remèdes contre l'acétification sont donc surtout préventifs. Le meilleur moyen est d'abord d'éviter autant que possible la présence des ferments acétiques dans le liquide, et, pour cela, d'observer dans toutes les opérations de la fabrication la propreté la plus rigoureuse. Les fûts doivent être nettoyés avec le plus grand soin, et soufrés avant l'usage.

Ces premières précautions indispensables prises, on doit, comme pour la fleur, soustraire autant que possible le cidre au contact de l'air, car le ferment acétique est, lui aussi, un ferment très aérobie, dont le développement est arrêté par l'absence de l'oxygène. On doit donc maintenir les tonneaux soigneusement pleins et prendre, lors de la vidange, les mêmes précautions que celles qui ont été indiquées contre la fleur.

Dufour et Daniel ont conseillé l'addition au cidre de 10 grammes de sous-nitrate de bismuth par hectolitre. L'acétification des cidres ainsi traités est beaucoup moins à craindre. Mais il est préférable de ne pas recourir à l'addition de substances étrangères, puisque, avec des soins, on arrive parfaitement à produire des cidres qui se conservent bien sans acétification.

Quand le cidre est déjà un peu piqué, on peut essayer de corriger l'excès d'acidité par une légère addition de craie ou de bicarbonate de soude. Le cidre doit, dans ce cas, être consommé immédiatement, car le ferment acétique continue son développement, et le cidre devient de plus en plus dur. Quand l'acétification est accentuée, le mal n'est plus réparable.

Noircissement. — Il arrive fréquemment de voir les cidres prendre une teinte noire, en même temps qu'ils perdent leur saveur aigrelette et deviennent plats.

On a pendant longtemps attribué le noircissement à la présence de sels de fer en quantité trop considérable et à une insuffisance d'acidité ; Dufour et Daniel l'ont attribué à une oxydation du tannin.

La question a été élucidée à la suite de la découverte par G. Bertrand des diastases oxydantes. M. Lindet a montré que les pommes contenaient une grande quantité de ces oxydases, qui ont la propriété de colorer en brun le tissu de la pomme. Le phénomène ne se produit plus quand on chauffe la pomme à 100°.

Dienert explique le noircissement du cidre par l'action d'une diastase oxydante sur le tannin de la pomme. Cette diastase agit sur le tannin en donnant d'abord une coloration jaune, puis une couleur foncée qui caractérise le noircissement.

Plusieurs remèdes ont été proposés contre cette maladie :

L'addition d'acide tartrique, à raison de 50 grammes

par hectolitre, diminue les chances de noircissement en gênant l'action de la diastase, qui est moins accentuée dans les milieux acides.

Le chauffage du moût, préconisé par Dienert pour tuer la diastase, est peu pratique et très délicat, à cause des troubles qu'il amène dans le liquide.

L'addition de jus de poires, proposée par Payen, a pour but d'apporter dans le moût une plus grande acidité et un excès de tannin, pour placer la diastase dans des conditions défavorables.

Graisse. — La maladie de la graisse est caractérisée par la consistance visqueuse que prend le cidre qui en est atteint. Il devient gras et file comme de l'huile.

Cette altération est causée par un microbe spécial, découvert par Pasteur. Il se présente sous la forme de petits coccus sphériques, réunis en chaînettes et enveloppés d'une matière gommeuse qu'ils sécrètent.

Le développement de ce microbe dans le cidre est dû au manque de soins et à la malpropreté.

Le ferment de la graisse se multiplie mal en présence de quantités de tannin assez fortes. Le meilleur moyen pour l'arrêter ou pour empêcher son développement consiste donc à additionner le cidre d'une certaine proportion de tannin, par exemple 6 grammes par hectolitre. On opère ainsi un collage qui enlève la viscosité du liquide, mais le traitement doit être fait quand la maladie est encore peu avancée, car le développement du ferment de la graisse s'accompagne, en outre, d'une viciation de goût caractéristique qui rend le cidre peu agréable à consommer, même quand la viscosité a disparu.

Il existe encore un certain nombre d'autres maladies du cidre. Andouard a signalé un ferment causant l'amertume du cidre, analogue à celui qui existe dans les vins amers.

On a parfois, dans les fabrications malpropres, des fermentations putrides. Il y a formation d'acide butyrique, et le cidre prend une odeur détestable. Dans ce cas, il faut employer un remède radical. On doit procéder à la désinfection de tous les fûts, récipients et citernes, au moyen de chlorure de chaux, avant d'utiliser de nouveau ces vaisseaux pour y conserver du cidre. Cet accident ne doit, d'ailleurs, jamais se produire dans une fabrication soignée.

CHAPITRE V

ANALYSE DES MOÛTS ET DES CIDRES. — COMPOSITION DES CIDRES. — FRAUDES.

ANALYSE DES MOÛTS ET DES CIDRES.

La détermination des éléments utiles du moût de pommes porte généralement sur la densité, les matières sucrées, l'acidité totale, les tannins et les matières pectiques. L'analyse sommaire du cidre comprend les déterminations suivantes : l'extrait sec, l'alcool, l'acidité totale, l'acidité volatile, les matières sucrées, les tannins et les matières pectiques.

Densité. — L'emploi du densimètre pour l'essai pratique des moûts a d'abord été recommandé par Hauchecorne et de Boutteville, qui ont montré la relation qui existe entre la densité et la richesse en sucre des moûts. Depuis, Lechartier, Truelle ont dressé des tables qui donnent directement, connaissant la densité, le poids de sucre contenu dans un litre de moût. On peut employer, soit un densimètre sensible et tenu soigneusement propre, soit le *pomivalorimètre* de Truelle, aréomètre spécial gradué de 4 à 10, qui donne pour chaque degré, en se reportant à une table spéciale, la richesse en sucre par litre de moût et le titre alcoolique du cidre correspondant. Voici les tables densimétriques dressées par

Truelle, qui rendent de grands services dans la pratique cidrière :

Densité	Degré du pomi-valorimètre.	Poids du sucre par litre.	Alcool correspondant en volume pour 100.	Densité.	Degré du pomi-valorimètre.	Poids du sucre par litre.	Alcool correspondant en volume pour 100.
1040	4°,0	80	4,81	1070	7°,0	153	9,33
1041	4°,1	82	5,00	1071	7°,1	155	9,45
1042	4°,2	85	5,18	1072	7°,2	157	9,57
1043	4°,3	88	5,36	1073	7°,3	159	9,69
1044	4°,4	91	5,55	1074	7°,4	161	9,82
1045	4°,5	94	5,73	1075	7°,5	163	9,94
1046	4°,6	97	5,88	1076	7°,6	165	10,06
1047	4°,7	100	6,10	1077	7°,7	167	10,18
1048	4°,8	102	6,22	1078	7°,8	169	10,30
1049	4°,9	105	6,40	1079	7°,9	171	10,43
1050	5°,0	108	6,58	1080	8°,0	173	10,55
1051	5°,1	110	6,71	1081	8°,1	175	10,67
1052	5°,2	113	6,89	1082	8°,2	177	10,79
1053	5°,3	116	7,07	1083	8°,3	179	10,91
1054	5°,4	118	7,19	1084	8°,4	181	11,04
1055	5°,5	121	7,38	1085	8°,5	183	11,16
1056	5°,6	123	7,50	1086	8°,6	185	11,28
1057	5°,7	125	7,62	1087	8°,7	187	11,40
1058	5°,8	127	7,74	1088	8°,8	189	11,52
1059	5°,9	130	7,93	1089	8°,9	191	11,65
1060	6°,0	133	8,12	1090	9°,0	193	11,77
1061	6°,1	135	8,23	1091	9°,1	195	11,89
1062	6°,2	137	8,35	1092	9°,2	196	11,95
1063	6°,3	139	8,47	1093	9°,3	198	12,07
1064	6°,4	141	8,60	1094	9°,4	200	12,20
1065	6°,5	143	8,72	1095	9°,5	202	12,32
1066	6°,6	145	8,84	1096	9°,6	203	12,38
1067	6°,7	147	8,96	1097	9°,7	205	12,50
1068	6°,8	149	9,08	1098	9°,8	207	12,62
1069	6°,9	151	9,21	1099	9°,9	209	12,74

L'emploi du densimètre et de ces tables est le moyen le plus rapide pour déterminer d'une manière approximative la richesse d'un moût. On doit opérer avec le moût filtré, mais, en pratique, on se contente d'ordinaire de le tamiser sur une toile. On le ramène à la température de 15°, et on prend la densité dans une éprouvette assez large pour que le densimètre puisse y flotter librement.

Matières sucrées. — Quand on veut connaître avec une précision plus grande la composition du moût, il est nécessaire de doser séparément le sucre.

Les moûts de pommes, ainsi que les cidres fermentés, contiennent principalement deux sortes de sucres, du glucose et du saccharose. Comme nous retrouverons, dans toutes les industries de fermentation, ce dosage des matières sucrées, nous nous y arrêterons un peu plus longuement, pour ne pas avoir à y revenir par la suite.

Pour doser le glucose, on utilise la propriété qu'a ce sucre de réduire directement à l'ébullition la liqueur cupro-potassique en la décolorant. Il existe plusieurs formules pour la préparation de la liqueur cupro-potassique : une des meilleures est celle de Pasteur, qui donne un réactif très peu altérable à la lumière. Pour l'obtenir, on fait dissoudre séparément dans l'eau distillée :

Sulfate de cuivre	40	grammes.
Acide tartrique..............	105	—
Potasse caustique...........	80	—
Soude caustique.............	130	—

On mélange après dissolution, on porte à l'ébullition, puis on complète après refroidissement au volume de 1 litre à 15° avec de l'eau distillée. On obtient ainsi une liqueur d'un beau bleu. Si on fait tomber goutte à goutte, dans cette liqueur préalablement portée à l'ébullition, une solution de glucose, on voit se précipiter de l'oxyde cuivreux rouge, tandis que la liqueur se décolore. Quand tout le cuivre est précipité à l'état d'oxyde, la liqueur a perdu complètement sa teinte bleue.

Pour doser le glucose au moyen de cette liqueur, on peut procéder de deux manières : 1° ou bien précipiter à l'état d'oxyde tout le cuivre de la liqueur, et la décolorer par suite complètement ; 2° ou bien employer un excès de liqueur pour ne précipiter qu'une partie du cuivre, et peser alors le cuivre précipité, ou doser le cuivre restant non précipité.

La première méthode, *par décoloration* ou *méthode Violette*, présente l'avantage d'être rapide et d'offrir une approximation très suffisante dans la majorité des cas qui se présentent en cidrerie. On étend d'abord la liqueur avec une quantité suffisante d'eau distillée pour qu'elle contienne, au maximum, 1 p. 100 de sucre réducteur, car c'est seulement dans ces conditions de dilution assez grande que le procédé présente toute sa sensibilité. On mesure alors 10 centimètres cubes de liqueur cupro-potassique, on les place dans un tube assez large avec 20 centimètres cubes d'eau distillée, et on porte à l'ébullition. On fait tomber goutte à goutte la solution sucrée diluée, en entretenant sans cesse l'ébullition, jusqu'à ce que la décoloration de la liqueur soit complète. Le poids de glucose introduit est alors égal à celui qui est nécessaire pour décolorer les 10 centimètres cubes de liqueur. Ce poids de sucre nécessaire pour décolorer 10 centimètres cubes de réactif constitue le *titre* de la liqueur. On le détermine au préalable de la même manière, au moyen d'une solution à 1 p. 100 de glucose pur et sec. On verse avec la burette cette liqueur goutte à goutte dans 10 centimètres cubes de liqueur cupro-potassique à l'ébullition, jusqu'à décoloration totale : du volume versé on déduit le titre, c'est-à-dire la quantité de sucre nécessaire pour décolorer 10 centimètres cubes de liqueur.

Les méthodes basées sur la pesée du cuivre précipité, ou sur le dosage du cuivre restant dans la liqueur, sont plus exactes que la précédente. On opère alors d'ordinaire par la méthode de Soxhlet. On mélange 60 centimètres cubes de liqueur cuprique, 60 centimètres cubes d'eau et 25 centimètres cubes de solution sucrée à 1 p. 100

environ, provenant du moût de pommes étendu. On fait
bouillir deux minutes, puis on filtre rapidement sur un
tampon d'amiante placé au fond d'un tube étiré, pour
recueillir l'oxyde cuivreux précipité. On lave à l'eau
chaude, puis à l'alcool et à l'éther, pour dessécher, et on
réduit par l'hydrogène, dans le tube même, l'oxyde de
cuivre à l'état de cuivre métallique. L'augmentation de
poids du tube, taré à l'avance, donne le poids de cuivre
précipité par le sucre employé. Il suffit alors de se reporter
à des tables spéciales, dressées par Allihn, qui donnent
directement les quantités de glucose correspondant au
poids de cuivre obtenu.

On peut enfin connaître indirectement le poids du
cuivre précipité, en dosant dans la liqueur le cuivre restant. La meilleure méthode paraît être, dans ce cas,
celle de Maquenne. On opère d'abord exactement comme
par la méthode de Soxhlet, mais avec des quantités
moindres de liqueur. Après précipitation du cuivre, on
refroidit rapidement et on ajoute un grand excès d'acide
sulfurique (10 centimètres cubes d'acide à 50 p. 100), puis
10 centimètres cubes d'une solution à 10 p. 100 d'iodure
de potassium. Dans ces conditions, tout le cuivre restant
se précipite à l'état de sous-iodure, et il se sépare une
quantité équivalente d'iode, qu'on dose avec une solution
d'hyposulfite de soude, en se servant de quatre gouttes
d'empois d'amidon comme indicateur. Connaissant la
quantité de cuivre initial contenu dans la liqueur, et la
quantité de cuivre restant après réduction, on obtient
par différence la quantité de cuivre précipité, et on
en déduit le sucre correspondant au moyen de tables
analogues aux précédentes.

En titrant directement, avec la liqueur cuprique, le
moût de pommes ou le cidre étendu à une richesse
moyenne de 1 p. 100 de sucre, on obtient le sucre réducteur direct, c'est-à-dire, dans le cas présent, le glucose.

Pour doser le saccharose, qui ne réduit pas directement

la liqueur cuprique, il faut au préalable intervertir ce sucre. A cet effet, on traite 100 centimètres cubes de la liqueur sucrée par 10 centimètres cubes d'acide chlorhydrique fumant pendant dix minutes à 68°. Dans ces conditions, le saccharose se transforme en sucre interverti. Après neutralisation, on titre de nouveau le sucre total à la liqueur cuprique, et la différence entre les titres après et avant inversion donne la quantité de sucre interverti correspondant au saccharose. Comme 100 parties de saccharose correspondent à 105,26 parties de sucre interverti, il est facile d'évaluer en saccharose le taux de sucre obtenu.

Le dosage des matières sucrées dans les cidres s'effectue par les mêmes méthodes, mais il est alors nécessaire d'étendre avec moins d'eau, à cause de la richesse en sucre moins élevée du liquide.

Acidité totale. — On prend 10 centimètres cubes de moût et on y verse goutte à goutte, au moyen d'une burette graduée, de l'eau de chaux en agitant constamment. On examine de temps à autre si le liquide est neutralisé, en prélevant une goutte qu'on porte sur un morceau de papier tournesol sensible. Dès qu'une auréole bleuâtre se manifeste sur le papier tournesol rouge, la neutralisation est complète. Elle s'accompagne, dans la plupart des cas, de la formation d'un précipité qui suffit souvent, à lui seul, pour indiquer que la totalité de l'acide est neutralisée. Toutefois, ce caractère n'est pas absolu, et il est préférable de confirmer ce résultat par les touches successives sur le papier tournesol.

L'eau de chaux est titrée au préalable au moyen d'une solution d'acide sulfurique à 4^{gr},9 par litre. Soient V le volume d'eau de chaux nécessaire pour saturer 10 centimètres cubes de cet acide sulfurique, c'est-à-dire 49 milligrammes d'acide; V' le volume d'eau de chaux versée pour saturer 10 centimètres cubes de moût; l'acidité totale par litre de moût, évaluée en grammes d'acide sulfurique, sera donnée par la formule

$$\frac{V''}{V} \times 4,9.$$

Le dosage de l'acidité totale des cidres se fait par la même méthode, mais il est nécessaire de priver d'abord le cidre de son acide carbonique, qui rendrait le virage incertain. Il suffit, pour cela, de porter le liquide à 80° environ en agitant constamment. On obtient ainsi le départ de l'acide carbonique sans perte sensible d'acidité volatile.

Acidité volatile. — Le dosage des acides volatils est particulièrement intéressant dans les cidres. En effet, l'acidité volatile est surtout constituée par de l'acide acétique, et la teneur du cidre en cet élément fournit des renseignements utiles sur le degré d'altération de la boisson par acétification. La présence de l'acide butyrique peut également donner des indications sur la nature des fermentations dont le cidre a été le siège.

On peut doser l'acidité volatile soit par différence, soit directement.

La première méthode est la plus simple, mais elle ne donne aucun renseignement sur la nature des acides volatils présents dans le liquide. Elle consiste à doser d'abord l'acidité totale, puis à évaporer dans le vide le cidre, et à y doser l'acidité fixe. La différence entre l'acidité totale et l'acidité fixe donne l'acidité volatile.

La deuxième méthode consiste à déterminer directement l'acidité volatile par distillation. Le meilleur procédé est alors celui de Duclaux, mais la description de ce procédé sortirait du cadre de cet ouvrage, et nous renverrons le lecteur qui désirerait appliquer cette méthode au mémoire descriptif qu'en a donné l'auteur (1).

____

(1) E. DUCLAUX, *Traité de microbiologie*, t. III, p. 384.

Extrait sec. — On évapore à siccité, au bain-marie à 100°, 10 centimètres cubes de cidre pendant six heures. Il est surtout important d'opérer toujours dans les mêmes conditions, car les chiffres trouvés pour l'extrait sec sont variables suivant la température d'évaporation, sa durée, etc.

Alcool. — Le dosage de l'alcool peut s'effectuer par distillation ou au moyen de l'ébullioscope.

En pratique, quand on emploie la méthode par distillation, on utilise fréquemment l'alambic Salleron.

L'alambic Salleron se compose d'une chaudière en cuivre chauffée par une lampe à alcool, d'un serpentin métallique refroidi par un réfrigérant à eau, et d'une éprouvette spéciale de petite dimension portant deux traits de jauge, l'un à la partie supérieure, marqué 1, formant un volume déterminé, et l'autre, marqué 1/2, à moitié de ce volume (fig. 18). On remplit d'abord cette éprouvette avec du cidre jusqu'au trait de jauge supérieur, et on introduit ce volume de cidre dans la chaudière. On porte à l'ébullition et on recueille, à la sortie du serpentin, le liquide distillé jusqu'à ce que le niveau atteigne le trait de jauge inférieur, marqué 1/2. On remplit alors l'éprouvette d'eau distillée exactement jusqu'au trait de jauge supérieur, on agite et on obtient ainsi, sous le même volume, la quantité d'alcool contenue dans le liquide primitif. On plonge alors l'alcoomètre dans le produit distillé, on note le degré obtenu, on prend la température et on détermine, au moyen de tables spéciales, la richesse réelle du cidre en alcool. Ces tables, très simples, portent dans la première colonne horizontale les indications de l'alcoomètre, et dans la première colonne verticale les degrés du thermomètre. A l'intersection des lignes, on trouve la richesse alcoolique réelle du liquide distillé.

Le dosage à l'ébullioscope Malligand est beaucoup plus pratique. Cet appareil est basé sur ce fait que plus un liquide est riche en alcool, plus le point d'ébullition de ce liquide s'abaisse au-dessous de 100° pour se rapprocher de 78°,5, point d'ébullition de l'alcool pur.

L'appareil (fig. 19) se compose d'un vase en laiton destiné à contenir le liquide à analyser. Ce vase porte un

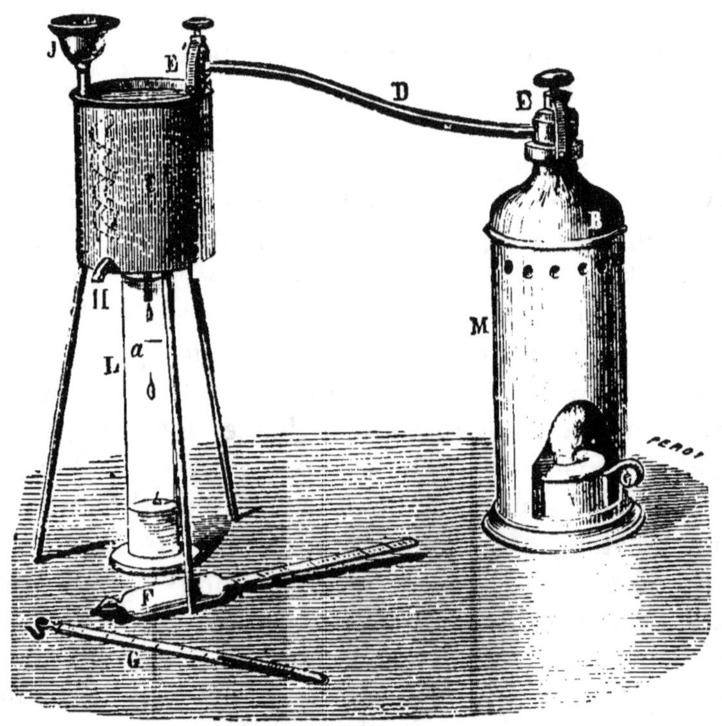

Fig. 18. — Appareil Salleron pour le dosage de l'alcool.

B, chaudière D, dégagement des vapeurs; C, réfrigérant; L. éprouvette; J, entrée de l'eau; H, sortie de l'eau.

couvercle muni de deux ouvertures, l'une pour le thermomètre et l'autre pour le réfrigérant destiné à condenser les vapeurs alcooliques. Le thermomètre est coudé, et la plaque qui le maintient porte une réglette mobile sur laquelle sont gravés les titres alcooliques de 0° à 25°.

Pour faire le dosage de l'alcool avec cet appareil, on

prend d'abord le point d'ébullition de l'eau pure correspondant à la pression barométrique du moment. Pour
cela, on verse un peu d'eau dans la chaudière, de ma-

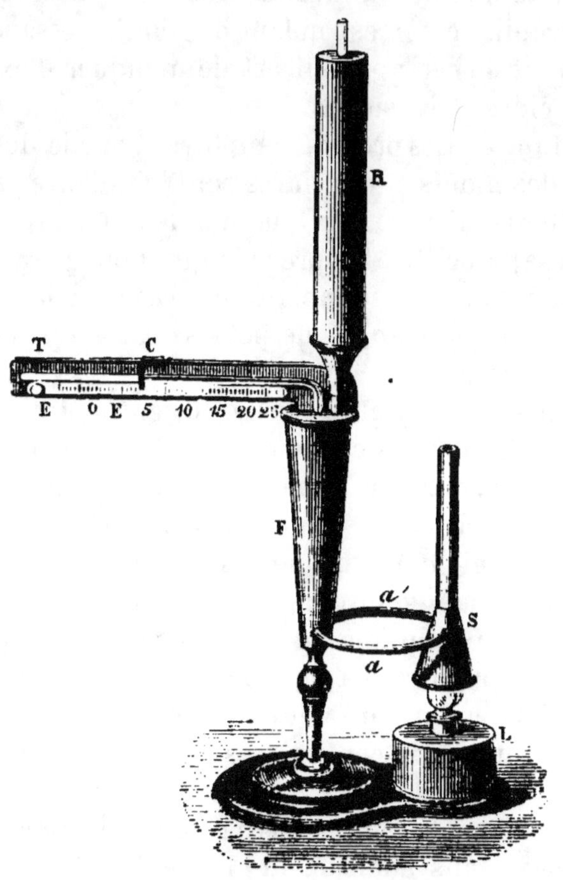

Fig. 19. — Ébullioscope Malligand.

F, vase en laiton ; R, réfrigérant ; E, réglette mobile ; T, thermomètre.

nière que le thermomètre ne plonge pas dans l'eau, et
on porte à l'ébullition, sans utiliser le réfrigérant. Le
thermomètre monte et se fixe bientôt à un point déterminé qui correspond à la température d'ébullition de
l'eau pure. On amène le zéro de la réglette mobile en
coïncidence avec ce point marqué par l'extrémité de la

colonne de mercure. On vide alors la chaudière, on remplace l eau par une certaine quantité de cidre, on porte à l'ébullition, et le niveau auquel se fixe la colonne mercurielle donne immédiatement sur la réglette le degré alcoolique correspondant du liquide essayé.

Le défaut de cet appareil est de manquer d'exactitude avec les cidres très sucrés.

Tannins. — Les procédés employés pour le dosage des tannins des moûts et des cidres sont loin d'être parfaits et les meilleurs d'entre eux ne donnent encore que des résultats approchés. Le procédé qui nous paraît le plus recommandable par sa rapidité est basé sur la réduction à froid du permanganate de potasse par les matières du groupe des tannins.

On place dans un grand verre 10 centimètres cubes de moût, 20 centimètres cubes d'une solution sulfurique de carmin d'indigo (25 grammes de carmin d'indigo en pâte dans 1 litre d'acide sulfurique à 20 p. 100) qui sert d'indicateur, et 700 centimètres cubes d'eau. On verse dans ce mélange goutte à goutte, à l'aide d'une burette graduée, une solution de permanganate de potasse à 2 grammes par litre. La liqueur, bleue au début, devient verte et finalement vire nettement du vert au jaune d'or. Soit V le volume, en centimètres cubes, de permanganate employé.

Un deuxième titrage, effectué dans les mêmes conditions, mais sans addition de 10 centimètres cubes de moût, donne la correction relative à l'indigo, qui est à retrancher du volume V primitif pour avoir le volume de solution de permanganate réduit par les tannins. Soit V' ce volume.

Enfin la solution de permanganate est titrée dans les mêmes conditions au moyen d'une solution de tannin pur desséché à 2 grammes par litre (10 centimètres cubes de solution de tannin, 20 centimètres cubes de solution de carmin d'indigo et 700 centimètres cubes d'eau). Soit V" le volume de permanganate réduit par 10 centimètres cubes de cette solution de tannin à 2 p. 1000, c'est-à-dire par 20 milligrammes de tannin.

La quantité de tannins, évaluée en grammes par litre de moût, est donnée par la formule

$$\frac{V - V'}{V''} \times 2.$$

On obtient ainsi en bloc toutes les matières qui réduisent à froid le permanganate de potasse. La majorité de ces matières est constituée par les tannins, mais il y a également d'autres substances réductrices différentes. Le résultat obtenu n'est donc pas très précis. On a proposé de pousser plus loin l'exactitude en traitant le moût par la poudre de peau, qui fixe le tannin, et en faisant ensuite le titre au permanganate du liquide filtré. La différence des deux titres, avant et après traitement à la peau, en tenant compte toujours des corrections relatives à l'indigo, donne le titre qui correspond à la quantité de tannins contenus dans le moût primitif. On élimine ainsi un certain nombre de substances réductrices vis-à-vis du permanganate et qui ne sont pas des tannins. Mais rien ne dit que ces « non-tannins » n'ont en cidrerie aucune importance pratique. Il ne s'agit pas ici de connaître, comme dans les extraits livrés aux tanneurs, la quantité de tannin tannant, c'est-à-dire fixable par la peau, mais la quantité de matières (tannins ou substances voisines) qui jouent un rôle dans la fabrication des cidres. Sous ce rapport, nous sommes encore très mal renseignés; aussi la meilleure méthode paraît être actuellement celle qui est basée sur la réduction totale que donne le liquide sur le permanganate : elle a l'avantage d'être rapide et de donner des indications suffisantes pour la pratique.

Matières pectiques. — Le dosage des matières pectiques est basé sur leur précipitation par l'alcool. On évapore au bain-marie 100 centimètres cubes de moût ou de cidre jusqu'à 10 ou 15 centimètres cubes, puis on ajoute au liquide concentré six fois son volume d'alcool à 95°. Il se forme un précipité. On le recueille sur un filtre taré et on le lave à l'alcool à 80°. On dessèche d'abord dans le vide, puis à 100°, pour éviter les pertes de substances qui s'écoulent à chaud de précipités bien égouttés à froid, et on pèse. Le procédé de dosage est imparfait, car il donne avec les matières pectiques une assez grande quantité d'autres matières précipitables par l'alcool. On obtient un chiffre plus exact en incinérant après la pesée et en retranchant les cendres obtenues du poids total.

Provenance.	Densité.	Alcool en volumes p. 100.	Extrait à 100° par litre.	Sucre total par litre.	Acidité fixe par litre.	Acidité volatile par litre.	Tannins par litre.	Cendres par litre.	Auteur.
			gr.	gr.	gr.	gr.	gr.	gr.	
Calvados...	1019,8	6,65	73,72	42,94	2,39	1,04	2,17	2,97	Lechartier.
— ...	1020,0	3,50	64,62	39,86	0,66	3,30	1,10	3,82	—
— ...	»	6,40	26,30	2,78	2,38	2,43	1,65	3,22	—
Orne......	1030,0	4,75	93,64	68,60	0,71	2,38	1,82	2,87	—
Manche....	999,0	6,80	19,88	3,44	1,10	3,04	1,10	1,94	—
Sarthe.....	1008,6	7,50	45,13	20,48	»	2,00	»	3,38	—
Mayenne...	1027,8	2,40	78,94	53,45	»	1,02	»	2,05	—
Bretagne...	1022,0	1,50	»	56,00	0,87	1,69	1,34	2,85	Kayser.
Normandie.	1000,0	5,37	»	traces.	1,06	1,58	0,60	2,50	—
—	1068,0	3,35	»	46,28	1,25	1,74	2,20	2,52	—
—	1010,0	6,12	»	21,38	1,27	1,03	1,40	3,50	—
Calvados...	1008,0	3,50	31,60	9,08	2,74	»	»	3,08	Laboratoire municipal de Paris.
— ...	1041,0	1,10	114,0	60,80	2,94	»	»	4,32	—
— ..	1019,9	3,90	43,08	19,20	2,49	»	»	2,48	—
Seine - Inférieure.....	1006,7	5,10	33,08	traces.	4,11	»	»	5,04	—
—	1017,4	4,40	58,48	17,70	4,17	»	»	4,00	—
Espagne....	»	5,10	68,20	53,79	2,86	1,06	0,06	2,50	Rocques.
Allemagne (cidre sec).	»	5,50	15,68	1,74	2,35	0,79	0,19	2,29	—
—	»	5,90	17,88	2,21	2,69	0,67	»	2,94	—
Allemagne (cidre mousseux)......	»	7,95	86,36	66,55	2,74	0,49	0,24	»	—
—	»	7,20	98,04	87,94	2,60	0,46	0,27	»	—

COMPOSITION DES CIDRES.

Il existe un grand nombre d'analyses de cidres, publiées dans le *Bulletin de l'Association pomologique de l'Ouest* et dans les *Comptes rendus des travaux du laboratoire municipal de Paris.*

Le tableau ci-dessus donne un certain nombre d'analyses de cidres empruntées à diverses sources.

Ces chiffres suffisent pour montrer entre quelles limites considérables varie la composition des cidres; l'alcool oscille entre 1° et 7°,5, le sucre entre 1 gramme et 80 grammes; les autres éléments présentent des variations analogues.

FRAUDES DU CIDRE.

Les fraudes du cidre sont assez nombreuses : les principales sont le mouillage, l'addition de certaines substances antiseptiques telles que les fluorures, l'acide salicylique, l'acide borique, et l'emploi de certaines couleurs artificielles, telles que la cochenille et la nitro-rhubarbe.

Mouillage. — Le mouillage consiste à additionner d'eau le cidre après sa fabrication, dans des proportions susceptibles d'altérer cette boisson. On a beaucoup discuté pour établir la limite au-dessous de laquelle un cidre peut être considéré comme mouillé. Il y a évidemment lieu de distinguer le cidre pur jus et le cidre marchand. En 1897, l'Association pomologique de l'Ouest, sur la proposition de M. Lechartier, fixa à 5°,5 le *titre alcoolique total* minimum des *cidres pur jus.* Ce titre alcoolique total correspond à l'alcool existant dans le cidre augmenté de celui qui correspond au sucre qui reste dans le liquide sans avoir été transformé par la fermentation. Pour les cidres marchands, M. Lechartier considérait que, d'après

6.

leur mode de fabrication, ces cidres doivent contenir 87 p. 100 des principes divers qui existent dans un cidre pur jus obtenu avec les mêmes pommes. Le titre alcoolique total minimum d'un cidre marchand devrait donc être de $5°,5 \times 0,87$, soit $4°,78$. Ce titre fut réduit par M. Lechartier à $4°,5$, avec une tolérance de 10 p. 100, ce qui fait descendre le minimum à $4°$. On supposa en même temps que le cidre marchand devait contenir, en supplément de cette quantité d'alcool ($4°,5$), 81 à 82 p. 100 du poids des divers principes constitutifs existant dans le cidre pur.

Enfin, tous les liquides ayant un titre alcoolique total inférieur à $4°$ et supérieur à $3°$ constitueraient des *petits cidres*. Au-dessous de $3°$, chiffre qui correspond à une teneur en principes utiles égale à 54 p. 100 de celle qui caractérise les cidres purs, on appliquerait la dénomination de *boisson* (1).

Une nouvelle commission, nommée par le Congrès de l'Association pomologique, fournit en 1899 un rapport dans lequel elle fixait à $5°,2$ le titre alcoolique total minimum d'un cidre pur, mais sans prendre de décisions relatives à la caractérisation du mouillage dans les cidres (2).

Au Laboratoire municipal de Paris, on admet la composition suivante comme limite de composition minima d'un liquide vendu sous le nom de cidre :

Alcool pour 100 en volume	$3°$
Extrait à $100°$ par litre	18 grammes.
Cendres	$1^{gr},7$

Lorsque le cidre suspect présente une composition inférieure à cette limite, il ne peut être vendu que sous le nom de boisson (3).

(1) *Bulletin de l'Association pomologique de l'Ouest*, 1897.
(2) *Bulletin de l'Association française pomologique*, 1899.
(3) Ch. GIRARD et DUPRÉ, *Analyse des matières alimentaires et recherche de leurs falsifications.*

Antiseptiques. — On emploie principalement le bisulfite de soude, l'acide borique, l'acide salicylique et les fluorures.

Pour reconnaître la présence du bisulfite de soude, on dégage l'acide sulfureux en traitant le cidre par un dixième de son volume d'acide sulfurique. On entraîne l'acide sulfureux par un courant de gaz carbonique et le mélange gazeux traverse un tube à essai renfermant de l'eau bromée à laquelle on a ajouté un peu de chlorure de baryum et quelques gouttes d'acide chlorhydrique. La formation d'un précipité de sulfate de baryte révèle la présence de l'acide sulfureux, qui s'oxyde au contact du brome (Pabst).

L'acide borique se recherche sur les cendres obtenues par incinération de l'extrait sec du cidre. On les reprend par quelques gouttes d'acide sulfurique pur; on ajoute un peu d'alcool, on agite pour bien mélanger et on allume l'alcool dans l'obscurité. La présence de l'acide borique est caractérisée par une belle coloration verte de la flamme.

L'acide salicylique se met facilement en évidence. On acidifie le cidre par quelques gouttes d'acide sulfurique pour mettre l'acide salicylique en liberté, et on agite le liquide avec de l'éther pur. L'éther dissout l'acide salicylique. Après repos, on décante la couche éthérée et on laisse évaporer. Quand l'éther a disparu, il suffit d'ajouter deux gouttes d'une solution très étendue de perchlorure de fer et, s'il y a de l'acide salicylique, il se produit une coloration violette intense caractéristique du salicylate de fer.

Pour rechercher la présence des fluorures, on sature le cidre par la chaux en poudre, on évapore à sec et on calcine. On reprend par l'eau et l'acide acétique jusqu'à réaction acide, puis on évapore à sec, on reprend par l'eau chaude et on filtre. Les sels insolubles, contenant les fluorures à l'état de fluorure de calcium, sont calcinés de nouveau et introduits avec un peu de sable dans un tube à essai. On y ajoute un peu d'acide sulfurique, puis on ferme avec un bouchon donnant passage à un petit tube en **U**. On introduit une goutte d'eau dans le petit tube en **U**, et on chauffe. Le fluorure de silicium formé se décompose au contact de l'eau, en donnant de l'acide hydrofluosilicique et de la silice gélatineuse qui se dépose sur les parois du tube. Ce dépôt de silice est très net et caractéristique (1).

Colorants. — Les principales matières colorantes employées sont la nitrorhubarbe, la cochenille et le caramel.

La nitrorhubarbe se dissout dans l'éther et prend une teinte rouge par addition d'ammoniaque. En traitant le cidre par une solution de protochlorure d'étain, on obtient une laque brune. La cochenille, traitée dans les mêmes conditions, donne une laque rose violacée.

Pour rechercher la cochenille, on traite 50 centimètres cubes de cidre par un excès d'acide sulfurique, on ajoute 10 centimètres cubes d'alcool amylique et on agite dou-cement. On décante la couche d'alcool amylique, on le lave à l'eau distillée, et on en prélève une partie qu'on place dans un tube à essai avec quelques gouttes d'eau. On laisse tomber sur les parois du tube une goutte d'ammoniaque; une teinte violette apparaît. Cette teinte passe au rouge carmin par agitation et se dissout dans les gouttes d'eau qui se trouvent au fond du tube.

Le caramel donne au cidre une teinte jaunâtre qui persiste après l'addition de gélatine et de tannin. Le cidre naturel donne une liqueur incolore.

(1) Ch. Girard et Dupré, *Analyse des matières alimentaires et recherche de leurs falsifications.* « Encyclopédie chimique de Fremy », Paris, 1894, Dunod.

BRASSERIE

CHAPITRE I

HISTORIQUE. — PRODUCTION. — CONSOMMATION DE LA BIÈRE.

Bien que la brasserie ne soit pas une industrie spécialement agricole, elle présente cependant pour le cultivateur un intérêt considérable. En effet, elle se rattache étroitement à la culture par les matières premières qu'elle emploie, orges et houblons, et par les résidus qu'elle livre, drèches, touraillons, etc. Si son étude n'offre pas, comme celle de la cidrerie, une importance immédiate pour le cultivateur, elle n'en est pas moins fort utile à cause de la place très importante qu'occupe cette industrie parmi toutes les autres, à la fois au point de vue économique, agricole et scientifique.

Historique. — La bière est connue depuis la plus haute antiquité. Elle paraît avoir été inventée par les Égyptiens, qui la préparaient d'abord avec du froment, puis avec de l'orge. L'usage de la bière passa de l'Égypte en Grèce, puis à Rome et en Gaule. Les Gaulois la désignaient sous le nom de *cerevisia*, et elle paraissait être, d'après les auteurs latins de l'époque, la boisson favorite des peuples du Nord. Sous la domination romaine en

Gaule, l'industrie de la bière était déjà florissante : elle
le devint encore davantage, en même temps que l'industrie du cidre, lorsque Domitien, à la suite d'une
disette, interdit de cultiver la vigne dans toute terre
pouvant porter des céréales. A part quelques crises pas-
sagères, l'industrie des bières resta pendant tout le
moyen âge et jusqu'à nos jours en pleine prospérité.
L'emploi du houblon, qui date environ du xive siècle,
amena dans la fabrication de la bière un progrès considérable ; puis les études scientifiques se multiplièrent
et amenèrent peu à peu dans cette industrie des perfectionnements importants. Les travaux de Pasteur sur les
fermentations achevèrent d'élucider un grand nombre
de faits qui restaient encore obscurs, et la brasserie peut
être aujourd'hui considérée comme une de nos industries
les plus parfaites.

Propriétés de la bière. — La bière est une boisson
qui possède de hautes propriétés nutritives, à cause
des matières premières qui entrent dans sa fabrication.
Elle renferme, en effet, les principes alimentaires de
l'orge : c'est donc une boisson hygiénique au premier
chef. Ce sont ces qualités nutritives qui la font recommander dans un certain nombre de maladies. On la préfère au vin pour les nourrices, parce qu'elle paraît favoriser nettement la latcation.

Quand on en use avec modération, la bière est une
excellente boisson alimentaire, tonique et rafraîchissante. A des doses trop élevées, elle donne une ivresse
lourde, longue à disparaître, et elle pousse à l'embon-
point et à l'obésité.

Production de la bière. — La production de la bière
en France atteint environ 9 millions d'hectolitres, et
elle se maintient depuis plusieurs années à peu près
constante. Malgré ce chiffre assez élevé, la France n'occupe que le sixième rang parmi les nations productrices
de bière, comme le montre le tableau suivant, qui

indique les productions approximatives des divers pays en 1900 :

Pays producteurs.	Production.
Allemagne......................	70.000.000 hectolitres.
Angleterre......................	59.000.000 —
États-Unis......................	48.000.000 —
Autriche......................	21.000.000 —
Belgique......................	14.000.000 —
France......................	9.500.000 —

Après la France viennent par ordre la Russie, le Danemark, la Suède et la Norvège, la Suisse, les Pays-Bas, l'Espagne et l'Italie.

Le tableau suivant résume la production de la bière en France dans les dix dernières années. Avant 1899, la bière est évaluée en hectolitres ; à partir de 1899, les statistiques font connaître seulement le nombre de degrés hectolitres imposés dans l'année.

Années.	Production.	
	Degrés hectolitres imposés.	Hectolitres.
1890......................	»	8.490.511
1891......................	»	8.305.730
1892......................	»	8.937.454
1893......................	»	8.937.750
1894......................	»	8.444.686
1895......................	»	8.867.322
1896......................	»	8.991.293
1897......................	»	9.233.278
1898......................	»	9.557.616
1899......................	29.719.525	4.452.194
1900......................	53.558.919	»
1901......................	52.112.862	»

Consommation et commerce de la bière. — En France, la bière n'est la boisson courante que dans les pays du Nord ; dans les autres régions, elle est surtout consommée comme boisson rafraîchissante en dehors des repas. Par exemple, tandis qu'à Paris la consommation de bière par habitant et par an dépasse à peine 10 litres, elle atteint 350 litres à Lille, et oscille autour de 250 et 300 litres dans beaucoup de villes du Nord.

La consommation de la bière par habitant, en France, est d'ailleurs notablement plus faible que celle de beaucoup d'autres pays : elle est même inférieure à celle de certains pays dont la production annuelle n'atteint cependant pas celle de la France. En tête viennent la Grande-Bretagne, l'Allemagne, la Belgique, les États-Unis, l'Autriche, le Danemark et les Pays-Bas, puis la France, l'Espagne et l'Italie.

On consomme en France une certaine quantité de bières étrangères, mais l'importation de la bière n'est pas aussi forte qu'on pourrait le croire. Elle atteint en moyenne 180 000 quintaux métriques, représentant une valeur d'environ 7 000 000 de francs. Cette importation est d'ailleurs en baisse, ainsi que la valeur de ces bières importées.

L'exportation de la bière française est aussi relativement faible, puisqu'elle n'atteint en moyenne que 110 000 quintaux métriques, soit 1,2 p. 100 seulement de la production totale.

Le tableau suivant résume d'une façon approximative les documents relatifs à l'importation et à l'exportation de la bière en France et à la valeur de ces bières pendant les dix dernières années :

	Importation.		Exportation.	
	Quintaux métriques.	Valeur en francs.	Quintaux métriques.	Valeur en francs.
1890.....	250.000	10.000.000	53.000	2.150.000
1891.....	250.000	10.000.000	60.000	2.500.000
1892.....	210.000	9.000.000	50.000	2.000.000
1893.....	200.000	10.000.000	70.000	3.000.000
1894.....	190.000	9.700.000	60.000	2.500.000
1895.....	187.000	9.500.000	90.000	3.500.000
1896.....	183.000	9.200.000	95.000	3.700.000
1897.....	179.000	9.000.000	109.000	4.400.000
1898.....	174.000	8.700.000	111.000	5.000.000
1899.....	181.000	6.300.000	121.000	4.900.000
1900.....	233.000	8.160.000	117.000	4.700.000
1901.....	187.000	6.600.000	110.000	4.400.000

On voit que l'importation diminue nettement, tandis
que l'exportation augmente chaque année. Aujourd'hui,
l'exportation représente déjà presque les deux tiers de
notre importation, et il est probable que ce mouvement
s'accentuera en présence des efforts des brasseurs français pour produire des bières analogues aux bières de
Munich.

CHAPITRE II

LES MATIÈRES PREMIÈRES DE LA FABRICATION
DE LA BIÈRE.

La bière est une boisson fermentée qu'on prépare
essentiellement avec de l'eau, de l'orge et du houblon.
L'orge fournit l'amidon qui se transforme, pendant la
saccharification, en sucre et en dextrine ; le houblon par-
fume le moût et donne à la bière les qualités aromatiques qui la caractérisent.

L'orge n'est pas le seul grain qu'on emploie pour la
fabrication de la bière. On lui associe assez fréquemment
le maïs et le riz, parfois le blé et le seigle ; mais l'orge
seule fournit toujours des bières plus délicates et plus
recherchées.

Eau.

L'eau est une matière première importante pour la
brasserie. En effet, on en utilise dans cette industrie des
quantités considérables, et, en outre, la nature de l'eau
a souvent une influence capitale sur les diverses opérations de la fabrication.

Composition chimique. — L'eau employée en brasserie doit être aussi pure que possible. Elle doit être
claire et sans mauvais goût. On ne doit pas y rencontrer
de matières organiques, ou, si on en trouve, elles doivent

être en quantités très faibles. En effet, ces matières sont susceptibles de se putréfier facilement, et les eaux qui les contiennent sont généralement très chargées en micro-organismes nuisibles.

La présence d'ammoniaque dans l'eau indique des infiltrations de fosses d'aisances ou de matières organiques en décomposition. On ne doit pas en rencontrer dans une bonne eau de brasserie. Il en est de même de l'hydrogène sulfuré.

Les nitrites existent parfois dans les eaux; celles-ci contiennent alors généralement une forte proportion de matières organiques. Les eaux qui renferment des nitrites sont d'ordinaire mauvaises, car elles sont toujours souillées de nombreuses bactéries de putréfaction. Quant aux nitrates, leur présence en petite quantité dans les eaux est normale, mais leur proportion élevée présente certains inconvénients. Ils affaiblissent la levure; en outre, les eaux fortement chargées de nitrates sont souvent aussi très riches en microbes.

Une bonne eau de brasserie ne doit contenir qu'à une dose modérée des sels de chaux. Le carbonate de chaux en faible proportion ne paraît pas avoir grande influence, mais, quand la dose devient assez élevée pour atteindre 60 à 70 grammes par hectolitre, la bière se clarifie difficilement, et le goût devient amer et désagréable (Readman). Le carbonate de chaux a également l'inconvénient grave de saturer l'acidité des moûts et de les rendre ainsi plus altérables par les ferments de maladie. Pour la malterie, on a remarqué que les eaux un peu calcaires enlèvent moins de substances solubles à l'orge lors du trempage que les eaux douces. On préfère donc pour le mouillage des orges une eau légèrement calcaire. Pour le brassage, au contraire, il est préférable d'employer une eau dont le degré hydrotimétrique soit faible.

Le sulfate de chaux, à dose modérée, paraît exercer une action assez favorable. La clarification des bières brassées à l'eau gypseuse est généralement belle et le goût très agréable.

Le fer doit être peu abondant dans les eaux destinées au trempage des orges, à cause de la coloration brune qu'il communique aux grains.

Les carbonates de soude et de potasse entravent la saccharification, rendent la bière louche et donnent un goût désagréable.

En résumé, au point de vue chimique, une bonne eau de brasserie doit être une eau potable, pas trop calcaire, exempte d'ammoniaque, de nitrites et de matières organiques.

Microbes des eaux destinées à la brasserie. — La flore microbienne des eaux utilisées en brasserie est également très importante à connaître. Le nombre total de bactéries contenues dans 1 centimètre cube d'eau ne présente pas par lui-même un grand intérêt pour le brasseur. Mais, ce qui est important, c'est le nombre de ces microbes capables de se développer dans le moût ou dans la bière. En effet, parmi les microorganismes contenus dans les eaux, un certain nombre ont la faculté de se développer dans le moût avant ou après fermentation et de donner ainsi des altérations graves. Il est évident qu'une bonne eau de brasserie doit contenir le moins possible de ces microbes, qui peuvent se multiplier dans le moût ou la bière. Il arrive assez fréquemment que les eaux ne contiennent pas de microbes capables d'altérer la bière; mais elles en contiennent toujours qui ont la faculté de se propager dans le moût. Quand une eau renferme par centimètre cube plus de 200 colonies de microbes se développant dans la gélatine de moût en deux jours, elle doit être considérée comme mauvaise. Il en est de même quand elle contient des bactéries capables de se multiplier dans la bière et d'y produire des troubles ou des viciations de goût.

Purification des eaux destinées à la brasserie.

— On peut parfois améliorer la nature de certaines eaux qui présentent pour la brasserie des inconvénients.

Les eaux qui renferment des nitrites ou des nitrates en forte proportion, de l'ammoniaque, des matières organiques en abondance ne sont pas susceptibles d'être utilisées.

Les eaux trop calcaires peuvent être corrigées de plusieurs manières. S'il s'agit d'une eau destinée au brassage, on peut la porter à l'ébullition, ce qui fait déposer une grande partie du carbonate de chaux, ou bien, ce qui est moins coûteux, l'additionner d'une certaine proportion de chaux destinée à saturer l'acide carbonique, qui maintient le carbonate de chaux en solution, et à précipiter ainsi ce carbonate. Si l'eau est destinée à l'alimentation des chaudières, on peut la traiter par le carbonate de soude, qui élimine tous les sels de chaux à l'état de carbonate de chaux insoluble.

Orge.

La France produit une quantité d'orge suffisante pour alimenter ses brasseries ; mais cet orge ne possède pas toujours les qualités recherchées par le brasseur, et une grande partie de la production sert à l'alimentation. Cependant, la France importe peu d'orges étrangères. Les statistiques officielles signalent bien une importation d'orge de près de 1 500 000 quintaux métriques par an, mais ce chiffre comprend l'importation venant d'Algérie et de Tunisie, qui atteint à elle seule 1 200 000 quintaux. L'importation des pays étrangers est donc faible. Quant à l'exportation, elle est d'environ 350 000 quintaux métriques : elle a lieu surtout en Angleterre et en Belgique.

Diverses variétés d'orges. — L'orge appartient à la famille des Graminées (1). L'axe de son épi présente des

(1) Voy. le volume de l'Encyclopédie agricole consacré aux *Céréales*, et rédigé par M. Lavallée.

dents alternes, et sur chaque dent s'implante trois épillets : il y a donc en tout six épillets, trois de chaque côté
de l'axe. Dans certaines espèces, les fleurs des trois épillets sont fécondées ; il se forme alors trois grains de
chaque côté, et on obtient une orge à six rangs. Dans
d'autres espèces, les fleurs des épillets latéraux avortent,
les fleurs médianes sont seules fécondées, et il en résulte
une orge à deux rangs. Enfin l'orge commune (*Hordeum
vulgare*) possède également six rangs de grains, mais
deux de ces rangs sont confondus avec les autres, de
sorte que l'épi ne présente que quatre rangs visibles, ce
qui a fait donner à cette espèce le nom d'orge carrée.

Les variétés d'orges les plus employées en France
pour la brasserie sont les orges chevalier, à deux rangs,
et les escourgeons, à six rangs.

Les orges chevalier se sèment en France au printemps
et se récoltent en août. On les cultive surtout en Cham-
pagne et en Sarthe. Elles sont très appréciées et d'un
usage tout à fait général. L'escourgeon est également
beaucoup employé : on le cultive principalement en
Auvergne et en Vendée, où on le sème en automne pour
le récolter en juillet. C'est une céréale plus rustique que
l'orge à deux rangs, et dont la maturité est plus hâtive.

On distingue assez facilement, après battage, les orges
à six rangs des orges à deux rangs. Dans l'orge chevalier,
le grain est régulier, bien divisé par un sillon médian
en deux parties symétriques. Dans l'escourgeon, les grains
sont moins réguliers, et ceux qui proviennent des parties
latérales de l'épi sont toujours légèrement contournés et
divisés par le sillon médian en deux parties inégales.

Composition de l'orge. — L'orge contient de l'eau,
de l'amidon, des matières azotées, de la cellulose, des
matières grasses et des matières minérales. La composition de l'orge est très variable suivant l'espèce, la nature du terrain où on la cultive, le mode de culture, etc.
Le tableau suivant donne la composition de quelques

orges de brasserie, et les limites entre lesquelles varient les divers éléments :

	Eau.	Amidon et sucres.	Matières azotées.	Cellulose.	Matières grasses.	Matières minérales.	Auteurs.
Orge chevalier.	14,70	62,51	9,04	8,90	1,67	2.4	Lindet et Herbet.
Escourgeon....	14,78	61,28	9,81	10,02	1,78	2,72	—
Orge d'Algérie.	11,98	61,65	10,34	11,50	1,41	2,38	—
Propor-tion... (max..	20,88	74,70	18,27	10,80	3,24	»	Dietrich et Kœnig.
(moy..	13,78	65,51	11,16	4,80	2.12	»	—
(min ..	8,34	56,10	6,19	2,22	1,02	»	—

On voit qu'en moyenne l'orge contient 60 à 65 p. 100 d'amidon, 12 à 14 p. 100 d'eau et 9 à 10 p. 100 de matières azotées.

Les orges chevalier sont d'ordinaire plus riches en amidon que les escourgeons et les orges d'Afrique. Ces dernières sont généralement riches en matières azotées et cellulosiques. Aussi sont-elles moins appréciées.

Caractères d'une bonne orge de brasserie. — Une orge de brasserie de bonne qualité doit être d'une couleur jaune clair uniforme, sans piqûres noires ou bleues, ce qui indiquerait la présence de moisissures.

Son odeur doit être franche, et on ne doit pas y rencontrer de graines étrangères ni d'impuretés. L'enveloppe doit être fine et brillante et adhérer nettement à l'amande pleine. Les grains doivent être de dimensions bien uniformes : c'est là un caractère important, car, au moment du trempage, l'eau les pénètre plus ou moins vite, suivant leur grosseur, et, si les grains sont inégaux, le malt qui en résulte est très irrégulier.

Le poids de l'hectolitre d'orge renseigne sur l'état de plénitude de l'amande. Une bonne orge de brasserie ne doit pas peser moins de 60 kilogrammes à l'hectolitre.

La teneur en amidon doit être élevée et la proportion

de matières azotées faible. Les orges trop azotées fournissent des moûts difficiles à clarifier. On considère souvent que la cassure vitreuse est un signe de pauvreté en amidon, de richesse en matières azotées et, par suite, de mauvaise qualité de l'orge. C'est là souvent une opinion exagérée ; il y a des orges qui ne doivent leur cassure vitreuse qu'à un degré plus ou moins avancé de maturation. Le dosage des matières azotées et de l'amidon peut seul fournir dans ce cas des renseignements précis.

Enfin, un caractère important est encore fourni par le *pouvoir germinatif* de l'orge. On désigne sous ce nom le nombre des grains qui germent pour 100. On le détermine facilement en faisant tremper les grains dans l'eau et en les abandonnant, après vingt-quatre heures de trempage, entre deux feuilles de papier buvard mouillé. Le nombre des grains qui germent ainsi doit se rapprocher le plus possible de 100 p. 100 ; on ne doit, dans tous les cas, jamais rencontrer dans une bonne orge plus de 5 p. 100 de grains incapables de germer.

Houblon.

La France produit du houblon principalement dans les départements de la Meurthe-et-Moselle, de la Côte-d'Or, du Nord et des Vosges. Elle en importe une assez grande quantité : en 1901, cette importation a atteint 21 679 quintaux métriques, dont 13 000 venant d'Allemagne et 7 000 venant de Belgique, représentant en totalité une valeur de 6 287 000 francs. L'exportation, qui était autrefois de 10 000 quintaux, est tombée peu à peu à 3 000 quintaux, et en 1901 elle n'a été que de 966 quintaux, représentant une valeur de 280 000 francs.

Nature du houblon. — Le houblon est une plante de la famille des Urticées ; elle est dioïque, c'est-à-dire qu'elle présente des sujets mâles et des sujets femelles. Les plantes femelles sont seules cultivées dans les houblonnières, et ce sont leurs cônes portant les fleurs non fécondées qu'on utilise en brasserie.

Le houblon est une plante grimpante qui s'enroule autour de grandes perches de 8 à 10 mètres de hauteur. La floraison a lieu en juillet et en août, et la récolte se fait en septembre. La plante est alors coupée à 20 centimètres du sol, et, comme ses racines sont vivaces, elle repousse au printemps suivant. On recueille les cônes avec soin, on les dessèche à basse température pour ne pas altérer le parfum, et on les met pour la vente dans des sacs où on les presse fortement.

Les variétés de houblon les plus appréciées sont les houblons de Bavière et de Bohème. Dans ce dernier pays, les houblons de Saaz sont particulièrement renommés à cause de la finesse de leur arome. En Bavière, les houblons de Spalt sont considérés comme excellents.

Composition du houblon. — Les cônes des fleurs femelles du houblon atteignent environ une longueur de 2 ou 3 centimètres; ils sont formés de folioles écailleuses portant à leur base une substance jaune pulvérulente et amère à laquelle on donne le nom de *lupuline.*

Cette lupuline a une importance considérable, à cause de ses propriétés aromatiques : les cônes de houblon en contiennent de 8 à 18 p. 100. Ce n'est pas un principe simple : elle contient en effet plusieurs éléments qui possèdent chacun des propriétés caractéristiques. On y trouve une huile essentielle, plusieurs résines et une substance amère. L'huile essentielle et la substance amère communiquent à la bière son parfum et son amertume; les résines jouent également un rôle important, à cause de leur action antiseptique prononcée qui gène le développement de nombreuses bactéries.

La matière pulvérulente jaunâtre qu'on trouve à la base des folioles n'est pas le seul élément utile du houblon : les autres parties du cône contiennent aussi des principes actifs. On trouve d'abord du tannin, dont le rôle est capital dans la fabrication de la bière. Ce tannin a la propriété de précipiter certaines matières azotées du moût, qui ne sont pas assimilables par la levure, mais qui favorisent au contraire les mauvais ferments et rendent le liquide altérable. Le rôle du tannin du houblon est donc extrêmement utile; en outre, en précipitant ces matières azotées sous forme de combinaisons insolubles, il se produit un véritable collage du liquide qui le clarifie en entraînant la majeure partie des matières en suspension.

Le houblon contient également des matières azotées, mais ce sont en grande partie des substances incoagulables, qui ne sont pas précipitées par le tannin et qui servent à la nutrition de la levure.

Le houblon possède en moyenne la composition centésimale suivante :

Eau.........................	5 à 10 p. 100.
Lupuline...........	8 à 18 —
Tannin......................	1 à 8 —
Matières azotées............	12 à 18 —
— minérales.........	8 à 12 —
— cellulosiques......	30 à 60 —

Caractères d'un bon houblon. — Pour juger un houblon, on se base surtout sur les caractères de l'arome et de la couleur. En écrasant entre les doigts un cône de houblon, on doit percevoir une odeur aromatique bien franche. Un parfum âcre et rance indique une modification de la lupuline par oxydation à l'air.

La couleur doit être d'un jaune verdâtre clair. Une nuance brune est souvent un signe d'altération; aussi préfère-t-on en général les houblons de nuance claire.

Les cônes doivent être entiers et munis d'une queue fine; leur longueur doit être d'environ 2 centimètres. Ils doivent contenir une proportion abondante de lupuline, et, pour que ce caractère existe, il faut que les fleurs n'aient pas été fécondées et que le houblon ne contienne pas de graines.

Somme toute, on ne juge la valeur d'un houblon que par ses caractères extérieurs. En effet, l'analyse chimique ne permet pas de donner de renseignements bien précis sur la qualité d'un houblon destiné à la brasserie.

Conservation du houblon. — Le houblon s'altère assez facilement à l'air, par suite d'une oxydation de la lupuline et de l'huile essentielle qu'elle renferme. Il se forme de l'acide valérianique, qui communique au produit une odeur très désagréable.

Pour éviter ces altérations, on cherche à soustraire le mieux possible le houblon au contact de l'air. A cet effet, on emballe le houblon dans des toiles imperméables, de tissu très serré, dans lesquelles on le tasse très fortement au moyen de presses hydrauliques. On réduit ainsi considérablement le contact des principes altérables avec l'air, et la conservation est parfaite, pourvu que le houblon soit placé dans une pièce bien sèche et à basse température.

Maïs.

L'utilisation du maïs en brasserie exige certaines précautions spéciales, à cause de la grande quantité d'huile qu'il contient : cette huile donne à la bière une odeur très désagréable, et il importe de l'éliminer le mieux possible. Fort heureusement, la majeure partie de l'huile se trouve dans le germe et dans l'écorce. On commence donc par dégermer et par concasser le maïs, et on blute les fragments de l'amande farineuse de manière à obtenir des semoules débarrassées du germe et de l'enveloppe. Ce sont ces semoules qui sont utilisées en brasserie sous le nom de *grits*. Elles contiennent malgré tout une certaine proportion d'huile, qui varie entre 0,5 et 1 p. 100, car il y a également des matières grasses dans l'albumen de la graine de maïs.

La composition du maïs, d'après Kœnig, est la suivante :

	Maximum.	Moyenne.	Minimum.
Eau...............	22,4	13,88	8,09
Cendres............	4,09	3,23	0,62
Matières azotées......	15,12	10,05	5,82
— cellulosiques..	8,50	4,59	0,99
— amylacées....	72,69	66,78	59,03
— grasses..	9,16	4,76	1,54

Riz.

Le riz est employé assez fréquemment, à cause de sa forte teneur en amidon et de sa pauvreté en matières azotées. Il fournit un haut rendement et rend des services dans la fabrication des bières pâles.

La composition moyenne du riz est la suivante :

Eau........	14,0
Cendres....................	0,5
Matières azotées.................	7,7
— cellulosiques.................	2,2
— amylacées.................	75,2
— grasses.................	0,4

Le riz présente l'inconvénient d'affaiblir rapidement la levure : celle-ci dégénère, les fermentations sont plus lentes et on doit renouveler le levain presque à chaque brassin. Cette action très caractéristique du riz sur la levure n'est pas encore bien expliquée.

CHAPITRE III

LE MALTAGE.

Schéma de la fabrication de la bière. — On peut diviser la fabrication de la bière en trois phases principales :

1° Le maltage;

2° Le brassage ou préparation du moût;

3° La fermentation alcoolique.

L'orge est d'abord mise à tremper, puis on l'abandonne à la germination pour produire la diastase nécessaire à la saccharification de l'amidon. Quand la germination est suffisante, on l'arrête en séchant l'orge dans un appareil appelé *touraille*. Le produit sec est dégermé et on obtient ainsi le malt. C'est la phase du maltage.

On concasse le malt ainsi préparé, on le délaye avec de l'eau et on maintient la masse aux températures favorables pour que la diastase transforme l'amidon en maltose et en dextrine. C'est le brassage proprement dit. Quand la saccharification est terminée, on obtient un moût sucré, qu'on soutire à travers les drèches, on lave celles-ci à plusieurs reprises à l'eau chaude, et on porte le moût ainsi obtenu à l'ébullition, en l'additionnant de houblon (cuisson et houblonnage). Le moût est alors refroidi à une température convenable pour qu'il puisse subir la fermentation alcoolique. Telle est la deuxième phase, qui correspond à la préparation du moût sucré et parfumé.

Ce liquide est additionné de levure. La fermentation alcoolique se déclare, d'abord tumultueuse (fermentation principale), puis plus lente (fermentation complémentaire). La bière obtenue est alors clarifiée, et livrée à la consommation, en fûts ou en bouteilles.

LE MALTAGE.

Le maltage a pour but la production de l'orge germée. La germination du grain d'orge est accompagnée de la sécrétion d'une diastase, l'*amylase*, que nous avons déjà signalée au début de cet ouvrage, et qui possède la propriété de saccharifier l'amidon en le transformant en un sucre fermentescible, le maltose, et en dextrine. Cette propriété saccharifiante est presque nulle dans le grain non germé. Donc, pour préparer un moût sucré au moyen de l'amidon de l'orge, on doit au préalable la soumettre à la germination, afin de produire la diastase nécessaire à cette transformation. C'est là le but du maltage.

Le maltage utilise les moyens que la nature met à la disposition du germe pour s'alimenter. En effet, la sécrétion des diastases pendant la germination a pour objet de permettre au germe de se nourrir des substances de réserve accumulées dans l'amande, et à la plantule de se développer. Mais si on laisse la germination progresser trop loin, le germe consomme toutes les matières utilisables du grain ; aussi doit-on arrêter brusquement la vie de l'embryon en lui supprimant une des conditions nécessaires de son existence : l'humidité. On dessèche donc l'orge germée, avec des précautions spéciales, pour ne pas détruire les diastases formées qui nous sont utiles, et on obtient ainsi, après dégermage, un produit sec appelé *malt*, qui sert à la préparation du moût sucré.

Pour que cette germination ait lieu, on doit placer l'orge dans des conditions favorables. Une condition essentielle est avant tout une certaine humidité. Les grains doivent donc être trempés avant la germination, et nous pouvons alors diviser l'opération du maltage en cinq phases :

1° *Nettoyage de l'orge* ; 2° *trempage* ; 3° *germination* ; 4° *dessiccation ou touraillage* ; 5° *dégermage*.

1° Nettoyage de l'orge.

L'orge contient souvent de nombreuses impuretés, et il est nécessaire de lui faire subir d'abord un nettoyage, si on veut obtenir un bon malt. Cette opération enlève les graines étrangères, les grains cassés, les poussières et les impuretés de toutes sortes. Elle s'effectue dans des cylindres à alvéoles, inclinés et animés d'un mouvement de rotation lent.

Une excellente précaution consiste à trier, avant le maltage, les grains suivant leur grosseur. Cette opération se fait également dans des trieurs qui séparent les grains en trois catégories, petits, moyens et gros. Chaque catégorie est traitée à part ultérieurement : on évite ainsi les irrégularités dans le maltage, dues à ce fait que les grains absorbent des quantités inégales d'eau suivant leurs dimensions, et germent ensuite différemment. En maltant des grains de grosseur bien uniforme, on obtient un malt régulier et très supérieur.

2° Trempage de l'orge.

Le but du trempage est de fournir au grain la quantité d'eau nécessaire pour qu'il puisse subir la germination.

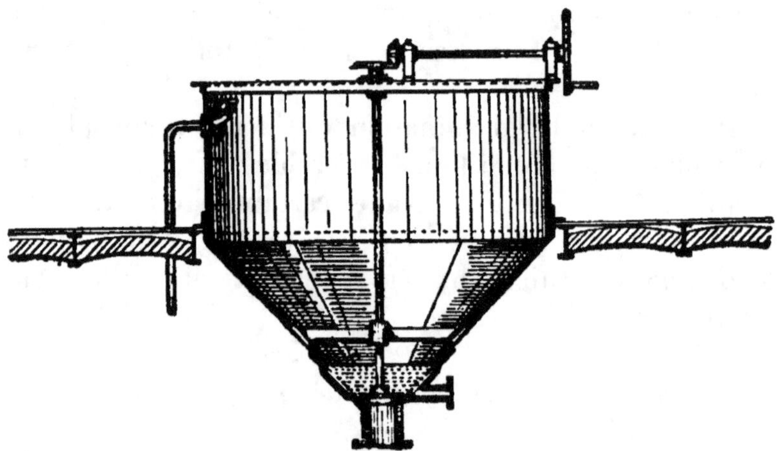

Fig. 20. — Cuve à tremper, cylindro-conique avec soupape (Société strasbourgeoise de constructions mécaniques, à Lunéville).

On emploie dans ce but des cuves appelées *cuves mouilloires* (fig. 20). Elles sont tantôt en ciment, tantôt en fer, de forme ronde ou rectangulaire, à fond plat ou à fond conique. Leurs dimensions sont variables suivant l'importance de la malterie : elles peuvent contenir de 300 à 1 000 kilogrammes d'orge. A la partie supérieure se trouve le robinet d'arrivée de l'eau ; à la partie inférieure un robinet de vidange pour l'eau et une soupape qui permet de vider l'orge trempée. Dans certains systèmes, l'eau arrive par le dessous et s'écoule par un trop-plein placé à la partie supérieure. Cette disposition a l'avantage de mieux éliminer les poussières et les impuretés qui adhèrent au grain. Les cuves mouilloires sont placées directement au-dessus des germoirs, de manière à pouvoir vider d'un seul coup la matière sur le sol.

Pratique du trempage. — On emplit d'abord le bac d'eau jusqu'à un niveau déterminé par la quantité d'orge à mouiller, puis on ajoute le grain, en agitant dans tous les sens. Les grains trop légers surnagent et sont enlevés au moyen d'écumoires.

L'eau de trempage dissout un certain nombre de principes de l'orge, notamment des matières minérales et un peu de matières azotées. C'est là une petite perte inévitable, qui atteint 0,5 à 1 p. 100 du poids du grain. Cette eau, contenant ces matières extractives de l'orge, devient un excellent milieu de culture pour les bactéries et se putréfie facilement. Il est donc nécessaire de changer l'eau pendant la trempe : ce changement se fait d'ordinaire toutes les vingt-quatre heures.

Le grain, en absorbant de l'eau, se gonfle et se ramollit. La durée de la trempe est variable suivant les conditions dans lesquelles elle s'effectue et suivant la nature des orges. Elle est en moyenne de soixante heures, mais elle atteint parfois cent heures.

Quand la température de l'eau est basse, le trempage doit durer plus longtemps. Cette température ne doit guère dépasser 15° C., afin d'éviter l'altération trop rapide de l'eau de trempage par les ferments.

La nature de l'eau influe également sur la durée de la

trempe. Les eaux calcaires demandent un trempage plus long que les eaux douces.

Enfin, l'état de l'enveloppe de l'orge joue aussi un rôle important dans le trempage : certaines orges sont dures et se laissent difficilement pénétrer par l'eau ; d'autres sont plus tendres et s'imbibent rapidement.

Caractères d'une bonne trempe. — Théoriquement, le grain doit absorber environ 50 p. 100 de son poids d'eau pour pouvoir germer d'une façon satisfaisante. La détermination de cette augmentation de poids serait le moyen le plus rationnel pour contrôler si la trempe est suffisante.

En pratique, on reconnaît que le trempage est achevé aux caractères suivants : 1° le grain, pressé entre deux doigts, doit être mou et s'ouvrir facilement au bout qui correspond à la radicelle ; 2° frotté contre un corps rugueux, il doit laisser un trait blanc comme de la craie ; 3° l'intérieur du grain doit être uniformément humide, mais non visqueux.

On doit avoir soin de ne pas trop prolonger la trempe. Les grains trop trempés germent trop vite et s'altèrent très facilement. Il est difficile de remédier à un excès de trempage. Quand, au contraire, la trempe n'est pas tout à fait suffisante, on peut y remédier sur le germoir en arrosant légèrement la couche. Il est donc beaucoup moins dangereux de donner un mouillage trop faible qu'un mouillage trop fort.

3° Germination.

La germination a pour objet de faire développer dans l'orge la diastase nécessaire pour la saccharification de l'amidon.

Pour que la germination s'effectue d'une façon régulière, trois conditions doivent être réalisées : 1° une certaine humidité ; 2° une température convenable ; 3° la présence de l'oxygène de l'air.

Ces conditions sont remplies, d'une part, par le mouillage qui a fourni l'humidité nécessaire, et on réalise les autres en faisant en sorte que le grain, pendant sa germination, se trouve à une température d'environ 15° et ne manque pas d'oxygène.

Phénomènes qui accompagnent la germination. — Quand on abandonne à elle-même l'orge trempée, on voit apparaître, au bout de quarante-huit heures environ, la radicule sous l'aspect d'un point blanc. Elle se développe rapidement en formant plusieurs radicelles qui s'entrelacent. Pendant ce temps, la tigelle s'allonge sous l'enveloppe et apparaît parfois à l'extrémité opposée.

Le germe emprunte les éléments qui lui sont nécessaires pour sa nutrition aux réserves contenues dans l'amande farineuse. Pour pouvoir utiliser ces aliments, les cellules qui entourent le germe sécrètent d'abord une diastase spéciale, appelée *cytase*, qui a la propriété de dissoudre les parois cellulosiques des cellules qui contiennent les grains d'amidon. L'amidon est ainsi mis à nu. Vers le troisième jour de la germination, les cellules commencent à sécréter, en même temps que la cytase, une autre diastase très importante, l'*amylase*, qui a la propriété de transformer l'amidon en maltose et en dextrine. Cette sécrétion d'amylase, qui est capitale pour le brasseur, augmente du troisième jusqu'au huitième jour, où elle demeure stationnaire. Quant à la cytase, elle achève la dissolution des parois cellulaires en huit à neuf jours.

L'amylase agit dans le grain en germination, et transforme une partie de l'amidon en maltose et en dextrine : le maltose est consommé par le germe pour sa nutrition et sa respiration. Il en résulte une perte d'amidon qui atteint environ 10 p. 100 du poids de l'amidon primitif.

La jeune plantule a également besoin de matériaux azotés. C'est encore par la sécrétion d'une diastase particulière, la *peptase*, que le germe va dissoudre dans les cellules de réserve les matières azotées insolubles. Cette diastase dissout une partie de ces substances albuminoïdes et les transforme en matières azotées solubles et assimilables par le germe. Aussi retrouve-t-on après la germination une augmentation de l'azote soluble.

Le germe respire : il absorbe de l'oxygène et dégage de l'acide carbonique, et il en résulte une élévation notable de température. Comme la germination ne se produit bien qu'en présence de l'oxygène et à une température relativement basse, on doit donc prendre des précautions spéciales pour empêcher l'accumulation de l'acide carbonique, qui gènerait l'accès de l'air, et pour réduire à des limites convenables l'élévation de température.

Pratique de la germination. — La germination de l'orge peut s'effectuer de deux manières, soit dans des salles spéciales appelées *germoirs*, soit dans des appareils dans lesquels on réalise mécaniquement les conditions favorables pour une bonne germination.

Germoirs. — Les germoirs sont des salles basses, voûtées, situées en général au sous-sol : elles doivent être parfaitement dallées, bien planes et sans fissures, de manière à pouvoir être entretenues dans le plus grand état de propreté. On doit réserver une pente douce et des canaux latéraux pour pouvoir éliminer facilement les eaux de lavage. Les murs doivent être blanchis à la chaux ou recouverts de vernis émail, pour éviter la présence des moisissures. La propreté rigoureuse dans le germoir est la première condition de réussite dans la préparation du malt.

On doit pouvoir ventiler facilement, et maintenir la température la plus constante possible.

L'orge est vidée directement de la cuve mouilloire sur le sol du germoir, et on l'étale en couches d'environ 40 centimètres, en réservant sur un des côtés du germoir un passage de 2 à 3 mètres qui servira pour le pelletage. Au bout de vingt-quatre à quarante-huit heures, on voit apparaître la radicule et, la germination s'accentuant, la température s'élève. Il est alors nécessaire d'éliminer l'acide carbonique produit, pour renouveler le contact avec l'oxygène, et d'abaisser la température. On y arrive par le *pelletage*. Cette opération s'effectue à bras d'homme au moyen de pelles en bois. L'ouvrier malteur projette l'orge dans l'espace de 3 mètres réservé à droite ou à gauche de la couche et la repousse ainsi complètement vers la droite ou vers la gauche, en la retournant jusqu'à ce qu'elle occupe une position symétrique à celle qu'elle occupait auparavant, le passage de 3 mètres se trouvant alors du côté opposé. Ce pelletage est renouvelé aussi souvent que la température l'exige ; en même temps, on diminue l'épaisseur de la couche jusqu'à 25-15 centimètres. Il est souvent nécessaire de pelleter deux ou trois fois par vingt-quatre heures.

La température doit être maintenue pendant toute la germination à 15° environ. Quand la température est trop basse, la germination s'arrête ; quand elle est trop élevée, la germination devient trop rapide, la désagrégation par la cytase est incomplète et les moisissures, ainsi que les mauvais ferments, se développent très facilement sur le grain. On doit donc conduire le travail du germoir de manière à obtenir une germination suffisante au bout d'une dizaine de jours environ. A ce moment, la plumule mesure les trois quarts de la longueur du grain.

Maltage pneumatique. — Pour économiser la main-d'œuvre et réaliser d'une façon plus parfaite les conditions théoriques d'une bonne germination, on a cherché à produire la germination dans des appareils mécaniques, où l'élimination de l'acide carbonique et le refroidissement sont effectués par le passage d'un courant d'air saturé d'humidité. C'est là le principe du maltage pneumatique, qui a été réalisé par plusieurs constructeurs, notamment par Galland dans ses tambours rotatifs.

Le tambour Galland-Guérin (fig. 21) se compose essentiellement d'un cylindre métallique portant à l'intérieur
un deuxième cylindre en tôle perforée destiné à recevoir
l'orge. A la partie inférieure se trouve l'admission de
l'air saturé d'humidité. Cet air, appelé par un aspirateur,

Fig. 21. — Tambour de germination (système Guérin). Vue avant du tambour
(Société strasbourgeoise de constructions mécaniques, à Lunéville).

traverse la couche d'orge contenue dans le cylindre et
s'échappe par l'axe central du tambour. La rotation de
l'appareil produit le retournement de l'orge et empêche
ainsi le feutrage des radicelles.

Il est nécessaire d'injecter dans la masse de l'air sursa-
turé d'humidité, pour ne pas enlever au grain l'eau qui
lui est indispensable pour sa germination. On obtient cet
air humide en le faisant passer dans des chambres

munies de chicanes, dans lesquelles des pulvérisateurs d'eau le sursaturent de gouttelettes très fines qui sont entraînées dans les tambours.

Ce procédé réalise une très forte économie de main-d'œuvre et produit des malts très réguliers, d'excellente qualité, d'odeur franche et exempts de moisissures. En outre, le maltage peut avoir lieu pendant toute l'année, tandis qu'avec les germoirs, dans les mois d'été, la germination devient trop rapide et le malt est aussitôt envahi par des moisissures.

4° Touraillage.

Le touraillage a pour but d'arrêter la germination de l'orge, en supprimant l'humidité qui lui est nécessaire. En effet, si on laissait la germination progresser, la plantule consommerait tout l'amidon du grain. On doit donc arrêter le phénomène au moment où la désagrégation du grain est complète et où la diastase nécessaire est produite. La dessiccation permet, en outre, de conserver le malt sans altération pour l'employer au fur et à mesure des besoins. Enfin, le touraillage a pour résultat de développer dans le malt un arome spécial par la légère torréfaction qu'on lui fait subir.

La dessiccation du malt doit être faite avec certaines précautions. Il importe, en effet, de dessécher le grain sans tuer la diastase saccharifiante que nous devons utiliser par la suite dans le brassage. La température à laquelle cette diastase est détruite est variable, comme nous l'avons vu, suivant l'état d'humidité sous lequel elle se trouve. A l'état humide, elle ne résiste pas à 75°; à l'état sec, elle peut être chauffée au delà de 100°, sans grande diminution d'activité. Il en résulte que, pratiquement, la dessiccation devra s'opérer au début lentement et à basse température, tant que le grain est encore mouillé. Quand celui-ci est suffisamment sec, on peut, sans inconvénients, élever la température pour torréfier le malt au point voulu.

Pendant la phase de la dessiccation à basse température, la diastase présente dans le grain continue son action et donne aux dépens de l'amidon une certaine quantité de maltose et de dextrine qu'on retrouve ultérieurement dans le malt. Le chauffage a toujours pour résultat de détruire une certaine proportion de diastase, et cette proportion est d'autant plus élevée que le malt a été touraillé à plus haute température. Quand on veut produire des malts destinés à être assez fortement torréfiés, comme les malts Munich, par exemple, il est donc nécessaire de produire, lors de la germination, le plus de diastase possible, afin que le malt possède encore un pouvoir diastasique suffisant, malgré la destruction partielle de la diastase aux hautes températures de touraillage.

Le touraillage se pratique dans des étuves spéciales appelées *tourailles*. Ces étuves sont tantôt chauffées directement par les gaz venant du foyer, qui traversent la masse de l'orge à dessécher, soit par de l'air qui s'échauffe au contact des parois réfractaires d'un calorifère.

La première disposition constitue la touraille à fumée. A la partie inférieure se trouve le foyer, dans lequel on brûle généralement du coke ; au-dessus, une chambre de distribution, dans laquelle se mélangent en proportions voulues l'air froid et les gaz chauds, de manière à obtenir une température convenable et une masse gazeuse bien homogène. Les plateaux sur lesquels le malt est étalé se trouvent au-dessus de cette chambre de distribution. Les plateaux sont tantôt au nombre de deux, tantôt il n'y en a qu'un seul. Ils sont formés d'une tôle perforée ou d'une série de fils de fer parallèles et très rapprochés, soutenus par des traverses de fer. Quand il y a deux plateaux, le plateau supérieur porte des ouvertures destinées à laisser tomber facilement le malt du plateau supérieur sur le plateau inférieur. La touraille se termine par une cheminée de tirage et d'évacuation de la vapeur d'eau enlevée au malt.

Dans la touraille à calorifère (fig. 22), la disposition est identique, sauf pour le foyer et l'admission de l'air. Dans ce cas, les gaz du foyer réchauffent un fourneau en briques réfractaires, dans lequel ils circulent : l'air froid entre dans l'appareil, s'échauffe au contact des briques réfractaires et se dirige vers les plateaux de la touraille. Ce dispositif permet d'utiliser un combustible quelconque, puisque ce ne sont plus les gaz du foyer qui sont envoyés dans la touraille, mais de l'air chaud.

La manière dont s'exécute le travail dans les tourailles

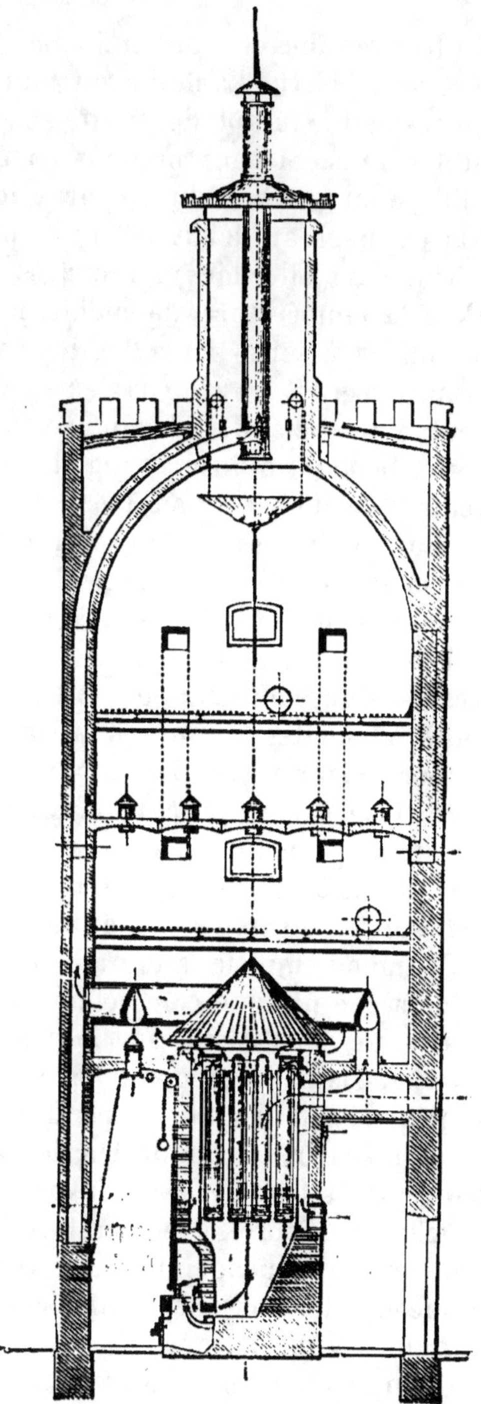

Fig. 22. — Touraille à calorifère (Société strasbourgeoise de constructions mécaniques, Lunéville).

est très variable et a une influence capitale sur le caractère de la bière. La durée du touraillage est tantôt de vingt-quatre, tantôt de trente-six, tantôt de quarante-huit heures. Si nous prenons comme exemple un touraillage en quarante-huit heures, la température ne doit pas dépasser au début 30 à 38° pendant une douzaine d'heures, et elle doit monter très lentement. On élève alors la température, de manière à obtenir 70° au bout de quinze à seize nouvelles heures. A ce moment, le grain a perdu les cinq sixièmes de son humidité. On peut alors chauffer davantage sans inconvénient, et porter pendant quinze à vingt heures le malt progressivement de 70° à 100° ou 105°.

Pour que la dessiccation soit régulière, il est nécessaire de pelleter le malt. Cette opération se fait sur le plateau même de la touraille, soit à main d'homme, soit, ce qui est préférable, au moyen de pelleteurs mécaniques. Ces pelleteurs mécaniques sont constitués par des agitateurs à palettes, animés d'un mouvement de rotation autour de leur axe, et d'un mouvement en avant qui leur permet de parcourir toute la longueur du plateau. Les agitateurs plongent dans le grain et retournent la masse. On obtient ainsi une répartition plus parfaite de la chaleur sur les divers grains, et une dessiccation régulière.

Quand on emploie la touraille à deux plateaux, le malt se dessèche presque complètement sur le plateau supérieur, puis on l'évacue sur le plateau inférieur où il se torréfie. Malheureusement, en pratique, il arrive souvent que, en donnant la température nécessaire sur le plateau inférieur, on donne sur le plateau supérieur une température trop élevée ; et inversement, si on donne à la couche supérieure sa température favorable, la torréfaction sur la couche inférieure est insuffisante. Aussi, beaucoup de brasseries emploient-elles seulement des tourailles à un plateau.

Quand on veut produire un malt très pâle, il faut éliminer le plus d'eau possible à basse température, et ne pas chauffer ensuite à une température supérieure à 60°-70°. Au contraire, pour les malts colorés, on peut chauffer à 50° pendant que le malt est encore assez humide; puis on porte lentement à 100°-105°, et on voit alors apparaître dans le grain une coloration brune qu'on recherche dans la fabrication de certaines bières.

Dans ces derniers temps, certaines malteries, qui utilisent le système pneumatique Galland, ont adopté le touraillage à la vapeur, en tambours. L'opération se fait dans deux tambours : dans le premier, appelé *tambour de fanage*, on fane le malt pendant vingt-quatre heures à 25°-30°, au moyen d'un courant d'air chaud. Dans le second, qui est le *tambour de touraillage* proprement dit, on traite le malt sortant du tambour de fanage, et on le porte à la température voulue, qui peut atteindre 100°. On obtient ainsi une dessiccation tout à fait régulière et des malts d'excellente qualité.

Pour donner à certaines bières brunes une coloration très foncée, on emploie certains produits à base de malt, qu'on appelle *malt couleur* et *malt caramel*. Le malt couleur s'obtient simplement en grillant du malt dans des appareils analogues à ceux qu'on emploie pour brûler les cafés. Le malt caramel se prépare en faisant tremper pendant une heure environ du malt entier dans de l'eau à 50°. Il se produit une saccharification partielle de l'amidon. On place alors le malt ainsi traité dans des cylindres chauffés à la vapeur et traversés par un courant d'air, et on le porte à 120° pendant une heure.

On obtient ainsi un produit brun, d'un goût exquis, qu'on mélange en petites proportions avec le malt ordinaire, pour donner aux bières la coloration voulue.

5° Dégermage.

Après le touraillage, les radicelles de l'orge germée se détachent très facilement. Cette opération du dégermage s'effectue dans un tambour rotatif muni d'une toile .métallique. Le tambour est animé d'un mouvement de rotation rapide, les radicelles se brisent et passent à travers la toile métallique, tandis que le malt est retenu. On obtient ainsi, d'une part, le malt et, d'autre part, les radicelles qui constituent ce qu'on appelle les *touraillons*.

Le rendement en malt est d'environ 75 à 80 kilogrammes par 100 kilogrammes d'orge.

Ordinairement, le malt n'est pas employé aussitôt après sa fabrication : on le conserve alors en silos, et on l'utilise au fur et à mesure des besoins.

CHAPITRE IV

LA PRÉPARATION DU MOUT SUCRÉ.

Le malt ainsi préparé va maintenant servir à la fabrication du moût sucré. Cette opération comprend trois phases distinctes. Dans la première, on produit la saccharification de l'amidon du malt, de manière à obtenir un jus sucré et dextriné : c'est la *phase du brassage proprement dit*. Le moût ainsi obtenu est alors porté à l'ébullition et houblonné : c'est la *phase de la cuisson et du houblonnage*. Enfin, le liquide parfumé est refroidi à la température convenable pour la fermentation alcoolique : c'est la *phase du refroidissement du moût*.

Avant d'entrer dans l'étude du brassage proprement dit, il est d'abord nécessaire d'étudier, au point de vue théorique, le phénomène de la saccharification de l'amidon, afin de pouvoir discuter par la suite les divers procédés de brassage.

SACCHARIFICATION DE L'AMIDON.

Préparation de la diastase de l'orge. — La diastase a été découverte en 1832 par Payen et Persoz, qui l'ont obtenue en précipitant par l'alcool une macération de malt.

Nous n'avons pas, encore aujourd'hui, de procédé qui permette d'obtenir cette diastase à l'état de pureté. On peut cependant l'extraire du malt à l'état purifié en faisant macérer, dans deux parties d'alcool à 20 p. 100, une partie d'orge germée fraîche, et en précipitant ensuite le produit filtré par le double de son volume d'alcool absolu (Lintner). La diastase saccharifiante étant soluble dans l'alcool faible, elle se dissout et se trouve dans le produit filtré; mais l'alcool fort la précipite, sous forme d'un magma gélatineux qu'on retient sur un filtre et qu'on dessèche dans le vide sur l'acide sulfurique. On obtient ainsi une poudre presque blanche, amorphe et facilement soluble dans l'eau quand on a le soin de la mouiller et de la broyer au préalable avec une très faible quantité d'eau, de manière à en faire une pâte homogène.

Action de la diastase sur l'amidon. — Quand on traite à une température de 60°-65° de l'empois d'amidon par une solution de cette diastase, ou, ce qui revient au même, par une décoction à froid d'orge germée, on voit d'abord la masse pâteuse se liquéfier en quelques minutes, puis la saveur sucrée du liquide augmente et l'amidon disparaît peu à peu pour donner naissance à du maltose et à des dextrines. Au bout d'un temps variable, l'amidon est totalement saccharifié et on n'en retrouve plus dans le liquide. Il est facile de se rendre compte de la marche de cette transformation au moyen d'une solution d'iode. L'amidon se colore en bleu intense sous l'action de l'iode, et, au début, le liquide donne avec l'iode une coloration bleue; puis la couleur passe au violet, au rouge et au jaune. Quand la saccharification est terminée, l'addition d'iode donne une coloration jaune semblable à celle qu'on obtiendrait en laissant tomber une goutte de la liqueur d'iode dans de l'eau pure.

Théories de la saccharification. — Plusieurs théories ont été proposées pour expliquer cette action de la diastase. Pour Payen, l'amidon se transforme d'abord en dextrine, et c'est cette dextrine qui donne ensuite graduellement du maltose. Pour Musculus, au contraire, l'amidon se transforme en donnant à la fois de la dextrine et du maltose. C'est également l'avis de Brown et Morris. Enfin, M. Duclaux a proposé également une théorie de la saccharification qui paraît être celle qui correspond le mieux aux phénomènes qu'on observe.

D'après M. Duclaux, la diastase de l'orge serait composée de deux diastases différentes : l'une, l'*amylase*, est une diastase décoagulante qui liquéfie l'empois d'amidon et le transforme en dextrines; l'autre, la *dextrinase*, est hydrolysante et transforme la dextrine en maltose. Voici, d'après M. Duclaux, l'explication des phénomènes qu'on observe pendant une saccharification.

« Dans une saccharification, les deux diastases, amylase et dextrinase, fonctionnent à la fois. Le grain d'amidon est formé d'une série de couches concentriques dont les degrés de compacité sont différents. L'amylase liquéfie d'abord les parties de l'amidon les moins résistantes et en fait de la dextrine que la dextrinase transforme en maltose. Puis vient le tour des parties un peu plus résistantes, qui descendent à leur tour l'échelle un peu plus tard que les premières. A un moment quelconque, on a donc dans le liquide un mélange d'actions inégalement avancées, dont chacune fait une part variable à l'amidon terme de départ, à la dextrine terme moyen, au maltose terme d'arrivée. La meilleure image du phénomène est

celle d'un broyeur cylindrique qui reçoit des pierres par
le haut et rend de la poussière par le bas. Si les cailloux
qu'on y introduit sont hétérogènes, les plus tendres
seront déjà broyés lorsque les plus résistants seront
encore presque intacts, et à un niveau quelconque du
parcours on aura un mélange hétérogène dont la composition, à peu près constante, dépendra de la proportion
dans laquelle auront été mélangés, au départ, les cailloux
d'inégale dureté. Avec des pierres très tendres, on n'aura
en bas du broyeur que de la poussière ; avec des pierres
dures, pour le même travail dépensé, on aura des morceaux plus gros. Il en va de même avec la dextrinase :
elle aboutit au maltose avec des dextrines *tendres*. Dans
un empois, il s'en fait d'inégalement résistantes, et avec
elles la réaction s'arrête à un certain niveau, invariable
naturellement quand les conditions extérieures sont
maintenues constantes. L'arrêt tient d'abord à l'influence
paralysante du maltose formé, mais il y a une autre
cause d'arrêt due à l'hétérogénéité du point de départ.
A mesure que la dextrinase s'affaiblit par suite de l'accumulation du maltose qu'elle forme, elle se trouve avoir
à attaquer des dextrines plus résistantes provenant des
parties du grain d'amidon les plus péniblement dextrini-
fiées et, la puissance allant en diminuant, la résistance
allant en augmentant, il faut bien arriver à un état d'équilibre et de repos (1). »

Cette théorie très ingénieuse et très simple est parfaitement conforme aux faits qu'on observe dans la saccharification, comme nous allons le voir maintenant.

Action de la chaleur sur la saccharification. —
L'amylase, qui a la propriété de liquéfier l'amidon, se
sépare facilement de la dextrinase, par sa résistance
plus grande à la chaleur. Quand on chauffe à 80° une
solution de diastase de malt, la dextrinase est détruite

(1) E. DUCLAUX, *Traité de microbiologie*, t. II, p. 392. Paris, Masson.

et l'amylase résiste, de sorte qu'on obtient un produit qui a la faculté de liquéfier l'empois d'amidon, mais qui ne donne plus de maltose (Payen). Ce fait est difficile à expliquer dans les théories qui n'admettent dans le malt qu'une seule diastase donnant à la fois de la dextrine et du maltose.

La chaleur produit sur la dextrinase saccharifiante une action tout à fait spéciale. La proportion de maltose fournie pendant la saccharification diminue à mesure que la température s'élève, tandis que la proportion de dextrines augmente. Ce phénomène a été étudié soigneusement par O'Sullivan, Brown et Heron. A basse température, l'action de la diastase est nulle; elle augmente progressivement à mesure que la température s'élève et devient très active à 60° et 65°. D'après Brown et Morris, entre 40° et 60°, il se forme environ 80 p. 100 de maltose et 20 p. 100 de dextrines. A mesure que la température s'élève au delà de 60°, on constate que la proportion de dextrines formées augmente, tandis que le maltose diminue. A 72°-73°, on n'obtient environ que 25 p. 100 de maltose et 75 p. 100 de dextrines. A 75°, la formation de maltose est arrêtée; seule la formation de dextrines subsiste encore, pour disparaître elle-même à 81°.

On a cherché à expliquer cette action de la chaleur en admettant qu'il y avait plusieurs diastases saccharifiantes donnant des proportions variables de maltose et de dextrines; ou encore que la diastase de l'orge changeait de propriétés à mesure qu'on la chauffait. Un fait extrêmement curieux est que si, après l'avoir chauffée, on ramène la diastase à une température inférieure à celle à laquelle elle a été portée auparavant, la proportion de dextrines et de maltose formés reste celle qui correspond à la température *maxima* à laquelle a été chauffée la diastase.

La théorie de M. Duclaux rend parfaitement compte de cette action de la chaleur sur la saccharification. L'amylase, qui résiste à des températures plus élevées que la dextrinase, continue à donner de la dextrine, tandis que la dextrinase s'affaiblit de plus en plus sous l'action du chauffage et transforme en maltose des quantités de dextrines de plus en plus faibles. Donc si, après avoir chauffé la dextrinase à une température suffisante pour l'affaiblir, on la ramène à une température favorable, elle demeure affaiblie et son action reste celle qui correspond à la température maxima de chauffage.

Arrêt de la saccharification. — La dextrinase s'arrête avant d'avoir transformé toutes les dextrines en maltose, et la liqueur saccharifiée contient toujours une proportion variable de dextrines qui restent inattaquées. Ce fait tient à deux causes. D'abord, le maltose formé exerce une influence nettement paralysante sur la marche de la dextrinase. C'est ce que prouve l'expérience suivante, due à M. Lindet. Après avoir saccharifié à 62°, un moût de grains jusqu'à ce que l'action de la dextrinase soit devenue insensible, ce savant ajoute la quantité de chlorhydrate de phénylhydrazine et d'acétate de soude suffisante pour précipiter tout le maltose formé et tout celui qui pourrait se former ultérieurement aux dépens de la dextrine restante. La saccharification reprend aussitôt, une nouvelle quantité de dextrine se transforme en maltose, et la moitié environ de la dextrine restante se saccharifie ainsi. Le même phénomène se produit quand on fait disparaître le maltose par la fermentation alcoolique au fur et à mesure de sa formation.

La deuxième cause de l'arrêt de la dextrinase tient à l'hétérogénéité des dextrines présentes. Les dextrines les plus attaquables se transforment les premières, et c'est au moment où la diastase est gênée par le maltose produit qu'elle doit transformer les dextrines les plus résistantes. L'action s'arrête donc fatalement par suite de l'obstacle apporté simultanément par la présence du

maltose et la résistance plus grande des dextrines restantes.

**Action des acides, des sels et de certains anti-
septiques sur la saccharification.** — Certaines substances ont une influence sensible sur la marche de la
saccharification.

On a cru pendant longtemps que de petites doses
d'acide libre favorisent la saccharification. Kjeldahl a le
premier remarqué qu'en additionnant de quantités d'acide
sulfurique croissantes un extrait de malt en saccharification, le phénomène est nettement favorisé jusqu'à une
dose d'acide sulfurique voisine de 20 milligrammes par
litre, qui est la dose optima. Au-dessus de cette dose, la
saccharification est de plus en plus ralentie et s'arrête
pour une proportion de 100 milligrammes d'acide sulfurique par litre.

Le fait est parfaitement exact, mais l'interprétation
donnée par Kjeldahl ne l'est pas. En effet, M. Fernbach a
montré que les *acides libres* gênent nettement la saccharification et que le rôle favorisant observé pour les petites
doses d'acide provient de ce qu'elles effectuent la transformation des phosphates neutres, qui retardent le phénomène de la saccharification, en phosphates acides qui le
favorisent. Toute l'action des acides sur la marche de la
diastase du malt se réduit donc à une transformation des
phosphates.

Certains sels paralysent l'action de la diastase, par
exemple le chlorure de calcium à 1 p. 100 et le bichlo-
rure de mercure à 1 p. 1000 (Duclaux).

Le chloroforme et le phénol, qui sont si actifs contre le
développement des microbes, ne gênent pas la saccharification. Cependant le formol l'arrête à des doses très
faibles.

Produits de la saccharification. — Les substances
produites pendant la saccharification sont l'amidon
olu ble, les dextrines et le maltose.
s

L'amidon soluble est le premier terme de l'action de l'amylase sur l'amidon en empois. On le prépare aisément en traitant à la température de 60° pendant douze heures de l'empois d'amidon par une solution de diastase de malt préalablement chauffée à 80°. On peut également laisser en contact pendant vingt-quatre heures de l'amidon cru avec de l'acide chlorhydrique à 12 p. 100. On obtient ainsi des solutions d'où l'alcool précipite l'amidon sous forme d'une poudre blanche, qui perd peu à peu sa solubilité primitive et qui se colore fortement en bleu par l'iode. Cet amidon soluble ne réduit pas la liqueur de Fehling et son pouvoir rotatoire est le même que celui de la dextrine $[\alpha]_D = + 202°$.

Les dextrines sont les substances qui proviennent de l'action de l'amylase sur les divers amidons. Elles sont très différentes les unes des autres suivant la nature des amidons qui leur ont donné naissance. Mais elles présentent toutes un certain nombre de caractères communs. D'abord leur pouvoir rotatoire est de $[\alpha]_D = + 202°$, et elles ne réduisent pas la liqueur de Fehling, bien que certains auteurs contestent ce fait, probablement à cause de l'emploi de dextrines mal purifiées. En outre, MM. Brown et Morris, en déterminant par la méthode cryoscopique de Raoult le poids moléculaire des dextrines, ont trouvé le chiffre de 6000 environ, quelle que soit leur origine. Toutes les dextrines sont solubles dans l'eau et précipitables par l'alcool sous forme d'une masse blanche amorphe.

Le maltose provient de la transformation des dextrines par la dextrinase. C'est un sucre qui appartient à la famille des bioses et qui répond à la formule $C^{12}H^{22}O^{11}$. Il se présente sous la forme de petits cristaux blancs, très solubles dans l'eau. Son pouvoir rotatoire, d'après Brown, Morris et Millar, est de $[\alpha]_D = + 137°,9$. Il réduit directement la liqueur de Fehling et se transforme en glucose quand on le fait bouillir avec un acide minéral étendu. Il se laisse hydrolyser par une diastase particulière, la maltase, qui le transforme en glucose : c'est sous l'action de cette maltase sécrétée par les levures qu'il est hydrolysé à l'état de glucose qui subit la fermentation alcoolique.

Certains auteurs ont décrit sous le nom de *maltodextrines* des composés définis de maltose et de dextrines qui se forment pendant la saccharification. Herzfeld, Brown et Morris, Lintner et Baker en ont obtenu plusieurs variétés dont le pouvoir rotatoire oscille entre $+ 171°$ et $+ 193°$. Elles réduisent la liqueur de Fehling, et, d'après Brown et Millar, se transforment en maltose sous l'action de la diastase. D'après M. Duclaux, ces maltodextrines seraient de simples mélanges dans lesquels entrent des dextrines d'un caractère particulier, et nullement des composés définis.

Autres phénomènes diastasiques qui accompagnent a saccharification. — La transformation de l'amidon en maltose et en dextrines est accompagnée d'autres phénomènes diastasiques qui présentent un haut intérêt.

Nous avons vu que, pendant la germination, l'embryon sécrète une diastase peptique qui dissout les matières azotées nécessaires pour sa nutrition. Cette diastase peptique reste présente dans le malt et son existence a été démontrée d'une façon rigoureuse par les travaux de MM. Fernbach et Hubert.

Cette diastase possède la propriété de dissoudre les matières albuminoïdes insolubles en les transformant en peptones et en composés amidés. Elle résiste bien au touraillage, car on la retrouve dans des malts genre Munich touraillés à haute température. La dissolution des matières azotées pendant la saccharification sous l'influence de cette diastase est déjà très active à 40°, la température optima est voisine de 60°, mais l'activité est encore considérable à 70°.

MM. Fernbach et Hubert ont signalé, au sujet de cette diastase protéolytique, un phénomène très intéressant. La nature des produits azotés solubilisés par cette diastase en agissant sur les albuminoïdes du malt est variable suivant la température à laquelle l'action s'effectue. A 40°, tout l'azote solubilisé passe à l'état de composés amidés ; à 60°, on commence à trouver de fortes proportions de peptones (40 à 50 p. 100) et les composés amidés n'atteignent plus que 50 à 60 p. 100. A 70°, il n'y a plus que 40 p. 100 de composés amidés, le reste étant constitué par des peptones. Il paraît donc y avoir entre la diastase protéolytique et la diastase saccharifiante une analogie assez étroite, et tout ce qu'on peut dire de l'influence de la température sur la diastase saccharifiante pourrait s'appliquer à la diastase protéolytique, en substituant le mot *peptones* à celui de *dextrines* et le terme *d'amides* à celui de *maltose*.

Cette solubilisation des matières azotées présente une grande importance pour la nutrition de la levure, qui consomme surtout les composés amidés.

I. — Brassage proprement dit.

Le brassage proprement dit comprend les opérations suivantes :

1° *Concassage du malt* ; 2° *hydratation* ; 3° *saccharification et filtration du moût.*

1° CONCASSAGE DU MALT.

Le concassage du malt a pour but de mettre à nu l'amidon pour obtenir une saccharification facile. Cette opération s'effectue dans des moulins à malt formés de deux ou de quatre cylindres qui portent à leur surface des cannelures. On peut régler à volonté l'écartement des

cylindres et obtenir ainsi un concassage plus ou moins
fin. A la partie supérieure se trouve une trémie d'alimentation (fig. 23).

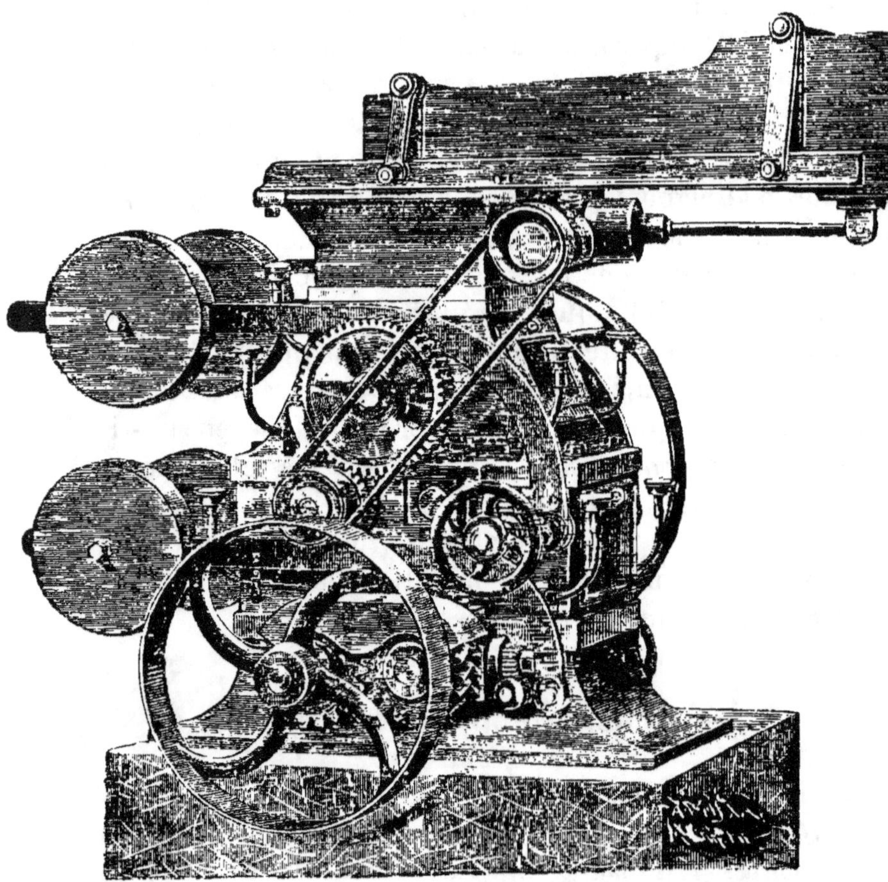

Fig. 23. — Moulin à malt à quatre cylindres (Société strasbourgeoise
de constructions mécaniques, à Lunéville).

Le concassage n'a pas pour objet de réduire le malt en
poudre fine. En effet, il suffit que le grain soit simplement écrasé et concassé en quelques fragments. Si la
mouture est trop fine, il se produit une grande quantité
de débris légers qui forment un magma pâteux à travers
lequel la filtration devient très pénible.

2° HYDRATATION DU MALT.

Le malt concassé doit d'abord être mélangé intimement à l'eau. Cette opération, qui porte le nom de *salade*, peut se faire dans la cuve même de saccharification, mais il est bien préférable de l'effectuer au moyen d'un appareil spécial appelé *hydrateur*.

Il existe un grand nombre de systèmes d'hydrateurs. Un des dispositifs les plus répandus consiste en un cylindre métallique muni d'un axe central portant des palettes en hélice. A l'intérieur de ce cylindre arrive

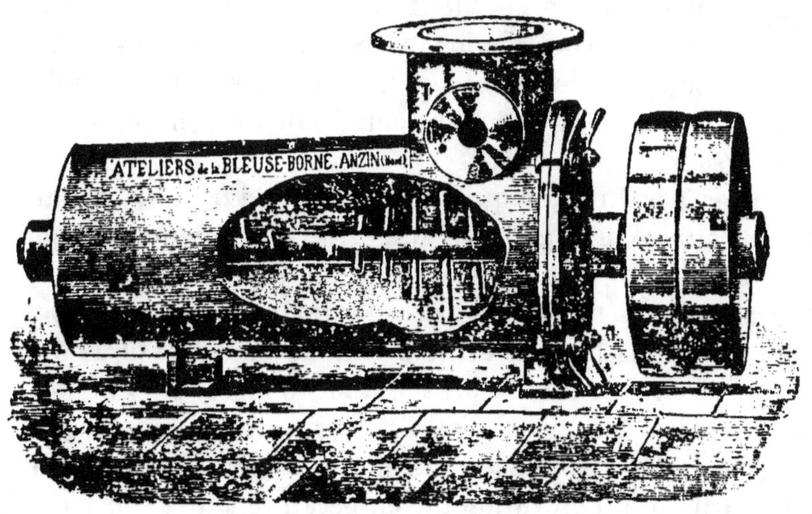

Fig. 24. — Hydrateur (Ateliers de la Bleuse-Borne, à Anzin).

l'eau par un grand nombre de petits orifices. Le malt concassé traverse ce cylindre et sort sous forme d'une pâte bien homogène (fig. 24). Dans d'autres systèmes, le cylindre est séparé en plusieurs compartiments en chicane dans lesquels passe successivement le malt en se mélangeant avec l'eau. On obtient ainsi une hydratation parfaite, ce qui est une condition indispensable pour obtenir un bon rendement.

3° SACCHARIFICATION ET FILTRATION DU MOÛT.

Influences qui s'exercent sur la marche de la saccharification. — La marche de la saccharification dépend évidemment des qualités du malt mis en œuvre. Quand la germination a été conduite assez lentement pour que la désagrégation du grain soit parfaite, la transformation de l'amidon en empois est facile et la saccharification s'effectue bien. Si, au contraire, le malt a été mal germé, l'amidon se dissout plus difficilement et on doit chauffer à plus haute température, ce qui nuit au bon fonctionnement de la dextrinase saccharifiante. On risque aussi d'avoir même de l'amidon non transformé et de produire ainsi une bière trouble. Une bonne germination est donc la première condition de réussite dans le brassage.

La température à laquelle le malt a été porté pendant le touraillage a également une grande influence sur la marche de la saccharification. Plus la température de touraillage a été élevée, plus la quantité de diastase contenue dans le malt est faible. La force diastasique du malt est donc d'autant plus grande qu'il a été chauffé moins haut. En outre, d'après ce que nous savons des propriétés de l'amylase liquéfiante et de la dextrinase saccharifiante, l'élévation de température a dû avoir pour résultat d'affaiblir la dextrinase plus que l'amylase, puisque la première de ces diastases est plus sensible aux températures élevées. La saccharification d'un malt touraillé à haute température produira donc beaucoup de dextrines, tandis que la proportion de maltose sera relativement faible. Toutefois, en saccharifiant à une température assez basse (60°-63°), qui favorise l'action de la dextrinase, on peut augmenter la production de maltose avec un malt touraillé à température élevée.

Nous avons vu enfin, en étudiant la saccharification,

l'influence de la température sur la diastase. Plus la température de saccharification est basse, plus la proportion de maltose s'élève, plus la proportion de dextrines s'abaisse. Le phénomène inverse se produit quand on saccharifie à haute température : ce sont alors les dextrines qui dominent. Le brasseur possède ainsi le moyen de régler à son gré la saccharification pour donner à sa bière les caractères qu'il désire.

Méthodes de brassage. — Pour préparer le moût sucré, on utilise de façons très différentes les principes de la saccharification que nous avons exposés plus haut. Les méthodes employées peuvent se rapporter à deux types principaux :

1° La *méthode par infusion*, dans laquelle on produit l'élévation de température nécessaire pour l'épuisement du malt par des additions graduelles d'eau chaude ;

2° La *méthode par décoction*, dans laquelle cette élévation de température est réalisée par le chauffage à l'ébullition d'une fraction de la trempe et le retour de cette partie chauffée au contact de la partie tiède restée dans la cuve-matière.

Entre les deux méthodes se place le *procédé mixte* ou *procédé de brassage à moût trouble*, qui comprend une trempe de décoction chauffée à l'ébullition et une trempe d'infusion obtenue par l'addition d'eau chaude.

La méthode par infusion est surtout employée en Angleterre, en Belgique et dans le nord de la France. La méthode par décoction est pratiquée principalement en Allemagne et en Autriche ; elle s'est beaucoup répandue en France, où le goût pour les bières allemandes qu'on obtient par ce procédé se développe de plus en plus. Cependant la région du Nord a conservé la méthode par infusion et le procédé de brassage à moût trouble, qui fournissent des bières de fermentation haute auxquelles la population du Nord est habituée et qu'elle préfère à toutes les autres.

Appareils employés pour le brassage. — Les appareils nécessaires pour la saccharification sont : une *cuve-matière*, à laquelle on adjoint parfois une *cuve à filtrer*, une *chaudière* destinée à fournir l'eau chaude nécessaire et, pour les procédés de brassage par décoction, une autre chau-

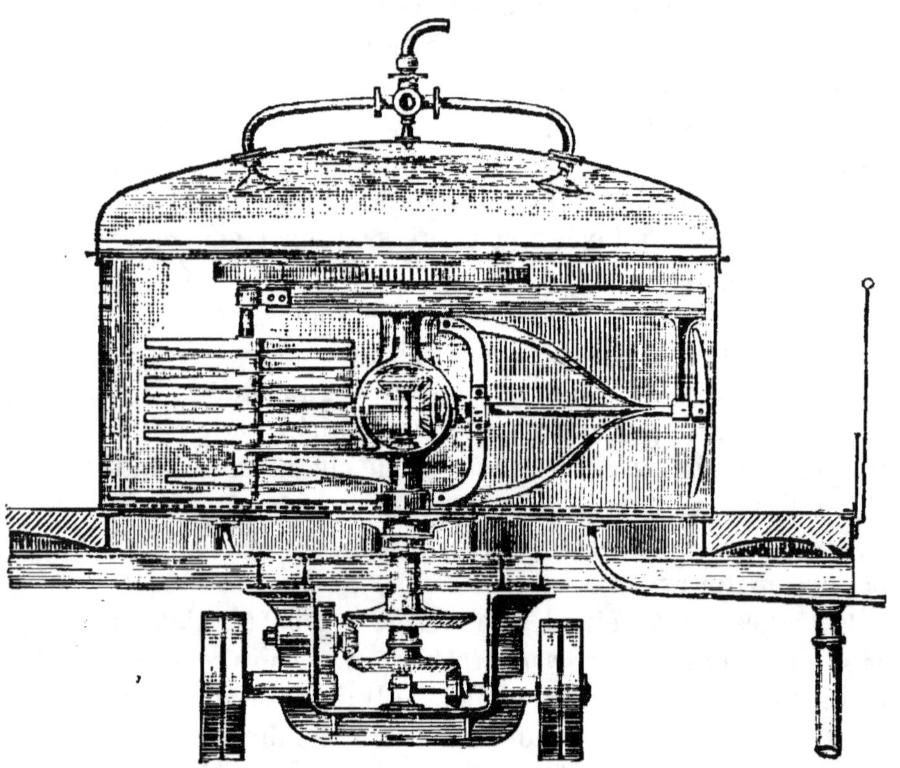

Fig. 25. — Cuve-matière (Société strasbourgeoise de constructions mécaniques, à Lunéville).

dière, dite *chaudière à trempes*, dans laquelle on porte à l'ébullition le mélange de malt et d'eau.

La *cuve-matière* (fig. 25) est généralement en tôle recouverte extérieurement de bois ou de liège pour éviter le refroidissement. Elle est tantôt cylindrique, tantôt carrée, de dimensions variables suivant la production de la brasserie. Quand elle doit servir à la fois à la saccharification et à la filtration, elle porte un faux fond mobile

formé de plusieurs secteurs en cuivre percés de trous ou
de fentes assez fins pour retenir les drèches et laisser
passer le moût clair. Chaque secteur du faux fond est
très rapproché du fond véritable qui forme en dessous
une sorte de cuvette très plate d'où part un tuyau de
cuivre terminé par un robinet. Le moût filtré par chaque
secteur s'écoule par ces tuyaux, qui sont tantôt indépen-
dants les uns des autres, tantôt réunis sur un même
tuyau de vidange.

L'agitation de la masse est indispensable pour avoir
une température bien uniforme et pour favoriser la saccharification. Aussi la cuve-matière porte-t-elle un agitateur plus ou moins puissant. La forme de cet agitateur
est très variable. Tantôt il consiste simplement en un
arbre vertical portant à sa partie inférieure deux palettes
inclinées en sens inverse et tournant au fond de la cuve.
Cette disposition suffit pour les petites cuves. Comme on
a remarqué que la perfection de l'agitation avait une
influence sensible sur le rendement, on a utilisé, surtout
dans les grandes cuves, des agitateurs plus compliqués.
Tantôt l'arbre vertical porte, indépendamment des deux
palettes indiquées plus haut, un autre vagueur semblable, placé au-dessus et marchant en sens inverse de
celui du fond. On obtient ainsi un débattage plus parfait
et on évite la production dans la cuve d'un simple mouvement de rotation circulaire qui serait trop peu efficace.
Tantôt l'arbre vertical porte une série d'engrenages qui
commandent soit des agitateurs à bras horizontaux, soit
des agitateurs à bras verticaux : ces agitateurs sont
animés d'un mouvement de rotation propre autour de
leur axe et sont entraînés en même temps dans la rotation de l'axe principal.

Le travail de la saccharification, de la filtration et de
l'épuisement se fait souvent dans la même cuve. Cependant, cette méthode présente plusieurs inconvénients :
d'abord, pendant la saccharification, une partie de l'ami-

don passe à travers le faux fond de la cuve-matière et s'accumule entre le faux fond et le fond véritable. En outre, la cuve-matière est immobilisée pendant un temps très long et on ne peut recommencer un nouveau brassin que quand l'épuisement est terminé. C'est pourquoi certaines brasseries utilisent une cuve spéciale munie d'un agitateur, mais sans faux fond, appelée *cuve de débattage*, dans laquelle se produit la saccharification, et une autre cuve appelée *cuve de filtration*, munie d'un faux fond et destinée seulement à l'épuisement.

Pour extraire les substances contenues dans la drèche, après soutirage du moût, on doit arroser la matière avec de l'eau chaude. L'appareil le plus communément employé est la *croix écossaise*. Elle est composée de quatre tuyaux en cuivre placés symétriquement sur l'axe de la cuve-matière, de manière à former une croix. Ces tuyaux sont percés de trous et reçoivent l'eau chaude nécessaire au lavage des drèches. L'écoulement de l'eau se fait par les trous percés sur les tuyaux de cuivre, et produit, comme dans le tourniquet hydraulique, une rotation de la croix autour de l'axe. On obtient ainsi un arrosage parfaitement régulier.

Les robinets de vidange de la cuve-matière aboutissent généralement à une petite cuve appelée *reverdoir*, dans laquelle les premières et les dernières portions du moût, qui passent troubles, sont aspirées par une pompe qui les renvoie dans la cuve-matière.

L'eau chaude destinée aux lavages se prépare tantôt dans une chaudière, tantôt dans un bac réchauffeur. Dans le procédé par décoction, on doit posséder, en outre, une chaudière spéciale, appelée *chaudière à trempes*, dans laquelle on porte à l'ébullition les trempes successives.

Cette chaudière (fig. 26) est généralement en cuivre, assez large, ordinairement ronde et recouverte par un dôme sphérique dans lequel se trouve une cheminée d'appel. Le chauffage a lieu tantôt à feu nu, tantôt à la vapeur. Quand elle doit être chauffée à feu nu, elle est disposée sur un massif de maçonnerie qui constitue le foyer. Quand on chauffe à la vapeur, la chaudière porte une double enveloppe dans laquelle on peut envoyer la

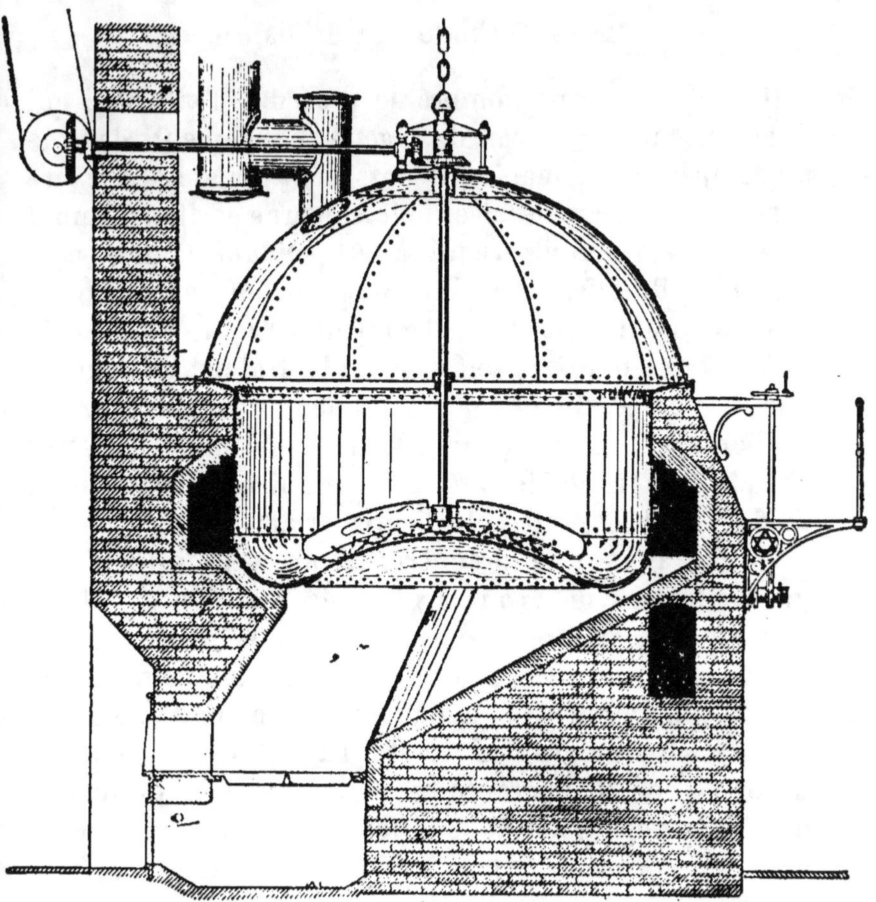

Fig. 26. — Chaudière à trempes (Diebold et Michel, constructeurs à Nancy).

vapeur du générateur. Comme cette chaudière est destinée à cuire une masse pâteuse de malt et d'eau, elle doit posséder un agitateur pour éviter l'adhérence de la matière au fond, ce qui communiquerait un goût de brûlé désagréable. Cet agitateur est composé tantôt de deux palettes qui tournent à une très petite distance du fond, tantôt, ce qui est préférable, de deux palettes munies de chaînes en fer qui frottent sur tout le fond de la chaudière pendant la rotation.

A. — *Méthode par infusion.*

Il existe un grand nombre de procédés d'infusion, qui diffèrent entre eux par de légers changements dans le mode opératoire, mais qui possèdent tous le caractère commun de ne jamais faire subir à aucune portion du moût une température supérieure à 80° pendant le brassage.

Le travail s'effectue généralement de la façon suivante : le malt moulu est d'abord empâté avec de l'eau tiède, soit en cuve-matière, soit avec un hydrateur, de manière que la température finale soit de 40° à 50° C. Avec un bon malt, on peut donner la trempe d'empâtage assez chaude, par exemple 50° ; au contraire, avec un malt médiocre, il est préférable d'empâter à 35°.

On fait alors une première trempe, en introduisant graduellement de l'eau chaude, de manière à obtenir dans la masse une température finale de 65° C. On brasse pendant un certain temps à cette température, en faisant fonctionner les agitateurs. Au bout d'une demi-heure ou une heure, on arrête l'agitation et on laisse déposer pendant quarante-cinq à cinquante minutes. La drèche se dépose sur le faux fond de la cuve en formant filtre, et on soutire le moût qu'on envoie dans la chaudière.

On procède alors à la deuxième trempe, en ajoutant progressivement, sous une forte agitation, de l'eau chaude, de manière à obtenir une température finale de 75°. Après repos de quarante ou cinquante minutes, on soutire, comme dans le premier cas, et on envoie cette deuxième trempe rejoindre la première trempe dans la chaudière.

La drèche laissée dans la cuve-matière est alors lavée à l'eau chaude au moyen de la croix écossaise. Comme la drèche est recouverte d'une couche colloïdale de matières coagulées qui rendent la filtration difficile, on doit piquer cette drèche, soit avec des fourches, soit avec des appareils mécaniques spéciaux On soutire par les faux fonds les eaux de lavage et on continue cette opération jusqu'à ce que l'épuisement soit suffisant.

La température des trempes réunies dans la chaudière ne doit pas dépasser 75° C. On s'assure alors que la saccharification est complète au moyen de la liqueur d'iode. A cet effet, on prend une goutte de moût qu'on place sur une soucoupe et on y ajoute, après refroidissement, une goutte de la liqueur d'iode. Cette liqueur comprend 1 gramme d'iode et 4 grammes d'iodure de potassium pour 1 litre d'eau. Si l'iode donne une coloration rouge ou violacée, la saccharification n'est pas terminée ; si, au contraire, la coloration est jaune, le phénomène est accompli. On doit donc laisser en chaudière, à 75°, jusqu'à ce que la saccharification soit complète, puis on porte à l'ébullition. Nous retrouverons bientôt cette phase de la cuisson.

Mécanisme de la méthode par infusion. — Par ce qui précède, nous voyons comment le brasseur applique les principes de la saccharification exposés plus haut. La trempe d'empâtage correspond à la dissolution de la diastase, dissolution qui se continue pendant tout le temps nécessaire à l'élévation de température, pendant l'addition de l'eau chaude de la première trempe. On atteint ainsi la température de 65° C., à laquelle la diastase agit énergiquement en transformant l'amidon en maltose et en dextrines. Les drèches contiennent encore beaucoup d'amidon. Pour favoriser l'action de la diastase, on porte graduellement le liquide à une température de 75°, de manière à transformer en empois les portions d'amidon les plus résistantes et à les sacchari-

fier à leur tour. Comme jamais, dans toute l'opération,
nous n'avons dépassé la température de 75° C., la
diastase est restée active dans le moût envoyé en chaudière, et, si la saccharification n'est pas encore tout à fait
complète, elle s'y achève en abandonnant les trempes à
la température de 75° pendant le temps nécessaire, avant
de porter à l'ébullition.

B. — *Méthode de brassage à moût trouble.*

Cette méthode est très employée dans le nord de la
France, notamment à Lille. Le travail s'effectue de la
façon suivante :

La trempe d'empâtage se fait à la température de 50°.
Pour cela, on ajoute au malt concassé de l'eau à 65° en
quantité suffisante pour que la température finale de la
masse soit de 50° environ. Après repos de vingt minutes,
on tire les deux tiers environ du moût à travers le faux
fond de la cuve-matière, moût trouble qu'on envoie en
chaudière et qu'on porte à l'ébullition. Pendant que
cette trempe subit un chauffage, on fait arriver en cuve-
matière, sur le reste du brassin, une deuxième trempe,
dite *trempe de saccharification*, en ajoutant de l'eau
chaude jusqu'à ce que la température atteigne 70° C.
On brasse alors pendant une heure ou une heure et
demie, on laisse reposer et on soutire le moût pour
l'envoyer dans la chaudière à cuire. Pendant ce temps,
la première trempe de moût trouble est arrivée à l'ébullition; on la ramène alors en cuve-matière sur les
drèches, on brasse pendant quelque temps, on soutire
et on envoie le liquide rejoindre, dans la chaudière à
cuire, le moût provenant de la trempe de saccharification.

Il ne reste plus qu'à procéder, comme d'ordinaire, aux
lavages de la drèche jusqu'à épuisement suffisant.

On voit que cette méthode utilise à la fois une trempe

de décoction, qu'on chauffe à l'ébullition, et une trempe d'infusion, qu'on obtient par addition d'eau chaude.

Emploi des grains crus dans les méthodes précédentes. — Le travail des grains crus, et principalement celui du maïs et du riz, demande quelques précautions spéciales. L'amidon de ces matières premières ne se transforme en empois qu'à une température relativement élevée. En outre, la diastase agit d'autant mieux que la formation d'empois est plus parfaite. Il est donc nécessaire d'empeser le maïs ou le riz avant de les mettre en contact avec le malt.

Il existe plusieurs procédés d'utilisation des grains crus. On peut cuire simplement la farine sans pression dans un récipient ouvert, pour la transformer en empois, en ajoutant à la masse 5 p. 100 de malt, de manière à la liquéfier et à éviter un empâtement trop fort. On introduit alors ce liquide dans la cuve-matière au contact du malt.

On peut utiliser également la cuisson en vase clos sous pression. Certains appareils ont ainsi été agencés pour pouvoir servir à la fois de cuiseur, de cuve-matière et de chaudière à cuire, par exemple l'appareil Billings, employé aux États-Unis.

Dans d'autres méthodes, la saccharification des grains crus se fait en les chauffant dans un cuiseur à 2 kilogrammes de pression en présence de petites quantités d'acide chlorhydrique qu'on neutralise ultérieurement par le carbonate de soude (procédé Callebaut). On obtient ainsi une saccharification partielle qu'on achève en cuve-matière au contact du malt.

Enfin, le procédé Koch consiste à cuire les grains crus en présence de quantités très faibles de chlorure d'aluminium. Ces sels d'aluminium ont la propriété de solubiliser l'amidon sans le saccharifier. Le brasseur obtient ainsi un liquide contenant de l'amidon soluble qu'il peut saccharifier, à son gré, en cuve-matière, au moyen du malt.

Quelle que soit la méthode adoptée, il y a des limites qu'on ne peut pas dépasser dans la proportion de grains crus à utiliser en brasserie. Certains procédés permettent d'employer 70 à 80 p. 100 de grains crus, mais il est certain que ce résultat n'est atteint qu'aux dépens de la finesse et de l'arome de la bière. Il semble qu'une proportion de 30 à 35 p. 100 de grains crus ne puisse guère être dépassée sans nuire à la qualité. D'ailleurs, ce n'est qu'avec le malt en quantités *tout à fait prédominantes* qu'on peut arriver à fabriquer des bières supérieures.

C. — *Méthode par décoction.*

Par la méthode de décoction, le travail s'effectue de la façon suivante :

On procède tout d'abord à l'hydratation du malt, soit en cuve-matière, soit au moyen de l'hydrateur, et on agite la masse dans la cuve-matière pendant une demi-heure. C'est ce qu'on appelle *faire la salade*. Cette opération s'effectue à une température variant de 20° à 35°. La salade terminée, on monte à 35°, si on n'est pas déjà à cette température, au moyen d'eau chaude et en agitant la masse.

La température de 35° étant atteinte, on enlève, au moyen d'une pompe, environ le tiers du moût pâteux qui se trouve dans la cuve-matière, et on l'envoie dans la chaudière à trempes pour le porter à l'ébullition. On monte progressivement en vaguant dans la chaudière jusqu'à la température de 60°-65°, qu'on maintient un instant, puis on porte à l'ébullition. Le chauffage de cette première trempe épaisse, ou *première dickmaische*, doit durer une heure environ. On maintient l'ébullition de vingt à quarante minutes, puis on fait rentrer la trempe doucement dans la cuve-matière, en agitant. La température monte à 50° C.

On commence alors la deuxième trempe épaisse, ou

deuxième dickmaische. A cet effet, on pompe de nouveau un tiers du moût pâteux de la cuve-matière, et on le porte à l'ébullition comme la première trempe, en trois quarts d'heure environ. On maintient l'ébullition vingt minutes, et on ramène lentement la trempe en cuve-matière, où la température monte à 62°-63° C.

Suivant les cas, on brasse alors pendant quelque temps à cette température, ou bien on procède immédiatement à la troisième trempe, trempe claire ou *lautermaische.* Pour cela, on pompe cette fois surtout le liquide débarrassé de drèches, et on l'envoie dans la chaudière où on le porte à l'ébullition en une demi-heure environ. On fait bouillir un quart d'heure et on ramène la lautermaische en cuve-matière où la température s'élève à 72°-75° C.

On brasse alors pendant un temps suffisant pour que la saccharification soit complète, ce qu'on détermine au moyen de la liqueur d'iode. Il faut généralement une demi-heure. On laisse alors déposer pendant une heure environ, puis on soutire. Les premières portions qui passent troubles sont renvoyées en cuve-matière ; puis le liquide clair est envoyé dans la chaudière à cuire. Quand le moût redevient trouble, ce qui indique la fin de la filtration, on arrête le soutirage et on fait couler de l'eau à 75° sur les drèches. On soutire par les faux fonds l'eau de lavage, et on recommence cette opération deux ou trois fois jusqu'à ce que l'épuisement soit suffisant.

Tel est le principe de la méthode par décoction qui est employée avec diverses variantes. Certaines brasseries suppriment la lautermaische et ne font que deux dickmaisches ; d'autres font trois dickmaisches ; d'autres, enfin, seulement une dickmaische et une lautermaische.

Mécanisme de la méthode par décoction. — Nous voyons qu'ici le brasseur produit la saccharification en s'inspirant toujours des principes théoriques qui régissent le phénomène.

La salade a surtout pour but de dissoudre la diastase. Cette dissolution effectuée, on procède à la première dickmaische. Pendant le chauffage de la trempe, tant que la température est au-dessous de 75°, la diastase agit sur l'amidon et en saccharifie une partie. Il se produit donc une forte saccharification dans la chaudière à trempes. Quand la température de 75° est dépassée, un autre phénomène intervient : l'amidon restant se transforme en empois à l'ébullition et se trouve alors dans un état beaucoup plus favorable pour l'attaque par la diastase. Quand la première trempe est ramenée en cuve-matière, la diastase présente agit sur cet empois d'amidon qu'elle saccharifie.

Les mêmes phénomènes se passent dans la deuxième trempe épaisse : saccharification d'une partie de l'amidon au-dessous de 75°, transformation en empois de l'amidon restant au-dessus de 75°. La deuxième trempe ramenée en cuve-matière apporte à la diastase restée dans la cuve de l'amidon sous un état tout à fait favorable, et, comme la température atteint alors 63°, la saccharification est active. Si donc on veut fabriquer un moût sucré, mais peu dextriné, on laisse pendant quelque temps la saccharification progresser à cette température avant de procéder à la lautermaische. Au contraire, si on veut un moût riche en dextrines, il ne faut pas laisser longtemps le moût à cette température de 63°, si favorable à la production du maltose, et il faut effectuer aussitôt la lautermaische.

Le chauffage de la lautermaische détruit la majeure partie de la diastase du moût. A son retour en cuve-matière, la diastase se trouve en très petite quantité et à une température élevée (75°). Il se forme donc surtout des dextrines aux dépens de l'amidon restant, jusqu'à ce que la transformation de cet amidon soit complète. On comprend aisément que, suivant la vitesse avec laquelle on fait rentrer la lautermaische en cuve-matière, on arrive plus ou moins rapidement à la température de 75° C. et, par suite, on favorise à volonté la production des dextrines. En montant rapidement à 75°, et en maintenant ensuite cette température, on obtient des moûts dextrineux. Au contraire, en séjournant à 67°-68°, puis en montant rapidement à 75°, on obtient des moûts moins étoffés qui produisent des bières ayant moins de bouche.

II. — Cuisson et houblonnage.

But de la cuisson. — Chaudière à cuire. — La cuisson du moût a pour but :

1° De stériliser le moût ;

2° De l'amener à la concentration voulue ;

3° De coaguler les matières albuminoïdes précipitables par la chaleur ;

4° De dissoudre les principes aromatiques du houblon.

C'est donc une opération de la plus haute importance. Elle s'effectue dans une chaudière appelée *chaudière à cuire*, en cuivre rouge, ordinairement circulaire et renflée en son centre (fig. 27). A la partie supérieure se trouve un dôme muni d'une cheminée d'appel destinée à entraîner les vapeurs. Cette cheminée a également pour but de condenser les principes aromatiques du houblon, qui sont facilement entraînés par les vapeurs dans les chaudières ouvertes.

Le chauffage de la chaudière à cuire se fait soit à feu nu, soit à la vapeur. Le chauffage à feu nu présente l'avantage de donner au moût un parfum plus agréable, dû à un commencement de caramélisation ; mais le chauffage à la vapeur est plus pratique et plus économique. D'ailleurs, en cuisant la bière sous une très légère pression, on obtient des bières qui n'offrent aucune différence, au point de vue du parfum, avec les bières cuites à feu nu.

Phénomènes qui accompagnent la cuisson. — La

température à laquelle a été porté le brassin pendant la saccharification est insuffisante pour détruire les nombreuses bactéries qui se trouvent dans l'eau et le malt. Si on ne les détruisait pas, ces bactéries se développeraient dans le moût, aussitôt après le refroidissement ; elles viendraient gêner le développement de la levure et compromettraient la bonne marche de la fermentation et, par suite, les qualités de la bière. Il est donc absolu-

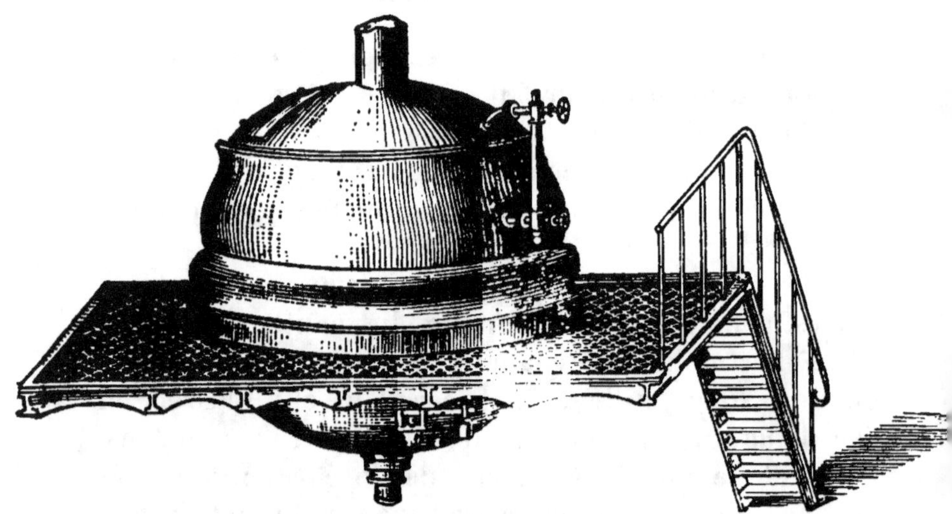

Fig. 27. — Chaudière à cuire à vapeur (Société strasbourgeoise de constructions mécaniques, à Lunéville).

ment nécessaire de les supprimer par le chauffage : c'est là le premier résultat qu'on atteint avec la cuisson du moût. Le chauffage à 100° en présence de houblon est suffisant pour détruire tous les organismes contenus dans le moût, de sorte que le liquide se trouve complètement stérile après la cuisson.

Le deuxième résultat de la cuisson est l'évaporation de l'excès d'eau amené par les trempes de lavage. Le degré Balling du moût avant la cuisson est trop faible pour obtenir de la bière d'un titre alcoolique déterminé, et on doit concentrer le liquide pour l'amener au degré voulu. La cuisson doit donc être d'autant plus longue que le lavage a été poussé plus loin.

Pendant le brassage, une grande quantité de matières azotées solubles à froid, mais coagulables par la chaleur, ont été dissoutes, surtout aux températures comprises entre 40° et 50°. Une partie de ces matières dissoutes subit l'action de la diastase peptique qui les dégrade et en fait des peptones et des composés amidés ; mais une autre partie reste dans le moût sans subir aucune transformation. La présence de ces dernières substances dans le moût aurait un grave inconvénient. En effet, elles ne sont pas assimilables par la levure, mais elles sont, par contre, la proie d'une multitude de mauvais ferments et rendent, par suite, le moût altérable. En outre, elles occasionnent fréquemment des troubles dans le liquide. Il y a donc un haut intérêt pratique à les éliminer. L'ébullition en coagule une forte partie ; en outre, le houblon apporte avec lui des tannins qui en précipitent aussi une notable proportion. Les matières azotées propres au houblon, qui sont assimilables par la levure, viennent remplacer avantageusement celles qui ont été coagulées.

Ce phénomène de précipitation des matières albuminoïdes en amène un second qui a une importance pratique considérable. La coagulation des albuminoïdes se fait sous forme de flocons, qui produisent un véritable collage du liquide en entraînant toutes les matières en suspension. Le liquide se clarifie et apparaît limpide entre les flocons de matières coagulées. On donne à cette clarification le nom de *cassure*.

La cuisson du moût a enfin pour résultat de dissoudre les principes du houblon. Nous venons de voir que les tannins se dissolvent dans le moût et précipitent une notable proportion de matières albuminoïdes ; en outre, le houblon abandonne lui-même des matières azotées non précipitables. Enfin, le moût bouillant dissout les substances aromatiques, qui viennent parfumer la bière et lui donner son cachet.

Pratique de la cuisson et du houblonnage. — Le moût venant de la cuve-matière est porté lentement à l'ébullition dans la chaudière à cuire.

L'addition de houblon se fait : soit en une fois, soit en deux ou trois fois. Quelle que soit la méthode adoptée, il est préférable de n'ajouter le houblon qu'après un certain temps d'ébullition, de manière à laisser s'effectuer la coagulation par la chaleur de la majeure partie des albuminoïdes du moût. Les tannins du houblon se trouvent ainsi beaucoup mieux utilisés pour aider à la précipitation des matières azotées difficilement coagulables. Le houblon contient, en effet, des proportions de tannins assez réduites, et il est important de ne pas les éliminer entièrement dès le début, en les mettant en présence de grandes quantités de matières azotées qui se trouvent dans le moût au commencement de l'ébullition. Il doit en rester dans la bière pour aider à sa conservation et faciliter la clarification ultérieure par le collage. Il est donc préférable de n'ajouter le houblon qu'après une heure d'ébullition du moût.

Malgré la présence de la cheminée qui condense une grande partie des principes aromatiques du houblon entraînés par les vapeurs, il y a une déperdition sensible de ces principes. Aussi conseille-t-on fréquemment de conserver une partie du houblon le meilleur, pour ne l'ajouter qu'à la fin de la cuisson, afin d'obtenir tout le parfum de cette dernière addition.

La dose de houblon à employer varie dans des proportions considérables. Elle dépend d'abord de la richesse du moût en extrait : un moût riche en extrait demande évidemment une dose plus forte de houblon qu'un moût faible. En outre, la qualité du malt utilisé pour le brassin joue un rôle important : une bière fabriquée avec un malt inférieur demande une proportion de houblon un peu plus élevée, afin d'apporter plus de tannins pour coaguler l'excès de matières azotées contenues généralement dans les malts de qualité inférieure, et plus de résine pour protéger la bière contre les ferments de maladie. La dose de houblon dépend, en outre, des types de bière qu'on veut produire. Les bières du genre Pilsen, les *ale* anglais demandent plus de houblon que les bières du genre Munich. Enfin, les bières de conserve doivent être plus fortement houblonnées que les bières destinées à la consommation immédiate. Le houblon possède, en effet, une action antiseptique prononcée sur la bière; il gêne le développement des mauvais ferments et favorise, par suite, la conservation.

Les bières de fermentation haute, préparées par infusion, reçoivent en moyenne 400 grammes de houblon par hectolitre; cette proportion s'abaisse à 350 grammes quand on emploie une certaine quantité de houblon supérieur.

Pour les bières de fermentation basse, on utilise en moyenne de 250 à 300 grammes de houblon par hectolitre.

La durée de la cuisson dépend de la nature des bières qu'on veut produire. Les bières pâles doivent être cuites moins longtemps que les bières brunes. En général, une durée de trois heures est suffisante pour produire les résultats qu'on attend de cette opération. Cependant, certaines brasseries font durer la cuisson six ou huit heures. Il est parfois nécessaire de prolonger la cuisson, soit parce que la cassure s'opère tardivement, soit parce que le moût a été très dilué par les trempes de lavage et doit être fortement concentré.

La cuisson terminée, on doit arrêter vivement le chauffage, et on envoie aussitôt le moût houblonné dans un panier métallique qui retient les cônes de houblon épuisés. On obtient ainsi un moût bouillant, stérile, contenant en suspension de légers débris de houblon, de drèches et de matières azotées, qui doit maintenant être refroidi à la température favorable pour la fermentation alcoolique.

III. — Refroidissement du moût.

Le moût cuit et houblonné doit subir, en même temps que son refroidissement, une *oxydation* qui produit la clarification du moût, et une *aération* qui le charge de l'oxygène nécessaire pour la bonne activité vitale de la levure.

Ces opérations s'effectuent d'abord dans des bacs refroidisseurs, puis dans des réfrigérants.

Les *bacs* sont de grands récipients carrés ou rectangulaires en tôle rivée, très larges et peu profonds, afin que le moût s'y étale en large surface sous une couche de 10 centimètres d'épaisseur. Leurs dimensions ordinaires sont de 10 à 15 mètres de côté, et seulement de 15 centimètres de profondeur. On les dispose habituellement à la partie supérieure de la brasserie, dans une pièce dont les murs sont formés de simples persiennes inclinées, afin qu'il y règne des courants d'air violents.

Le fond des bacs doit être parfaitement uni et exempt de toute fissure dans laquelle le moût pourrait s'introduire. En effet, ces fissures deviennent des foyers de bactéries nuisibles, qui infectent le moût et compromettent la fabrication. Un tuyau amène sur le bac le moût bouillant ; de l'autre côté se trouvent les décharges qui permettent de décanter séparément le moût clair et les dépôts précipités pendant l'oxydation et le refroidissement.

Les *réfrigérants*, qui complètent l'action des bacs, sont de modèles très divers. Leur principe consiste à faire couler le moût en nappe mince sur une surface refroidie par de l'eau froide ou glacée.

Le réfrigérant système Baudelot est un des plus

employés. Il se compose d'une série de tubes en cuivre de 2 à 3 centimètres de diamètre, placés les uns au-dessus des autres et réunis entre eux de manière à pouvoir être parcourus par un courant d'eau froide. A la partie supérieure se trouve une gouttière percée de trous, qui distribue le liquide sur le réfrigérant. Le moût ruisselle à la surface extérieure des tubes en se refroidissant, et se réunit à la partie inférieure dans une autre gouttière, qui l'envoie dans la cuve guilloire. On fait circuler dans les tubes, soit de l'eau froide, soit de l'eau glacée, soit même le liquide incongelable provenant d'une machine à glace, suivant le degré de température auquel on veut amener le moût. On règle le débit d'eau froide et celui du moût sucré de manière à obtenir finalement la température voulue.

Le réfrigérant système Lawrence est basé sur le même principe, mais l'appareil refroidisseur est constitué par deux feuilles de cuivre rouge ondulées parallèlement l'une à l'autre, à une distance de 3 à 4 centimètres. Entre ces deux lames circule de haut en bas un courant continu d'eau froide ou glacée. Le moût est distribué comme dans le réfrigérant Baudelot; il ruisselle sur les lames en suivant toutes leurs ondulations et s'écoule refroidi à la cuve guilloire.

La figure 28 représente un réfrigérant construit par les ateliers de la Bleuse-Borne d'Anzin.

Quand il s'agit de refroidir les moûts destinés à subir la fermentation haute, un seul réfrigérant à eau froide est suffisant. Mais quand il faut amener le moût, pour la fermentation basse, à une température de 6° ou 7°, il est nécessaire d'employer deux réfrigérants, dont l'un est parcouru par de l'eau froide et l'autre par de l'eau glacée refroidie par une machine à glace. Souvent on divise simplement le réfrigérant en deux parties : dans la partie supérieure circule l'eau froide et dans la partie inférieure l'eau glacée ou le liquide incongelable de la

machine à glace. L'eau glacée est préférable, car les
fuites du réfrigérant ne présentent pas dans ce cas d'inconvénients graves ; il en est tout autrement du liquide
incongelable, qui est ordinairement une solution de chlorure de calcium ou de sel marin.

Le moût sortant de la chaudière à cuire est stérile et
tous les efforts du brasseur doivent tendre à le conduire
à la fermentation alcoolique en le souillant le moins
possible de bactéries. D'autre part, le moût doit s'oxyder

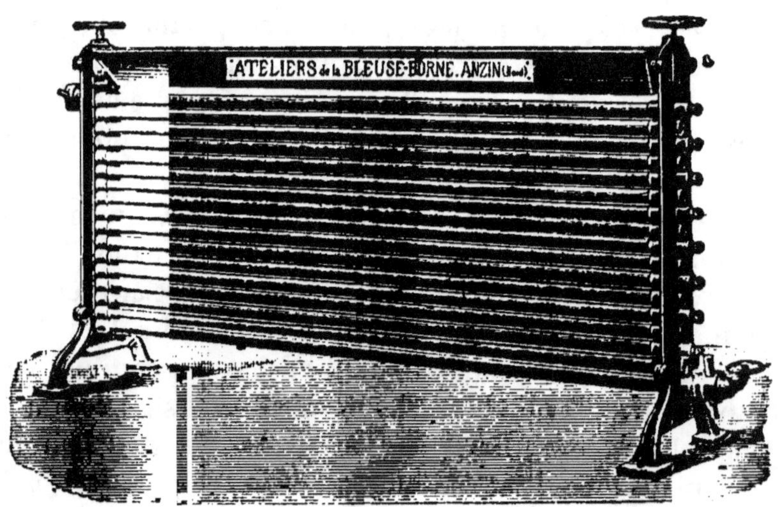

Fig. 28. — Réfrigérant (Ateliers de la Bleuse-Borne d'Anzin).

en se refroidissant ; le refroidissement doit donc avoir
lieu au contact de l'air. Les dispositifs que nous avons
étudiés plus haut ne tiennent pas compte de cette double
nécessité : sur les bacs et sur les réfrigérants, le moût se
trouve bien dans les conditions favorables pour l'aération
et l'oxydation, mais il est largement exposé aux contaminations par les ferments étrangers. Tant que le moût se
trouve sur les bacs à une température supérieure à 70°-80°,
les microbes qui y tombent sont immédiatement détruits ;
mais quand cette température s'abaisse au-dessous de 60°,

et par suite pendant tout son séjour sur le réfrigérant, il est exposé à toutes les infections par l'air. La large surface des réfrigérants ne peut qu'augmenter le danger.

Pour éviter ces graves inconvénients, on a songé à effectuer la réfrigération dans des pièces où circule de l'air filtré sur coton et, par suite, débarrassé de bactéries. Ce dispositif a donné d'excellents résultats. En outre, on a construit un grand nombre d'appareils qui permettent d'effectuer partiellement la réfrigération en vase clos et l'oxydation par l'injection d'air stérilisé. Dans certaines brasseries, on supprime les bacs et on les remplace par un récipient à fermeture hydraulique dans lequel coule le moût bouillant venant de la chaudière. On injecte dans ce moût de l'air filtré stérilisé et, après dépôt, on soutire le moût pour l'envoyer au réfrigérant ordinaire placé dans un local où on injecte également de l'air filtré.

Dans le système Velten, l'oxydation s'effectue aussi dans un récipient à fermeture hydraulique dans lequel on injecte de l'air stérile. Le moût est alors complètement refroidi dans un réfrigérant spécial, dans lequel le moût circule à l'intérieur des tubes, tandis qu'on fait ruisseler l'eau glacée à l'extérieur. On évite ainsi toute contamination par l'air.

Quel que soit le système adopté, il est évidemment nécessaire de maintenir ces appareils dans un état de propreté et de stérilité parfaites, si on ne veut pas rendre illusoires les bénéfices du refroidissement en milieu stérile. On doit donc pouvoir les nettoyer à la vapeur ou les brosser soigneusement avec des solutions antiseptiques. Il faut, en outre, injecter des quantités d'air bien déterminées : en effet, si l'oxydation est trop forte, le parfum du moût disparaît.

L'air est aspiré par une pompe et envoyé dans le filtre à coton qui le débarrasse de tous les germes qu'il contient. Il existe un grand nombre de filtres à coton ; un des plus pratiques est le suivant : il se compose d'un cylindre

métallique dans lequel on place du coton stérilisé par
la chaleur, en séparant de temps à autre les diverses
couches par des chicanes métalliques. Des robinets placés
à la partie supérieure et à la partie inférieure de l'appareil
permettent l'entrée et la sortie de l'air. Le coton doit être
changé assez fréquemment : on doit surtout éviter l'injection d'air humide, qui mouille le coton et occasionne
dans le filtre même des développements de moisissures.

**Pratique du refroidissement et phénomènes qui
l'accompagnent.** — Le moût doit être envoyé bouillant
sur les bacs, car le dépôt qui résulte de l'oxydation ne
s'effectue bien qu'à haute température. Ce dépôt s'effectue
rapidement : il se forme un précipité floconneux qui
gagne peu à peu le fond du bac. Le moût apparaît au-
dessus, d'une couleur noire et brillante, quand le travail a
été bien conduit.

La durée du séjour du moût sur les bacs est variable :
en hiver, on laisse parfois le moût s'y refroidir presque
complètement, mais en été on réduit au minimum la
durée du passage, afin d'éviter les infections par l'air.
Dès que la température atteint 60°, on envoie le moût
aux réfrigérants.

La décantation du moût doit s'effectuer avec assez de
précautions pour ne pas entraîner le dépôt provenant
de l'oxydation. A cet effet, on vide le bac au moyen d'un
orifice placé un peu au-dessus du fond; puis, quand
le liquide clair est écoulé, on soutire les dépôts par
une deuxième décharge placée au fond. Ces dépôts contiennent une forte proportion de moût qu'on extrait en les
filtrant dans des sacs à filtrer appelés *trub-sacs*. Le moût
qui s'en écoule est ajouté au moût principal. Il importe
de nettoyer soigneusement ces sacs à la vapeur après
chaque opération, pour les stériliser, si on ne veut pas
avoir de graves accidents par l'infection de ferments
étrangers.

Les dépôts sont composés principalement de matières

azotées et de résines du houblon. L'oxydation porte donc surtout sur ces substances. La quantité de dépôts obtenue varie de 4 à 6 p. 100 du moût refroidi, suivant le mode de brassage adopté.

L'oxydation du moût sur les bacs est accompagnée d'une dissolution d'oxygène qui favorise ultérieurement la vie de la levure. M. P. Petit (1) a déterminé les quantités de gaz dissous dans 1 litre de liquide aux divers stades du refroidissement et a trouvé les chiffres suivants :

Stades.	Volume.	Acide carbonique.	Oxygène.	Azote.
Chaudière	0	0	0	0
Bac après 15 mi- nutes............	8,7	1,55	1,3	5,85
Sortie du bac......	18,0	6,0	2,3	9,7
Cuve guilloire......	25,4	10,7	4,2	10,5

On voit que l'oxydation et la dissolution d'oxygène sont deux phénomènes qui s'effectuent simultanément sur les bacs et se poursuivent sur le réfrigérant.

A sa sortie des bacs, le moût achève son refroidissement et son oxydation sur le réfrigérant à eau. On l'amène ainsi à la température favorable pour sa mise en levain, c'est-à-dire à 12°-18°, s'il s'agit de bière de fermentation haute, et à 5°-7°, s'il s'agit de bière de fermentation basse.

CHAPITRE V

LA FERMENTATION DU MOÛT SUCRÉ.

La fermentation du moût de bière s'effectue par deux méthodes différentes, qui sont la fermentation *haute* et la fermentation *basse*.

(1) P. Petit (de Nancy), *La bière et l'industrie de la brasserie.* Paris, p. 242.

La fermentation haute s'effectue à une température relativement élevée, qui varie de 12° à 20°. La plus grande partie de la levure remonte à la surface du liquide pendant la fermentation, et, comme le ferment subit ainsi le contact de l'air, il se trouve dans les conditions les plus favorables pour sa multiplication et se développe, par suite, très abondamment. La fermentation est de courte durée et se termine au bout de deux à cinq jours.

La fermentation basse a lieu, au contraire, à une température beaucoup plus froide, qui est, en général, de 6° à 7°. La levure qui la produit tombe au fond des cuves, et la quantité de levure soulevée par les écumes reste faible. La multiplication du ferment est, par suite, moins considérable, et la durée de fermentation est plus grande que dans la méthode précédente : elle atteint ici de huit à quinze jours.

Quel que soit le mode adopté, on distingue toujours deux phases dans la fermentation de la bière : la fermentation *tumultueuse* et la fermentation *complémentaire*. La première est caractérisée par un violent dégagement gazeux provenant de la transformation active du sucre en alcool et en acide carbonique. La fermentation complémentaire, qui succède à la précédente, est beaucoup moins active, elle dure plus longtemps, et, tandis que l'alcoolisation du moût s'achève, la bière acquiert son parfum et son bouquet.

I. — Levures.

Nous avons déjà brièvement résumé, dans un de nos premiers chapitres, les conditions nécessaires à l'existence de la levure. Nous avons vu qu'on devait lui donner un principe hydrocarboné, des matières azotées et des matières minérales. Le moût de bière contient tous ces éléments et constitue un excellent milieu pour le développement de la levure.

Diverses variétés de levures. — Les levures alcooliques sont extrêmement nombreuses et possèdent des propriétés très diverses. Si nous nous plaçons seulement au point de vue du brasseur, nous pouvons distinguer d'abord les *levures de culture* ou *bonnes levures*, qui produisent des bières de bonne qualité, et les *levures sauvages*, qui sont inutilisables, parce qu'elles troublent la bière ou lui communiquent un goût désagréable. Ces levures sauvages occasionnent donc des accidents dans la fabrication et doivent être soigneusement évitées.

Parmi les levures de culture, nous rencontrons deux types différents, les levures *hautes* et les levures *basses*. Nous venons de voir que ces levures différaient notablement par la nature des fermentations qu'elles produisent. Les levures hautes marchent à haute température, se multiplient beaucoup et remontent à la surface du liquide. Les levures basses marchent à basse température, se multiplient peu et tombent au fond de la cuve.

On a attaché pendant longtemps une grande importance à une différence morphologique qui existe entre les levures hautes et les levures basses. La levure haute vue au microscope se présente, en général, sous forme de paquets rameux contenant des files de plusieurs cellules ; au contraire, la levure basse apparaît sous la forme de globules isolés ou associés deux par deux. En réalité, ce phénomène n'est pas absolu : on voit fréquemment des levures hautes bourgeonner à la façon des levures basses et ne pas présenter les paquets rameux caractéristiques.

Il existe entre les levures hautes et les levures basses des différences d'ordre physiologique. Les levures hautes hydrolysent le raffinose en le transformant en lévulose, qu'elles font fermenter, et en mélibiose, qui reste inattaqué. Au contraire, les levures basses font fermenter ce mélibiose, car elles sécrètent une diastase spéciale, la *mélibiase*, qui leur permet de dédoubler ce sucre en dextrose et en galactose, tandis que les levures hautes ne la sécrètent pas (Bau).

Dans chacune de ces deux catégories de levures hautes et de levures basses, il existe un grand nombre de types différents. Un des caractères de différenciation les plus importants est fourni par la proportion d'extrait du moût que chacune de ces levures fait fermenter. On désigne sous le nom d'*atténuation* d'une bière la proportion centésimale d'extrait fermenté sous l'action de la levure. Cette atténuation dépend d'une foule de circonstances, notamment de la variété de levure adoptée, et il en résulte des différences considérables dans la nature des bières produites. On a classé ainsi les levures en plusieurs types suivant le degré d'atténuation qu'elles donnent dans les moûts. Les levures de type Saaz donnent une atténuation faible, elles n'attaquent que le maltose et ne touchent guère aux dextrines, même à celles qui sont les plus attaquables et les plus voisines du maltose. Les levures de type Frohberg, au contraire, donnent une atténuation élevée et font fermenter une proportion assez forte de dextrines plus ou moins attaquables. Au-dessus des levures de type Frohberg, Van Laer et Denamur ont signalé la levure Logos, qui pousse l'atténuation plus loin encore, en faisant fermenter des dextrines que la levure Frohberg n'attaque pas. Entre ces types Saaz, Frohberg et Logos prennent place de nombreux intermédiaires. On voit donc combien les levures sont variables au point de vue de l'atténuation qu'elles déterminent dans les moûts. Ces différences tiennent à une sécrétion plus ou moins abondante par les levures de dextrinase saccharifiante capable de transformer les dextrines en maltose qui subit ensuite la fermentation alcoolique.

Les diverses levures se différencient encore par la rapidité plus ou moins grande de leur dépôt et la clarilication du liquide qu'elles font fermenter; elles se distinguent aussi par le bouquet qu'elles communiquent à la bière.

Levures pures. — Pendant la fermentation de la bière, la levure se souille peu à peu de ferments étrangers, et, au bout d'un temps variable, le levain devient mauvais et doit être renouvelé. Le changement de levain a de graves inconvénients, car chaque levure communique à la bière son cachet spécial, et l'emploi d'une levure différente modifie souvent le caractère et le goût de la bière. Aussi a-t-on songé à utiliser en brasserie une levure pure dont on peut conserver la semence dans un laboratoire, et à multiplier cette levure chaque fois que le levain est devenu impur, pour substituer à ce mauvais levain un nouveau levain de la même levure, mais pur.

L'isolement des levures pures peut se faire aisément par la méthode des milieux solides. On délaye une parcelle de la culture de laquelle on veut isoler la levure à l'état pur dans un certain volume d'eau distillée stérile, et on introduit, avec un fil de platine préalablement flambé, une gouttelette de cette dilution dans un tube contenant de la gélatine nutritive stérile préalablement rendue liquide. On agite et on vide le contenu du tube dans une boîte plate en verre stérilisée et recouverte de son couvercle. Les colonies de levures se développent au bout de quelques jours; on les pique au fil de platine flambé, on les ensemence dans du moût de bière stérile, et on vérifie leur pureté au microscope.

M. Hansen a perfectionné cette méthode. On dilue suffisamment la semence pour que la gélatine ne contienne que peu de germes, et on étale cette gélatine ensemencée sur un couvre-objet quadrillé qu'on place sur une chambre humide et qu'on examine au microscope. On note alors la place d'une cellule *unique* et, lorsque la colonie formée par cette cellule est suffisamment grosse, on l'introduit dans du moût stérile au moyen du fil de platine flambé. On obtient ainsi des levures rigoureusement pures, puisqu'elles sont issues d'une seule cellule.

Pour utiliser dans la pratique cette levure pure, il est nécessaire de la multiplier dans des appareils spéciaux, de manière à obtenir une quantité de levure suffisante pour constituer un levain.

Il existe un certain nombre d'appareils de multiplication de la levure pure; nous décrirons seulement deux des plus connus, celui de Hansen et celui de Fernbach.

L'appareil de Hansen (fig. 29) se compose d'un réservoir à air comprimé, d'un récipient pour le moût et d'une cuve de fermentation. Le récipient pour le moût est placé au-dessus de la cuve de fermentation à laquelle il est relié par un tuyau. A l'intérieur se trouve un serpentin de vapeur qui permet de stériliser le moût. A l'extérieur, un tuyau circulaire percé de trous permet de faire ruisseler de l'eau à la surface du cylindre pour le refroidir. On peut enfin injecter dans le récipient de l'air stérile.

La cuve de fermentation est munie de tuyaux pour l'introduction du moût, de l'air comprimé, pour le dégagement de l'acide carbonique et l'évacuation de la bière et de la levure. Une tubulure placée au centre de la cuve permet l'ensemencement de la levure pure.

Pour faire fonctionner l'appareil, on injecte d'abord de la vapeur sous pression dans les deux réservoirs, de manière à les stériliser parfaitement, puis on remplace la vapeur par une injection d'air stérile afin d'éviter la rentrée de l'air extérieur qui amènerait de nouveaux germes. On remplit alors le cylindre de moût, on le stérilise en le faisant bouillir une demi-heure, puis on refroidit en faisant ruisseler de l'eau à la surface extérieure du cylindre et en injectant de l'air stérile. Quand la température est devenue assez basse, par exemple 8° à 12°, on fait couler le moût dans la cuve de fermentation, et on ensemence,

avec toutes les précautions d'asepsie d'usage, le germe
de levure à propager, contenu dans un bidon à tubulure

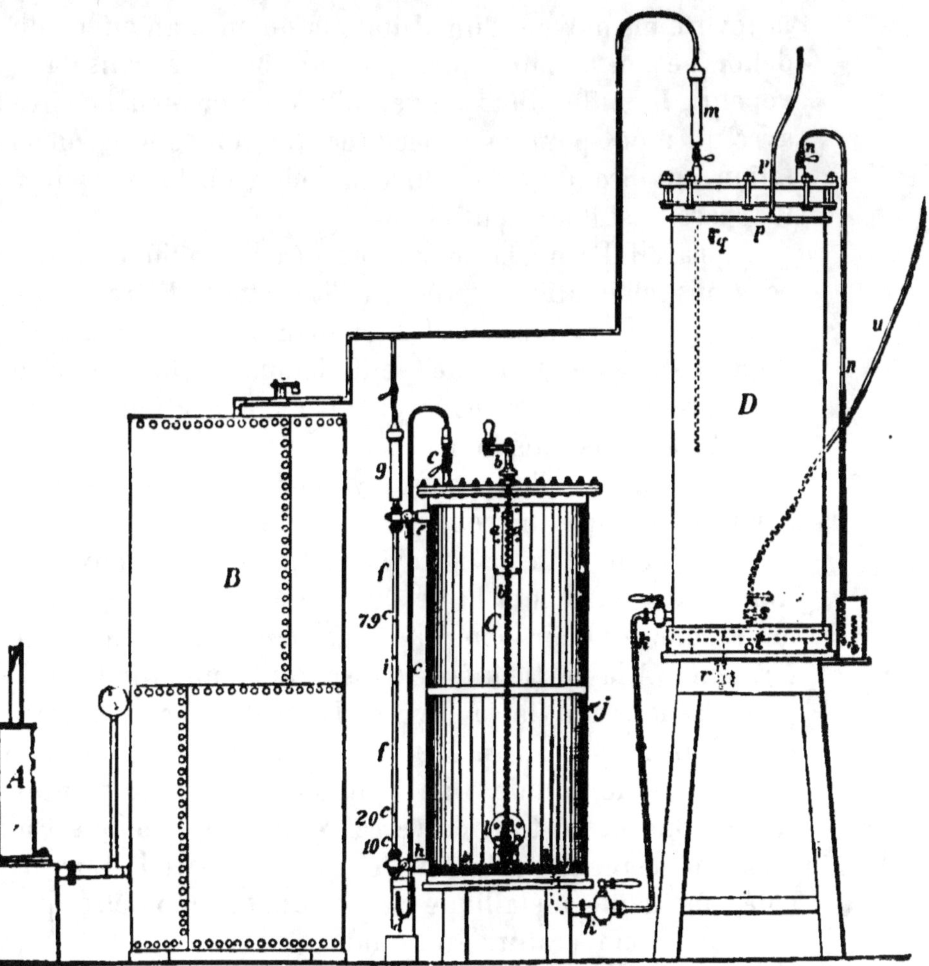

Fig. 29. — Appareil à production de levure pure, construit par Hansen et
Kühle (A. Jorgensen, *Microorganismes de la fermentation*).

D, récipient pour le moût; C, cuve de fermentation; B, réservoir à air
comprimé; *p*, couronne pour le refroidissement par l'eau.

qu'on greffe sur la tubulure correspondante du cylindre.
On laisse la fermentation s'effectuer.

Pour recueillir la levure, on commence par stériliser

de nouveau du moût dans le réservoir à moût, puis on vide la bière de la cuve de fermentation en injectant de l'air filtré. On introduit alors un peu de moût, on délaye la levure au moyen d'un agitateur qu'on manœuvre du dehors, et on la fait couler dans un bidon stérilisé à la vapeur. Il suffit alors de remplir de nouveau la cuve avec du moût pour faire déclarer une nouvelle fermentation qui produira un nouveau bidon de levure pure. L'appareil est donc continu.

L'appareil Fernbach, dont la figure 30 indique la disposition schématique, présente l'avantage d'être beaucoup moins encombrant et d'un maniement plus facile. Il permet de préparer de petits bidons de levure pure qui servent à obtenir des levains par propagation comme nous le verrons plus loin.

Il se compose d'une cuve cylindrique qui porte à sa partie supérieure un couvercle mobile qui permet d'ouvrir l'appareil et de le nettoyer aisément. Cette cuve est munie de tuyaux pour l'introduction du moût, l'injection de vapeur et d'air comprimé et la vidange du moût fermenté. A la partie inférieure se trouve une tubulure T pour l'évacuation de la levure. L'appareil porte en son centre un réfrigérant à eau RR' qui permet de refroidir rapidement le liquide. Une tubulure A, fermée par un caoutchouc et un tube de verre rempli de coton, sert à l'ensemencement de la levure dans l'appareil. Sur le côté, une gaine métallique c porte un thermomètre qui indique la température du liquide.

La cuve est suspendue et repose sur deux montants verticaux; elle peut ainsi osciller autour de l'axe XX'. Une clavette D permet de fixer l'appareil au degré d'inclinaison voulue.

Le fonctionnement est très simple. On stérilise d'abord la cuve en y injectant de la vapeur venant d'un générateur, puis on fait arriver du moût à l'ébullition venant d'un réservoir à moût placé au-dessus de l'appareil. On maintient l'ébullition pendant un certain temps,

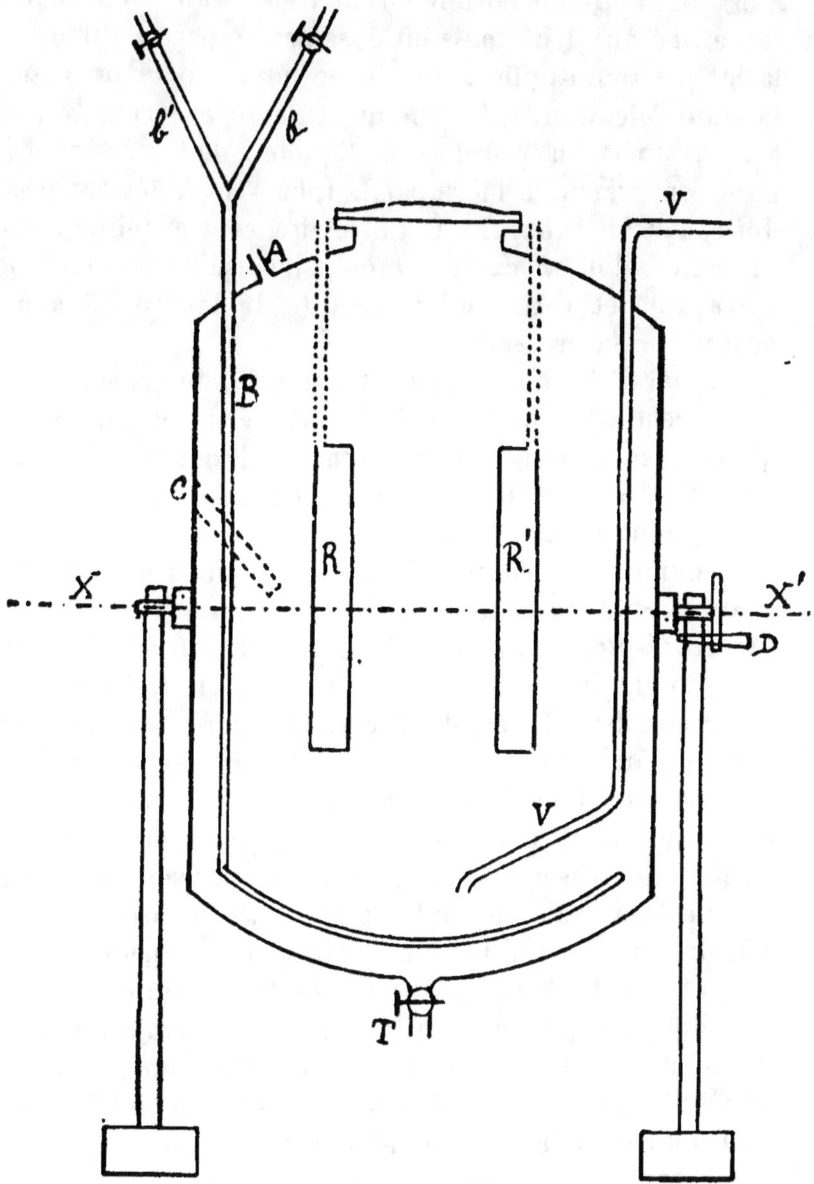

Fig. 30. — Schéma de l'appareil à levure pure de Fernbach.

en injectant de la vapeur, puis on coiffe la tubulure

d'ensemencement de son petit filtre à coton. On refroidit alors le moût en faisant circuler de l'eau froide dans le réfrigérant RR', puis on ensemence par la tubulure la levure à multiplier. On aère le liquide pour favoriser la multiplication du ferment. Quand la fermentation est terminée, on refroidit le liquide : la levure se dépose, on évacue la bière par le tube V et la levure produite par la tubulure T. La levure est recueillie dans un petit bidon en cuivre étamé, stérilisé au préalable à la vapeur, et cette petite quantité de levure est alors propagée à la brasserie.

L'appareil Fernbach peut être muni d'un second récipient destiné à préparer du moût stérile et communiquant avec la cuve de fermentation. Il devient ainsi un appareil continu. Il donne d'excellents résultats et son maniement est très facile.

L'emploi de ces appareils à levures pures présente en brasserie un très grand intérêt. Le brasseur peut conserver lui-même la race de levure qu'il utilise et la multiplier dans un de ces appareils quand il désire renouveler son levain. Il peut également faire conserver sa levure dans un laboratoire de bactériologie qui lui fournit des bidons de sa levure pure, quand il en a besoin. La petite quantité de levure pure obtenue doit être propagée à la brasserie de manière à constituer un nouveau levain. Pour cela, on vide le bidon de levure dans un bac de 7 à 8 hectolitres bien nettoyé à la vapeur et contenant 1 hectolitre de moût stérile. La fermentation part aussitôt. Dès qu'elle est bien en marche, on rajoute 1 hectolitre de moût, puis, quand de nouvelles mousses apparaissent, encore 2 hectolitres de moût. On obtient ainsi 4 hectolitres de liquide en pleine fermentation. Ce volume est à son tour doublé par l'arrivée de quatre nouveaux hectolitres de moût, et on obtient ainsi, par ces additions successives, un levain suffisant pour ensemencer une cuve. Cette propagation doit s'effectuer à la température habituelle de la fermentation de la bière. Les dangers d'infection pendant cette opération sont très faibles, à cause de la grande quantité de levure employée et de l'activité de la fermentation.

Mélanges de levures. — Les brasseurs qui ne travaillent pas par la levure pure unique utilisent le plus souvent des levures industrielles qui sont des mélanges de diverses levures. Il s'établit, dans ce cas, entre ces levures, au point de vue de leur développement propre, une sorte d'état d'équilibre qui a été signalé pour la première fois par M. Van Laer. Chaque levure se développe plus ou moins dans le mélange, mais la proportion de chacune de ces levures par rapport à celles qui l'accompagnent reste à peu près constante, de sorte que le levain conserve les mêmes propriétés et fournit des bières toujours de même type.

Presque toutes les bières de fermentation haute sont dues à des mélanges de levures dont chacune communique à la bière des caractères particuliers. Il n'est donc pas surprenant que la levure pure de Hansen, issue d'une cellule unique, soit difficile à introduire dans les brasseries de fermentation haute. Pour remédier à cet inconvénient, M. Van Laer a proposé d'utiliser comme levain un mélange de plusieurs levures pures en proportions convenables. La grande difficulté consiste à déterminer ce mélange de manière qu'il s'établisse d'abord entre les diverses levures un état d'équilibre semblable à celui que nous venons de signaler, ensuite qu'à cet état d'équilibre corresponde la production d'une bière de bonne qualité. Le problème, qui est simple au point de vue théorique, devient singulièrement difficile au point de vue pratique, à cause de l'incertitude de nos connaissances sur le développement des diverses levures en mélange.

Mécanisme de la fermentation. — Aussitôt après l'ensemencement du moût de bière par la levure, on constate que l'oxygène en dissolution dans le moût disparaît rapidement. D'après MM. Calmette et Grenet, cette disparition est complète au bout de douze heures. A ce moment, la levure n'a pas encore commencé à bourgeonner. Mais cette absorption d'oxygène communique à la levure l'activité nécessaire pour son développement, qui se poursuit par la suite, même quand tout l'oxygène a été absorbé. La multiplication de la levure se fait seulement au début de la fermentation. D'après Mohr et Schönfeldt, elle est déjà complète avant que la proportion d'extrait fermenté atteigne seulement 4 p. 100.

Douze ou quinze heures après l'ensemencement de la levure, on voit apparaître les premières mousses qui annoncent le dégagement d'acide carbonique et le départ de la fermentation alcoolique. Ces mousses augmentent de hauteur et se couvrent de plaques brunes de substances azotées et de matières résineuses. La décomposition du sucre est alors très active, et elle s'accompagne d'un dégagement de chaleur considérable qui élève notablement la température du moût. Il est nécessaire de réduire cette élévation de température du liquide qui ferait perdre à la bière tout son parfum, favoriserait le développement des ferments étrangers et rendrait très difficile la conservation de la bière. On y arrive en refroidissant le moût au moyen de nageurs ou de serpentins réfrigérants.

Au bout d'un temps variable avec le type de bière qu'on fabrique, la fermentation se ralentit, les mousses tombent et la bière entre dans la période de fermentation complémentaire pendant laquelle la décomposition du sucre se complète, tandis que le bouquet se développe.

Mise en levain. — On utilise, pour l'ensemencement du moût, la levure provenant d'un brassin précédent, tant qu'elle n'est pas contaminée par les ferments étrangers, et tant qu'elle est suffisamment active. Quand le levain est devenu mauvais, on doit le remplacer, soit par une levure nouvelle, soit, ce qui est préférable, par un nouveau levain pur de la même levure multipliée dans un appareil à levures pures et propagée ensuite comme nous l'avons vu plus haut.

La proportion de levure à utiliser varie surtout avec la concentration du moût : elle est d'autant plus forte que le moût est plus concentré. En moyenne, on emploie 275 à 300 grammes de levure en pâte épaisse par hectolitre de moût.

Il importe de mettre le moût en levain aussi rapidement que possible. En effet, le moût stérile se trouve, avant l'ensemencement, à une température très favorable au développement des ferments de maladie et il faut réduire au minimum ce temps pendant lequel le moût peut s'infecter. Cette recommandation est surtout capitale pour les bières qui fermentent à haute température. En effet, pour les bières de fermentation basse, la température du moût étant de 6° à 7° C., les ferments de maladie se développent péniblement. Il en est tout autrement pour les bières de fermentation haute, où la mise en levain se fait à 16° ou 18°.

Le levurage s'effectue de deux manières. Tantôt on ajoute à chaque cuve ou à chaque tonneau la quantité de levure nécessaire qu'on a délayée à part dans un peu de moût. On l'aère d'abord en la transvasant d'un baquet dans un autre, puis on déverse cette levure dans le moût. Tantôt on met en levain la totalité du moût dans une cuve spéciale appelée *cuve guilloire*, et on répartit ce moût dans les vaisseaux de fermentation dès que les mousses apparaissent. Les baquets et cuves à levains doivent être maintenus rigoureusement propres, brossés après chaque opération avec des solutions antiseptiques ou passés à la vapeur.

Récolte de la levure. — La levure de fermentation haute est recueillie soit à la surface, soit au fond de la cuve quand une partie de cette levure s'est déposée à la fin de la fermentation.

Dans la fermentation basse, on récolte la levure au fond de la cuve quand la bière est soutirée. Dans ce cas, on enlève avec une écumoire la couche brunâtre qui se trouve à la surface et qui est surtout constituée d'impuretés. On recueille alors la partie centrale de la levure, et on laisse celle qui est en contact avec le fond de la cuve, qui est également impure.

La levure contient toujours des matières étrangères telles que débris de drêches, flocons d'albuminoïdes, résines de houblon, etc. Pour la nettoyer, on la délaye dans l'eau fraîche et on laisse reposer pendant un temps très court. On décante et on élimine ainsi une grande partie des matières qui souillent la levure. Ce lavage doit être effectué avec une eau très pure et exempt de bactéries capables de se développer dans la bière. Il doit être court pour ne pas épuiser la levure par la dialyse des substances utiles qui se produit entre le contenu de la cellule et l'eau pure.

On néglige souvent ce lavage quand la levure doit être utilisée aussitôt après la récolte pour une nouvelle opération. Quand la levure ne doit pas servir immédiatement, on la presse dans des sacs en tissu épais et on l'emploie sous forme de levure pressée.

Infection des levains. — Au bout de quelques générations, les levains sont souvent infectés de bactéries ou de levures sauvages. L'infection par les bactéries se reconnaît aisément au microscope : on substitue alors au levain infecté un autre levain pur. Pour dévoiler la présence des levures sauvages, on utilise la propriété que possèdent ces levures de former beaucoup plus rapidement leurs spores, quand on les soumet à l'inanition, que les levures de culture. Connaissant le temps minimum que met une levure de culture donnée, à une température déterminée, pour former ses premières spores, l'apparition des spores avant cet instant indique la présence de levures sauvages. La méthode est très sensible et permet de retrouver 1/200 de levure sauvage dans un levain (Holm et Poulsen). Pratiquement, on a reconnu que, tant que la proportion de levures sauvages ne dépasse pas un vingt-deuxième, leur influence n'est pas préjudiciable. Au delà de cette proportion, il faut renouveler le levain.

II. — Fermentation haute.

La fermentation haute est surtout employée en Belgique, en Angleterre et dans le nord de la France. Elle s'effectue, tantôt en cuves, tantôt en tonneaux. La durée de la fermentation tumultueuse est courte. Elle varie avec la température de fermentation adoptée : dans le nord de la France, on fermente à 18°-22° et le phénomène ne dure que deux ou trois jours ; dans le centre de la France, on fermente à 15° et la durée est alors de quatre à cinq jours.

La fermentation s'effectue dans des caves qui devraient être maintenues à une température variable entre 12° et 15°. En réalité, la plupart des caves, surtout dans le nord, présentent en été une température beaucoup plus élevée qui atteint parfois 20°. La fermentation est alors très rapide, mais la bière manque de finesse et se conserve mal. Cet inconvénient des températures élevées est surtout sensible dans la fermentation en tonneaux, où on ne peut pas, comme dans la fermentation en cuves, refroidir le moût pendant la fermentation.

Les caves doivent être bien ventilées pour éviter l'accumulation du gaz carbonique ; on doit, en outre, les maintenir soigneusement propres. Les murs doivent être blanchis à la chaux ou recouverts de vernis émail, pour éviter le développement des moisissures, qui sont toujours accompagnées de nombreux ferments de maladie nuisibles pour la qualité des bières.

1° Fermentation haute en tonneaux. — Ce mode de fermentation est presque exclusivement utilisé en Belgique et dans le nord de la France.

Le moût est généralement mis en levain tout entier dans la cuve guilloire à la température de 18° environ à raison de 250 à 300 grammes de levure par hectolitre. Quand la fermentation apparaît, on envoie le moût dans les tonneaux. Ces fûts sont généralement ceux qui servent à l'expédition même de la bière. Ils sont placés sur des madriers en bois, la bonde se trouvant légèrement sur le côté.

Au bout de peu de temps, les fûts commencent à cracher de la levure par la bonde ouverte. Cette levure s'écoule sur le corps extérieur du tonneau et se réunit dans une auge placée au-dessous. La projection de levure doit être blanche et doit avoir lieu d'une façon continue et non par soubresauts. La matière qui sort du fût devient alors plus compacte : une partie du tonneau se vide ainsi et il est nécessaire de le remplir afin que la levure qui remonte encore à la surface puisse être facilement rejetée au dehors. On utilise pour cela ce qu'on appelle les *purures*, qui sont constituées par les liquides évacués par le tonneau et recueillis dans l'auge inférieure. Au bout d'un certain temps, l'écoulement de levure cesse et on redresse alors le tonneau. La fermentation principale est terminée.

L'atténuation pendant cette fermentation principale est en moyenne de 60 p. 100. La majeure partie du maltose formé doit être alors transformée en alcool ; la faible portion restante et les dextrines attaquables serviront à alimenter la fermentation complémentaire. En effet, les bières insuffisamment atténuées se remettent à fermenter dès que la température s'élève un peu et elles se troublent chez le consommateur. Il est donc nécessaire d'atténuer fortement ces bières de consommation courante qui sont destinées à subir des variations de température considérables et sont susceptibles, par suite, de refermenter s'il reste encore de fortes proportions de maltose.

Les moyens de faire varier cette atténuation sont assez nombreux : la nature de la levure joue naturellement un rôle, ainsi que les proportions relatives de maltose et de dextrines contenues dans le moût. Un bon moyen d'augmenter l'atténuation consiste à aérer les purures au moment où on les rend au fût pour le remplissage.

Cette méthode de fermentation en tonneaux est très délicate et exige des soins de propreté considérables si on veut fabriquer des bières qui se conservent sans s'altérer et surtout sans s'acidifier. D'abord la température du moût en fermentation s'élève souvent au delà de 22°, et il n'est pas possible, par cette méthode, de refroidir le moût par les serpentins ou les nageurs. En outre, les purures, en coulant sur les douves du tonneau, y recueillent un grand nombre de ferments qui sont introduits dans la bière lors du remplissage. Aussi cette fabrication donne-t-elle lieu à de nombreux accidents, surtout pendant la période d'été, pendant laquelle les bières s'acidifient parfois très vite. La bonne réussite de la fermentation en tonneaux est donc subordonnée aux soins minutieux qu'on doit prendre pour maintenir les fûts et les auges à purures dans un état de propreté parfaite.

2° **Fermentation haute en cuves.** — Cette méthode est employée surtout en Angleterre et dans le centre de la France.

Les cuves employées sont vernies et maintenues soigneusement propres. On doit les brosser avec un lait de chaux après chaque opération, de manière à éviter toute infection par les mauvais ferments. On les rince ensuite à l'eau froide et on y fait arriver le moût jusqu'aux deux tiers environ de leur hauteur. La mise en levain doit avoir lieu à une température de 12° à 14° C. Au bout de quelques heures, la fermentation se déclare. Elle doit s'effectuer à une température relativement basse. Dans le centre de la France, la température des caves est de 12° à 15° et on cherche à ne pas dépasser cette température dans le moût en fermentation en le refroidissant au moyen de serpentins où circule de l'eau froide. Ces serpentins peuvent être immergés dans la cuve de fermentation. La réfrigération doit avoir lieu d'une façon continue, de manière à laisser la température du moût au degré voulu aussi uniforme que possible.

Au début de la fermentation, on enlève la couche d'écumes qui se forme et qui contient un grand nombre d'impuretés, notamment des résines du houblon. La levure forme bientôt à la surface du liquide une couche consistante qu'on enlève lorsque la fermentation est à peu près terminée, avant de procéder au soutirage.

La durée de la fermentation principale est de quatre à six jours. Quand elle est terminée, on soutire le liquide soit dans les fûts d'expédition, soit dans des foudres où il subit sa fermentation complémentaire.

L'atténuation de ces bières varie sous les mêmes influences que celle des bières fermentées en tonneaux. Toutefois, on peut atténuer moins loin les bières qui sont destinées à séjourner un temps assez long en foudre de garde dans les caves à basse température. Les bières destinées à l'expédition après un très court séjour en cellier doivent être, au contraire, très fortement atténuées.

3° **Fermentation haute complémentaire.** — La fermentation complémentaire est très courte pour les bières de fermentation haute. Les bières fabriquées en tonneau sont souvent livrées au consommateur aussitôt la fermentation principale terminée : elles achèvent leur fermentation ultérieure dans le tonneau, chez le client. Quand les bières sont fabriquées en cuves, on les soutire dans des foudres ou dans les tonneaux d'expédition. Ces bières sont alors conservées dans des caves de garde maintenues à une température de 8° à 12°, pendant un temps variable, suivant la température de la cave. La fermentation complémentaire y dure parfois un mois quand la cave est à 8° ; la bière présente alors une grande finesse et se conserve généralement très bien. Quand la cave est à 12° à 15°, elle dure à peine quinze jours. Il est préférable, pour le parfum de la bière et sa conservation ultérieure, d'avoir des caves à basse température, par exemple à 10°. La bière se rapproche d'autant plus des bières de fermentation basse que la fermentation complémentaire a duré plus longtemps et a eu lieu à plus basse température.

III. — Fermentation basse.

La fermentation basse est surtout pratiquée en Allemagne et en Autriche, où on utilise en même temps le brassage par décoction. Cette méthode s'est beaucoup répandue dans certaines parties de la France pour la fabrication des bières genre Munich et Pilsen, qui sont très appréciées des consommateurs.

Elle s'effectue toujours en cuves, qui sont portées sur des massifs de maçonnerie, de manière à pouvoir les visiter aisément et reconnaître les fuites. Ces cuves sont ordinairement en bois, vernies et nettoyées après chaque opération comme les cuves de fermentation haute.

La température de fermentation est basse et oscille entre 5° et 7°. Les caves doivent donc être maintenues à cette basse température au moyen d'une machine frigorifique. Le liquide incongelable de la machine, refroidi à 6° ou 8° au-dessous de zéro, circule dans des tuyaux parallèles placés à la partie supérieure de la cave, et on règle le courant de ce liquide de manière à obtenir la température voulue. Pour réduire au minimum la dépense en froid, il faut isoler le mieux possible les caves pour éviter tout échauffement extérieur. On y arrive en construisant les murs très épais ou, mieux, en faisant des doubles murs entre lesquels on place des matières mauvaises conductrices de la chaleur, par exemple des scories. Le plafond est de même formé par deux voûtes parallèles séparées par une couche d'air de 30 centimètres.

Il est en outre nécessaire d'éviter l'échauffement du moût pendant la fermentation : on utilise pour cela les nageurs ou les serpentins réfrigérants.

Les nageurs sont de simples vases cylindriques terminés par une partie conique lestée de manière que l'appareil se tienne vertical dans le liquide. On remplit ces vases de glace qui refroidit le moût en fondant. Ce sont des appareils d'un maniement difficile, et les serpentins leur sont très supérieurs.

Ces serpentins sont ordinairement en cuivre étamé. On les greffe à volonté sur une canalisation dans laquelle circule de l'eau glacée refroidie par la machine à glace. On peut aussi utiliser des réfrigérants formés d'une plaque rectangulaire munie de chicanes entre lesquelles circule le courant d'eau glacée. On greffe cet appareil sur des tuyaux en caoutchouc reliés eux-mêmes à la canalisation froide. Il est préférable de faire circuler dans les réfrigérants de l'eau glacée et non le liquide incongelable de sel marin ou de chlorure de calcium, à cause des fuites qui pourraient se produire dans le moût.

Comme pour la fermentation haute, les caves doivent être maintenues dans le plus grand état de propreté; les murs doivent être blanchis à la chaux ou recouverts de vernis émail. Le sol doit être dallé sans fissures, de manière à permettre des nettoyages faciles.

La durée de la fermentation basse principale est de huit à quinze jours. On tend aujourd'hui à réduire le plus possible cette durée, et à allonger, au contraire, la fermentation complémentaire.

1° **Fermentation basse principale.** — La mise en

levain a lieu ordinairement à la température de 6°.
Au bout de vingt-quatre heures environ, on voit apparaître les premières mousses sous forme d'un anneau blanchâtre autour de la cuve, et elles envahissent bientôt toute la surface. On donne à ces mousses le nom de *kräusen*. Bientôt les kräusen s'élèvent davantage, la fermentation devient plus active et les dépôts de matières résineuses, soulevés par les bulles de gaz, viennent former sur les kräusen blancs de larges plaques brunes. La décomposition du sucre est alors très rapide; le moût tend à s'échauffer et on est obligé de le refroidir au moyen des nageurs ou des serpentins. Enfin la mousse retombe en laissant à la surface de la cuve une couche visqueuse : la fermentation principale est terminée, la levure se dépose au fond de la cuve et le liquide devient limpide. On en soutire alors une petite portion dans un verre et, si la fermentation a été bonne, la bière apparaît claire à travers les flocons de levure en suspension. La levure joue dans ce phénomène un rôle important : certaines levures clarifient bien, d'autres clarifient mal. La nature du malt intervient également.

Quand la levure est déposée, on ramène la bière à la température la plus basse possible et on la soutire pour l'envoyer en cave de garde dans des grands foudres où elle subit sa fermentation complémentaire.

L'atténuation qu'on cherche à obtenir dans la fermentation principale dépend de la durée de conservation assignée à la bière et du type de bière qu'on veut fabriquer. Elle est en moyenne de 55 p. 100, mais elle descend à 50 p. 100 et monte parfois à 68 p. 100 suivant le travail ultérieur dans la cave de garde. En effet, si la cave de garde n'est pas très froide, il faudra atténuer assez peu en cuve, de manière à laisser les matériaux nécessaires pour alimenter cette fermentation complémentaire. Si, au contraire, la cave est très froide, la fermentation complémentaire est moins active, et on doit atténuer davantage en cuve. Une bière destinée à subir un très long séjour en cave de garde doit être atténuée beaucoup moins lors de la fermentation principale qu'une bière destinée à y rester peu de temps.

Les circonstances principales qui font varier l'atténuation sont, comme pour la fermentation haute, la nature de la levure et la composition du moût. Nous savons que les levures de type Saaz atténuent beaucoup moins que les levures de type Frohberg. En outre, la proportion de maltose contenue dans le moût influe évidemment sur l'atténuation, qui est d'autant plus forte que le moût contient plus de maltose et moins de dextrines.

2º Fermentation basse complémentaire. — La fermentation complémentaire est très importante pour la fermentation basse. Elle a pour but de permettre l'achèvement de la fermentation, la clarification de la bière et le développement de son bouquet.

Elle a lieu dans des caves très froides appelées *caves de garde*, dont la température est maintenue de 0º,5 à 1º,5 au moyen du liquide incongelable de la machine à glace. Cette basse température a pour but d'empêcher le développement des ferments de maladies pendant le long séjour de la bière en cave de garde. Elle permet en outre d'avoir une fermentation très longue qui favorise la production du bouquet et l'accumulation du gaz carbonique dans la bière.

La fermentation complémentaire est conduite dans des foudres en chêne très épais munis, à la partie supérieure, d'une bonde et, au fond, d'une porte avec robinet de vidange. Ils sont placés les uns au-dessus des autres, de manière à utiliser l'espace le mieux possible.

La bière soutirée des cuves est envoyée dans ces foudres. Le soutirage a pour résultat d'aérer la levure, ce qui lui donne un retour d'activité, de sorte que, pendant les premiers temps de la fermentation complémentaire, la mousse s'échappe par la bonde. On procède pendant cette période à l'*ouillage* avec le plus grand soin, c'est-à-dire qu'on entretient constamment le plein dans le foudre par l'addition d'une nouvelle quantité de bière.

La durée du séjour en cave est variable avec la nature de la bière qu'on veut produire. Pour les bières de garde, la fermentation complémentaire dure au moins trois mois; elle n'est que de quatre à cinq semaines pour la bière ordinaire.

Après chaque opération, les foudres doivent être nettoyés avec le plus grand soin, brossés avec des solutions antiseptiques ou goudronnés de nouveau.

La bière est protégée, pendant sa longue fermentation complémentaire, contre les mauvais ferments, par la température très basse de la cave et la forte atténuation du liquide.

En effet, le développement des bactéries est nul à cette basse température, d'autant plus qu'elles ont à lutter en outre contre la levure qui se trouve dans des conditions d'existence qui lui sont favorables. Quant aux levures sauvages, elles se multiplient aux températures de $0°,5$ à $1°,5$, mais elles sont arrêtées quand l'atténuation dépasse 65 p. 100. Nous pouvons donc conclure qu'il est préférable d'atténuer fortement en cuve, jusqu'à 65 p. 100 environ, et d'opérer ensuite la fermentation complémentaire dans des caves très froides, de manière à rendre cette fermentation très lente et continue. On évite ainsi les dangers d'infection, et la bière gagne beaucoup en finesse.

Fermentation dans le vide. — Le système de la fermentation dans le vide, pratiqué dans un certain nombre de brasseries des États-Unis, est aujourd'hui employé dans plusieurs brasseries d'Europe. Cette méthode est basée sur le principe suivant : la levure, en se développant dans le moût, produit de l'alcool et de l'acide carbonique qui rendent bientôt son existence plus pénible.

Si donc on évacue l'acide carbonique au fur et à mesure de sa production, on accélère considérablement la marche de la fermentation, et on réduit, par suite, beaucoup les frais considérables qu'entraînent le refroidissement de caves immenses et le matériel de foudres nécessaire.

L'opération s'effectue de la façon suivante : aussitôt après la mise en levain, le moût est envoyé dans de grands cylindres en acier émaillé dans lesquels on peut faire le vide au moyen d'une pompe. On met en marche cette pompe, qui fonctionne alors continuellement, enlève l'acide carbonique et maintient un vide partiel de 40 centimètres de mercure. En même temps, on laisse rentrer dans la cuve un courant d'air stérile qui aère le liquide et favorise la multiplication de la levure. Dans ces conditions, la fermentation principale va très vite et est complète au bout de cinq à sept jours.

On refroidit alors la bière pour hâter le dépôt de la levure, et on la soutire dans des cuves semblables aux premières. La fermentation complémentaire va également très vite et se termine en quinze jours. La bière est alors filtrée et soutirée en fûts d'expédition. La durée totale de la fabrication est de vingt à vingt-deux jours.

On conçoit sans peine l'économie énorme qu'entraîne ce procédé. Le volume des caves à refroidir devient beaucoup plus faible, l'espace nécessaire est bien moins considérable, le matériel moins onéreux, etc. En outre, le nettoyage de ces appareils est très facile, et le contrôle en est très aisé.

Les bières obtenues par ce procédé après quinze à vingt jours de fermentation complémentaire paraissent identiques, au point de vue de la limpidité, du mousseux et du parfum, aux bières ordinaires conservées trois mois en cave de garde.

CHAPITRE VI

TRAITEMENT DE LA BIÈRE AVANT LIVRAISON.

La bière livrée au consommateur doit être limpide et transparente ; elle doit, en outre, renfermer assez d'acide carbonique pour être gazeuse et donner une mousse persistante. Après la fermentation, la bière doit donc être clarifiée et maintenue sous une pression d'acide carbonique qui la rend mousseuse. Enfin, on doit prendre des soins spéciaux pour assurer sa parfaite conservation et la protéger contre les ferments nuisibles.

1° Clarification de la bière.

Dans la fermentation haute, où le séjour en cave est de très courte durée, la bière n'a pas le temps suffisant pour se clarifier d'elle-même : il est donc nécessaire de recourir à des procédés de clarification. Dans la fermentation basse, il arrive fréquemment que, pendant le long séjour du liquide en cave de garde, la bière s'éclaircit complètement, et peut être livrée sans clarification. Cependant, le consommateur est habitué aujourd'hui à ne boire que des bières de limpidité parfaite, et le brasseur est souvent obligé de filtrer également ces bières de garde pour les rendre tout à fait claires.

La clarification de la bière s'obtient par le séjour sur copeaux, le collage ou la filtration.

Traitement de la bière par les copeaux. — Les copeaux sont ordinairement employés pour la clarification des bières de fermentation basse. Ces copeaux, qui sont en noisetier ou en hêtre, présentent au dépôt de la levure une très large surface : les globules de la levure, en les rencontrant, s'y attachent, ainsi que les matières en suspension dans le liquide, et la bière se clarifie.

On passe les bières dans les foudres à copeaux environ un mois et demi avant la livraison. Au moment du soutirage, il faut opérer avec certaines précautions pour ne pas remettre en suspension les dépôts qui recouvrent les copeaux. Pour cela, on soutire d'abord, par un trou percé environ au centre du foudre et situé, par suite, au-dessus de la couche de copeaux. Quand les parties supérieures sont ainsi décantées, on achève le soutirage par le trou inférieur. Finalement, les parties qui passent troubles sont renvoyées sur les copeaux.

Avant l'emploi, les copeaux doivent être bouillis trois ou quatre fois, jusqu'à ce que l'eau qui s'en écoule soit absolument incolore et sans saveur de bois. Après soutirage de la bière, les copeaux sont brossés soigneusement pour les débarrasser de l'enduit qui les recouvre, ou bien ils sont introduits dans un laveur spécial où ils sont frottés dans l'eau les uns contre les autres. Quand l'eau de lavage s'écoule limpide, on achève leur nettoyage en les traitant par l'eau bouillante pendant une heure ou, mieux, par la vapeur sous pression dans une chaudière pendant un quart d'heure.

Collage. — Le collage s'effectue au moyen de la colle de poisson ou de clarifiants particuliers qui sont à base de matières albumineuses.

On peut employer, soit la colle de poisson proprement dite ou *ichthyocolle*, soit des peaux de soles ou de raies. Pour utiliser l'ichthyocolle, on laisse tremper une certaine quantité de colle sèche pendant seize à dix-huit heures dans l'eau froide pour la ramollir, puis on la triture à la main en lui ajoutant cinquante fois son poids d'eau. On filtre sur un tamis, on ajoute un peu d'acide tartrique et on obtient ainsi une gelée transparente. Chaque litre de cette gelée contient environ 15 à 20 grammes de colle sèche et peut servir à coller 2 hectolitres à $2^{hl},5$ de liquide. La proportion de colle sèche qui correspond à 1 hectolitre de bière est donc de 5 à 10 grammes.

La solution de colle de poisson se putréfie rapidement et doit être préparée seulement au moment de l'emploi. Pour l'utiliser, on l'introduit en proportions voulues dans le liquide à clarifier, on agite énergiquement et on laisse déposer vingt-quatre heures. Les matières coagulées se précipitent au fond du tonneau, en entraînant toutes les matières en suspension, et la bière devient limpide.

On emploie souvent, au lieu d'ichthyocolle, des peaux de raies ou de soles qu'on prépare de la même manière. On les fait gonfler dans l'eau, on tamise et on ajoute un peu d'acide tartrique. Mais le mode d'action de ces substances est différent : l'ichthyocolle clarifie en précipitant les matières coagulées au fond du tonneau. Au contraire, les peaux agissent en sens inverse et amènent à la partie supérieure du fût le magma gélatineux qui est rejeté au dehors par le dégagement d'acide carbonique. On doit donc utiliser les peaux pour la clarification des bières jeunes encore en fermentation. On introduit la colle et on bonde le fût. Au bout d'un certain temps, on enlève la bonde, et le tonneau évacue alors tout le coagulum remonté à la surface.

La clarification par la colle de poisson a le grave défaut d'introduire dans la bière une substance éminemment putrescible qui se dissout partiellement dans le liquide et le rend très altérable. Pour éviter cet inconvénient, on doit employer des doses de colle très faibles, par exemple 5 grammes de colle sèche par hectolitre, afin de ne pas laisser dans la bière un excès de colle en solution.

Filtration de la bière. — La filtration est la méthode la plus parfaite pour la clarification de la bière. Elle est surtout employée en fermentation basse; cependant,

un certain nombre de brasseries de fermentation haute
l'utilisent aujourd'hui.

Un bon filtre à bière doit pouvoir être nettoyé très facilement, fournir des bières d'une limpidité parfaite, et
être tout à fait étanche pour éviter la moindre déperdition d'acide carbonique. Il existe divers filtres qui rem-

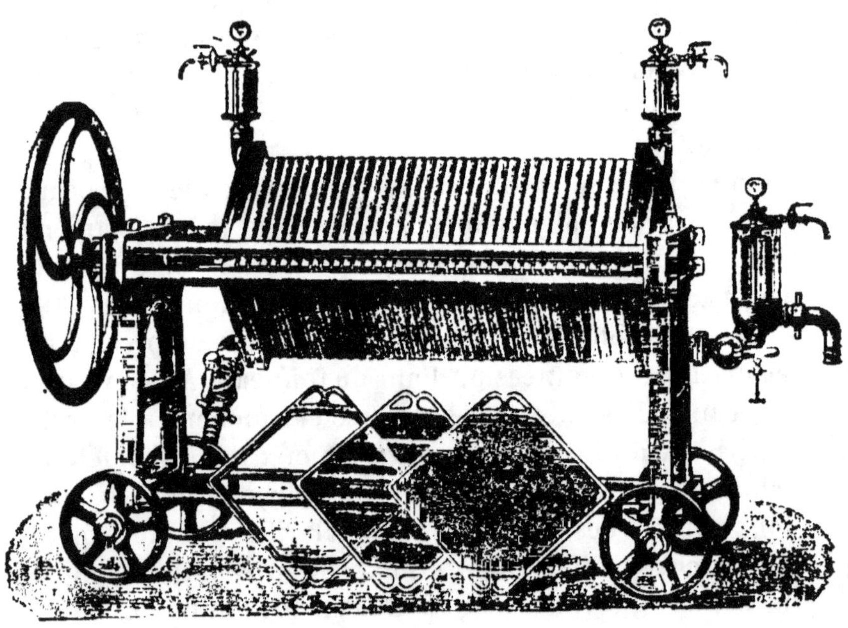

Fig. 31. — Filtre Enzinger.

plissent bien ces conditions, notamment les filtres Enzinger, Stockheim, Laurent Mœglin, etc.

La figure 31 représente le filtre à plateaux Enzinger :
la masse filtrante, constituée par de la cellulose, est
comprimée dans les divers cadres de l'appareil au moyen
d'une presse. Cette opération se fait à part ; l'eau qui
imbibe la masse filtrante s'écoule, et cette masse se fixe
d'une façon compacte dans le cadre avec les bords duquel elle est entièrement liée. On transporte ainsi les
cadres très aisément. Les divers éléments sont intro-

duits sur le bâti, entre les grilles d'arrivée et de sortie du liquide, et sont serrés ensemble au moyen de la vis. L'appareil étant ainsi monté, on fait arriver la bière sous pression. Celle-ci traverse les couches de masse filtrante et sort claire et brillante à l'autre extrémité.

Certains appareils sont doubles et permettent de filtrer deux fois les bières qui présentent des troubles difficiles, ou filtrer avec le même appareil deux bières en même temps. On peut aussi filtrer avec un des compartiments pendant qu'on nettoie et remonte l'autre.

La figure 32 représente le filtre à plateaux Excelsior, système Stockheim, modèle 1902. Les plateaux de cet appareil sont en bronze. On charge séparément les plateaux de masse filtrante au moyen d'une presse spéciale munie d'un cylindre à glissière hélicoïdale, qui permet de faire monter et descendre rapidement le plateau de la presse.

Les plateaux de filtration sont établis soit à deux couches filtrantes, soit à une couche filtrante. A l'intérieur se trouvent de forts tamis métalliques en fil de laiton étamé.

L'appareil de filtration oscille autour d'un axe horizontal. On place la pile de plateaux verticalement quand on veut démonter et remonter l'appareil. L'opération terminée, on fait basculer la colonne, et la série de plateaux se trouve horizontale.

La bière à filtrer entre dans l'appareil dans les chambres de filtration de chaque plateau, chasse devant elle toute l'eau contenue dans la masse filtrante, sans qu'il y ait, pour ainsi dire, aucun mélange de bière et d'eau. La filtration terminée, on peut laver l'appareil tout monté en y envoyant de l'eau chaude, qui déplace la bière qui reste dans l'appareil.

La filtration ne peut s'effectuer que sous une pression d'environ 0,5 à 1 atmosphère. On l'obtient ordinairement au moyen de l'air comprimé, qu'on envoie dans le foudre jusqu'à ce que cette pression soit atteinte. L'emploi de l'acide carbonique liquide est plus onéreux et présente plus de dangers.

Les avantages de la filtration pour clarifier les bières

Fig. 32. — Filtre à plateaux Excelsior (système Stockheim, de Mannheim).

sont multiples. D'abord on est certain d'obtenir ainsi des produits limpides. En outre, on ne s'expose pas, comme avec le collage ou les copeaux, à des infections de bactéries nuisibles. Il suffit, en effet, de tenir le filtre soigneusement propre pour éviter tout accident de ce genre.

Le nettoyage des filtres s'effectue aisément en faisant circuler à l'intérieur de l'eau en sens inverse de la bière, ou bien en enlevant la masse filtrante et en la lavant à plusieurs reprises avec de l'eau bouillante ou avec de la vapeur sous pression dans un autoclave. La stérilisation de la masse filtrante est le meilleur moyen de nettoyage. En effet, l'eau qu'on fait circuler dans le filtre pour le laver contient fréquemment des bactéries nuisibles qui peuvent ultérieurement infecter la bière. On doit, en outre, éviter avec soin de laisser séjourner pendant longtemps de la bière dans le filtre, où elle peut se corrompre et altérer ensuite la bière qu'on soumet à la filtration.

2° Conservation de l'acide carbonique.

Le mode d'accumulation de gaz carbonique dans les bières est variable avec la méthode de travail adoptée.

Pour les bières de fermentation haute en tonneaux, on bonde les fûts quelque temps avant la livraison. On ne doit pas bonder trop tôt, car la levure en activité trouble la bière et la rend amère, et l'acide carbonique dégagé en trop grande abondance rend la bière trop mousseuse et difficile à soutirer.

Les bières fermentées en cuve et destinées à la consommation courante sont bondées dans le foudre huit à quinze jours avant la livraison.

Les bières de fermentation basse conservées pendant longtemps en cave de garde à une température très froide se saturent suffisamment d'acide carbonique pour qu'il ne soit pas nécessaire de bonder les foudres avant la livraison au consommateur. La mousse est alors plus fine et plus compacte.

On utilise fréquemment, pour rendre la bière mousseuse, l'addition de kräusen à la bière faite. On introduit ainsi dans cette bière de la levure active qui provoque une nouvelle fermentation complémentaire et un dégagement d'acide carbonique. On emploie environ 4 à 6 litres de kräusen par hectolitre de bière faite. On combine souvent cette addition de kräusen avec le traitement sur copeaux et on obtient ainsi des bières gazeuses et brillantes.

Tirage de la bière. — Le tirage de la bière contenue dans les foudres de garde pour l'introduire dans les fûts d'expédition ou dans les bouteilles exige des précautions spéciales pour éviter la déperdition du gaz carbonique.

On utilise pour cela les appareils isobarométriques qui permettent de soutirer la bière sous pression en lui conservant ainsi tout son gaz. Il suffit, pour cela, de maintenir dans le fût ou dans la bouteille à remplir une pression très légèrement inférieure à celle de la bière dans le foudre.

L'appareil Enzinger se compose d'un vase cylindrique en verre épais, terminé en haut et en bas par deux calottes de cuivre. La calotte inférieure porte deux tubes, l'un qui amène la bière et l'autre qui la conduit au robinet de débit. Dans la calotte supérieure se trouve un orifice ouvert, mais qui peut être fermé par la tige d'un flotteur contenu dans le vase en verre, quand la bière y atteint un niveau déterminé. Cette calotte supérieure porte en outre un tube qui conduit également au robinet de débit. Ce robinet est à trois voies. Dans un sens, il permet de mettre le fût en communication, par le tube qui aboutit à la calotte supérieure, avec l'air et l'acide carbonique contenus dans le haut du vase de verre. Dans l'autre sens, il fait communiquer la partie supérieure du vase qui contient le gaz comprimé avec le fût et avec la partie inférieure du vase qui contient la bière sous pression.

Pour remplir un fût, on adapte le robinet à trois voies

sur la bonde même, puis on fait arriver la bière sous pression dans le vase cylindrique en verre. Le niveau du liquide atteint bientôt le flotteur, qui obstrue alors l'orifice de la calotte supérieure du vase. L'air resté à la partie supérieure se comprime jusqu'à ce que l'équilibre de pression soit établi avec le foudre. On met alors le robinet à trois voies en communication avec cet air comprimé contenu dans le vase. Une nouvelle quantité de bière pénètre dans l'appareil jusqu'à ce que la pression de l'air dans le fût soit égale à celle de la bière dans le foudre. On tourne alors le robinet de manière à mettre en communication le fût, la bière contenue dans la partie inférieure du cylindre et le gaz comprimé à la partie supérieure. La bière coule alors dans le fût sous pression, tandis que le gaz reflue vers le vase de verre et s'échappe par l'orifice supérieur, mais en maintenant constante la pression dans l'appareil. La mise en fûts s'effectue ainsi sans déperdition sensible de gaz carbonique.

Pour mettre la bière en bouteilles, on emploie des appareils analogues, basés sur le même principe et permettant de remplir à la fois six, huit ou dix bouteilles. On met d'abord dans la bouteille la pression d'air et de gaz carbonique, puis on fait couler la bière sous pression, tandis que le gaz s'échappe par la calotte supérieure, la pression restant constante. Quand la bouteille est pleine, la bière reflue dans un vase muni d'un flotteur qui obture la sortie de l'air. L'équilibre de pression s'établit et l'écoulement de la bière s'arrête.

3° Conservation de la bière.

Pour éviter les altérations de la bière, on doit d'abord prendre des précautions de propreté rigoureuse dans le nettoyage des fûts et des bouteilles.

Les fûts d'expédition doivent toujours être goudronnés

à l'intérieur. Quand ils reviennent vides à la brasserie, ils doivent être nettoyés avec le plus grand soin. On commence par les passer à la vapeur et à l'eau chaude, puis on enlève l'ancien goudron par l'injection d'air chaud. Le goudron fond et s'écoule par la bonde ouverte. On place alors dans le fût du goudron nouveau préalablement fondu, on bonde, on roule le tonneau soit à la main, soit au moyen de rouleurs mécaniques, pour bien répartir le goudron. Le fût est alors prêt à servir de nouveau.

Chez le consommateur ou chez le débitant, la bière doit être placée dans une cave froide. C'est là une condition très importante pour sa bonne conservation.

Dans la fabrication des bières en bouteilles, il faut également apporter la plus grande attention au nettoyage parfait des bouteilles. Celles-ci doivent être soigneusement brossées à l'intérieur, lavées et rincées avec de l'eau très pure. Il est essentiel que l'eau de lavage ne contienne pas de bactéries susceptibles de se développer dans la bière, car il resterait toujours quelques-unes de ces bactéries avec l'eau qui adhère au verre après le rinçage, et la bière se conserverait mal.

Pasteurisation de la bière. — Pasteur a montré que la plupart des altérations que subit la bière proviennent du développement de ferments de maladie, et qu'en la chauffant à une température de 60° on détruit tous ces ferments et on lui assure une conservation parfaite.

Ce chauffage de la bière, qui porte le nom de *pasteurisation*, est surtout appliqué pour la bière en bouteilles. Les bouteilles soigneusement bouchées sont placées dans un bain-marie qu'on chauffe progressivement au moyen d'un serpentin de vapeur, à la température de 65°. On maintient les bouteilles pendant quelques minutes à cette température, puis on laisse refroidir.

Cette opération est délicate. D'abord, le bris des bou-

teilles la rend assez onéreuse. En outre, il faut avoir soin
de maintenir soigneusement la température de 65°, car,
si on la dépasse, il se produit souvent des troubles dus à
la coagulation de matières azotées, et la bière prend un
aspect louche qui déplaît au consommateur. Par contre,
si on n'atteint pas cette température, beaucoup de ferments de maladie résistent. Enfin, le parfum de la bière
est légèrement altéré. Le goût de cuit se manifeste peu
lorsque la pasteurisation est bien faite, mais, quand on
chauffe un peu trop fort ou trop longtemps, la bière
prend un goût caractéristique qui lui enlève beaucoup de
sa finesse.

On a essayé d'appliquer cette opération de la pasteurisation à la bière en fûts. Dans ce cas, il est nécessaire de
soutirer la bière sous pression, de la chauffer également
sous pression et de l'introduire enfin dans un nouveau
fût, toujours à la même pression, afin d'éviter tout dégagement d'acide carbonique. Cette opération n'a pas été
réalisée jusqu'ici d'une façon parfaite, car le bénéfice de
la pasteurisation paraît un peu illusoire si on introduit
la bière pasteurisée dans un fût qui contient lui-même
des bactéries. En outre, les mêmes difficultés signalées
pour la pasteurisation de la bière en bouteilles se présentent ici, notamment la coagulation de certaines
matières azotées et la diminution de la finesse de la
bière.

CHAPITRE VII

RÉSIDUS DE LA BRASSERIE.

La brasserie fournit comme résidus les *touraillons* et
les *drèches*.

Touraillons. — Les touraillons sont les radicelles de
l'orge dégermée après le maltage. La richesse de ces radi-

celles en matière azotée est considérable : elle atteint de 25 à 30 p. 100 du poids des touraillons, comme l'indiquent les analyses suivantes, dues à MM. Lindet et Herbet :

MATIÈRES DOSÉES.	ORGE CHEVALIER.	ORGE DE HONGRIE.	ESCOURGEON.	ORGE D'ALGÉRIE.
Touraillons secs pour 100 du malt................	2,0	2,8	1,8	2,1
Matières azotées pour 100 du touraillon	29,31	33,59	25,67	30,12
Matières minérales pour 100 du touraillon	6,80	6,22	7,77	6,32

On voit que la proportion de touraillons fournie par un poids donné de malt est d'environ 2 p. 100 ; elle varie d'ailleurs évidemment avec le mode de travail adopté au germoir.

Ces touraillons se vendent facilement de 7 à 10 francs les 100 kilogrammes. Ils sont achetés surtout par l'Allemagne, qui les utilise pour l'alimentation des bestiaux en les incorporant à des tourteaux ou à des drèches. En France, on les emploie peu et la plus grande partie de notre production est achetée par les éleveurs allemands.

Drèches. — Les drèches sont constituées par les parties insolubles du malt, qui sont restées dans la cuve à filtrer ou sur le faux fond de la cuve-matière. Elles sont constituées principalement de matières hydrocarbonées (sucres et cellulose), de matières azotées et de matières minérales, et elles constituent pour le bétail un aliment de premier ordre.

100 kilogrammes de malt fournissent environ 25 à 30 kilogrammes de drèches sèches, soit 125 à 150 kilogrammes de drèches humides à 80 p. 100 d'eau. Leur composition

varie avec la nature du malt, le mode de brassage et le point auquel est poussé l'épuisement. Les drèches fortement lavées sont naturellement plus pauvres en matières sucrées, mais elles sont notablement plus riches en matières azotées.

D'après MM. Lindet et Herbet, la composition moyenne de la drèche de brasserie est la suivante :

MATIÈRES DOSÉES.	ORGE CHEVALIER.	ORGE DE HONGRIE.	ESCOURGEON.	ORGE D'ALGÉRIE.
Drèche sèche pour 100 du malt..................	28,5	23,5	30,2	29,2
Matières azotées pour 100 du malt..............	5,17	5,14	5,09	5,07
Matières azotées pour 100 de la drèche...........	18,1	21,8	16,8	17,3
Matières minérales pour 100 du malt..............	1,45	1,09	1,74	1,31
Matières minérales pour 100 de la drèche.....	5,0	4,6	5,7	4,4

On voit que la richesse en matières azotées est élevée, puisqu'elle atteint 17 à 22 p. 100 du poids de la drèche sèche.

Les drèches servent surtout à l'alimentation des vaches laitières. On ne doit pas les employer seules, à cause de leur teneur élevée en eau, mais les mélanger avec une certaine proportion de fourrage sec, par exemple de paille d'avoine ou de foin.

Le grave inconvénient des drèches est leur grande altérabilité. Elles contiennent, en effet, un grand nombre de substances qui sont d'excellents aliments pour les microbes, et elles subissent, par suite, rapidement la fermentation lactique et butyrique. On doit donc les employer fraîches.

Les drèches sont rendues altérables par la grande quantité d'eau qu'elles contiennent. Aussi a-t-on songé à les déshydrater et à les transformer en une matière sèche qui se conserve alors parfaitement. Plusieurs constructeurs ont réalisé des appareils qui permettent la dessiccation économique de la drèche, notamment M. Donard, à Rouen. Nous reviendrons longuement sur cette question de l'utilisation des drèches, si importante pour l'agriculteur, et sur les appareils à dessiccation, quand nous étudierons les drèches de distillerie.

CHAPITRE VIII

ACCIDENTS DE FABRICATION ET MALADIES DE LA BIÈRE.

La fabrication de la bière peut donner lieu à d'assez nombreux accidents, qui sont principalement le trouble d'empois, le trouble de résine, le trouble de glutine et les altérations causées par les microbes.

Trouble d'empois. — Cet accident se produit lorsque la saccharification de l'amidon a été incomplète, de sorte qu'il reste dans la bière une certaine proportion d'empois. Le liquide demeure louche et inclarifiable.

On reconnaît facilement cet accident en traitant le moût ou la bière par trois ou quatre fois son volume d'alcool à 95°. Il se forme un précipité blanchâtre composé surtout de matières albuminoïdes, qui englobent l'amidon et l'entraînent en se déposant. Lorsque le dépôt s'est effectué, on décante le liquide, et on traite ce précipité par quelques gouttes de la liqueur d'iode. S'il s'agit d'un trouble d'empois, on observe instantanément une coloration bleue due à l'action de l'iode sur l'amidon.

On peut également chauffer le liquide suspect à l'ébullition pendant quelques minutes, avec 1 ou 2 p. 100 d'acide chlorhydrique. On voit alors le trouble disparaître par suite de la saccharification de l'empois par l'acide. Cette méthode est inférieure à la précédente.

Le trouble d'empois provient toujours d'une mauvaise saccharification. Cette mauvaise saccharification peut venir de la qualité inférieure du malt, dont le pouvoir diastasique est insuffisant. Elle peut venir aussi de fautes commises dans les températures de saccharification. Si, par exemple, on dépasse pendant le brassage la température à laquelle la diastase est tuée, l'amidon ne se transforme plus et il reste dans le moût en donnant un trouble d'empois. Il en est de même si on affaiblit trop la diastase en la faisant agir à des températures élevées. Dans ce cas, la diastase affaiblie peut ne plus avoir la force nécessaire pour conduire la saccharification à son terme, et il reste alors, dans le liquide, de l'amidon non saccharifié. Les deux causes du trouble d'empois se combinent souvent : saccharification à trop haute température d'un malt médiocre, pauvre en diastase.

Le meilleur moyen d'éviter le trouble d'empois est d'opérer la saccharification avec un bon malt, en observant avec soin les conditions théoriques de la transformation de l'amidon. Cet accident devient alors exceptionnel. Quand il se produit, le meilleur remède consiste à additionner la bière d'une certaine quantité d'infusion filtrée de malt faite à froid, afin d'apporter dans le liquide la diastase nécessaire pour la saccharification de l'empois qui trouble la bière. Bien que l'action de la diastase soit plus lente à cette température, elle s'effectue pourtant, grâce à la disparition du maltose sous l'influence de la levure : l'amidon se saccharifie peu à peu et le trouble disparaît. La proportion de malt à employer est d'environ 100 grammes par hectolitre de bière à traiter.

Ce remède a l'inconvénient d'amener dans la bière un

liquide fréquemment chargé de germes, notamment de ferments lactiques, et de compromettre ainsi la conservation ultérieure. Les bières ainsi traitées doivent donc être débitées le plus tôt possible.

Trouble de résine. — Cet accident provient d'une précipitation, dans le liquide, des résines du houblon, sous forme de grappes jaunes très fines qui rendent la bière louche. Il provient d'une oxydation insuffisante du moût sur les bacs, qui n'a pas permis aux résines de se précipiter suffisamment. Le collage et la filtration le font en général assez facilement disparaître.

Trouble de glutine. — Ce trouble est fréquent et provient de la précipitation de globules de matières azotées dans la bière. On doit en rechercher les causes soit dans la nature de l'orge utilisée pour la production du malt, soit dans le procédé de maltage. Les orges très riches en azote fournissent des malts qui sont eux-mêmes très azotés, et le trouble de glutine est fréquent avec les malts de cette nature. En outre, suivant la durée du maltage, le germe consomme plus ou moins de matières azotées. Il arrive fréquemment que l'union de ces deux causes, c'est-à-dire richesse de l'orge en azote et fortes proportions de matières azotées coagulables qui restent après le maltage, occasionne dans la bière des troubles de glutine.

Ces troubles sont difficiles à faire disparaître. La filtration permet souvent de les conjurer, mais il n'est pas rare de voir les bières filtrées à clair se troubler encore au bout de quelque temps par une nouvelle précipitation de glutine. Le trouble de glutine apparaît surtout à basse température. On doit donc avoir soin de refroidir la bière le plus possible avant la filtration, qui peut ainsi donner de meilleurs résultats. Comme moyen préventif, il faut éviter le plus possible l'emploi des orges trop riches en azote.

Altérations causées par les ferments. — Les mi-

crobes occasionnent souvent de graves accidents en se
développant dans la bière. Il n'y a pas que les ferments
nuisibles qui puissent amener des troubles ou des altérations : la levure de culture peut elle-même, dans certaines conditions, causer des accidents.

Les altérations les plus fréquentes sont : les troubles
de levures de culture, le développement de levures sauvages, l'acétification, la fermentation lactique, la fermentation putride, la graisse, etc.

Accidents dus aux levures de culture. — Il arrive parfois
que, pendant la fermentation complémentaire, la bière
ne se clarifie pas. Si on l'examine au microscope, on
constate la présence d'un grand nombre de cellules de
levure ; en même temps, la fermentation est très paresseuse, et la levure paraît affaiblie. Ce phénomène tient à
la nature du moût ou à l'état d'affaiblissement du levain.
Il se manifeste dans les moûts très riches en dextrines,
dans lesquels la fermentation ne peut plus progresser
quand le maltose a disparu. Il peut se produire aussi
quand le levain est affaibli, soit par la composition anormale du moût, soit par l'emploi de certains grains crus,
comme le riz. Le meilleur remède consiste à placer la
bière en foudres à copeaux qui l'éclaircissent généralement bien, ou à la clarifier par filtration. Mais le trouble
peut réapparaître, et il est préférable d'employer des
moyens préventifs. Il faut changer le mode de brassage,
si le moût est trop riche en dextrines, ou renouveler le
levain, s'il est affaibli.

Dans la bière en bouteilles, il arrive fréquemment que
la levure se développe de nouveau après la mise en bouteilles, en troublant le liquide et en lui donnant un aspect
peu engageant. Il y a plusieurs moyens d'éviter ce
désagréable accident. D'abord, la pasteurisation permet
de le supprimer à coup sûr, à condition que le chauffage
soit porté jusqu'à 65°, certaines levures n'étant détruites
qu'à cette température. On peut également éviter ce

développement de la levure de culture, en atténuant très fortement, de manière à ne laisser à la levure que très peu de matières fermentescibles, et en évitant soigneusement le contact de l'air au moment du remplissage des bouteilles, afin de ne pas donner à la levure un retour d'activité par l'aération.

Accidents dus aux levures sauvages. — Il existe un assez grand nombre de levures qui produisent, en se développant dans la bière, des troubles ou des viciations de goût. On les désigne sous le nom de *levures sauvages*. Hansen a signalé le premier quelques-unes de ces levures qui rendent la bière trouble ou amère. Par exemple, le *Saccharomyces Pastorianus I* donne à la bière un goût amer désagréable, le *Saccharomyces Pastorianus III* occasionne des troubles. Hansen et Will ont montré que leur développement était favorisé par l'addition de 4 p. 100 d'acide tartrique à un moût de saccharose à 10 p. 100. On a ainsi une bonne méthode pour les distinguer. Elles se rencontrent principalement dans l'air et viennent tomber dans le moût sur les bacs ou sur les réfrigérants.

Dans la plupart des cas, elles sont étouffées par les levures de culture tant que la fermentation est active. Cependant, il arrive parfois qu'elles se multiplient lentement avec la bonne levure, en souillant peu à peu le levain et en modifiant les qualités de la bière. On reconnaît aisément leur présence en soumettant la levure à la sporulation par la méthode indiquée plus haut. Quand la proportion des levures sauvages dépasse un vingt-deuxième, on doit renouveler le levain.

Si l'infection par les levures sauvages est rapide et fréquente, il est nécessaire de procéder au nettoyage soigneux des tuyauteries, des cuves et des foudres, qui sont alors généralement infectés par ces levures.

Acétification de la bière. — Le ferment acétique se développe très fréquemment dans les bières de fermentation haute, fabriquées en tonneaux, surtout quand on

les conserve pendant quelque temps. La bière devient
alors acide et possède un goût de vinaigre faible. Ce goût
est apprécié de certains consommateurs ; c'est ce qui
explique que beaucoup de brasseurs ne prennent pas,
contre le ferment acétique, les mesures énergiques qui
empêcheraient totalement son développement. Ces
mesures consistent en soins minutieux de propreté ; on
doit veiller au parfait état des caves, des fûts, des con-
duites et des levains.

On peut faire les mêmes remarques au sujet du ferment lactique qui se multiplie très souvent dans ces
bières. La température élevée des caves favorise beaucoup le développement de ces organismes acidificateurs,
et c'est surtout pendant la période d'été qu'ils occasionnent des accidents dans les brasseries.

Fermentations anormales. — Il arrive parfois que la
bière se putréfie en prenant une odeur fétide qui la rend
inutilisable. Cette décomposition est due à des microbes
de putréfaction et ne se manifeste que dans les brasseries
très mal tenues. Ces ferments se développent dans les
douves des tonneaux mal nettoyés, dans les cuves, ou
sont amenés par le contact avec des ustensiles malpropres.
Un semblable accident exige une stérilisation complète
de toutes les pièces, appareils et tuyauteries de l'usine,
et une très grande propreté dans les opérations après ce
nettoyage rigoureux.

Un certain nombre de bacilles ont également la propriété de rendre les bières filantes. Cet état visqueux se
manifeste surtout dans les bières belges de fermentation
spontanée, notamment dans le faro et le lambic bruxel-
lois. M. Van Laer a signalé un bacille, le *Bacillus viscosus
bruxellensis*, qui rend la bière extrêmement visqueuse.
Cette altération a parfois pour résultat de donner à la
bière un aspect particulier, qu'on appelle la *double face*.
Cette bière, claire et brillante par transparence, paraît
trouble et laiteuse quand on l'examine par réflexion.

Cependant, cette apparence de double face ne se manifeste pas toujours dans les bières envahies par le bacille, et il arrive fréquemment de voir disparaître le filage au bout d'un certain temps, dans ces bières qui restent claires. D'après M. Van Laer, la double face provient de l'infection prématurée de la bière par le *Bacillus viscosus*.

CHAPITRE IX

ANALYSE DES MALTS, DES MOUTS ET DES BIÈRES. COMPOSITION DES BIÈRES.

L'analyse d'un malt comprend généralement les déterminations suivantes : l'humidité, l'extrait, le maltose, le rapport du non-maltose au maltose et la durée de saccharification.

Dans les moûts il importe de doser : la densité, l'extrait, le maltose et les dextrines.

Enfin, dans la bière, il est utile de déterminer la densité, l'alcool, l'extrait, le maltose, les dextrines et, parfois, l'acidité.

Analyse des malts.

L'analyse du malt présente un très grand intérêt, car sa qualité dépend de sa composition, de l'extrait qu'il fournit, de la vitesse avec laquelle il se saccharifie; et le brasseur peut avoir, par l'analyse, des renseignements très importants sur la valeur pratique du malt qu'il achète. Le Congrès international de chimie appliquée de Vienne, en 1898, a adopté, pour l'analyse des malts, les méthodes conventionnelles que nous allons exposer.

Humidité. — Le malt doit être aussi peu humide que possible, car il s'achète au poids et on paie, par suite, l'eau qu'il contient au prix du malt. Pour déterminer l'humidité, on pèse 5 grammes de malt, on les broie et on les chauffe dans une étuve bien ventilée, sans dépasser la température de 80° pendant les premières heures, puis en montant jusqu'à 105° et en maintenant cette température sans aller au delà. La perte de poids donne l'humidité.

Extrait. — Pour déterminer l'extrait, c'est-à-dire la quantité de matières contenues dans 100 grammes de malt qui se dissolvent à la température de 70°, on procède de la façon suivante :

On brasse dans un gobelet 50 grammes de malt finement moulu, avec 200 centimètres cubes d'eau distillée à 45° pendant trente minutes, puis on monte au bain-marie en vingt-cinq minutes à 70° C., de telle sorte que la température s'élève régulièrement de 1 degré par minute, et on agite pendant tout ce temps. On maintient cette température de 70° jusqu'à saccharification complète, pendant au moins une heure. On se rend compte de la marche de la saccharification en faisant de fréquents essais à la touche, à l'aide d'une solution faible d'iode dans l'iodure de potassium ($2^{gr},5$ d'iode, 5 grammes d'iodure de potassium, 1 litre d'eau).

Quand la coloration bleue a disparu, on ajoute 200 centimètres cubes d'eau froide, on refroidit rapidement à 15°, on amène le poids du petit brassin à 450 grammes, on mélange et on filtre. Le moût ainsi obtenu sert à déterminer l'extrait et le maltose.

Pour avoir l'extrait, on détermine la densité du moût à 15° C. par la méthode du flacon et on se sert de tables spéciales, dressées par Windisch, qui donnent directement l'extrait du malt correspondant à la densité du liquide. On obtient ainsi le rendement du malt, c'est-à-dire l'extrait que peuvent fournir 100 grammes de ce malt.

Le défaut de cette méthode réside dans les différences de rendement qu'on obtient suivant le degré de mouture du malt. Un certain nombre de laboratoires ont renoncé aujourd'hui à la mouture fine, qui conduit à des inégalités dans les résultats, pour adopter la mouture grossière, qui se rapproche mieux des résultats de la pratique.

Dosage du maltose. — Le dosage du maltose se fait dans le liquide obtenu au moyen du brassin d'essai. On emploie la méthode pondérale. 30 centimètres cubes de moût sont étendus à 200 centimètres cubes, et on ajoute 25 centimètres cubes de ce liquide dilué dans 50 centimètres cubes de liqueur de Fehling à l'ébullition. On fait bouillir quatre minutes, pour que la réduction soit complète ; on filtre l'oxydule de cuivre sur amiante dans un tube taré, on lave à l'eau chaude, puis à l'alcool et à l'éther, et on réduit finalement l'oxydule de cuivre à l'état de cuivre métallique, en le chauffant au rouge sombre dans le tube même, dans un courant d'hydrogène. On se sert alors de tables spéciales, dressées par Wein, qui donnent la quantité de maltose correspondant au poids de cuivre obtenu.

Le rapport du non-maltose au maltose se calcule d'après la teneur en extrait, en supposant le maltose égal à 1.

Durée de saccharification. — La durée de saccharification part du moment où le brassin d'essai a atteint la température de 70° C. et prend fin quand la saccharification est complète. Un bon malt demande quinze à vingt minutes de durée de saccharification ; un malt moyen demande vingt à vingt-cinq minutes, un mauvais malt vingt-cinq à trente-cinq minutes.

Analyse des moûts.

Les méthodes employées pour l'analyse des moûts sont les mêmes que celles que nous venons d'indiquer pour les malts. La *densité* se détermine soit à l'aide d'un densimètre sensible, soit, ce qui est préférable, par la méthode du flacon.

L'*extrait* se dose ordinairement d'une façon approximative, au moyen du *saccharomètre Balling*. C'est un instrument en verre lesté de manière à flotter verticalement dans les liquides. Quand on le plonge dans une solution de sucre pur, la graduation de sa tige supérieure indique, au point où il s'enfonce, la teneur en sucre dans 100 parties en poids du liquide.

La détermination doit avoir lieu à la température de 17°,5, à laquelle est gradué l'instrument. Si l'appareil s'enfonce dans une solution de sucre pur à la division 15, cela signifie que cette solution contient 15 grammes de sucre pour 100 grammes.

Avec les moûts, cet appareil ne donne évidemment que des résultats approchés. En effet, les moûts contiennent, avec le sucre, un certain nombre de substances étrangères dissoutes, qui n'influent pas de la même manière que le sucre sur la densité du moût et, par suite, sur le degré que marque le saccharomètre. Cependant, le chiffre fourni est suffisamment approximatif dans la pratique, et si l'appareil, plongé dans un moût à la température de 17°,5, s'arrête au chiffre 12, on en conclut que ce moût contient environ 12 grammes d'extrait pour 100 grammes de liquide.

Le dosage du *maltose* se fait par la méthode indiquée pour l'analyse des malts.

Dosage de la dextrine. — On prend 50 centimètres cubes de moût filtré qu'on étend à 400 centimètres cubes avec de l'eau distillée, et on ajoute 15 centimètres cubes d'acide chlorhydrique à 1,125 de densité (16° Baumé). On place le matras dans un bain-marie et on porte à l'ébullition pendant trois heures, en ayant soin de munir le matras d'un long tube de verre pour éviter la concentration. Les dextrines et le maltose se trouvent ainsi transformés en glucose. On refroidit, on neutralise presque complètement avec de la lessive de soude, et on amène à 500 centimètres cubes. Dans la liqueur ainsi obtenue, on dose le sucre par la méthode pondérale indiquée ci-dessus pour le maltose, en employant 60 centimètres cubes de liqueur cupro-potassique, 60 centimètres cubes d'eau et 25 centimètres cubes de la solution sucrée, et en faisant bouillir deux minutes seulement avec la liqueur de Fehling. On se reporte alors aux tables d'Allihn, qui donnent directement la quantité de glucose correspondant au poids de cuivre obtenu.

On connaît ainsi la quantité totale de glucose formée par inversion aux dépens du maltose et des dextrines. On retranche de ce chiffre la quantité de glucose qui correspond au maltose, qu'on obtient en multipliant le poids de maltose, déterminé au préalable, par le facteur 1,053 (100 parties de maltose donnent, en effet, 105,3 parties de glucose). Il reste alors le chiffre de glucose qui correspond aux dextrines, et on le convertit en dextrines en le multipliant par 0,9 (90 parties de dextrines donnent, en effet, 100 parties de glucose).

Donc, si nous désignons par M la proportion de maltose pour 100 contenue dans le moût, et par G la proportion de glucose total pour 100 obtenu après l'inversion par l'acide chlorhydrique, la proportion D de dextrines pour 100 sera fournie par la formule :

$$D = [G - 1,053\,M]\,0,9.$$

Analyse des bières.

La *densité* de la bière se détermine comme celle des moûts, après l'avoir débarrassée de l'acide carbonique en l'agitant fortement dans un grand ballon.

— Le *maltose* et les *dextrines* se dosent par les méthodes que nous venons d'exposer plus haut.

L'*extrait* peut se déterminer directement sur 10 centimètres cubes de bière qu'on évapore à 100° dans une capsule de platine tarée. Il est plus pratique d'employer la méthode indirecte, qui est moins exacte, mais donne des renseignements suffisamment précis. Cette méthode consiste à prendre la densité de la bière après avoir chassé l'alcool, et à se reporter aux tables qui donnent la richesse en extrait correspondant à la densité.

L'*alcool* se détermine par une des méthodes indiquées à l'analyse des cidres, ordinairement par distillation. Il est bon d'effectuer d'abord une première distillation, puis de neutraliser dans le liquide distillé les acides volatils qui ont passé avec l'alcool, et de procéder alors à une deuxième distillation. On évite ainsi les erreurs dues à l'action des acides volatils sur l'alcoomètre.

Enfin, l'*acidité* se dose sur la bière préalablement débarrassée de son acide carbonique, en se servant d'une solution de potasse titrée. On obtient ainsi l'acidité totale. L'acidité volatile, et notamment l'acide acétique, se détermine comme nous l'avons vu pour les cidres.

Composition des bières.

La composition des bières est évidemment très variable suivant leur nature, leur mode de fermentation, leur qualité, etc.

Le tableau suivant donne la composition d'un certain nombre de bières, analysées par le laboratoire municipal de la ville de Paris.

BIÈRES.	DENSITÉ à 15°.	ALCOOL en volumes pour 100.	GRAMMES PAR LITRE DE BIÈRE.				
			EXTRAIT à 100°.	SUCRE calculé en glucose.	DEX- TRINES.	ACIDITÉ en acide sulfurique.	MATIÈRES albu- minoïdes.
Maxéville près Nancy. { Bière bock.......	1024,2	4,9	82,28	12,50	41,12	1,70	2,69
— brune......	1023,2	4,9	78,68	13,88	42,31	1,70	2,77
— de garde....	1025,2	4,9	82,84	14,70	38,83	1,87	3,45
La Lorraine (Xertigny).........	1021,1	5,1	69,34	15,35	29,96	1,84	1,71
La Comète (Châlons-sur-Marne).	1022,2	5,1	77,68	11,60	36,42	1,44	1,50
Phénix (Marseille)............	1022,4	5,6	68,52	7,04	33,05	1,34	1,55
Péters (Puteaux).............	1020,2	6,4	71,28	9,43	43,23	1,44	2,93
Tourtel (Tantonville).........	1022,1	5,5	68,24	6,25	37,91	1,40	2,17
Ricaud (Beaune)..............	1015,0	4,8	55,72	8,33	25,71	1,00	0,85
Fontaine (Louvroil)............	1015,1	3,8	46,36	8,06	21,85	1,20	1,95
Velten (Marseille).............	1020,1	6,1	61,96	7,14	37,95	1,24	2,17
Cavette-Mairesse (St-Vaast)....	1010,0	3,7	38,12	6,25	17,43	1,22	0,77

HYDROMELS

La question de la transformation du miel en liquides fermentés est une de celles qui ont, depuis quelques années, le plus passionné le monde des apiculteurs. La vente du miel en France étant devenue de plus en plus difficile, on s'est demandé s'il ne serait pas avantageux d'employer une partie du produit à la fabrication d'hydromel. Le problème a une importance capitale pour les pays pauvres, comme certaines parties de la Bretagne, par exemple, où le miel constitue une des principales ressources de la région. La mauvaise vente du miel, surtout dans ces pays, aurait la grave conséquence d'arrêter le développement de l'apiculture ; aussi, est-il nécessaire de chercher, par une utilisation différente du miel, un moyen de sauvegarder les intérêts de ces populations pauvres, et d'assurer en même temps le développement de la science apicole.

On a donc songé à fabriquer de l'hydromel. Malheureusement, les premiers essais furent, dans la plupart des cas, infructueux. On s'est d'abord contenté d'abandonner le miel à la fermentation spontanée, et dans ces conditions la fermentation reste languissante et on obtient d'ordinaire un liquide très sucré, très trouble, acide et d'un goût désagréable. Quelques bons apiculteurs s'occupèrent sérieusement d'améliorer cette fabrication. Certains d'entre eux, comme MM. de Layens, Sevalle, Godon, etc., ont obtenu des résultats très satisfaisants, mais on doit dire que, à côté de ces quelques bons essais, la majorité des apiculteurs ne produit qu'un liquide des plus médiocres.

Pourquoi ces insuccès dans la préparation de l'hydromel ?

D'abord, l'eau miellée est un mauvais milieu pour la levure. Celle-ci, pour se développer et transformer le sucre en alcool, a besoin de matériaux nutritifs qui lui font à peu près défaut dans le miel. D'où une fermentation longue, difficile, et souvent très incomplète.

Voilà la première et la principale raison de la mauvaise fermentation, celle qui cause presque toujours l'insuccès. Mais elle n'est pas la seule : dans le miel, il y a très peu de levure ; l'apiculteur ajoute bien de la levure de pollen, mais, malgré tout, celle-ci, n'étant pas en pleine activité, se développe souvent lentement. Le départ de la fermentation laisse à désirer; celle-ci reste paresseuse, et les mauvais ferments s'emparent alors facilement du moût, car l'eau miellée, milieu neutre, est, comme le moût de bière, très favorable au développement des ferments de maladie, qui redoutent l'acidité. Le mauvais départ de la fermentation due au manque d'activité de la levure, l'invasion de ferments nuisibles, voilà donc d'autres difficultés qui se présentent dans la fabrication de l'hydromel.

Cette industrie de la préparation des produits fermentés du miel doit être considérée comme essentiellement scientifique par elle-même, et au même titre que celle du vin, du cidre ou de la bière. Si, dans la préparation de l'hydromel, on marche au hasard, sans tenir compte d'aucune indication de la science, on ne peut que rester dans l'incertitude et s'exposer à de nombreux insuccès; il faut, au contraire, suivre des règles fixes, basées sur des données scientifiques, pour arriver à de bons résultats. Il est donc, avant tout, nécessaire de bien connaitre

cette fermentation du moût miellé, de savoir quelles sont
les exigences des levures dans ce milieu, de manière à en
déduire des méthodes de fabrication sûres.

Nous allons voir qu'on peut assez aisément y parvenir
en observant quelques précautions très simples.

**Alimentation de la levure dans le moût de
miel** (1). — Si on ensemence diverses levures dans un
moût composé uniquement de miel pur et d'eau, on
remarque, dans la plupart des cas, qu'il ne se produit
qu'un léger dégagement gazeux qui cesse bientôt, et, si
on dose le sucre restant, on retrouve la presque totalité
du sucre primitif. C'est que la levure, manquant de matériaux nutritifs, n'a pu se développer et produire son action.

C'est M. Gastine qui a montré le premier cette pauvreté
du miel en éléments minéraux, et il a proposé d'ajouter
au moût, à raison de 5 grammes par litre, le mélange de
sels suivant :

Phosphate bibasique d'ammoniaque..	100	grammes.
Tartrate neutre d'ammoniaque......	350	—
Bitartrate de potasse...............	600	—
Magnésie..........................	20	—
Sulfate de chaux...................	50	—
Chlorure de sodium................	3	—
Soufre	1	—
Acide tartrique....................	250	—
Total.................	1374	grammes.

Ce mélange a pour but de fournir à la levure les
matières nutritives nécessaires pour assurer des fermentations actives et complètes dans des solutions miellées à
250 grammes de miel par litre.

MM. Kayser et Boullanger ont comparé entre eux
diverses matières nutritives, sous le rapport de leur
action sur la fermentation des moûts de miel. Ils ont
constaté que le mélange Gastine, à raison de 5 grammes

(1) Ces observations relatives à la fermentation des miels sont extraites du
travail de MM. Kayser et Boullanger sur les ferments de l'hydromel (*Bulletin
de la Société des agriculteurs de France*, 1897).

par litre, constituait un excellent milieu nutritif. On peut également employer les substances suivantes :

> Biphosphate de chaux.......... 1 gramme.
> Phosphate d'ammoniaque...... 2 grammes.
> Bitartrate de potasse........... 2   —
> Sulfate de magnésie........... 0^{gr},1

pour 1 litre de solution miellée.

La formule suivante donne également d'excellents résultats :

> Maltopeptone................ 1^{cc},5 par litre.
> Bitartrate de potasse........ 1^{gr},5   —

Elle communique à la fermentation alcoolique une grande activité, et permet de faire fermenter complètement les solutions à 28 ou 30 p. 100 de sucre, c'est-à-dire les liquides contenant 500 grammes de miel par litre d'eau.

Cette question de l'addition de formules nutritives au moût a été très débattue. Certains apiculteurs n'emploient qu'avec répugnance ces sels, qui, disent-ils, dénaturent le produit. Leurs appréhensions peuvent, dans certains cas, être fondées : tout dépend de la nature de la formule et de ses proportions. Mais il est juste de faire remarquer que la présence en petites proportions dans un hydromel de certains sels, comme la crème de tartre, par exemple, ne peut avoir aucun inconvénient. La crème de tartre se trouve à l'état normal dans le vin, et ne peut donner au produit que des qualités de fraîcheur et de conservation. Il serait évidemment bien préférable de trouver dans le miel, comme dans le moût de raisin, toutes les substances nutritives nécessaires à la levure, sous une forme très assimilable, et d'obtenir de la sorte des fermentations rapides et sûres, sans addition de sels minéraux. Malheureusement, il est loin d'en être ainsi. Que, par des soins particuliers, quelques expérimentateurs puissent arriver à de bons résultats, même assez constants, dans le milieu miellé pur, la chose est certaine. Mais il n'en reste pas moins vrai que, tant qu'on cherchera à obtenir des liquides très alcooliques, exigeant une action très énergique de la levure, sans ajouter au moût des matériaux nutritifs, il sera impossible de marcher avec *certitude* dans cette fabrication, et d'éviter les insuccès.

Pour que tout apiculteur, même peu versé dans les phénomènes biologiques des fermentations, puisse escompter avec une certaine tranquillité le bon résultat de sa fabrication, dans tous les cas possibles, il lui sera toujours nécessaire de commencer par s'assurer une fermentation facile, comme celle du vin ou du cidre : c'est à ce prix seulement que la production des hydromels pourra se généraliser et s'effectuer partout aisément, sans donner de mécomptes.

Choix de la levure. — Nous venons de voir comment on doit traiter le moût de miel pour le rendre favorable à la vie de la levure. Il s'agit maintenant d'y introduire une levure active et vigoureuse, bien appropriée à ce milieu, car le miel contient très peu de ferments alcooliques, et il importe de déterminer le plus rapidement possible le départ énergique de la fermentation, afin d'éviter la multiplication des ferments étrangers.

Les levures qui conviennent le mieux sont les levures de vin sélectionnées, provenant de vins très alcooliques et susceptibles de donner, par suite, des liquides à haut degré d'alcool. Les levures de miel proprement dites, isolées d'hydromels entrés en fermentation spontanée et purifiées, peuvent parfois donner de bons résultats; mais il est nécessaire de s'assurer au préalable de leur puissance pour faire fermenter les moûts riches en sucre et produire le titre alcoolique voulu. Les levures de cidre sont à rejeter; elles ne peuvent fournir que des taux d'alcool insuffisants.

Il est très utile de rajeunir au préalable la levure à

employer, en la faisant multiplier à part dans 4 à 5 litres de moût stérilisé par ébullition. On déverse ensuite ce pied de cuve dans le moût de miel. La fermentation se déclare aussitôt, et les mauvais ferments se trouvent étouffés par la prolifération vigoureuse de la levure.

Concentration du moût. — La concentration à employer dépend de l'hydromel qu'on se propose de fabriquer. Si on veut obtenir un hydromel sec, c'est-à-dire titrant 14 à 15° d'alcool et pauvre en sucre restant, il est indispensable d'apporter une attention toute particulière dans la préparation du moût. Il ne faut pas perdre de vue qu'on cherche à produire les liquides les plus alcooliques que les levures puissent créer. Nous allons jusqu'à la limite où l'alcool produit devient un antiseptique pour la levure. Dans ces conditions, comme il suffit de 4 à 5 p. 100 de sucre restant pour transformer le produit sec en un produit liquoreux, il est de toute nécessité d'amener d'abord son moût à un titre saccharométrique tel que le sucre puisse certainement disparaître presque en entier pendant la fermentation par une levure vigoureuse. On préparera donc son moût à l'aide du glucomètre Guyot, qui indique directement la richesse en sucre du moût dans lequel on le plonge, ou de l'aréomètre Baumé, et on arrêtera la concentration de manière que le moût puisse produire, par fermentation, au maximum 15° d'alcool. Cette concentration correspond à 24 ou 25 p. 100 de sucre, soit 13° Baumé. En pratique, il faut environ 500 grammes de miel par litre pour arriver à ce titre, mais il ne faut jamais se contenter de ce point de repère, car la richesse en sucre des miels est assez variable, et on doit toujours contrôler la concentration au glucomètre ou à l'aréomètre.

Pour les hydromels liquoreux, qui doivent contenir, après fermentation, une certaine proportion de sucre restant, il y a moins de précautions à prendre. La concentration convenable est de 26 à 27 p. 100 de sucre, soit 14° à 15° Baumé.

Température de fermentation. — Les températures élevées de fermentation sont en général défavorables aux levures quand elles travaillent dans des moûts de concentration aussi élevée que les moûts de miel. La température optima pour la fermentation des hydromels est de 20° à 25°, et il importe d'autant plus de ne pas dépasser ce chiffre qu'on opère avec des moûts plus concentrés.

La race de levure joue également un rôle important. Certaines levures souffrent peu des températures élevées et marchent presque aussi bien à 32°-35° qu'à 25°; mais beaucoup donnent des fermentations plus paresseuses à haute température, et il est préférable de ne pas dépasser 25°. Cette température est, en outre, beaucoup moins favorable que celles de 30°-35° pour le développement des ferments de maladie.

Filtration des moûts de miel. — Il arrive fréquemment que les hydromels possèdent un goût de cire très désagréable, qui vient masquer les qualités du produit. Le fait ne se produit que quand on opère avec des miels très cireux. Or, le côté pratique et intéressant de la fabrication des hydromels est précisément l'emploi de ces miels d'une valeur secondaire, d'une vente toujours plus difficile.

On peut éviter cet inconvénient d'une façon complète. en filtrant les moûts avant la fermentation, de manière à retenir toutes les particules cireuses en suspension. Cette filtration peut s'effectuer, soit au filtre amiante, soit au moyen de tout autre appareil. Elle est surtout recommandable pour les hydromels qui doivent fermenter longtemps, surtout quand on n'emploie pas de mélange nutritif pour le moût.

Œnomels. — Dans les pays où on possède des vignes et où l'apiculture est en même temps développée, on a cherché à faire une boisson fermentée avec un mélange de moût de miel et de moût de raisins. Le liquide ainsi obtenu a été souvent désigné sous le nom d'*œnomel*. La fermentation en est active, à condition d'employer une proportion de jus de raisin suffisante. Le jus de raisin est, en effet, un excellent milieu pour la levure, et sa présence en quantités suffisantes apporte, dans le moût de miel, les matériaux nutritifs nécessaires à un bon développement du ferment, sous une forme très assimilable. Il n'est donc pas utile d'introduire, dans ce cas, de mélange nutritif.

MM. Kayser et Boullanger ont constaté qu'il suffisait d'une dose de 20 p. 100 de jus de raisin pour assurer, sans aucune autre addition de matières nutritives, la fermentation complète d'un moût de miel à 27 p. 100 de sucre.

Cette fabrication est donc très simple : le moût de raisin apporte la levure en abondance, le milieu est favorable et la fermentation y marche bien. Elle est plus facile que celle de l'hydromel ordinaire, mais les produits obtenus ne valent généralement pas ceux qu'on prépare avec le miel pur.

Résumé des conditions de bonne fermentation des hydromels. — Si nous résumons les conditions nécessaires pour la bonne fabrication des hydromels, nous arrivons donc aux conclusions suivantes :

Préparation des moûts de miel. — Les moûts de miel doivent être préparés de manière à ne jamais marquer plus de 24 à 25 p. 100 de sucre au glucomètre Guyot pour les hydromels secs (degré Baumé correspondant : 13°). Pour les hydromels liquoreux, on amènera le moût à 14° ou 14°,5 Baumé, sans jamais dépasser ce chiffre, soit 26 ou 27 p. 100 de sucre au glucomètre Guyot.

La filtration du moût, après dissolution du miel, sera toujours une opération excellente, surtout si on emploie des levures sélectionnées et si le miel employé est très cireux. Dans ce dernier cas, la filtration sera même nécessaire pour obtenir un produit de bonne qualité.

L'emploi d'une des formules nutritives signalées plus

haut assurera une fermentation rapide et normale, diminuera les chances d'infection par les ferments de maladie, donnera un produit de meilleure conservation et d'excellente qualité, même avec les miels cireux. La fabrication s'effectuera, en outre, sans qu'on ait à craindre les insuccès, si fréquents dans le milieu miellé non nutritif.

Mise en fermentation. — Un pied de cuve est une opération des plus recommandables. On stérilise d'abord par ébullition, dans un récipient muni d'un couvercle, 1 ou 2 litres de moût rendu nutritif; puis on y ensemence la levure qu'on veut employer, soit le ballon de levure sélectionnée, soit un rayon de pollen, soit de la levure de grains. Quand la fermentation est bien déclarée (après deux ou trois jours), on agite et on déverse, au moyen d'un entonnoir très propre, ce liquide en pleine fermentation dans le moût tout préparé.

Si on n'a pas fait usage de formule nutritive, le pied de cuve pourra rendre les plus grands services, en plaçant dans le moût peu favorable une levure très vigoureuse.

L'emploi des levures de vin sélectionnées pourra donner d'excellents résultats et améliorer la qualité des hydromels. En outre, quand la température de fermentation est élevée, les levures de vin se comportent en général beaucoup mieux que les autres levures. La levure de pollen est recommandable, à condition qu'on la multiplie auparavant par pied de cuve.

Fermentation. — Une bonne fermentation tumultueuse d'un hydromel ne doit pas durer plus d'un mois, quand la température est favorable.

L'aération, pratiquée au moment où la fermentation paraît se ralentir, est recommandable si le glucomètre indique encore un taux de sucre restant assez élevé.

La fermentation complémentaire de l'hydromel est longue et délicate et doit se prolonger quelques mois

pour qu'on puisse livrer un produit marchand. S'il s'agit
d'un hydromel sec, la fermentation principale terminée,
le liquide est mis en cave, où la levure termine doucement son action et où la clarification s'opère. Après soutirage on colle, et le liquide est alors généralement très
limpide, si on a suivi la marche indiquée. S'il s'agit d'un
hydromel liquoreux, on pratique le soutirage à la fin de
la fermentation principale, de manière à éliminer la
majeure partie de la levure, et on procède ensuite au
collage.

La clarification est en général d'autant plus facile que
la fermentation a été plus rapide et plus régulière. Il faut
compter environ six mois pour pouvoir livrer un produit
marchand de bonne qualité. Mais il est important de
remarquer que, sur ces six mois, un seul doit être employé à la fermentation tumultueuse ; le glucomètre
Guyot doit, au bout de ce mois, marquer 2 à 3 p. 100 de
sucre restant au maximum pour les hydromels secs,
4 à 6 p. 100 pour les hydromels liquoreux.

La mise en bouteilles ne doit avoir lieu que quand les
liquides sont entièrement clarifiés.

La fermentation de l'hydromel est donc, somme toute,
délicate et exige des précautions spéciales, qu'on ne peut
négliger sans risquer de compromettre le résultat. Il
est cependant facile d'éviter les insuccès et de fabriquer
avec certitude des produits de bonne qualité, puisqu'il
suffit, pour cela, de ne pas laisser marcher sa fabrication
au hasard, mais d'opérer, au contraire, en conformant
sa méthode aux indications de la science expérimentale.

EAUX-DE-VIE DE CIDRES,
DE FRUITS, DE MIELS, RHUMS

CHAPITRE I

EAUX-DE-VIE DE CIDRES.

L'eau-de-vie de cidre s'obtient en séparant l'alcool du cidre par distillation ; en même temps que l'alcool distillent des éthers, des huiles aromatiques qui parfument l'eau-de-vie et lui communiquent son bouquet.

La distillation des cidres se pratique depuis longtemps et s'est surtout développée à partir de 1880. La production, qui était de 2 291 hectolitres en 1881, est montée, en 1901, à 115 220 hectolitres, comme l'indique le tableau suivant, qui résume la production annuelle des eaux-de-vie de cidre dans les dix dernières années :

Années.	Production en hectolitres.	Années.	Production en hectolitres.
1892	13.589	1897	26.579
1893	44.761	1898	9.352
1894	72.135	1899	19.760
1895	45.717	1900	47.043
1896	53.759	1901	115.220

On constate, pour la production des eaux-de-vie de cidres, les mêmes phénomènes que pour la production du cidre lui-même. Cette production est extrèmement variable d'une année à l'autre, pour les raisons que nous avons déjà signalées à propos des cidres. Par exemple, la production, qui n'était que de 9 000 hectolitres environ en 1898, s'est élevée en 1900 à 47 000 hectolitres, et en 1901 à 115 000 hectolitres.

Appareils de distillation des cidres. — Les appareils employés pour la distillation des cidres sont : tantôt des alambics simples, tantôt des alambics munis de rectificateurs, tantôt des alambics continus.

Les alambics simples sont à marche discontinue, et exigent deux opérations pour donner de l'eau-de vie au titre voulu. Aussi les appelle-t-on souvent *alambics à repasse*.

L'alambic simple se compose d'une chaudière, de forme large et basse, ordinairement en cuivre, destinée à contenir le cidre à distiller. Elle est placée sur un massif de maçonnerie, de manière à pouvoir être chauffée à feu nu. Cette chaudière est surmontée d'un large chapiteau qui se continue lui-même par un long tuyau de cuivre recourbé, qui conduit au réfrigérant. Ce réfrigérant est constitué par un long serpentin en cuivre, placé dans un réservoir métallique, traversé par un courant d'eau froide. L'eau froide arrive par la partie inférieure, s'échauffe par les vapeurs alcooliques qui se condensent dans le serpentin, et s'écoule par le trop-plein supérieur.

L'alambic simple à repasse a été pendant longtemps le seul appareil employé pour la distillation des cidres. En effet, il importe de conserver dans l'eau-de-vie les principes aromatiques qui constituent son bouquet, et les premiers essais entrepris avec les alambics à rectification donnant d'un seul jet l'eau-de-vie au titre voulu ne réussirent pas, à cause de l'énergie trop grande des appareils rectificateurs qui enlevaient tous les éthers aromatiques.

Aujourd'hui, on possède des appareils qui permettent

d'obtenir sans repasse, c'est-à-dire en une seule opération et au degré voulu, des eaux-de-vie de cidre parfaites, grâce à l'emploi de rectificateurs particuliers. Les deux appareils les plus employés sous ce rapport sont les

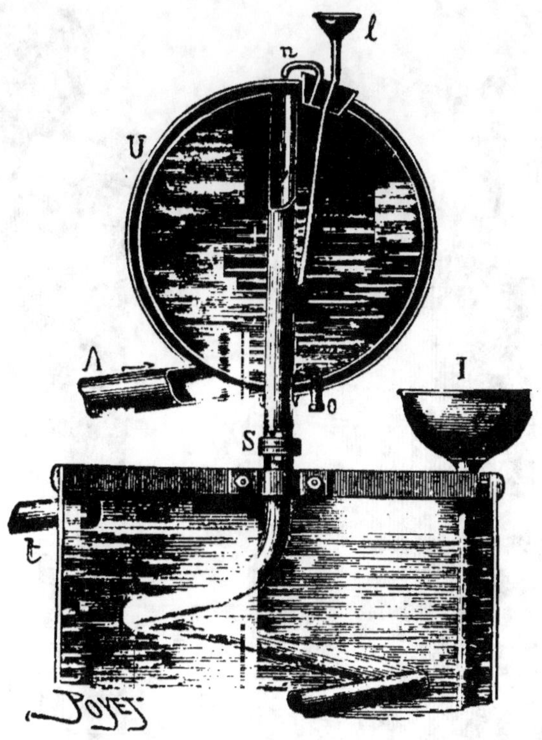

Fig. 33. — Coupe du rectificateur sphérique Egrot.

A, arrivée des vapeurs alcooliques; *l*, arrivée de l'eau pour refroidir la sphère interne; *n*, sortie de l'eau.

alambics Egrot avec boule rectificatrice, et Deroy à déflegmateur.

Le principe du rectificateur Egrot (fig. 33) est très simple : il se compose de deux sphères creuses concentriques; à l'intérieur de la sphère interne arrive un courant d'eau froide qui sort à la partie supérieure en se répandant sur la surface de la sphère extérieure, qui est recouverte d'un tissu à mailles peu serrées. L'espace annulaire compris entre les deux sphères est donc doublement refroidi par la sphère interne et par la surface

Fig. 34. — Alambic Egrot à bascule et à rectificateur sphérique.

A, alambic ; U, boule rectificatrice ; R, réfrigérant ; H, levier de bascule ; B, appareil de chauffage.

de la sphère externe. C'est dans cet espace que circule la vapeur alcoolique venant de la chaudière : il s'y produit une condensation énergique qui ramène dans le cidre les parties les plus aqueuses, tandis que les vapeurs

riches en alcool s'échappent de l'espace annulaire et
vont se condenser dans le serpentin. On règle facilement
la puissance de la rectification en faisant circuler plus
ou moins rapidement l'eau froide. Cet appareil est représenté figure 34.

L'alambic Deroy est basé sur le même principe. La

Fig. 35. — Alambic Deroy à chapiteau rectificateur.

1, chaudière ; 5, chapiteau rectificateur ; 10, robinet d'arrivée de l'eau sur le
chapiteau ; 7, serpentin ; 13, sortie de l'alcool.

chaudière porte à la partie supérieure un chapiteau sur
lequel on peut faire couler à volonté de l'eau froide. Les
vapeurs les plus aqueuses refluent à la chaudière, tandis
que les vapeurs riches et épurées distillent. Le réglage
du degré se fait aisément en ouvrant plus ou moins le

robinet d'eau froide qui coule sur le chapiteau rectifi-cateur. Cet appareil est représenté à la figure 35.

Enfin, depuis quelques années, on emploie des alambics à distillation continue. Les appareils que nous venons de décrire sont en effet à marche intermittente et on doit les vider et les recharger après chaque opération. Dans les appareils continus, l'introduction du cidre à distiller se fait sans interruption, en même temps que la distillation s'opère. Le liquide à distiller sert alors de réfrigérant pour les vapeurs alcooliques qui se condensent dans le serpentin ; il s'échauffe et pénètre dans la chaudière à une température déjà assez élevée. La marche de ces appareils est très simple, mais les eaux-de-vie qu'on obtient avec ces alambics continus paraissent moins parfumées que celles que produisent les alambics à charges intermittentes.

Caractères des cidres à distiller. — Les cidres et poirés destinés à la distillation doivent être complètement fermentés, et surtout exempts d'une trop grande acidité volatile. En effet, l'acide acétique passe en partie à la distillation, et les cidres aigres donnent, par suite, des eaux-de-vie de qualité très inférieure. La neutralisation de l'acide avant distillation n'est qu'un palliatif tout à fait insuffisant. Les lies fraîches et de bonne qualité, ajoutées aux cidres, rendent les eaux-de-vie très parfumées, mais il importe de n'utiliser pour cette opération que des lies en bon état ; les lies aigres ou pourries communiquent évidemment à l'eau-de-vie un goût des plus désagréables.

Pratique de la distillation des cidres. — Nous prendrons d'abord comme exemple la distillation d'un cidre au moyen de l'alambic ordinaire à repasse.

On commence par remplir la chaudière avec le cidre en laissant à la partie supérieure un espace vide suffisant pour que les mousses produites au moment de l'ébullition ne viennent pas s'engager dans le chapiteau et dans le serpentin en se mélangeant à l'alcool.

On doit en outre remplir suffisamment la chaudière pour que la partie de l'appareil qui est en contact avec le feu soit toujours baignée par le liquide. Si on n'observe pas cette précaution, il peut y avoir décomposition sur les bords par suite de la surchauffe, et l'eau-de-vie possède alors un goût de brûlé désagréable. Pour éviter le même inconvénient, on doit avoir soin d'agiter le liquide avant le commencement de l'ébullition, quand la matière contient des lies susceptibles d'adhérer au fond de l'appareil.

On doit distiller lentement et le plus régulièrement possible. Il passe d'abord des liquides très riches en alcool, puis le titre s'abaisse progressivement. Quand l'alcoomètre marque 15°, il est préférable de mettre de côté le liquide recueilli jusque-là, puis de continuer à distiller jusqu'à 4° environ, et de joindre ce liquide faible aux cidres d'une autre opération. Certains fabricants distillent cependant jusqu'à 4°, et font ensuite la repasse sur tout le mélange.

La repasse doit être, comme la distillation, conduite très lentement. Les premiers produits qui passent constituent les *produits de tête*, qui sont principalement composés d'éther acétique et d'aldéhyde. On met de côté ces produits nuisibles, puis on recueille l'eau-de-vie véritable ou *cœurs*. Quand la distillation est sur le point de se terminer, on commence à voir apparaître les *produits de queue*, qui sont dans les cidres principalement formés d'acide acétique et de très faibles quantités d'alcools supérieurs. Ces produits communiqueraient à l'eau-de-vie une odeur désagréable, et il importe de les éliminer. A cet effet, quand l'eau-de-vie qui passe ne titre plus que 50° à l'alcoomètre, on la met à part et on recueille séparément les produits de plus bas titre qu'on ajoute à une autre repasse.

Avec les appareils à rectificateur Egrot ou Deroy, la

repasse n'est plus nécessaire, et on peut obtenir du premier jet des eaux-de-vie titrant de 55° à 70° d'alcool pur. On règle facilement, comme nous l'avons vu, l'intensité de la rectification et le degré du liquide qui distille. Ces appareils sont beaucoup plus rapides, permettent de faire une forte économie de combustible, et fournissent des eaux-de-vie aussi fines que les alambics à repasse.

Conservation des eaux-de-vie de cidre. — L'eau-de-vie de cidre ne peut être consommée qu'un an au moins après sa fabrication ; elle n'acquiert d'ailleurs toute sa finesse qu'après avoir été conservée quatre ou cinq ans. On la place dans de bons fûts en chêne ayant déjà servi à la conservation de l'eau-de-vie de cidre. Dans les fûts en chêne neufs, il se produit une dissolution trop énergique des tannins du bois et l'eau-de-vie prend un goût de fût. Le meilleur moyen d'éviter cet inconvénient consiste à faire servir les tonneaux neufs une ou deux fois pour contenir du cidre ; ils peuvent ensuite parfaitement être utilisés pour l'eau-de-vie.

L'amélioration de l'eau-de-vie de cidre en fûts se produit mieux et plus vite dans les caves un peu chaudes que dans les caves froides. Mais, par contre, le degré alcoolique s'abaisse plus vite quand la température est élevée, car la déperdition est alors plus active.

L'eau-de-vie de cidre se vend généralement à 62° tantôt colorée, tantôt incolore. Pour obtenir l'eau-de-vie incolore, on doit la conserver dans des fûts en bois de frêne. Au contraire, quand l'eau-de-vie n'est pas assez colorée, on la colore parfois artificiellement en y ajoutant un peu de macération de bois de chêne, mais les produits ainsi obtenus ne présentent évidemment pas les qualités des eaux-de-vie vieillies naturellement en fût.

CHAPITRE II

EAUX-DE-VIE DE FRUITS ET DE MIELS.

Les principales eaux-de-vie qu'on fabrique avec les fruits sont : le *kirsch*, qui provient de la distillation des cerises; le *quetsch*, qui est fourni par la distillation des prunes; les eaux-de-vie de *myrtilles*, de *mûres* et de *framboises*.

La production de ces eaux-de-vie de fruits est très variable, comme l'indique le tableau suivant :

Production annuelle des alcools de fruits de 1892 à 1901.

Années.	Production en hectolitres.	Années.	Production en hectolitres.
1892	4.348	1897	6.311
1893	28.222	1898	4.781
1894	29.011	1899	2.893
1895	14.698	1900	33.147
1896	6.051	1901	21.557

On voit que la production annuelle de ces alcools de fruits varie plus que du simple au décuple suivant les diverses années.

Eau-de-vie de cerises ou kirsch. — L'industrie de la fabrication du kirsch est principalement localisée en France dans les départements de l'Est, notamment dans les Vosges et dans la Haute-Saône. Elle est également très florissante dans la partie de la Lorraine annexée et, au delà du Rhin, dans la forêt Noire.

On emploie pour la fabrication du kirsch soit la cerise sauvage ou merise, soit la cerise cultivée, mais cette dernière donne des produits moins fins.

Les cerises doivent être très mûres ; après la cueiettell, on trie soigneusement les fruits pourris pour ne conserver que ceux qui sont tout à fait sains, puis on enlève les queues, qui donneraient au produit trop d'âpreté.

La fermentation des cerises peut s'effectuer de plusieurs manières. Tantôt on place les cerises dans des fûts ouverts à leur partie supérieure, on malaxe et on abandonne la masse à la température de 20° environ. La fermentation ne tarde pas à s'établir, l'acide carbonique se dégage, et le phénomène est terminé au bout d'une quinzaine de jours.

Dans les installations plus importantes, on foule les fruits au moyen de cylindres en bois, puis on y ajoute un peu d'eau tiède pour rendre la masse moins pâteuse, et on abandonne à la fermentation à 20°. Quand celle-ci est terminée, ce qui a lieu au bout de quinze jours environ, on soutire le liquide et on presse le marc. Le moût obtenu est alors distillé.

On doit avoir soin de ne pas broyer les noyaux des cerises, bien qu'un certain nombre de fabricants aient l'habitude d'en broyer une certaine proportion. Indépendamment de l'inconvénient qu'ont les noyaux d'apporter dans le liquide des traces d'acide cyanhydrique qui est toxique, un kirsch à goût de noyau ne possède jamais la finesse de celui qui en est exempt.

Quand on emploie la première méthode de fermentation, qui consiste, comme nous l'avons vu, à laisser fermenter les fruits entiers, on doit distiller une masse pâteuse, ce qui exige certaines précautions. Pour éviter que les pulpes ne viennent s'attacher au fond de la chaudière et brûler, il faut ajouter un peu d'eau, ce qui rend la masse moins épaisse, et agiter avec soin, tant que la distillation n'a pas commencé. L'alambic est rempli aux trois quarts, puis on distille lentement en rejetant les produits de tète et de queues et en recueillant les cœurs au titre moyen de 50°.

Il arrive fréquemment que, pour améliorer le produit, on conserve le liquide fermenté pendant un ou deux mois. Le bouquet s'y développe, et on obtient ainsi, par distillation, des kirschs beaucoup plus fins.

Le rendement est en moyenne de 12 à 14 litres de kirsch à 50° par 100 kilogrammes de cerises. La conservation s'effectue dans des bonbonnes en verre, afin que le produit ne possède aucune coloration.

Dans les méthodes de fabrication qui précèdent, le producteur de kirsch utilise la fermentation spontanée par les levures qui se trouvent à la surface des cerises mûres.

Ces levures sont souvent dans un état peu actif; la fermentation est, par suite, paresseuse, et les mauvais ferments s'emparent facilement du moût. Il est très utile d'introduire dans cette fabrication l'emploi des levures sélectionnées. Dans ce cas, on opère comme nous l'avons vu pour les hydromels. On prépare un levain en multipliant à part la levure à utiliser et, quand ce levain est en pleine activité, on le déverse dans la cuve contenant les cerises ou le jus de cerises à faire fermenter. On obtient ainsi une fermentation plus rapide et plus régulière, un rendement plus élevé en kirsch, à cause de la suppression des fermentations secondaires qui consomment inutilement du sucre, et une meilleure qualité de produit.

Eau-de-vie de prunes ou quetsch. — L'eau-de-vie de prunes se fait principalement en Alsace-Lorraine et en Allemagne. Les prunes se traitent de la même manière que les cerises. Les fruits sont d'abord foulés, puis abandonnés à la fermentation à la température de 20° environ. Cette fermentation est généralement assez lente, et il arrive fréquemment qu'on conserve en tonneaux fermés le moût pendant six mois ou un an avant de le distiller. Certains fabricants attendent même deux ou trois ans et prétendent qu'on obtient, par cette méthode, des eaux-de-vie beaucoup plus claires et plus fines. Mais, dans ce cas, il est important de conserver les tonneaux parfaitement clos, pour éviter l'altération du moût fermenté.

La distillation s'opère comme celle des cerises, en prenant les mêmes précautions, pour éviter le goût de brûlé. On obtient en moyenne 12 litres d'eau-de-vie à 50° par 100 kilogrammes de prunes.

L'emploi des levures sélectionnées peut également ici rendre des services, comme dans la fabrication des kirschs.

Eaux-de-vie de fruits divers. — Les *myrtilles* se traitent comme les cerises; mais leur fermentation est beaucoup plus lente, et on obtient seulement 4 litres environ d'eau-de-vie à 50° par hectolitre de fruits.

Il en est de même des *mûres* et des *framboises*.

Dans les pays tropicaux, on prépare plusieurs sortes d'eaux-de-vie, notamment l'eau-de-vie d'*ananas*. Les fruits écrasés sont soumis au pressurage, et la fermentation s'établit aussitôt. On doit avoir soin de distiller le produit dès que la fermentation est achevée, car ces moûts s'altèrent très rapidement sous l'action du ferment lactique ou acétique.

Cette fabrication des eaux-de-vie dans les pays chauds est rendue difficile par les hautes températures de fermentation et le développement de ferments de maladie qui en est la conséquence. Il serait nécessaire, pour arriver à de bons résultats, d'utiliser des appareils de fermentation par levures sélectionnées pures. On obtiendrait ainsi le maximum de rendement et un produit d'une finesse beaucoup plus grande.

Eaux-de-vie de miels. — Les eaux-de-vie de miels proviennent de la distillation des produits fermentés à base de miel. On peut distiller, soit des hydromels à haut degré alcoolique, soit des vins de miel préparés spécialement pour la distillation et titrant seulement 8° à 10° d'alcool.

Il est avant tout nécessaire de n'opérer que sur des

liquides complètement fermentés. On obtient ainsi une eau-de-vie plus fine et un rendement plus considérable. La première précaution à prendre consiste donc à assurer au vin de miel une fermentation régulière, en suivant les indications que nous avons données pour les hydromels. La fermentation de ces moûts, qui ne doivent fournir que 8° d'alcool, se fait d'ailleurs sans difficulté.

Un kilogramme de miel fournit environ 800 centimètres cubes d'eau-de-vie à 50°. Cette eau-de-vie entre dans la préparation de plusieurs liqueurs fines ; elle est surtout importée de Hongrie, et il serait à souhaiter que nos apiculteurs français puissent fournir à la distillerie les quantités d'eaux-de-vie de miels nécessaires. Le produit doit, dans ce cas, posséder une forte odeur de miel.

CHAPITRE III

RHUMS.

Le véritable *rhum* s'obtient par la fermentation et la distillation du jus de cannes à sucre ou *vesou*. Cet excellent produit est à peu près inconnu en Europe ; il est entièrement consommé sur place à la Martinique, à la Jamaïque, à la Guadeloupe et, en général, dans les pays de production.

Nous désignons, en France, sous le nom de *rhum*, un produit obtenu par la fermentation et la distillation des mélasses de cannes à sucre, qui nous est expédié par les pays où on cultive la canne à sucre. Il porte souvent dans ces pays le nom de *tafia* ou *rhum d'exportation*. Les rhums que nous consommons en France sont donc des tafias de mélasses de cannes, ou, ce qui arrive le plus souvent, des mélanges de tafias de mélasses très colorés avec des alcools d'industrie.

Le rhum de vesou a un parfum beaucoup moins intense, mais beaucoup plus fin que le tafia de mélasses.

Sa production est moins élevée que celle du tafia, et elle ne suffit même pas à la consommation locale. On n'en exporte donc pas en France.

La production du tafia de mélasses est beaucoup plus considérable. Elle atteint 3 millions de litres à la Guadeloupe et dépasse beaucoup ce chiffre à la Martinique. Cette dernière colonie a exporté en France, en 1901, 66 000 hectolitres de rhum, soit les trois quarts de l'importation totale des alcools en France, qui s'élevait, en 1901, à 84 951 hectolitres.

Fabrication du rhum de vesou. — Les cannes à sucre doivent d'abord être broyées. Ce broyage s'effectue au moyen de moulins de types très variés. Le plus souvent, ils consistent en deux ou trois cylindres horizontaux mus par une roue hydraulique. Les cannes passent entre les cylindres, sont pressées, et le jus de cannes ou vesou s'écoule dans les cuves de fermentation. Certaines grandes rhumeries emploient les moulins mus à la vapeur.

La canne pressée, ou *bagasse*, qui sort des cylindres contient encore une forte proportion de jus sucré, d'autant plus considérable que le moulin employé est plus rudimentaire. Pour réduire cette perte au minimum, certains fabricants imbibent de nouveau la bagasse avec de l'eau et la pressent une seconde fois au moulin.

Pour mettre le jus en fermentation, la plupart des distillateurs y ajoutent environ 20 p. 100 de vinasses. La vinasse est constituée par le résidu d'une distillation antérieure. Son rôle est assez complexe. D'abord, elle sert à diluer le moût, qui posséderait, sans ce coupage, une richesse saccharine trop élevée. Ensuite, elle apporte au liquide une certaine dose d'acidité qui le protège contre le développement trop rapide des mauvais ferments, qui préfèrent les moûts neutres. L'acidité de la vinasse atteint, en effet, 6 à 8 grammes par litre en acide sulfurique. La vinasse contient également des sels, des matières azotées qui rendent le milieu plus favorable à la fermentation. Enfin, l'addition de vinasse a pour résultat de communiquer au produit distillé un bouquet plus prononcé.

Le moût ainsi préparé avec le vesou et la vinasse titre environ 7° Baumé et contient 12 à 14 p. 100 de sucre.

La canne à sucre porte à sa surface un grand nombre de levures et de ferments étrangers. Le jus de canne abandonné à lui-même entre donc en fermentation spontanée ; parfois cette fermentation débute franchement ; les ferments de maladie se trouvent, par suite, étouffés et on obtient un bon rendement en alcool. Mais il arrive souvent que les ferments étrangers prennent possession du moût avant que la levure se soit développée ; le liquide s'acidifie et le rendement diminue souvent de moitié, en même temps que la qualité du produit s'abaisse.

Quand la fermentation est bonne, elle dure de trois à quatre jours. Le départ a généralement lieu à la température de 28°, mais, par suite de l'activité de la fermentation, cette température s'élève rapidement à 38°-40°, ce qui n'est pas sans inconvénient au point de vue du rendement. On ne peut pas songer à refroidir les cuves artificiellement ; le meilleur moyen de lutter contre l'élévation de température consiste à employer des cuves de petites dimensions contenant, par exemple, seulement 2 000 ou 2 500 litres.

Quand la fermentation marche mal (elle dure alors six ou huit jours), l'acidité augmente, et le rendement en alcool est d'autant plus faible que la fermentation a été plus longue. Voici deux exemples, dus à M. Pairault, qui a étudié avec grand soin la fabrication des rhums dans nos colonies, indiquant les caractères analytiques d'un moût en bonne et en mauvaise fermentation :

Bonne fermentation.

	A LA FIN du chargement.	APRÈS 12 h.	APRÈS 24 h.	APRÈS 48 h.	APRÈS 60 h.
Densité	1,047	1,043	1,038	1,000	0,995
Acidité en SO^4H^2 p. 100..........	0,22	0,25	0,26	0,42	0,44
Alcool en volume p. 100..	0	1,65	2,2	6.6	7,1
Sucre total p. 100 ..	13,1	10,5	10,0	1,08	0,25
Extrait sec après filtration p. 100.	14.2	11,4	11,2	3,01	2,1
Température......	29°	32°	34°	38°	39°

Rendement théorique : 8^{lit},200 d'alcool pur par hect. de moût.
— obtenu : 7^{lit},100 — —
Perte à la fermentation : 1^{lit},100 — —

Mauvaise fermentation.

	1er JOUR.	2e JOUR.	3e JOUR.	4e JOUR.	5e JOUR.	6e JOUR.	7e JOUR.	8e JOUR.
Densité	1,050	1,035	1,015	1,009	1,007	1,005	1,005	1,005
Alcool en volume p. 100...	trace.	2,0	4,1	4,8	5,4	4,9	4,9	4,7
Acidité en SO^4H^2 p. 100	0,255	0,588	0,701	0,740	0,789	0,795	0,809	0,830
Sucre total p. 100	11,6	6,7	2,63	0,99	0,71	0,32	0,25	traces.
Extrait sec après filtration p. 100	13,6	10,4	6,1	5,02	4,67	3,50	3,60	Non dosé.

Rendement théorique : 7^{lit},077 d'alcool pur par hect. de moût.
— obtenu : 4^{lit},700 — —
Perte à la fermentation : 2^{lit},307 — —

Ces chiffres montrent l'importance de la bonne marche de la fermentation au point de vue du rendement.

L'ensemencement des moûts de cannes au moyen de

levures sélectionnées bien appropriées peut rendre, sous ce rapport, de très grands services. Mais il est indispensable d'employer pour cela des levures de cannes, qui seules peuvent donner l'arome qui fait la valeur du produit. Il est facile de sélectionner ces levures, en isolant, par les méthodes bactériologiques usuelles, les ferments alcooliques d'une cuve de vesou dont la fermentation a été très bonne. La multiplication de la levure pure se fait comme en brasserie, en mettant en fermentation quelques litres de moût de cannes stérilisé, qui servent à ensemencer 20 ou 25 litres de moût stérile. On obtient ainsi rapidement un pied de cuve suffisant pour mettre en fermentation une cuve entière.

La distillation des moûts de cannes fermentés se fait encore aujourd'hui dans un certain nombre de rhumeries au moyen de l'alambic simple du père Labat. Cet appareil se compose d'une chaudière de 15 hectolitres environ, dans laquelle on charge le moût. Cette chaudière communique avec un condenseur qui contient de l'eau et qui est lui-même relié au serpentin réfrigérant. Quand on chauffe le liquide de la chaudière, les vapeurs alcooliques viennent se condenser dans l'eau du condenseur et en élèvent la température jusqu'à ce que l'alcool y distille. Au début, il passe un liquide à haut titre, environ 75°, puis le titre s'abaisse peu à peu jusqu'à 45°. On met alors à part tout ce qui a été distillé, ce qui constitue un liquide à 60° environ. On continue la distillation, et on doit faire repasser toutes les petites eaux ainsi obtenues pour en retirer l'alcool au degré voulu.

Cet appareil est aujourd'hui de plus en plus remplacé par l'alambic représenté à la figure 36. Il se compose d'une chaudière cylindrique surmontée d'un long chapiteau. Ce chapiteau est formé de trois plateaux simples destinés à concentrer les vapeurs alcooliques et à rectifier légèrement le liquide. Le sommet de cette colonne est refroidi par un courant d'eau. La distillation s'opère de la façon suivante. Au commencement, l'alcool passe à 80°, puis le titre s'abaisse peu à peu jusqu'à 35°. A ce moment, les parties distillées mélangées donnent du rhum à 60°. On recueille à part les petites eaux entre

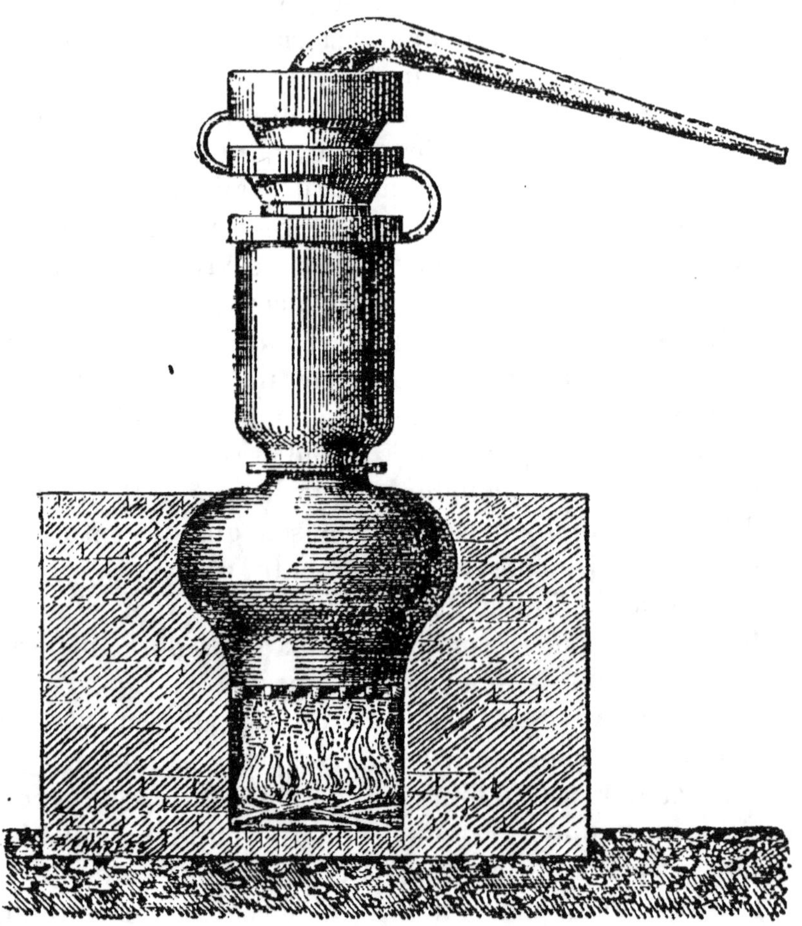

Fig. 36. — Alambic à tafia.

35° et 8°, et on se sert de ce liquide alcoolique pour charger les plateaux de l'appareil.

Cet appareil épuise bien les moûts.

On possède aujourd'hui des alambics beaucoup plus parfaits, qui permettent d'obtenir sans repasse des rhums d'excellente qualité. La figure 37 représente un de ces appareils construit par M. Deroy.

On place d'abord, dans la chaudière 1 et dans le chauffe-

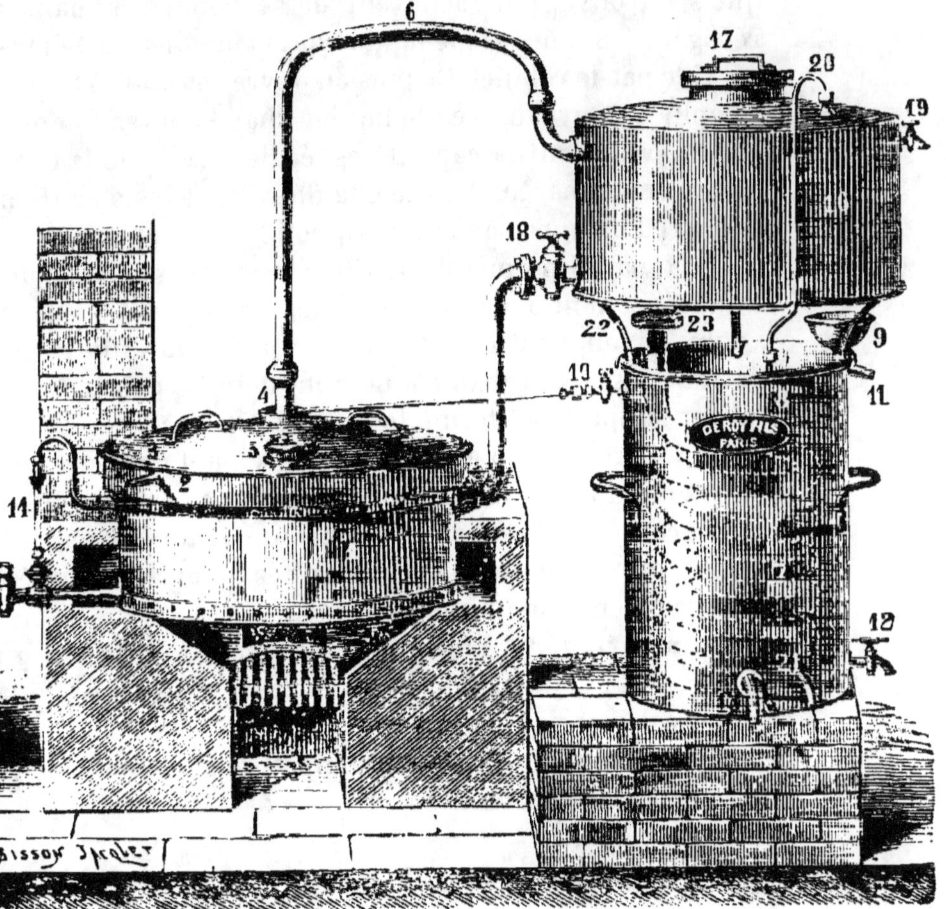

Fig. 37. — Appareil à rhum avec chauffe-vin et chapiteau rectificateur
(Deroy, constructeur).

1, chaudière; 5, chapiteau rectificateur; 16, chauffe-vin; 8, réfrigérant;
7, serpentin; 3, sortie de l'alcool.

vin 16, le liquide à distiller. On chauffe et, quand la distillation commence, on ouvre le robinet 10 qui amène de l'eau sur le chapiteau rectificateur. Il se produit une condensation partielle des vapeurs, et on règle facilement le degré du liquide distillé en ouvrant plus ou moins le robinet 10. Les vapeurs alcooliques se condensent en partie dans le chauffe-vin 16, en échauffant le liquide qui s'y trouve, puis achèvent de se condenser dans le réfrigérant 8. Lorsque le liquide de la chaudière est épuisé on vide par le robinet 15, puis on ouvre le robinet 18 pour remplir à nouveau avec le liquide chaud contenu dans le chauffe-vin, dont la capacité est égale à celle de la chaudière. On recharge alors le chauffe-vin, et les opérations se succèdent ainsi sans interruption.

Cet appareil permet de distiller sans repasse, avec une frande économie de combustible, des rhums au degré voulu. Si on veut distiller avec repasse, il suffit de ne pas faire usage du chapiteau rectificateur et, pour cela, de laisser simplement fermé le robinet 10.

Le produit obtenu est mis ordinairement dans des fûts en chêne, après avoir été coloré avec une certaine quantité de caramel. Il est souvent consommé immédiatement, mais il n'acquiert toutes ses qualités qu'après avoir été conservé pendant au moins deux ans.

Fabrication du rhum de mélasses de cannes ou tafia. — La composition de la mélasse provenant de la sucrerie de cannes est assez variable.

D'après M. Pairault (1), la composition moyenne de la mélasse de cannes serait la suivante :

Saccharose	37 à	40
Sucres réducteurs	16 à	20
Cendres	4 à	4,5
Eau et matières indéterminées	45 à	35,5
	100	100,0

D'autres auteurs donnent pour le saccharose une teneur moins élevée, de 27 à 35 p. 100, et une richesse plus grande en sucres réducteurs, de 25 à 30 p. 100.

La mélasse de cannes peut servir à la fabrication de

(1) PAIRAULT, *Annales de brasserie et distillerie*, 1898.

plusieurs sortes d'alcools. On fait parfois des alcools neutres pour l'usage industriel, souvent du rhum d'exportation, et souvent aussi un tafia très coloré qui sert à couper les alcools d'industrie et à produire ainsi des rhums de consommation courante en Europe.

La mélasse est d'abord diluée à 8° ou 10° Baumé, en employant, soit de l'eau, soit la vinasse d'une opération précédente, c'est-à-dire le résidu de la distillation, soit, enfin, un mélange d'eau et de vinasse. On ajoute alors souvent de la chaux pour corriger l'excès d'acidité, puis de la levure provenant d'une cuve antérieure.

La température du moût au début de la fermentation est souvent très élevée et atteint 40° à 45°. Ce fait tient aux difficultés qu'on rencontre pour refroidir la vinasse dans les pays chauds. Au bord de la mer, on la refroidit au moyen de réfrigérants dans lesquels circule l'eau de mer, puis on laisse la vinasse dans des citernes plates, où elle se refroidit à la température de 30°. Mais cette opération n'est pas possible partout.

La fermentation des mélasses de cannes est plus longue que celle du vesou ; elle dure de huit à douze jours. Quand elle est terminée, le moût titre encore 3° à 4° Baumé, à cause de la densité élevée de la vinasse introduite pour la préparation du moût.

La distillation du jus fermenté se fait, tantôt au moyen de colonnes à distillation continue très simples, tantôt au moyen de l'alambic simple à feu nu. La première méthode est adoptée par les distilleries qui fabriquent des alcools destinés à la préparation des liqueurs des Iles ; la seconde s'emploie pour la production des rhums d'exportation ou des tafias de coupage. Pour obtenir ce tafia de coupage on distille le plus loin possible, afin d'avoir tous les produits empyreumatiques de queue, et on utilise, pour la préparation du moût, exclusivement la vinasse pour diluer la mélasse de cannes. Le liquide ainsi obtenu, qui possède un goût affreux, est coloré très fortement par l'addition de caramel et expédié en Europe, où il sert pour les coupages d'alcools d'industrie destinés à donner des rhums de qualité très inférieure.

Quand au rhum d'exportation venant de la distillation des mélasses, il se prépare par les mêmes méthodes que le rhum de vesou, c'est-à-dire par la distillation à l'alambic ordinaire avec repasse, ou aux alambics Deroy perfectionnés, sans repasse. On obtient ainsi un produit d'un arome beaucoup moins accentué, qu'on colore et qu'on expédie en Europe.

Le rhum possède un parfum tout à fait particulier qui, d'après Sell, provient de la présence de quantités notables d'éther acétique. On y trouve également de faibles quantités d'éthers butyrique, formique et caproïque, de l'alcool amylique, des bases organiques, etc. Tous ces éléments contribuent pour leur part à la formation du parfum du rhum.

Nous voyons, en résumé, que la fabrication des rhums exige encore de nombreuses études et est susceptible de gros perfectionnements. L'examen de la composition chimique des vinasses et leur rôle dans la fabrication, la marche de la fermentation alcoolique, l'étude des diverses levures de rhum et leur application industrielle, la recherche des appareils distillatoires appropriés à la nature des produits qu'on veut fabriquer, toutes ces questions méritent de nouvelles études, et l'intérêt qu'elles présentent est de nature à tenter les expérimentateurs. La voie à suivre vient d'être d'ailleurs parfaitement tracée dans un tout récent ouvrage de M. Pairault, et il est à souhaiter que cette intéressante industrie profite enfin des progrès scientifiques modernes.

DISTILLERIE

PREMIÈRE PARTIE

NOTIONS GÉNÉRALES SUR L'INDUSTRIE DE LA DISTILLERIE

CHAPITRE I

NOTIONS GÉNÉRALES.

L'industrie de la distillerie a pour objet la production de l'alcool par la distillation des moûts fermentés. Ces moûts peuvent s'obtenir au moyen d'un grand nombre de matières premières. On réserve ordinairement le nom d'*eaux-de-vie* aux alcools qui proviennent de la distillation des vins, cidres et fruits, et on désigne sous le nom plus général d'*alcools* les produits obtenus par la fermentation et la distillation des betteraves, des mélasses, des grains, des pommes de terre, etc. Les eaux-de-vie servent exclusivement à la consommation de bouche ; les alcools sont employés, non seulement pour la consommation, mais aussi pour d'autres usages industriels, qui prennent aujourd'hui une extension de plus en plus grande, par exemple pour l'éclairage et la force motrice.

Les principales matières utilisées pour la fabrication des alcools sont : la betterave à sucre, la mélasse de betteraves, les grains, la pomme de terre, le topinambour. La transformation de ces diverses matières premières donne lieu à des industries également très diverses, dont quelques-unes présentent, pour l'agriculteur, le plus haut intérêt.

Distillerie de betteraves. — Il y a environ un demi-siècle, la plupart des alcools provenaient de la distillation du vin. A la suite des attaques terribles des maladies cryptogamiques sur la vigne, la production du vin diminua, et il fut nécessaire de trouver d'autres matières premières pour la fabrication de l'alcool. C'est alors que s'établirent les distilleries agricoles, mettant en œuvre les betteraves, et utilisant les résidus pour l'alimentation du bétail.

Cette industrie présente, en effet, une haute importance économique. L'alcool, qui provient de la fermentation du sucre, est seul exporté de la ferme ; or, ce sucre est formé par la betterave aux dépens des éléments de l'atmosphère. Les matières azotées et salines enlevées au sol par la betterave et les matières hydrocarbonées non fermentescibles sont rendues en grande partie au sol sous forme de fumier et de vinasses. L'autre partie est utilisée par les animaux pour leur alimentation et leur engraissement.

L'alcool n'est donc pas le produit le plus important de la distillerie agricole de betteraves. La vente vient couvrir, au moins partiellement, les frais de culture et de fabrication, et le bénéfice est constitué par les pulpes qui fournissent un résidu d'une très haute valeur pour l'alimentation du bétail.

Cette intéressante industrie s'est beaucoup développée dans ces dernières années, et elle a fourni, en 1899, plus d'un million d'hectolitres d'alcool. Mais, depuis deux ans elle est en sensible décroissance. La production de l'alcool de betteraves, en 1901, est tombée à 578 000 hectolitres. Ce fait tient à plusieurs causes. Par suite de l'extension de l'industrie sucrière, les distillateurs de mélasses ont considérablement augmenté leur production, qui a dépassé, en 1901, un million d'hectolitres. Ils ont, en effet, disposé d'une matière première très abondante et à bas prix. D'un autre côté, la production élevée des vins et la difficulté de leur écoulement ont forcé beaucoup de viticulteurs à les soumettre à la distillation. Ces circonstances ont eu leur répercussion sur le cours des alcools : le prix moyen de l'alcool à 90° (alcool de Bourse), qui était de 46 fr. 66 en août 1899, est tombé à 35 fr. 70 fin octobre de la même année, puis successivement à 30 fr. 84 fin décembre 1900, et à 28 fr. 21 fin décembre 1901. En présence de cette baisse persistante, les distillateurs de betteraves ont dû ralentir leur fabrication.

La situation est, sous ce rapport, un peu meilleure à l'heure actuelle. A la fin de septembre 1902, l'alcool à 90° a été coté en Bourse à 33 fr. 50 l'hectolitre, alors que le prix moyen n'a été que de 25 fr. 47 fin mars et de 26 francs fin avril. En même temps, l'étude des nouveaux débouchés de l'alcool pour l'éclairage et la force motrice ne peut qu'amener une utilisation plus grande de ce produit. Mais la distillerie agricole de betteraves profitera-t-elle de cette augmentation de la consommation ? Le fait n'est pas certain. La fabrication de l'alcool par voie synthétique, réalisée depuis déjà longtemps par M. Berthelot, menace chaque jour davantage de passer du laboratoire dans la pratique industrielle. En outre, il est possible que l'obtention de l'alcool soit moins rémunératrice avec la betterave qu'avec d'autres substances dont nous devons parler maintenant, les pommes de terre et les grains, qui ont permis en Allemagne le développement prospère de la distillerie agricole.

Distillerie de pommes de terre. — La distillerie de pommes de terre est très peu répandue en France, mais elle a pris une extension considérable en Allemagne, où les lois fiscales s'opposent à l'extension de la distillerie de betteraves. En Allemagne, l'impôt se paie sur la capacité des cuves ; le distillateur a donc intérêt à travailler avec des moûts très concentrés, produisant le maximum d'alcool sous le minimum de volume. Les jus de betteraves se prêtent mal à ce mode de travail. Le fait n'a aucune importance en France, où l'impôt se paie sur le produit fabriqué.

En outre, les distilleries agricoles allemandes bénéficient d'une réduction de l'impôt quand elles utilisent, comme matières premières, des grains et des pommes de terre, et tant que leur production ne dépasse pas le chiffre qui leur est attribué. Cette réduction n'existe pas pour la distillerie de betteraves, et on s'explique ainsi aisément pourquoi la distillerie de pommes de terre a pris, chez nos voisins, une extension si considérable, tandis que la distillerie de betteraves y reste sans importance.

En France, la distillerie de pommes de terre est exceptionnelle. Cependant, depuis les beaux travaux de M. A. Girard, on peut fonder, sur cette matière première, un espoir qu'on ne pouvait avoir autrefois. Pendant très longtemps, la culture de la pomme de terre industrielle est restée en France très arriérée ; nos rendements étaient moins élevés que ceux des agriculteurs allemands, et nos pommes de terre étaient moins riches en fécule et de qualité inférieure.

A la suite de très importants travaux, M. A. Girard démontra que le climat de notre pays était aussi favorable que celui de l'Allemagne pour la culture de la pomme de terre, et que, en observant des règles précises pour la culture de ce tubercule, on pouvait obtenir des rendements beaucoup plus élevés que ceux qu'on obtenait jusqu'alors.

Cultivée ainsi d'une façon rationnelle, la pomme de

terre est susceptible de devenir, pour la distillerie agricole, une matière première excellente. Elle peut fournir un haut rendement en alcool; mais celui-ci n'est, comme dans la distillerie allemande, qu'un produit secondaire destiné à réduire le prix de l'alimentation des animaux. L'importance de la pomme de terre réside surtout dans la valeur exceptionnelle des drèches qu'elle fournit, qui permettent de nourrir deux fois plus d'animaux, par hectolitre d'alcool produit, que la pulpe de betteraves.

Distillerie de grains. — La distillerie de grains a subi, en France, de grandes variations, par suite de l'établissement, à diverses reprises, de droits d'accises sur les maïs. Fortement ralentie en 1891, elle a repris jusqu'en 1900 un développement considérable, et la production des alcools provenant des substances farineuses a monté de 292 000 hectolitres en 1891, à 714 000 hectolitres en 1899. Actuellement, l'établissement de nouveaux droits d'accises a fait tomber de nouveau la production à 269 000 hectolitres en 1901. Les principales matières premières employées étaient, autrefois, le maïs d'importation; aujourd'hui, on utilise surtout l'orge, le seigle et l'avoine.

Distillerie de mélasses. — La production des alcools de mélasses a considérablement augmenté depuis quelques années. Tombée, en 1899, à 667 000 hectolitres, elle a dépassé, en 1900, 796 000 hectolitres et a atteint, en 1901, 1 006 000 hectolitres environ. La distillerie de mélasses fournit actuellement, en France, plus des deux cinquièmes de la production totale des alcools. Elle ne présente pour l'agriculteur qu'un intérêt secondaire, par les salins qu'on extrait des vinasses et qui constituent un engrais potassique apprécié.

Production des alcools en France. — La production moyenne des alcools et eaux-de-vie, en France, varie de 2 000 000 à 2 500 000 hectolitres. Le tableau suivant indique les variations de cette production, par nature de substances mises en œuvre, dans les dix dernières années :

ANNÉES.	ALCOOLS PROVENANT DE LA DISTILLATION DES :								TOTAL.
	Substances fari-neuses.	Méla sses.	Betteraves.	Vins.	Cidres.	Marcs, lies, etc.	Fruits.	Substances diverses.	
	Hectol.	Hectol.	Hectol.	Hectol.	Hectol.	Hectol.	Hectol.	Hectol.	Hectol.
1892	336.335	902.466	854.329	69.639	13.589	46.210	4.318	6.183	2.263.079
1893	457.877	896.572	861.099	100.829	44.761	74.773	28.222	12.254	2.476.387
1894	415.795	817.525	753.508	161.660	72.135	77.274	29.011	2.205	2 329.113
1895	386.604	846.403	744.325	61 292	45.717	62.592	14 698	3.907	2.165.448
1896	416.530	863.423	544.087	58.652	53.759	78.429	6.051	1.203	2.022.134
1897	484.637	734.819	798.484	83.719	26.579	72 909	6.311	682	2.208.140
1898	683.566	708.270	897 542	45.975	9.352	55.207	4.781	7.767	2.412.460
1899	714.774	667.493	1.047.320	77.006	19.760	68.788	2.893	1.544	2.599.558
1900	562.455	796.675	973.225	149.407	47.043	93.460	33.147	856	2.656.268
1901	269.074	1.006.933	578.628	330.966	115.220	114.893	21.557	693	2.437.964

En 1901, les quantités d'alcool obtenues par les bouilleurs et distillateurs de profession et par les bouilleurs de cru assimilés se sont élevées à 2 152 038 hectolitres. La production approximative des bouilleurs de cru, qui distillent librement, a été, en 1901, de 286 000 hectolitres. Mais il ne s'agit évidemment, dans ce second cas, que de simples évaluations établies par les agents locaux, évaluations qui représentent la production ostensible des bouilleurs de cru, c'est-à-dire la production qui sert notoirement à alimenter en franchise leur consommation de famille ou qu'ils placent sous la main du fisc en levant des expéditions régulières (1).

L'examen du tableau qui précède montre bien les diminutions que nous avons signalées dans la production des alcools de grains et de betteraves, et l'augmentation de la production des alcools produits par les mélasses indigènes, les vins, les marcs et les lies.

La fabrication proprement dite de l'alcool en France se trouvait concentrée, en 1901, dans deux cent trente-cinq établissements environ, parmi lesquels cent quatre-vingt-dix n'ont même qu'une importance restreinte. En effet, sur ces deux cent trente-cinq distilleries, trente seulement ont eu, pendant la campagne 1900-1901, une production supérieure à 10 000 hectolitres. Ces trente distilleries sont presque toutes situées dans les départements du Nord, du Pas-de-Calais, de l'Aisne, de la Seine-et-Oise et de la Somme.

(1) *Bulletin de statistique du ministère des Finances*, juillet 1902.

CHAPITRE II

LES MATIÈRES PREMIÈRES DE L'INDUSTRIE
DE LA DISTILLERIE.

On peut diviser les matières premières employées en distillerie en deux grandes classes : les *matières sucrées*, telles que la betterave à sucre et la mélasse, et les *matières amylacées*, telles que les grains et les pommes de terre. Avec les matières sucrées, le problème de l'alcoolisation est simple. Ces substances contiennent, en effet, des sucres fermentescibles par la levure, généralement après inversion par une diastase hydrolysante sécrétée par la cellule de levure. La transformation des matières amylacées en alcool est plus complexe, car l'amidon doit être, au préalable, transformé en sucre, qui subit alors la fermentation alcoolique.

I. — Matières sucrées.

BETTERAVE A SUCRE.

La betterave à sucre constitue, en France, une des matières premières les plus importantes pour la production de l'alcool. C'est une plante bisannuelle, qui ne produit, la première année, que sa tige, sa racine et ses feuilles et qui donne, en deuxième année seulement, ses fleurs et ses graines.

Il existe un grand nombre de variétés de betteraves, et il importe de choisir celles qui sont les plus avantageuses pour le distillateur. Le problème ne se pose pas ici comme en sucrerie. Par suite de la loi française, le fabricant de sucre a intérêt à avoir des betteraves très riches en sucre, donnant, sous un poids donné, le maximum de matière extractible. *A priori*, les conditions paraissent les mêmes pour la distillerie : plus la betterave sera riche en sucre, plus le rendement en alcool sera élevé. Mais la question change complètement d'aspect si nous l'envisageons au point de vue cultural. On cherche surtout, en distillerie agricole, à produire le maximum de pulpes pour l'alimentation des animaux ; et il en résulte qu'une betterave de richesse moyenne en sucre, mais à grand rendement à l'hectare, est préférable à une betterave très riche à rendement plus faible, puisqu'elle peut donner le même rendement en alcool à l'hectare et fournir des résidus beaucoup plus abondants. Le distillateur doit donc préférer les variétés qui donnent par hectare le plus fort rendement en alcool et en pulpe, sans viser à obtenir les hautes richesses saccharines des betteraves destinées à la sucrerie. Ce sont en général des variétés de richesse moyenne produisant beaucoup, et moins exigeantes, au point de vue cultural, que les betteraves très riches.

Il n'entre pas dans le cadre de cet ouvrage de nous étendre sur la culture de la betterave de distillerie. Les quelques notions que nous venons d'exposer suffisent pour indiquer les principes qui doivent guider l'agriculteur dans le choix de ses variétés. Nous ajouterons que la pureté de la betterave, c'est-à-dire le rapport entre le sucre et la quantité totale d'extrait, a beaucoup moins d'importance en distillerie qu'en sucrerie. Toutefois, il ne faut pas perdre de vue que l'abondance de certains engrais peut rendre la betterave trop impure et venir gêner la fermentation alcoolique.

Composition de la betterave. — La betterave contient, en moyenne, 93 à 95 p. 100 de jus et 5 à 7 p. 100 de matières insolubles. La quantité d'extrait contenu dans ce jus varie entre 12 et 18 p. 100. Les matières qui composent cet extrait sont : du saccharose, des matières albuminoïdes, des sels minéraux et des sels organiques, de l'asparagine, de la bétaïne, et un grand nombre d'autres matières azotées, enfin des gommes et des matières pectiques.

La composition moyenne de la betterave de distillerie est la suivante :

Eau 85,40
Sucre.................................. 11,00
Matières organiques.................. 2,40
Cendres 1,20

Les cendres sont principalement formées de potasse, environ 55 p. 100 d'après Wolf, de soude (10 p. 100), d'acide phosphorique (11 p. 100) et de magnésie (7 p. 100). On y trouve également de la chaux, de l'oxyde de fer, de la silice, etc.

Analyse de la betterave. — Cette opération présente une grande importance pour le distillateur. Il importe d'abord de prendre un échantillon bien homogène. A cet effet, on prend, soit dans le champ, soit dans le wagon ou le tombereau, un certain nombre de betteraves à divers points, en choisissant des grosses, des moyennes et des petites. Le lot doit être assez considérable pour que l'analyse représente bien un échantillon moyen. On brosse alors les betteraves, on les lave et on les essuie. On enlève le collet au niveau des folioles, et on soumet la betterave au râpage. Cette opération, qui a pour but la transformation de la betterave en pulpe, se fait ordinairement au moyen de la râpe conique rationnelle de Pellet.

Il suffit souvent, en distillerie, de prendre la densité du jus pour avoir une idée suffisante de la richesse de la betterave. Dans ce cas, on presse fortement la pulpe obtenue et on prend la densité du jus au moyen du densimètre. Il existe, entre la densité du jus et sa richesse en sucre, une relation approchée qui a permis de dresser des tables qui donnent, connaissant la densité, la quantité de sucre contenue dans 100 centimètres cubes de jus. On commence par ramener à 15° la densité observée au moyen des tables de Dupont, puis on se reporte aux tables saccharimétriques signalées ci-dessus.

Cette méthode n'est pas exacte, et il est préférable de doser le sucre dans le jus au moyen du saccharimètre. Pour faire ce dosage, on prend 100 centimètres cubes de jus, on ajoute 10 centimètres cubes de sous-acétate de plomb, on agite vivement et on filtre. Le liquide clair est examiné au saccharimètre dans le tube de 20 centimètres. On ajoute un dixième au chiffre trouvé, et on multiplie le chiffre obtenu par 0,162. On obtient ainsi le sucre par 100 centimètres cubes de jus. Pour avoir le sucre par 100 grammes de jus, il suffit de diviser par la densité du jus la quantité de sucre contenue dans 100 centimètres cubes de jus.

Si on veut connaître le sucre contenu dans 100 grammes de betteraves, les procédés qui précèdent ne peuvent donner que des résultats inexacts. On admet souvent, pour calculer ce chiffre, que la betterave contient 95 p. 100 de jus, de sorte qu'on obtient le sucre contenu dans 100 grammes de betteraves en multipliant le sucre contenu dans 100 grammes de jus par 0,95.

En réalité, ce chiffre de 95 p. 100 est très variable suivant la betterave, de sorte qu'on ne peut espérer, par cette méthode, avoir des résultats précis.

Les procédés basés sur l'analyse du jus sont d'ailleurs tous imparfaits. Le jus ne représente pas la moyenne véritable du jus contenu dans la betterave; le mode de pressurage, sa durée font varier les résultats dans des limites sensibles.

Les méthodes exactes consistent à doser le sucre directement dans la betterave elle-même; elles sont nombreuses, et les plus usitées sont celles de Pellet.

On peut opérer, soit par la digestion aqueuse à chaud, soit par la digestion aqueuse à froid.

15.

Dans la première méthode, on pèse 32^{gr},4 de pulpe de betterave, qu'on introduit dans un ballon de Pellet jaugé à 200 centimètres cubes et portant à 201^{cc},7 un autre trait de jauge. On y met de l'eau jusqu'aux trois quarts ; on ajoute 6 à 7 centimètres cubes de sous-acétate de plomb, puis on remplit le ballon presque jusqu'au trait de jauge. On porte au bain-marie bouillant pendant une demi-heure, on refroidit, on complète le volume à 201^{cc},7, le volume de 1^{cc},7 supplémentaire représentant le marc. On filtre et on ajoute une ou deux gouttes d'acide acétique cristallisable. On polarise alors dans le tube de 40 centimètres, et on obtient directement, par la lecture du degré saccharimétrique, la teneur en sucre pour 100 grammes de betteraves.

La diffusion aqueuse à froid s'exécute de la même manière, mais avec une pulpe très divisée et très fine, et sans chauffage au bain-marie. Cette méthode a été modifiée par Kayser, qui a supprimé le ballon jaugé et adopté un poids constant de matière première et d'eau.

Toutes ces méthodes de digestion à chaud ou à froid donnent des résultats exacts et précis.

Le dosage du sucre dans la betterave peut s'effectuer, soit au polarimètre, comme nous venons de le voir, soit au moyen de la liqueur de Fehling. Dans ce cas, on doit, avant tout, procéder à l'inversion du saccharose par un acide. On prend pour cela 100 centimètres cubes de liquide sucré, qu'on chauffe pendant dix minutes à 68° avec 10 centimètres cubes d'acide chlorhydrique fumant. On sature l'acide avec la poudre de zinc, et on dose le sucre par une des méthodes indiquées à l'analyse des moûts de pommes.

MÉLASSES DE BETTERAVES.

La mélasse est un résidu de la fabrication du sucre, qui contient de fortes proportions de saccharose. Celui-ci ne peut cristalliser, à cause de la grande quantité de matières salines et organiques qui l'accompagnent.

Dans les mélasses de betteraves, on ne rencontre guère que du saccharose ; quelquefois, cependant, on trouve un peu de sucre inverti, surtout dans les mélasses à réaction acide. On y trouve également de petites quantités de raffinose ou mélitriose.

Les matières étrangères qui accompagnent le sucre dans la mélasse sont d'abord des cendres minérales, composées surtout de potasse, de soude et de chaux. Ces bases sont combinées à des acides organiques, tels que les acides tartrique, citrique, oxalique, succinique, lactique, acétique, etc., et à des acides minéraux, tels que les acides chlorhydrique et sulfurique. On trouve, en outre, dans la mélasse, des matières organiques azotées provenant de la betterave, albuminoïdes, asparagine, bétaïne, etc., et des matières non azotées, telles que la pectine et les gommes.

La composition moyenne de la mélasse de betteraves est la suivante :

Eau	15,2 à 19,7
Saccharose	46,9 à 50,7
Non-sucre	30,8 à 35,8

Le non-sucre est constitué par 10 p. 100 environ de matières minérales, 10 p. 100 de matières azotées et 10 p. 100 de matières organiques non azotées.

Les matières minérales de la mélasse contiennent en moyenne, d'après Wolf :

Potasse	69,85
Soude	12,17
Chaux	5,70
Acide phosphorique	0,60
— sulfurique	2,04
Chlore	20,26

Analyse des mélasses. — La *densité* se détermine au moyen de l'aréomètre Baumé, d'un densimètre ou de la méthode du flacon.

L'*eau* se dose en évaporant dans une capsule en métal 1 ou 2 grammes de mélasse à l'étuve à 110°, jusqu'à poids constant.

Sur le produit ainsi obtenu, on peut procéder au dosage des *cendres*.

Pour faciliter l'incinération, on ajoute ordinairement quelques gouttes d'acide sulfurique concentré, puis on calcine au moufle. Comme l'acide sulfurique a donné naissance à des sulfates, on retranche du résultat deux dixièmes pour la correction. Ce procédé n'est évidemment pas exact, mais il donne des indications suffisantes dans la pratique.

Pour le dosage du *sucre*, on emploie la méthode Pellet. On commence par effectuer la polarisation directe. On pèse deux fois le poids normal du saccharimètre dont on dispose, on sature l'alcalinité par un peu d'acide acétique, et on ajoute du sous-acétate de plomb jusqu'à ce qu'il ne se produise plus de précipité. On complète à 200 centimètres cubes, et on filtre. On prend alors 100 centimètres cubes du liquide filtré, on y ajoute 10 à 20 centimètres cubes d'une solution d'acide sulfureux, pour précipiter l'excès de plomb, on complète de nouveau à 200 centimètres cubes, et on filtre. On polarise le liquide filtré, et on note le chiffre P obtenu.

On chauffe alors pour l'inversion 50 centimètres cubes du liquide filtré avec 5 centimètres cubes d'acide chlorhydrique fumant, pendant vingt minutes au bain marie à 67°-70°. On refroidit, et on ajoute 0^{cc},15 d'eau pour la perte de poids pendant le chauffage. On polarise, et on ajoute au chiffre obtenu un dixième, puisqu'on a étendu le liquide de 50 à 55 centimètres cubes. On calcule alors la quantité de sucre cristallisable, en ramenant le tout à 100 grammes de matière normale, en employant la formule de Clerget modifiée par Landolt :

$$S = \frac{(P + P') \times 100}{142,6 - \frac{1}{2}t},$$

dans laquelle P représente la polarisation directe, P' la polarisation après inversion et t la température.

TOPINAMBOURS.

Le topinambour possède, d'après Petermann, la composition suivante :

Eau	75,04 à 79,43
Hydrates de carbone saccharifiables..	12,72 à 16,37
Hydrates de carbone non saccharifiables	3,93 à 7,12
Matières grasses	0,11 à 0,26
Protéine	1,06 à 1,56
Cendres	0,92 à 1,39

Les hydrates de carbone du topinambour sont composés, d'après Tanret, d'inuline, et d'un corps complexe appelé *lévuline*, qui est un mélange de saccharose et de différentes lévulosanes, telles que l'inulénine, l'hélianthénine et la synanthrine. Le topinambour contient également de la pseudo-inuline. Tous ces corps se transforment, sous l'action des acides, soit en lévulose, soit en glucose et en lévulose.

Les matières azotées se composent environ de 60 p. 100 d'albuminoïdes et de 40 p. 100 de matières amidées, de composés ammoniacaux et de nitrates.

II. — Matières amylacées.

CÉRÉALES.

Les principales céréales utilisées en France pour l'obtention de l'alcool sont le seigle, l'orge, l'avoine et le maïs.

Cette dernière matière, qui était très employée en France jusqu'en 1899, ne l'est presque plus aujourd'hui, à cause de l'établissement des droits d'accises sur les maïs étrangers.

Le tableau suivant indique les quantités mises en œuvre dans les distilleries de 1899 à 1901 :

		ORGE.	SEIGLE.	AVOINE.	MAÏS.	AUTRES GRAINS.	TOTAL.
Quantités mises en œuvre.	1899	200.935	354.117	219	1.411.302	264.112	2.230.685
	1900	216.158	369.235	218	1.046.003	113.191	1.744.805
	1901	112.009	298.426	105	393.894	90.650	895.084

Nous avons étudié la composition chimique de l'orge et du maïs en traitant l'industrie de la brasserie, et nous n'y reviendrons pas. Il nous reste à donner quelques notions sur le seigle et l'avoine.

Seigle. — Le seigle est utilisé pour la production de l'alcool et du malt, et dans la fabrication de la levure pressée.

D'après Kœnig, la composition du seigle est la suivante :

Humidité	8,51 à 19,43
Protéine brute	7,91 à 16,93
Matières grasses............	0,90 à 2,86
Matières hydrocarbonées solubles	60,91 à 72,61
Cellulose...................	1,04 à 4,25
Cendres....................	1,45 à 2,93

Les matières extractives non azotées sont composées en majeure partie d'amidon, environ 62 p. 100, d'un peu de sucre et de dextrines (4 à 5 p. 100).

Le seigle est très riche en matières azotées, et c'est à cette abondance qu'il doit ses propriétés avantageuses pour la fabrication de la levure pressée. Ritthausen a trouvé dans le seigle de la mucédine, de la gluten-caséine et de l'albumine.

Avoine. — L'avoine est très peu employée en France. On l'utilise cependant un peu pour la production du malt. Son emploi est, au contraire, très répandu en Allemagne et en Hongrie, pour la fabrication de la levure. Elle est, en effet, très riche en matières albuminoïdes, et convient pour la préparation des levains actifs.

L'avoine est moins riche en amidon que le seigle, mais beaucoup plus riche en matières grasses, comme le montrent les analyses suivantes, dues à Kœnig et Dietrich :

Humidité	18,46 à	7,6
Matières azotées............	19,15 à	6,25
— grasses	7,31 à	2,76
— extractives non azotées..............	65,45 à	42,82
Cellulose.......	20,02 à	6,66
Cendres....................	6,11 à	1,61

Les matières non azotées sont, comme dans le seigle, composées surtout d'amidon, environ 51 p. 100, et de 4 p. 100 en moyenne de sucre, gommes et dextrines.

Les matières azotées sont constituées principalement par de la caséine végétale et par un peu de gliadine.

Analyse des grains. — L'analyse chimique des grains comporte les principales déterminations suivantes : l'eau, les cendres, les matières azotées et l'amidon.

L'eau se dose en desséchant à 100°, pendant cinq ou six heures à l'étuve Gay-Lussac, 5 grammes de substance moulue. Le produit desséché est incinéré dans une capsule de platine, et on obtient ainsi les cendres.

L'azote se dose sur 1 gramme de substance, par la méthode de Kjeldahl ou par la chaux sodée.

Le dosage de l'*amidon* est celui qui présente le plus d'intérêt pour le distillateur. Il s'effectue de la façon suivante :

On pèse exactement 2 grammes de grain finement moulu, qu'on additionne de 100 centimètres cubes d'eau environ, et on porte à l'ébullition pendant une demi-heure à une heure, en remplaçant l'eau qui s'évapore, de manière à transformer complètement l'amidon en empois.

On refroidit à 65°. Pendant ce temps, on a préparé une solution de diastase, destinée à saccharifier l'amidon. On peut employer soit de l'extrait de malt (100 grammes de malt pour 1 litre d'eau), soit la diastase absolue de Merck, qui évite la correction nécessaire dans le cas d'emploi de l'extrait de malt. La diastase de Merck est d'abord humectée avec quatre à cinq gouttes d'eau, puis broyée jusqu'à ce que la masse soit devenue pâteuse et uniformément humide. Il suffit d'employer $0^{gr},2$ de diastase. On ajoute alors environ 20 centimètres cubes d'eau, et on obtient ainsi une solution diastasique active.

Dans l'empois d'amidon à 65°, on met 10 centimètres cubes de cette solution diastasique, on maintient une demi-heure à cette température, puis on porte à l'ébullition. On refroidit de nouveau à 65°, et on ajoute encore 10 centimètres cubes de solution diastasique ; on maintient alors la température constante à 65° jusqu'à ce que la saccharification soit complète, ce dont on se rend compte au moyen de la liqueur d'iode sous le microscope. Il faut, en général, quelques heures. On porte alors à l'ébullition, on refroidit et on complète à 250 centimètres cubes. On filtre exactement 200 centimètres cubes de ce liquide, et on y ajoute 15 centimètres cubes d'acide chlorhydrique à 16° B. On chauffe pendant deux heures au bain-marie à l'ébullition, en ayant soin de munir le flacon d'un long tube de verre, pour éviter la concentration. Le maltose et la dextrine formés pendant la saccharification sont ainsi transformés en glucose, qu'on dose par la méthode pondérale indiquée à l'analyse des moûts de pommes. Le poids de sucre trouvé, multiplié par 0,9, donne le poids d'amidon.

Quand on dose l'amidon dans des grains riches en matières grasses, comme le maïs ou l'avoine, il est bon de dégraisser la substance au préalable, en la traitant par l'éther dans un appareil à épuisement.

POMMES DE TERRE.

Nous avons vu que la pomme de terre n'est presque pas utilisée en France pour la fabrication de l'alcool. En Allemagne, elle constitue, avec les grains, la matière première la plus importante des distilleries agricoles.

La pomme de terre est une plante de la famille des Solanées dont les tubercules contiennent une forte proportion de fécule, qui peut être transformée en sucre et subir la fermentation alcoolique. Il existe un grand nombre de variétés de pommes de terre, et la culture en a été considérablement améliorée en Allemagne dans ces dernières années. Une station spéciale a étudié les variétés les plus productives, les plus riches en fécule et les moins sensibles à la maladie ; elle a déterminé les espèces qui conviennent le mieux à un sol donné. La culture de la pomme de terre a été ainsi puissamment développée, et les agriculteurs allemands obtiennent aujourd'hui couramment de hauts rendements culturaux et de riches tubercules.

Nous avons déjà signalé en France les travaux de M. A. Girard sur cette importante question. Grâce à ses belles études, nous connaissons aujourd'hui les procédés de culture favorables à la pomme de terre et les moyens d'obtenir de forts rendements. En utilisant ces méthodes et en cultivant des variétés productrices et riches en fécule, la pomme de terre peut devenir une matière première aussi avantageuse que la betterave pour la production de l'alcool. Les travaux de M. A. Girard, qui présentent pour la culture un si haut intérêt, sortent cependant du cadre d'un manuel de distillerie, et le lecteur pourra se reporter aisément aux mémoires descriptifs de l'auteur (1).

La composition moyenne des pommes de terre est la suivante :

Eau	75,0
Cendres	0,9
Matières protéiques	2,1
Cellulose	1,1
Matières amylacées	20,7
— grasses	0,2

L'humidité est très variable dans la pomme de terre : certains tubercules sont très aqueux, surtout dans les années humides; la proportion d'eau atteint 80 à 83 p. 100. Dans d'autres cas, au contraire, la teneur en eau s'abaisse à 68-70 p. 100.

La proportion d'amidon varie de 15 à 24 p. 100. La quantité de fécule varie avec la nature du sol, la variété, le mode de culture, les engrais et les conditions climatériques. La richesse en fécule est surtout considérable dans les années sèches.

Les matières azotées sont constituées environ de 70 p. 100 de matières albuminoïdes et de 30 p. 100 de composés amidés. Ces dernières substances jouent un grand rôle dans la nutrition de la levure.

Le suc de la pomme de terre contient enfin des sels organiques acides (citrates, oxalates), et de l'acide pectique soluble.

Analyse de la pomme de terre. — La matière la plus importante à connaître est la *fécule*.

(1) *Annales agronomiques*, 1891, t. XVI.

Il existe entre la densité de la pomme de terre et sa teneur en fécule un rapport qui permet de doser rapidement, d'une façon approximative, la fécule. Pour évaluer la densité, on peut se servir de plusieurs appareils, parmi lesquels le féculomètre de MM. A. Girard et Fleurent, la bascule hydrostatique de Reimann, ou de la balance hydrostatique ordinaire. Le principe de ces appareils est le même : la détermination de la densité est basée sur le principe d'Archimède. On pèse d'abord un poids donné de pommes de terre, soit 1 kilogramme ; puis on pèse ces mêmes pommes de terre dans l'eau. D'après le principe d'Archimède, la perte de poids observée est égale au volume d'eau que les tubercules déplacent. En divisant le poids par le volume, on obtient la densité. Dans l'appareil de MM. A. Girard et Fleurent, on mesure directement le volume d'eau déplacé par la pomme de terre. Dans la bascule hydrostatique de Reimann, on pèse les pommes de terre dans l'eau, et la perte de poids donne le volume. Connaissant la densité, il suffit de se reporter à des tables spéciales pour avoir la richesse en fécule. Ces tables se trouvent dans tous les traités d'analyse, et nous ne les reproduirons pas ici.

Ces méthodes ne donnent que des résultats approchés, suffisants pour la pratique courante. Quand on veut déterminer avec précision la quantité de fécule, on doit employer la méthode indiquée pour le dosage de l'amidon dans les grains.

CHAPITRE III

L'ALCOOL. — ALCOOMÉTRIE.

Propriétés de l'alcool. — L'alcool est un corps ternaire répondant à la formule C^2H^6O. C'est un liquide incolore, très mobile, d'une saveur brûlante, et facilement inflammable. Il brûle avec une flamme peu éclairante et très chaude.

Sa densité à 15° est de 0,79425. Il est très avide d'eau, à laquelle il se mélange en toutes proportions. Ce mélange est accompagné d'un dégagement de chaleur et d'une contraction de volume. La contraction, très faible quand la proportion d'eau est élevée, croît rapidement à mesure que le mélange contient plus d'alcool, et atteint un maximum pour 54 d'alcool et 49,722 d'eau. Le volume total forme alors non pas 103^{cc},722, mais 100 centimètres cubes, et la contraction atteint 3^{cc},722. A partir de ce chiffre, la contraction devient plus faible à mesure que le taux d'alcool s'élève et que celui de l'eau diminue; elle tombe à 2,419 pour 85 d'alcool et 17,419 d'eau, qui donnent 100 centimètres cubes au lieu de 102,419, et elle n'est plus que de 0,285 pour 99 d'alcool et 1,285 d'eau (tables de Brix).

L'alcool se solidifie à — 130° sous forme d'une masse blanche.

Il bout à 78°,4 sous la pression de 760 millimètres. Le point d'ébullition des mélanges d'eau et d'alcool s'élève à mesure que la proportion d'eau augmente, en se rapprochant de plus en plus de 100° qui correspond au point d'ébullition de l'eau pure. La teneur en alcool de la vapeur produite par l'ébullition des liquides alcooliques est plus élevée que la teneur en alcool du liquide bouillant. Ce fait a pour conséquence l'appauvrissement du mélange en alcool jusqu'à ce qu'il ne soit plus composé que d'eau pure. Nous retrouverons cette question en étudiant la distillation.

La distillation ne permet pas d'obtenir l'alcool anhydre : on ne peut pas, par cette méthode, dépasser le titre de 97° à 98°. Pour enlever les 2 ou 3 p. 100 d'eau qui restent, on laisse digérer pendant douze heures de l'alcool à 95° sur de la chaux vive qui le déshydrate, et on soumet le produit à deux distillations successives pour obtenir l'alcool *absolu*.

L'alcool s'obtient industriellement par fermentation alcoolique de jus sucrés et distillation. On prépare d'abord un *moût sucré*, soit avec des matières sucrées (betterave, mélasses), soit avec des matières amylacées qu'on saccharifie (pommes de terre, grains). On soumet ces moûts à la *fermentation alcoolique*, puis à la *distillation*. On obtient ainsi d'une part un alcool à titre plus ou moins élevé qu'on appelle *flegme*, et un résidu épuisé qu'on appelle *vinasse*. Le flegme est alors soumis à la *rectification*, qui l'épure et le transforme en alcool marchand.

La fermentation alcoolique constitue, jusqu'à présent, le seul mode industriel de la préparation de l'alcool. M. Berthelot a cependant depuis longtemps réalisé la synthèse de ce corps au moyen de l'acétylène. De très grands efforts ont été faits ces temps derniers pour faire passer dans la pratique cette réaction utilisée jusqu'alors dans le laboratoire. Les perfectionnements apportés dans la fabrication des carbures nécessaires à la formation de l'acétylène permettent aujourd'hui d'obtenir ce gaz à bas prix. En Allemagne, en Amérique, on trouve des gisements de carbonate de baryte qui peuvent servir à la préparation de carbure, et, en utilisant ce carbure pour la production de l'acétylène, on obtient un résidu de baryte de haute valeur, qui réduit considérablement le prix de revient du gaz. Dans ces conditions, il n'est pas impossible que la fabrication de l'alcool par voie synthétique devienne un jour industrielle, au grand détriment de notre agriculture et de nos distilleries agricoles, qui ne pourraient évidemment pas lutter contre une aussi terrible concurrence.

Usages de l'alcool. — Les principaux débouchés de l'alcool sont, par ordre d'importance : la consommation de bouche, qui s'élève aujourd'hui à près de 4^{lit},75

par tête et par an, l'emploi pour l'éclairage et le chauffage, qui atteint environ un quart de litre par personne
et par an, la préparation de certains produits chimiques,
la fabrication des vinaigres, la fabrication des liqueurs
et celle des vernis.

Nous ne devons guère espérer voir augmenter la consommation de l'alcool pour la vinaigrerie, les vernis et
la préparation des produits chimiques. Nous devons souhaiter la diminution de la consommation de bouche,
beaucoup trop considérable aujourd'hui, et faire au contraire tous nos efforts pour arrêter les progrès grandis-
sants de l'alcoolisme. Mais on peut penser que l'utilisation de l'alcool pour le chauffage, l'éclairage et la force
motrice se développera de plus en plus, de manière à
assurer la prospérité de nos distilleries et leur extension.

Cette question de l'alcool domestique et industriel est
maintenant à l'ordre du jour. L'alcool dénaturé est
aujourd'hui exempt de droits et ses applications gagnent
chaque jour du terrain. Il existe un grand nombre de
lampes d'éclairage à alcool, qui présentent sur les lampes
à pétrole l'avantage d'être plus propres et plus pratiques
et de nous permettre d'utiliser un produit national au
lieu d'un produit d'importation étrangère. L'emploi de
l'alcool pour le chauffage est également un débouché
susceptible d'avenir. Enfin, chacun a encore présents
à l'esprit les beaux résultats obtenus avec l'alcool pour
la production de la force motrice dans les essais récents
effectués avec les voitures à alcool. Il y a là une voie qui
intéresse notre industrie de la distillerie au plus haut
degré, et il est à souhaiter que toutes les facilités soient
offertes pour permettre l'extension de ces importantes
applications industrielles de l'alcool.

Alcoométrie.

L'alcoométrie est fondée en France sur les travaux de Gay-Lussac. L'alcool pur ayant une densité de 0,7943 à 15° C., la densité des mélanges d'alcool et d'eau s'élève au fur et à mesure que la proportion d'alcool s'abaisse, et c'est sur cette constatation qu'on se base ordinairement pour déterminer la teneur en alcool.

Cette richesse alcoolique peut être évaluée de deux manières, en *volumes* ou en *poids*. Dans le premier cas, on exprime le volume d'alcool contenu dans 100 volumes du liquide alcoolique. Dans le second cas, on exprime le poids d'alcool contenu dans 100 parties en poids du mélange.

L'alcoométrie volumétrique est la méthode adoptée par la Régie française.

L'*alcoomètre centésimal* qui sert à la détermination du degré d'alcool est un appareil qui, plongé dans un mélange alcoolique à la température de 15° C., indique directement le volume d'alcool pur contenu dans 100 volumes du liquide. Si, par exemple, l'alcoomètre, plongé à 15° dans un mélange d'eau et d'alcool, indique le chiffre 50°, on en conclut que 100 centimètres cubes du mélange contiennent 50 centimètres cubes d'alcool. L'instrument est réglé de telle sorte que dans l'eau pure il affleure au point zéro, et dans l'alcool absolu au point 100. Les degrés intermédiaires indiquent le volume d'alcool pur contenu dans 100 volumes du liquide.

La détermination ne souffre aucune difficulté tant que la température du mélange alcoolique est de 15°. Mais, en pratique, il n'est pas commode de ramener exactement l'échantillon à la température de 15° C., et alors le problème se complique singulièrement.

Quand la température est différente de 15° C., l'alcoomètre ne donne plus qu'un degré apparent qui doit être corrigé pour obtenir le degré véritable. A cet effet, Gay-Lussac a dressé une table appelée *table de la force réelle des liquides alcooliques*, qui fait connaître l'indication que donnerait l'alcoomètre si le liquide alcoolique était ramené à la température de 15° C. avant d'en effectuer la pesée.

Par exemple, si l'alcoomètre marque 82° à la température de 20° C., la table nous fait connaître que la force réelle du liquide est de 80,5, c'est-à-dire qu'on aurait obtenu 80,5 si on avait pris la précaution de refroidir à 15° le liquide avant d'en prendre le titre.

Mais nous commettrions une grave erreur si nous nous servions de ce chiffre pour calculer directement la quantité d'alcool pur contenu dans le volume de liquide alcoolique que nous analysons. Supposons que nous ayons 200 litres de liquide marquant 82° à 20° C. La table précédente nous a bien indiqué la force réelle du liquide si nous l'avions refroidi à 15° pour la pesée. Cette force est de 80°,5. Mais, par ce refroidissement, il s'est produit une contraction de volume; au lieu de 200 litres, nous n'en avons plus que 199. La quantité totale d'alcool pur contenue dans nos 200 litres de liquide n'est donc pas de $200 \times 80,5 = 161$ centimètres cubes d'alcool pur, mais bien de $199 \times 80,5 = 160^{cc},19$.

Il est donc nécessaire de faire une deuxième correction relative au volume pour obtenir la richesse alcoolique réelle du liquide, c'est-à-dire le nombre de litres d'alcool contenus dans 100 litres du liquide essayé.

La Régie française a dressé une table, appelée *table des richesses alcooliques*, qui tient compte de cette double correction. Mais il importe de remarquer que cette table ne donne pas le degré alcoolique réel du liquide : celui-ci s'obtient par la première table de Gay-Lussac, ou table des forces réelles. Les chiffres qu'indique la table de la Régie ne sont que des facteurs par lesquels il faut multiplier le volume observé à une température donnée pour obtenir le volume d'alcool pur à 15° qui s'y trouve contenu. L'emploi de cette table dans les laboratoires, en considérant les chiffres qu'elle donne comme des degrés alcooliques, a été cause de nombreuses erreurs.

Dans l'exemple cité plus haut, la table de la Régie donne comme richesse alcoolique du liquide titrant 82° à 20° C. le chiffre de 80,1. Cela signifie qu'il suffit de multiplier ce chiffre par le volume, c'est-à-dire 200 litres dans notre exemple actuel, pour connaître la quantité réelle d'alcool pur contenu dans nos 200 litres de liquide, $200 \times 80,1 = 160^{cc},2$. Nous retrouvons ainsi, à très peu près, le chiffre de $160^{cc},19$ obtenu plus haut. Mais la force réelle du liquide n'est pas de 80°,1, mais bien de 80°,5, chiffre fourni par la table des forces réelles de Gay-Lussac.

Les tables de la Régie donnent également le volume du liquide correspondant, pour 100 kilogrammes, au degré apparent. On détermine ainsi aisément la quantité d'alcool pur contenue dans 100 litres de liquide.

Soit un fût dont le poids net est de 600 kilogrammes, le degré apparent étant de 85° à 25° C. La table indique que le volume correspondant à 100 kilogrammes d'un liquide dont le degré apparent est de 85° est de $117^{lit},7$. Le volume des 600 kilogrammes de liquide est donc de $600 \times 1,177$, soit $706^{lit},2$. D'autre part, la table nous apprend que le degré corrigé, c'est-à-dire la richesse alcoolique à 15°, d'un liquide marquant 85° à 25° C. est de 81°,3. La quantité d'alcool pur est donc de $706,2 \times 0,813 = 574^{lit},14$.

L'alcoométrie volumétrique, dont nous venons d'exposer les principes, présente de gros inconvénients. La confusion entre les deux tables que nous avons indiquées est souvent la cause d'erreurs. Aussi M. Lejeune en 1872, et M. Barbet en 1893, ont-ils proposé la substitution de l'alcoométrie pondérale à l'alcoométrie volumétrique. Le problème est dans ce cas beaucoup plus simple, car les

poids d'alcool sont invariables, quelle que soit la température. Il s'agit alors de déterminer le poids d'alcool
contenu dans 100 parties en poids du mélange. Cette
méthode est employée en Allemagne depuis 1887.
L'alcoomètre pondéral allemand est muni d'un thermomètre, et la température normale pour la pesée de l'alcool
est de 15° C. Des tables spéciales, dressées par la Commission impériale des poids et mesures, donnent la force
alcoolique vraie d'après les indications de l'alcoomètre
pondéral à diverses températures.

Dosage de l'alcool dans les liquides alcooliques.
— Nous avons déjà vu comment on pouvait doser l'alcool
dans les liquides fermentés, tels que les cidres et les
bières.

On peut employer soit la méthode de distillation, soit
l'ébullioscope, soit le vaporimètre de Geissler, soit enfin
le compte-gouttes de M. Duclaux. Nous avons étudié les
deux premiers procédés au sujet de l'analyse des cidres ; il
nous reste à donner le principe des deux autres appareils.

Le *vaporimètre* de Geissler est basé sur la différence
qui existe entre la tension de la vapeur d'eau et celle de
la vapeur d'alcool. La tension de la vapeur d'alcool étant
plus élevée que celle de la vapeur d'eau, un mélange de
ces deux vapeurs soulève une colonne de mercure d'autant plus grande que l'alcool est plus abondant. On
place donc une fraction du liquide à analyser dans une
petite fiole, de telle sorte qu'en chauffant la vapeur ne
puisse s'échapper et vienne agir sur une colonne de mercure. Le chauffage se fait au moyen d'une petite chaudière à eau dont les vapeurs viennent échauffer le
liquide alcoolique contenu dans la fiole. Une échelle
graduée, placée le long de la colonne de mercure, fait
connaître la richesse alcoolique du liquide.

Le *compte-gouttes* de M. Duclaux est basé sur ce fait
que les mélanges d'eau et d'alcool ont des tensions
superficielles plus faibles que l'eau pure. En faisant

couler par gouttes, sous un volume donné, un mélange alcoolique à travers un orifice de dimensions constantes, le nombre des gouttes correspondant à chacun des mélanges est constant d'abord, puis d'autant plus grand que la proportion d'alcool est plus grande (1).

Il suffit, par conséquent, de remplir du liquide alcoolique distillé une petite pipette compte-gouttes de 5 centimètres cubes donnant exactement sous ce volume 100 gouttes avec de l'eau distillée à 15°. On compte le nombre des gouttes qui s'écoulent de la pipette avec les 5 centimètres cubes de liquide alcoolique, on note la température et on se reporte à la table suivante, dressée par M. Duclaux, qui donne directement le degré alcoolique du liquide.

	TEMPÉRATURES :							
	5°	7°,5	10°	12°,5	15°	17°,5	20°	22°,5
	Nombre de gouttes obtenues.							
Eau distillée.	98	98,5	99	99,5	100	100,5	101	102
0,5 p. 100.	102	102,5	103	103,5	104	104,5	105	106
1 —	105	105,5	106	106,5	107	107,5	108	109
2 —	111	111,5	112	112,5	113	113,5	114,5	115,5
3 —	116	116,5	117	117,5	118	118,5	119,5	120,5
4 —	120,5	121	121,5	122	122,5	123,5	124,5	125,5
5 —	124	124,5	125	125,5	126,5	127,5	128,5	130
6 —	127	127,5	128,5	129,5	130,5	131,5	132,5	134
7 —	130	131	132	133	134	135,5	136,5	138
8 —	133	134	135,5	136,5	137,5	139	140	141,5
9 —	136	137	138,5	139,5	140,5	142	143	144,5
10 —	139	140,5	141,5	142,5	144	145	146,5	147,5
11 —	142	143,5	144,5	145,5	147	148	149,5	150,5
12 —	145	146,5	148	149	150,5	151,5	153	154,5
13 —	148,5	150	151	152,5	154	155	156	157,5
14 —	152	153,5	154,5	155,5	157	158	159	160,5
15 —	155	156,5	157,5	158,5	160	161,5	163	164,5

The row labels are bracketed under *Alcool à*.

(1) E. Duclaux, *Traité de microbiologie*, t. III, p. 7.

, Cette méthode rend surtout des services pour le dosage de l'alcool dans les liquides qui en contiennent peu. Il est beaucoup plus sensible que l'alcoomètre pour les mélanges alcooliques faibles.

DEUXIÈME PARTIE

LA PRÉPARATION DES MOÛTS SUCRÉS

CHAPITRE I

PRÉPARATION DES MOÛTS DE BETTERAVES.

Les betteraves destinées à la fabrication de l'alcool doivent subir les deux opérations suivantes :

1° Lavage et nettoyage ;
2° Extraction du jus.

1° Lavage et nettoyage des betteraves.

Le lavage des betteraves présente une très grande importance. En effet, nous verrons bientôt que les procédés les plus employés aujourd'hui pour l'extraction du jus sont les procédés de macération et de diffusion, qui exigent le découpage des betteraves en cossettes au moyen de coupe-racines. Le fonctionnement de ces appareils découpeurs n'est régulier et économique que si la betterave est parfaitement nettoyée, afin d'éviter les accidents, l'encrassement et la rupture des couteaux sous l'action de la terre ou des pierres.

Les betteraves doivent être d'abord amenées au laveur.

16.

On a souvent avantage à utiliser, pour le transport des betteraves, le transporteur hydraulique, qui fait subir à la betterave un premier nettoyage et permet une grande économie de main-d'œuvre. Le transporteur hydraulique se compose d'un caniveau en maçonnerie en pente, dans lequel circule un courant d'eau qui entraîne les betteraves au laveur. L'eau qui a servi est reprise par des pompes ou des roues à godets, et elle peut servir de nouveau pour le transport des betteraves, après avoir subi une décantation dans un bassin.

Les betteraves amenées par le transporteur hydraulique sont déversées dans le laveur, soit au moyen d'un élévateur à hélice, soit au moyen d'une roue élévatrice qui élève à la fois les betteraves jusqu'au laveur et l'eau du transporteur hydraulique qui sert de nouveau après avoir été décantée.

Le lavage a pour but d'enlever la terre adhérente à la betterave et de la débarrasser des pierres qui viendraient abîmer les couteaux du coupe-racines. En outre, nous verrons plus loin que les jus de betteraves doivent être acidifiés au moyen d'acide sulfurique. La terre plus ou moins calcaire qui adhère aux betteraves neutralise une partie de l'acide sulfurique et occasionne, par la suite, des accidents dans la fermentation alcoolique.

Le lavage se fait généralement dans deux appareils : un premier laveur, qui est appelé *débourbeur*, et qui enlève la terre qui souille la betterave, et un second laveur, appelé *rinceur*, qui achève le nettoyage.

Les laveurs se composent ordinairement d'une auge métallique munie d'un arbre animé d'un mouvement de rotation. Cet arbre porte des bras en hélice qui remuent les betteraves en les frottant énergiquement les unes contre les autres dans un courant d'eau. Le lavage est complété par un épierrage, soit au moyen d'un épierreur à bras, soit au moyen d'un épierreur à hélice, analogue à l'élévateur, dont la partie inférieure est constituée par des bras en fer au lieu de spires, ce qui empêche l'élévation des pierres aux appareils d'extraction du jus.

2° Extraction du jus de betteraves.

On emploie pour extraire le jus de la betterave trois méthodes distinctes :

1° L'extraction par râpage et pressurage ;

2° L'extraction par découpage en cossettes et macération ;

3° L'extraction par découpage en cossettes et diffusion.

A. — EXTRACTION DU JUS PAR RAPAGE ET PRESSURAGE.

Cette méthode d'extraction du jus de betterave est la plus ancienne, et elle a été pendant longtemps la seule employée. Aujourd'hui, elle est de plus en plus délaissée pour les procédés de macération et de diffusion, qui sont beaucoup plus pratiques et plus économiques.

L'extraction du jus de betterave par râpage et pressurage comprend les opérations suivantes :

1° Râpage de la betterave ;

2° Acidification ;

3° Pressurages ;

4° Épulpage du jus.

1° **Râpage de la betterave.** — Les râpes employées sont tantôt la râpe à poussoirs, tantôt la râpe centrifuge.

La râpe à poussoirs se compose d'un tambour portant à sa surface externe des lames de scie. Le tambour est animé d'un mouvement de rotation rapide, et la betterave est appliquée contre les dents de scie au moyen d'un poussoir. Il y a ainsi deux, trois ou quatre poussoirs correspondant chacun à une fraction du tambour râpeur. Les betteraves, poussées par les poussoirs, sont retenues

contre le tambour au moyen d'une plaque métallique
qui empêche l'entrainement des racines par le tambour.

Cet appareil a l'inconvénient de ne pas fournir une
râpure très homogène : il reste souvent des morceaux
de betteraves mal râpés, qui sont entraînés par le tam-

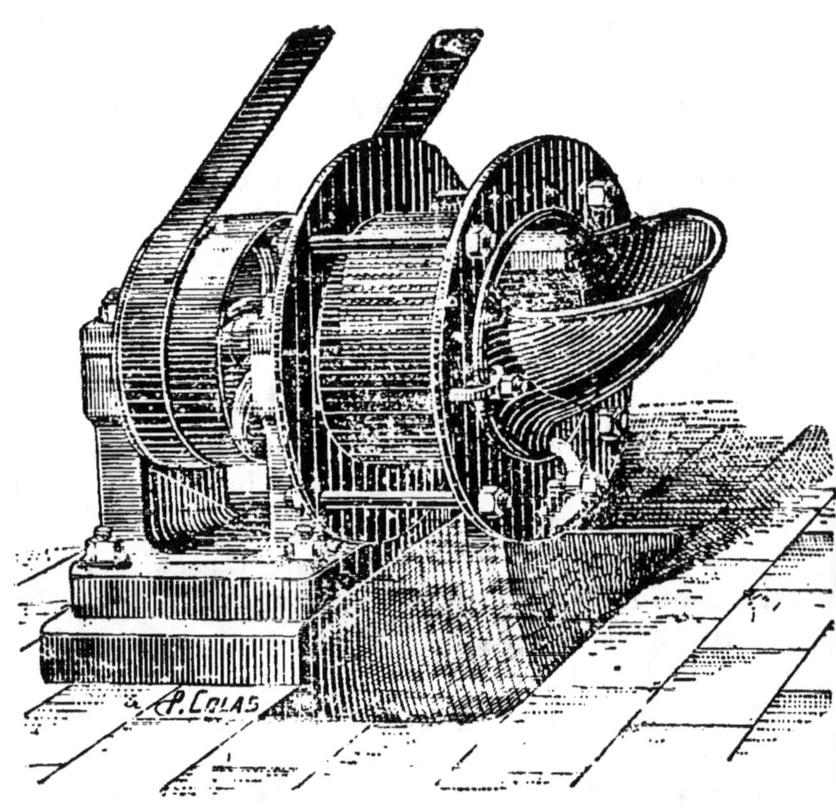

Fig. 38. — Râpe centrifuge Champonnois.

bour. Aussi préfère-t-on ordinairement la râpe centrifuge,
qui donne une pulpe plus régulière et un rendement
plus grand.

La râpe centrifuge (fig. 38) se compose d'un tambour
creux à surface intérieure dentée. Ce tambour est fixe
et porte à l'intérieur un disque à deux ou trois branches,
tournant à 1 000 tours et dont les bras rasent la surface

du cylindre. Les betteraves sont introduites dans le tambour ; elles sont entraînées par le mouvement de rotation des branches, en s'appliquant fortement contre les dents du tambour par suite de la force centrifuge. La pulpe produite sort par des ouvertures ménagées dans le tambour et tombe dans une bâche en fonte appelée *bac de râpe*, sur lequel est boulonné l'appareil. Ce bac porte un agitateur qui mélange instantanément la râpure avec l'eau acidulée qu'on fait arriver pendant l'opération.

2° **Acidification de la râpure.** — C'est Dubrunfaut qui reconnut, le premier, les avantages de l'emploi de l'acide sulfurique dans la fermentation du jus de betterave. Il favorise la fermentation alcoolique, en arrêtant les fermentations secondaires, et facilite la diffusion du sucre, ce qui est très important pour les procédés d'extraction basés sur l'osmose, que nous étudierons plus loin. En outre, l'acide sulfurique déplace les acides organiques de leurs combinaisons, les met en liberté, ce qui rend le milieu plus favorable au bon développement de la levure.

Dans le procédé d'extraction du jus par râpage et pressurage, on acidifie la râpure dans le bac de râpe. Tantôt on fait couler sur la râpe du petit jus provenant de la seconde pression des pulpes, acidulé par l'acide sulfurique. Tantôt on fait couler seulement sur la râpe le petit jus, et on fait arriver l'eau acidulée directement dans le bac de râpe. Cette deuxième méthode a l'avantage de ne pas attaquer les lames de la râpe avec l'acide. L'addition de petit jus est indispensable pour avoir une bonne extraction et pour que la matière puisse être pompée et envoyée aux presses.

3° **Pressurages.** — Les pressurages de la pulpe s'effectuent au moyen de presses continues. La pulpe envoyée à la presse doit être fine et homogène, mais ne pas former une bouillie, car la pression devient alors difficile. Cette luppe est aspirée dans le bac de râpe par une pompe qui la refoule dans la presse. La pompe à pulpes est ordinairement à double action, à boulets, et elle porte à sa partie supérieure une boîte de tamisage formée par une grille en bronze, qui permet de retenir les fragments incomplètement râpés ou les corps étrangers qui viendraient détériorer la presse.

La presse hydraulique n'est plus employée aujourd'hui pour le pressurage des pulpes, qui se fait maintenant à l'aide de presses continues. La presse continue Dujardin (fig. 39) se compose d'une chambre de distribution qui amène la pulpe entre deux cylindres filtrants C, C, tournant en sens inverse. La pompe à pulpe refoule la matière par un tuyau dans la presse; la pulpe passe par les conduits g, g' et arrive contre les tambours. Ceux-ci sont recouverts d'une enveloppe perforée en laiton. La pulpe est fortement pressée contre les cylindres, elle passe entre les rouleaux qui tournent à raison de 7 à 8 tours à la minute à quelques millimètres d'écartement, et sort en T. Le jus traverse la tôle perforée et s'écoule hors de la presse par une rigole. A la partie supérieure de l'appareil se trouve un volet de compression K qui permet, au moyen de vis, de compléter la pression et régler la sortie de la pulpe pressée.

Cet appareil permet de traiter 40 000 à 50 000 kilogrammes de betteraves par vingt-quatre heures.

Mais, par une seule pression, l'extraction du sucre n'est pas encore assez complète; la pulpe retient encore 5 ou 6 p. 100 de sucre. Pour réduire cette perte, on fait macérer la pulpe de première pression avec de l'eau ou de la vinasse tiède. Cette opération se fait dans un malaxeur formé par un bac demi-cylindrique dans lequel tourne un arbre muni de palettes disposées en hélice.

On délaye la pulpe avec de l'eau ou de la vinasse chaude, de manière à avoir une température de 50° à 60°. Après malaxage, la pulpe est envoyée dans une presse de deuxième pression analogue à la première. On obtient ainsi, d'une part, la pulpe épuisée, d'autre part des

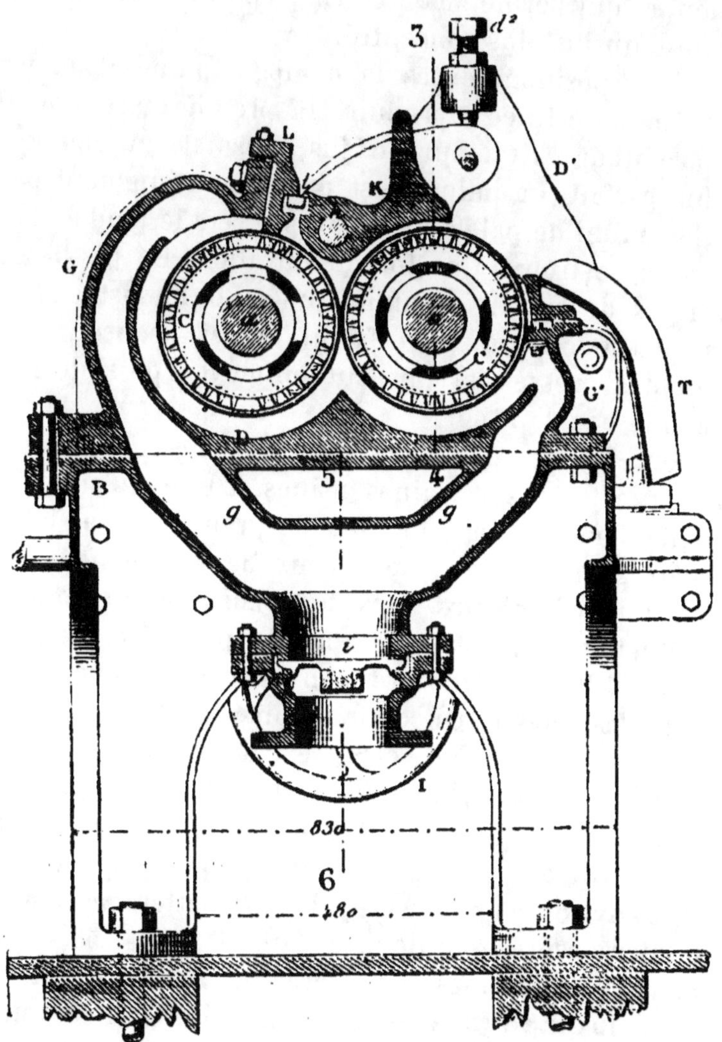

Fig. 39. — Coupe de la presse continue système Dujardin (de Lille)
pour la pulpe de betterave.

g, g, conduits d'entrée de la pulpe ; C, C, cylindres presseurs ; T, sortie de
la pulpe pressée.

petits jus qui sont envoyés sur la râpe pour diluer la
râpure destinée à subir la première pression. On n'en-

voie donc à la fermentation que les jus de première pression, ce qui permet d'obtenir, avec une extraction suffisante, un jus plus concentré.

L'interposition, entre la pompe à pulpe et la presse continue destinée à produire la première pression, d'un macérateur extracteur de jus, permet un épuisement plus parfait. La pulpe y est malaxée intimement par un arbre muni de palettes, et poussée vers le fond de l'appareil où se trouve une tôle de filtration. Le jus passe au travers de ce tamis, tandis que la pulpe est envoyée à la presse continue. On facilite ainsi beaucoup le travail des presses, et on peut employer plus de liquide dans le bac de râpe.

Pour épuiser plus complètement encore la pulpe, on la soumet, dans certaines usines, à une troisième pression. Dans ce cas, les jus de première pression sont envoyés en fermentation, ceux de deuxième pression vont diluer la râpure, ceux de troisième pression servent à diluer la pulpe obtenue après la première pression, et la pulpe de deuxième pression est malaxée avec de l'eau ou de la vinasse. On obtient ainsi un très bon épuisement, mais le système est assez compliqué.

Quand on travaille par double pression, la pulpe contient encore de 1,5 à 3 p. 100 de sucre, suivant la perfection du travail. La quantité de pulpe produite représente environ 25 p. 100 du poids des betteraves. La perte en sucre représente donc de $0^{kg},375$ à $0^{kg},750$ de sucre par 100 kilogrammes de betteraves.

4° **Épulpage des jus.** — Les jus qui sortent des presses continues contiennent une assez forte proportion de pulpe folle qu'on doit retenir, car elle a le défaut de gêner la fermentation, de faire mousser les moûts et de salir les colonnes à distiller.

On emploie à cet effet un appareil appelé *épulpeur*. C'est en général un simple cylindre perforé, animé d'un mouvement de rotation. Le jus est introduit dans ce cylindre, il traverse la tôle perforée et se réunit dans une bâche située au-dessous. La pulpe folle est retenue et s'écoule dans le bac de râpe. Le jus est envoyé aux cuves de fermentation.

B. — EXTRACTION DU JUS PAR DÉCOUPAGE EN COSSETTES ET MACÉRATION.

L'extraction du jus de betteraves par macération est basé sur le principe suivant : si on place dans l'eau des betteraves débitées en minces cossettes, le jus contenu dans les cellules se diffuse dans le liquide qui les baigne, tandis que ce liquide lui-même pénètre dans les cellules. Au bout d'un certain temps, une partie du sucre et de certaines matières étrangères est passée dans l'eau, et l'équilibre est atteint quand le liquide qui se trouve dans les cellules a la même composition que le liquide extérieur. On a donc extrait ainsi une certaine proportion de sucre. Si maintenant nous remplaçons cette eau déjà chargée de jus par de nouvelle eau pure, le même phénomène va se reproduire, et au bout de quelques opérations nous pourrions épuiser tout le sucre contenu dans les cossettes.

Mais cette méthode exigerait des quantités d'eau considérables et fournirait des jus trop dilués. Pour éviter cet inconvénient, on a recours à la macération méthodique, dont le principe est le suivant :

Prenons quatre vases appelés *macérateurs*. Versons d'abord de l'eau sur les cossettes contenues dans le quatrième vase. La diffusion va s'opérer et l'eau se charge de sucre. Faisons passer maintenant cette eau du quatrième macérateur dans le troisième, en remplissant de nouveau d'eau le quatrième vase. Le jus s'enrichira de nouveau en sucre dans le troisième macérateur, et l'épuisement se continuera dans le quatrième. Envoyons alors le jus du troisième vase dans le second, celui du quatrième dans le troisième et remettons sur le quatrième de l'eau pure. Le même phénomène se reproduit, et finalement, en faisant passer le jus du deuxième macérateur sur le premier, nous obtenons un jus riche, tandis que les cossettes du quatrième vase se trouvent complètement épuisées. On vide alors ce macérateur, on le remplit de cossettes neuves et il devient alors le n° 1 ; l'opération recommence avec le troisième macérateur comme dernier vase, le premier macérateur se déversant dans le quatrième, nouvellement chargé, et devenu à son tour le n° 1.

Un perfectionnement très important fut apporté, il y a environ cinquante ans, à la méthode, par Champonnois. Il eut l'idée de substituer à l'eau pure, pour l'épuisement, la vinasse provenant de la distillation des jus fermentés. Dans l'épuisement des cossettes par l'eau pure, l'eau enlève aux cossettes non seulement le sucre, mais aussi des matières azotées, de sorte que la pulpe est beaucoup moins nutritive. Au contraire, en employant la vinasse, qui est déjà chargée de ces matières, la diffusion du sucre se fait presque seule, et celle des matières étrangères est très réduite. On obtient ainsi des pulpes d'une plus grande valeur nutritive. Toutefois, au bout d'un certain nombre de macérations, les vinasses finissent par contenir trop de matières étrangères, et les fermentations deviennent irrégulières. Aussi est-il nécessaire de la mélanger de temps en temps avec la moitié de son volume d'eau chaude.

L'application des principes que nous venons d'exposer peut se faire de deux manières : ou bien l'épuisement se fait dans une seule cuve, ou bien il se fait méthodiquement dans une série de macérateurs. Les deux méthodes sont employées, mais la seconde est beaucoup plus parfaite que la première.

Quel que soit le mode adopté, l'opération comprend toujours deux phases distinctes : 1° le découpage de la

betterave en cossettes; 2° la macération, en cuve unique,
ou en batterie.

1° Découpage des betteraves. — Un bon découpage
de la betterave en cossettes est une condition indispensable pour obtenir avec la macération de bons résultats.
Les cossettes doivent être très régulières et offrir le
maximum de surface pour l'épuisement par le liquide.
Elles ne doivent pas être trop larges pour ne pas s'appliquer les unes contre les autres, ce qui nuirait à l'épuisement.

Pour arriver à ce résultat, on doit employer un bon
coupe racines et entretenir les couteaux dans un parfait
état.

Les coupe-racines employés en distillerie de betteraves sont de deux types : le type centrifuge et le type
à plateau horizontal.

Le coupe-racines centrifuge de Champonnois, qu'on
rencontre encore dans un grand nombre de distilleries
agricoles, se compose d'une boîte légèrement conique
munie de six ouvertures dans lesquelles viennent se
placer les couteaux. Dans l'intérieur se trouve un pous-
seur animé d'un mouvement de rotation rapide, qui
entraîne les betteraves et les applique contre la boîte.
Les betteraves sont ainsi découpées en lanières contre
les couteaux.

Ce système a été perfectionné par M. Barbet en y
adaptant des porte-couteaux démontables.

Les coupe-racines centrifugés ont l'inconvénient de
donner des cossettes moins belles et moins régulières que
les coupe-racines à plateau horizontal qui sont aujourd'hui
de plus en plus employés. Mais ces derniers appareils
exigent un lavage et un épierrage parfait de la betterave,
afin d'éviter les arrêts dus aux obstructions et aux
ruptures des couteaux.

Le coupe-racines à plateau horizontal (fig. 40) se
compose d'un plateau en fonte tournant à une vitesse

de 100 à 150 tours à la minute. Ce plateau porte de huit à douze fenêtres dans lesquelles sont placés les porte-couteaux. Sur ceux-ci sont fixés les couteaux, qui dépassent légèrement le plan du plateau. En avant de la lame des couteaux se trouve une contre-lame qui permet de régler la grosseur des cossettes. Au-dessus du plateau se trouve une trémie dans laquelle se trouvent les betteraves ; les cossettes s'échappent sous le plateau. Dans la trémie se trouvent des traverses destinées à arrêter la betterave et à l'empêcher de suivre le mouvement de rotation du plateau.

La forme des couteaux ordinairement adoptée est la faîtière, qui produit des cossettes dont la section ressemble à un V. Cette forme a l'avantage d'offrir une large surface et de ne pas se coller dans les macérateurs ou diffuseurs, ce qui assure la circulation uniforme du liquide.

2° **Macération des cossettes.** — a. *Macération dans des macérateurs travaillant isolément.* — Cette méthode très imparfaite est cependant employée par un grand nombre de petites distilleries. Le macérateur est constitué par une grande cuve en bois ouverte à sa partie supérieure, et munie à sa partie inférieure d'un faux fond perforé. Au-dessous de ce faux fond se trouve une ouverture d'évacuation des jus. Le coupe-racines peut être amené au-dessus de chaque macérateur, qu'on remplit de cossettes fraîches. Le macérateur étant rempli, on doit aciduler à l'acide sulfurique, comme nous l'avons vu dans le procédé des râpes. Indépendamment de l'avantage qu'offre l'acide sulfurique en favorisant la fermentation alcoolique, il contribue en outre à rendre la diffusion plus rapide et plus complète. La dose d'acide à employer est variable. Au début de la campagne, quand on commence la macération avec de l'eau, on doit évidemment employer une dose d'acide plus forte que dans le cours du travail, quand on utilise la vinasse, qui

Fig. 40. — Coupe-racines à plateau horizontal.

est elle-même déjà acide. Il suffit, dans ce second cas, d'ajouter la proportion d'acide nécessaire pour que le jus, après addition de vinasse, possède l'acidité voulue. Cette acidification se fait ordinairement avec de l'eau contenant un dixième d'acide sulfurique.

L'acidification des cossettes se fait dans le macérateur; on remplit alors celui-ci avec du jus faible provenant d'un macérateur précédemment épuisé, et on y envoie de la vinasse bouillante.

Les premiers jus qui passent sont très riches et sont envoyés en cuve de fermentation tant qu'ils possèdent la densité voulue. Quand la densité baisse au-dessous de la limite, on continue à envoyer de la vinasse, mais le jus obtenu ainsi, appelé *petit jus*, est envoyé sur une nouvelle cuve chargée de cossettes neuves jusqu'à épuisement de la première.

Pour avoir un jus de richesse moyenne et constante, il faut travailler simultanément avec plusieurs macérateurs à différents degrés d'épuisement.

M. Durin estime que cette méthode de macération dans des vases travaillant isolément est absolument mauvaise, et qu'il faut employer la macération méthodique.

b. *Macération méthodique.* — Nous avons vu précédemment quel était le principe de la macération méthodique. Les macérateurs employés sont en bois ou en fonte : ils portent à 15 centimètres du fond un faux fond perforé qui laisse passer le jus. Dans l'espace formé par le fond et le faux fond aboutit un tuyau qui permet de faire passer le liquide d'un macérateur sur l'autre. Ce tuyau se rend à la partie supérieure du macérateur suivant. A la partie inférieure des macérateurs se trouve une canalisation de vidange des jus, et à la partie supérieure deux tuyaux, un qui sert à la distribution des petits jus et l'autre à celle de la vinasse (fig. 41). Le nombre des macérateurs varie entre quatre et huit; chacun contient de 1000 à 2000 kilogrammes de cossettes.

La marche schématique est alors la suivante. Prenons comme exemple une batterie de six macérateurs en marche. Les macérateurs 3 et 4 sont arrêtés ; l'un se remplit de cossettes fraîches, l'autre est en vidange de ses cossettes épuisées. Nous ouvrons le robinet *b* du macérateur 5, et nous faisons couler les petits jus provenant du macérateur précédent, petit jus que nous retrouverons tout à l'heure. Puis nous ouvrons le robinet *a* du macérateur 5 et nous faisons couler de la vinasse chaude. Celle-ci déplace le liquide contenu dans ce macérateur, et le liquide déplacé passe dans le macérateur 6 par le tuyau E. Là il rencontre des cossettes moins épuisées et, par conséquent, s'enrichit ; puis il passe de même du macérateur 6 dans le macérateur 1 et du macérateur 1 dans le macérateur 2 en s'enrichissant de plus en plus. Le robinet *e* du macérateur 3 en chargement étant fermé, et le robinet *d* de ce même macérateur étant tou vert, le jus concentré s'écoule dans une rigole D et s'en va aux cuves de fermentation.

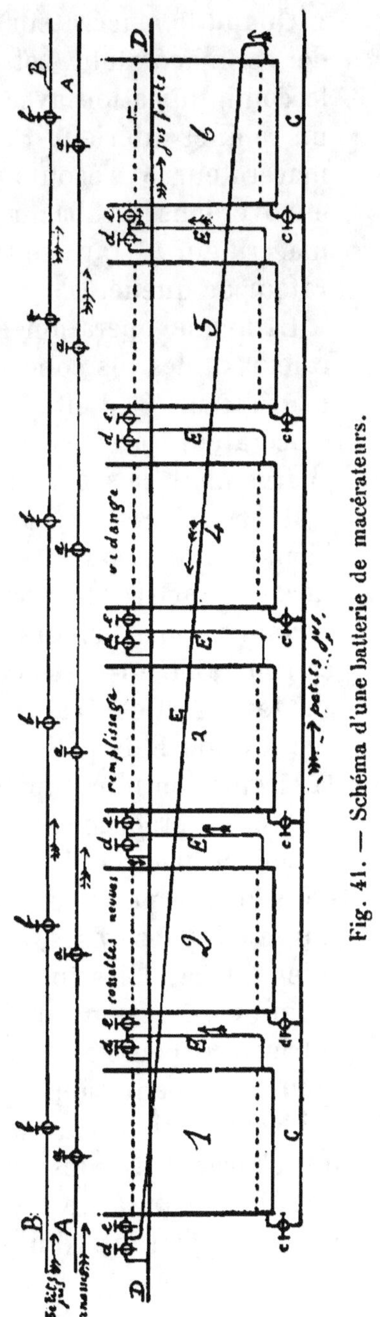

Fig. 41. — Schéma d'une batterie de macérateurs.

Quand le macérateur 5 est épuisé, on ferme le robinet *a* de ce macérateur, et son robinet *e*, ce qui intercepte la communication avec le macérateur 4. On ouvre alors un robinet inférieur C, et le *petit jus* contenu dans ce macérateur 5 s'écoule par le tuyau C. Ce petit jus est envoyé dans un bac à jus et vient se déverser sur le macérateur 6 qui se trouve être maintenant le macérateur de queue.

La même opération recommence alors sur le macérateur 6, les jus concentrés sortant maintenant par le macérateur 3 dont le remplissage est achevé, et les macérateurs arrêtés étant les n°s 4 et 5, le premier en chargement, le second en vidange.

Il est nécessaire, pour que la circulation s'effectue bien, que le découpage des cossettes soit tout à fait régulier. Pour activer la circulation à travers les macérateurs, certains constructeurs laissent un espace libre assez considérable au-dessus du couvercle perforé qu'on place sur les cossettes. D'autres munissent les tuyaux de communication E de petits injecteurs de vapeur, qui rendent la circulation plus rapide.

Dans le procédé d'extraction des jus par macération, on doit utiliser la vinasse aussi chaude que possible (80°), pour qu'elle ne se refroidisse pas trop pendant sa circulation dans les vases, et pour que l'épuisement se fasse mieux. Quand les jus sortent à trop haute température, ce qui est le cas normal, on doit leur faire traverser un réfrigérant pour les amener à la température favorable pour la fermentation.

L'acidification par l'acide sulfurique se fait au moment du chargement des macérateurs. L'acide sulfurique dilué est ajouté en quantité voulue sur les cossettes fraîches qu'on introduit dans le macérateur de tête.

C. — EXTRACTION DU JUS PAR DÉCOUPAGE EN COSSETTES ET DIFFUSION.

Le procédé de macération que nous venons d'étudier présente l'inconvénient de ne pas permettre toujours une circulation des jus bien régulière et suffisamment rapide. Le travail se fait beaucoup mieux si on substitue aux macérateurs ouverts des vases fermés munis d'appareils réchauffeurs dans lesquels l'épuisement se fait par l'eau ou la vinasse sous pression. Cette méthode porte le nom de *diffusion*, et elle s'est surtout répandue en France depuis 1890.

Les betteraves doivent d'abord, comme dans l'extraction par macération, être découpées en cossettes. On se sert de coupe-racines de sucrerie à plateau horizontal, que nous avons décrits plus haut, et on débite ainsi la betterave en cossettes faîtières.

La diffusion repose sur le même principe que la macération. La vinasse coule sur le diffuseur qui contient les cossettes les plus épuisées, passe de diffuseur en diffuseur en s'enrichissant en sucre et traverse en dernier lieu le diffuseur chargé de cossettes fraîches. Le jus ainsi obtenu est envoyé en fermentation. La circulation des jus est assurée par la pression que donne la vinasse qui se trouve dans un bac situé à quelques mètres de hauteur. Le chauffage des jus se fait soit au moyen de calorisateurs, soit au moyen d'injecteurs de vapeur. Un calorisateur est placé entre chaque diffuseur et le diffuseur suivant : le chauffage est produit par un serpentin ou par un faisceau tubulaire. L'injecteur de vapeur est préférable, car il accélère la circulation et réduit l'espace dans lequel le jus n'est pas en contact avec les cossettes.

La circulation des jus dans une batterie de diffuseurs présente certaines particularités. Sous la pression de la vinasse, les jus circulent dans les diffuseurs, descendant les vases du haut en bas et remontant les calorisateurs Mais si on faisait arriver les jus par le haut sur le diffuseur de tête nouvellement rempli de cossettes et plein d'air, le mouillage des cossettes se ferait très mal, et il resterait dans le diffuseur un matelas d'air qui gênerait la marche des appareils. Aussi est-il nécessaire de faire l'emplissage du diffuseur de tête en faisant arriver le liquide *de bas en haut*. Cette opération porte le nom de *meichage* ; elle se fait très aisément par un simple jeu de soupapes qui permet de renverser le courant du liquide.

Quand le jus est arrivé en haut du diffuseur de tête, on procède alors au soutirage. On rétablit le sens normal de circulation, et le liquide concentré est évacué dans le tuyau des jus. Dans certaines distilleries, pour économiser l'eau, on soutire à l'air comprimé en mettant la pression d'air sur le diffuseur qu'on veut vider.

Les batteries de diffusion employées aujourd'hui se composent ordinairement de douze à quatorze diffuseurs de 20 hectolitres. Le diffuseur est ordinairement en fonte, et de forme à peu près cylindrique. Il porte à sa partie supérieure un couvercle assujetti par une vis de pression. Dans l'intérieur et à la partie inférieure du diffuseur se trouve une tôle perforée qui maintient les cossettes et laisse passer les jus. Chaque diffuseur est muni de trois soupapes : la soupape de circulation qui fait communiquer le diffuseur avec le suivant, la soupape d'eau, et la soupape de jus qui permet le soutirage du diffuseur.

Le liquide diffuseur employé est la vinasse, qu'on utilise par diverses méthodes. On peut mélanger toute la vinasse avec de l'eau tiède, ou bien, comme le recommande M. Barbet, marcher alternativement avec la vinasse et l'eau. Quand on ne dispose pas de beaucoup d'eau chaude, on peut mélanger la vinasse avec les jus faibles, ou envoyer séparément dans la batterie la vinasse et les jus faibles.

L'acidification par l'acide sulfurique doit se faire sur le diffuseur de tête, en répartissant le mieux possible cet acide dilué sur les cossettes fraîches. On combat ainsi les fermentations secondaires qui prennent facilement naissance dans le premier diffuseur, où la température n'est pas assez élevée pour s'opposer au développement des ferments.

La figure 42 représente une vue d'ensemble d'une batterie de diffusion systèmeEgrot. Les diffuseurs, en fonte, reposent directement sur un massif de maçonnerie et portent des ouvertures latérales qui permettent d'évacuer les pulpes épuisées dans des wagonnets roulant sur rails.

Les cossettes épuisées sont soumises au pressurage pour les débarrasser de leur excès d'eau. On emploie à cet effet la presse Klusemann ou la presse Bergreen. La presse Klusemann se compose d'un arbre conique en fonte muni de fortes palettes disposées en hélice, et tournant au milieu d'un tambour en tôle perforée. Les cossettes arrivent par la partie supérieure, descendent dans l'espace compris entre l'arbre conique et le tambour, où elles sont poussées par les palettes. Elles occupent ainsi un espace de plus en plus réduit et sont énergiquement pressées. L'eau s'écoule à travers la tôle perforée, tandis que les cossettes pressées s'échappent par le bas. La figure 43 représente une presse à cossettes construite par les établissements Cail.

L'extraction des jus de betteraves par diffusion est la méthode qui permet d'obtenir le plus fort rendement en sucre et, par suite, en alcool. On produit en outre des jus de densité élevée dont le travail est moins coûteux. Cette méthode présente enfin l'avantage de réduire considérablement la main-d'œuvre et la force motrice, et les perfectionnements qu'elle a subis dans ces dernières années la rendent aujourd'hui tout à fait pratique.

Fig. 42. — Batterie de diffusion circulaire avec vidange latérale
(Egrot et Grangé constructeurs).

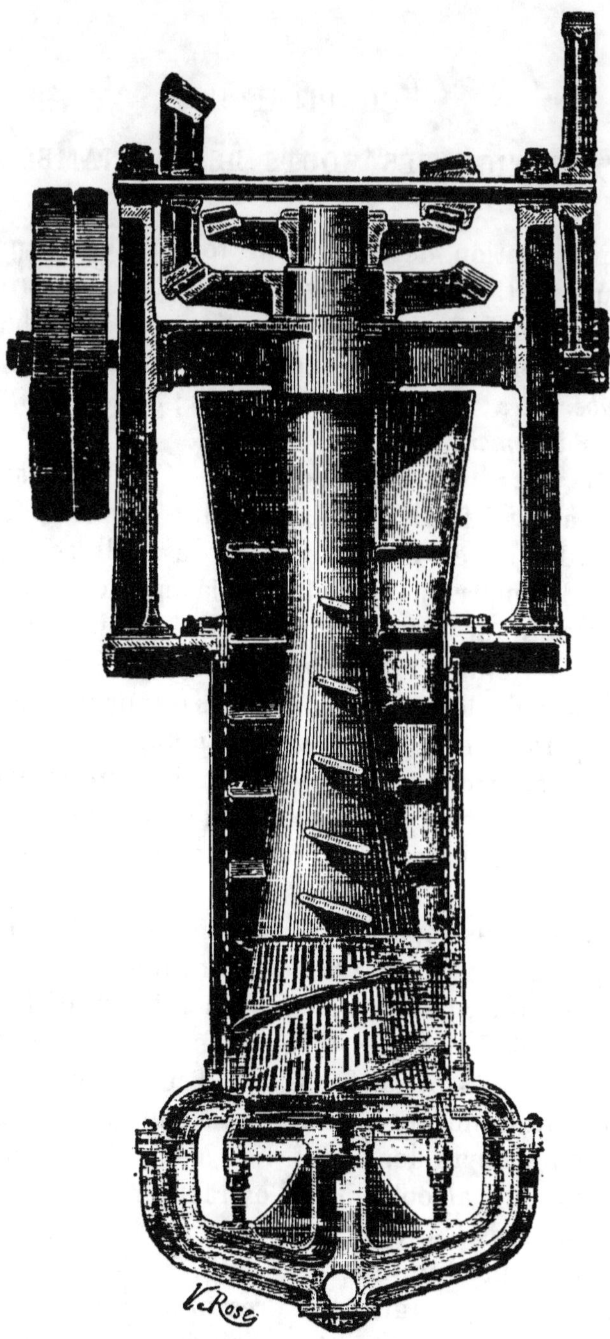

Fig. 43. — Presse à cossettes (Cail).

CHAPITRE II

PRÉPARATION DES MOÛTS DE TOPINAMBOURS.

La préparation des moûts de topinambours présente quelques particularités, dues à la nature et aux propriétés des hydrates de carbone que contiennent les tubercules. Elle comprend les quatre opérations suivantes : 1º *lavage des tubercules* ; 2º *extraction du jus* ; 3º *saccharification* ; 4º *refroidissement*.

1º Lavage des tubercules. — Cette opération est rendue assez difficile par les aspérités que présentent les topinambours et les creux dans lesquels se logent la terre et les pierres. On doit donc laver énergiquement et avec une grande quantité d'eau. L'opération se fait comme pour la betterave, en envoyant les eaux boueuses dans des bassins de décantation d'où elles retournent au laveur. On fait ainsi une économie d'eau notable.

2º Extraction du jus. — Comme pour la betterave, l'extraction du jus peut se faire de plusieurs manières : par râpage et pressurage, par macération ou par diffusion.

Si nous nous reportons à la composition du topinambour, nous constatons qu'il contient une certaine proportion d'inuline, qui est susceptible de subir la saccharification et d'être transformée ensuite en alcool. Cette inuline est très peu soluble dans l'eau froide, et sa solubilité croît à mesure que la température s'élève. L'extraction du jus devra donc avoir lieu à chaud, pour dissoudre cette matière alcoolisable ; l'extraction à froid laisserait l'inuline dans les tubercules et le rendement serait considérablement diminué.

Le procédé par râpage et pressurage à froid n'est donc pas rationnel, et ne peut conduire qu'à des résultats médiocres. Le râpage et pressurage à chaud présente de nombreuses difficultés. Aussi, ce procédé est-il abandonné, et l'extraction du jus se fait par macération ou diffusion à la vinasse.

L'opération doit se faire à haute température, pour que l'inuline soit dissoute : on adopte ordinairement la température de 90°. Pour la maintenir constante, les macérateurs doivent être munis de barboteurs de vapeur ou de calorisateurs. La batterie de macérateurs ne diffère donc plus dans ce cas de la batterie de diffuseurs que par ce fait que, dans la macération, les vases sont ouverts, tandis que dans la diffusion ils sont fermés. On doit donc préférer la diffusion, qui donne une marche plus régulière.

Pour subir la macération ou la diffusion, les topinambours doivent au préalable être découpés en cossettes. On emploie ordinairement le coupe-racines centrifuge. Cette opération est assez délicate, à cause de l'irrégularité de la forme des tubercules.

3° Saccharification. — Le jus sortant de la batterie de diffusion doit subir une opération de haute importance avant d'être envoyé en fermentation.

Un grand nombre des hydrates de carbone contenus dans les topinambours, notamment l'inuline, la pseudoinuline, l'inulénine, etc., ne sont pas directement fermentescibles. Certaines levures sécrètent bien des diastases, capables de les hydrolyser et de les transformer en sucres fermentescibles, mais cette action est trop lente pour pouvoir être utilisée dans la pratique.

Tous ces corps donnent, quand on les chauffe avec un acide étendu, soit du lévulose, soit un mélange en proportions variables de glucose et de lévulose fermentescibles. Les jus devront donc subir cette inversion avant d'être envoyés à la cuve de fermentation.

A cet effet, on envoie le jus provenant des macérateurs ou des diffuseurs de tête dans une grande cuve, munie d'un barboteur de vapeur ou d'un injecteur souffleur d'air, qui permet d'injecter à la fois de la vapeur pour le chauffage et de l'air pour agiter la masse. On fait l'acidité du liquide, et on y ajoute une quantité d'acide sulfurique suffisante pour que le liquide contienne environ 2^{gr},5 d'acidité par litre, évaluée en acide sulfurique.

On porte alors à l'ébullition, qu'on maintient pendant une heure, pour que l'inversion soit complète. Les vapeurs sont entraînées par une hotte. Quand on dispose d'un injecteur souffleur, on fait passer un courant d'air qui entraîne les substances volatiles qui pourraient nuire à la fermentation.

4° **Refroidissement.** — Le jus saccharifié ainsi obtenu est alors amené à la température favorable pour la fermentation alcoolique, soit à 22°-25°.

Ce refroidissement peut s'effectuer dans la cuve à saccharifier, dans laquelle on place dans ce cas un serpentin réfrigérant, parcouru par un courant d'eau froide. On fait en même temps barboter l'air comprimé, pour aider au refroidissement. On peut également utiliser les réfrigérants ordinaires, notamment le réfrigérant Lawrence, à condition de placer ces appareils dans une salle où l'air soit aussi pur que possible, pour éviter les contaminations extérieures.

CHAPITRE III

PRÉPARATION DES MOÛTS DE MÉLASSES.

La préparation des moûts de mélasses comprend les quatre opérations suivantes : 1° *dilution de la mélasse*; 2° *acidification*; 3° *chauffage*; 4° *refroidissement*.

1° **Dilution de la mélasse.** — La mélasse visqueuse

doit d'abord être diluée avec de l'eau, pour éviter la décomposition du sucre qui se produirait avec la mélasse concentrée, au moment des opérations de l'acidification et du chauffage. Cette dilution s'opère souvent dans un bac mélangeur en bois, muni d'agitateurs mécaniques. On peut également se servir du bac destiné à l'acidification et au chauffage de la mélasse. Ce bac porte ordinairement un injecteur souffleur de vapeur, qui envoie dans la masse à la fois de la vapeur et un courant d'air énergique. A la partie supérieure se trouve une hotte destinée à entraîner les gaz et les vapeurs qui se dégagent au moment du chauffage.

On commence par diluer la mélasse avec de l'eau, de manière à la ramener à 20° ou 30° Baumé, et on mélange intimement la masse au moyen des agitateurs ou de l'injecteur souffleur de vapeur. On prend le volume du liquide et on procède aussitôt à l'acidification.

2° Acidification de la mélasse. — Les mélasses ont presque toujours une réaction nettement alcaline. Cette réaction est due à la présence de carbonates alcalins, qui se forment au moment du traitement des jus par la chaux et l'acide carbonique en sucrerie pour leur épuration. La chaux déplace de leurs combinaisons la potasse et la soude, en précipitant les acides auxquels elles sont combinées, et, au moment de la carbonatation, ces alcalis se combinent à l'acide carbonique, pour former des carbonates.

Cette réaction alcaline est très défavorable à la levure et favorise, au contraire, les mauvais ferments. Il est donc nécessaire de la neutraliser.

En outre, les mélasses contiennent un grand nombre de sels organiques, formés par la combinaison de la potasse, de la soude et de la chaux avec des acides gras volatils, tels que les acides formique, butyrique, propionique, valérianique, ou avec des acides organiques fixes, tels que les acides tartrique, citrique, malique, etc. Les acides gras volatils sont mis facilement en liberté par les acides plus énergiques, et ils viennent gêner la fermentation alcoolique. Il est donc utile de les éliminer. Les acides tartrique, citrique, malique, lactique, etc., loin de nuire à la fermentation, à dose convenable la favorisent. Leur présence ne souffre donc pas de difficultés.

Les mélasses contiennent enfin des nitrites, provenant de la réduction des nitrates dans les fermentations ou réactions qui se passent dans le travail de la sucrerie. Ces nitrites se décomposent très facilement sous l'action d'un acide très faible, en donnant du bioxyde d'azote qui est un produit très antiseptique. Cette décomposition des nitrites, ainsi que la mise en liberté des acides gras, pourrait se produire en cuve de fermentation sous l'influence de l'acidité qui s'y développe, et amener ainsi des mécomptes. Il y a donc lieu de les éliminer au préalable.

L'acidification par l'acide sulfurique remplit toutes ces conditions. Quand on ajoute à la mélasse une certaine dose de cet acide, il y a mise en liberté d'abord des acides les plus volatils, c'est-à-dire des acides gras, tels que les acides formique, butyrique, valérianique, etc. La dose d'acide à ajouter doit être pratiquement assez forte pour déplacer ces acides nuisibles et permettre la décomposition des nitrites sous leur influence, mais trop faible pour laisser dans la mélasse une acidité *minérale libre*.

L'addition d'une dose d'acide sulfurique telle que le moût puisse présenter après acidification une acidité minérale réelle aurait pour résultat la transformation des sels organiques en sulfates, et une diminution considérable de la valeur des salins, qui dépend surtout de leur richesse en carbonate de potasse.

En pratique, la dose d'acide à ajouter se calcule d'après l'alcalinité de la mélasse, et d'après la quantité d'acide qu'on veut avoir après le traitement préliminaire, au moment de la mise en fermentation. On doit également tenir compte de l'acide apporté par le levain dans la cuve de fermentation quand on emploie des levains lactiques. On doit donc déterminer par un essai la quantité d'acide à ajouter. Elle est généralement comprise entre $1^{kg},5$ et 2 kilogrammes d'acide sulfurique à 58° B. par 100 kilogrammes de mélasses, ce qui donne ultérieurement, après chauffage, une acidité de 2 grammes à $2^{gr},5$ par litre. Il est évidemment avantageux d'employer la dose d'acide sulfurique la plus faible possible, afin de ne pas augmenter outre mesure la proportion de sulfates dans les salins, tout en effectuant les réactions nécessaires pour avoir une bonne fermentation alcoolique.

Camichel et Hanriot ont proposé de substituer à l'acide sulfurique l'extrait tannique de châtaignier. Cette méthode augmente notablement le rendement en carbonate de potasse dans les salins.

Collette et Boidin ont préconisé l'emploi de l'acide phosphorique, qui présente l'avantage de rendre les fermentations faciles, même si on ensemence avec de faibles quantités de levure, et de supprimer la plus grande partie des sulfates contenus dans les salins. L'acide phosphorique employé peut être régénéré indéfiniment.

L'acide sulfurique employé est ajouté dans le bac de mélange au moyen d'un tuyau en plomb, et on l'incorpore intimement à la mélasse en faisant fonctionner l'injecteur d'air.

3° **Chauffage de la mélasse.** — On porte alors aussitôt la mélasse à l'ébullition, en y injectant de la vapeur. Cette opération a pour but la stérilisation de la masse, la destruction des nitrites et l'élimination des acides gras volatils. La durée de l'ébullition est d'un quart d'heure environ. Il est bon de faire fonctionner pendant toute l'opération un courant d'air qui entraîne les matières volatiles.

Ce travail porte généralement le nom de *dénitrage*. Les

acides volatils mis en liberté par l'acide sulfurique sont entraînés par l'ébullition et le courant d'air, et s'échappent par la hotte. Les nitrites sont décomposés, il se produit du bioxyde d'azote qui se transforme, au contact de l'air, en vapeurs rutilantes de peroxyde. Ces vapeurs sont également entraînées au dehors.

Le chauffage à l'ébullition en présence des acides organiques mis en liberté par l'acide sulfurique a pour résultat une interversion partielle du saccharose qui passe à l'état de sucre inverti. Mais cette interversion n'est pas complète; elle s'achève seulement en cuve de fermentation sous l'influence de la sucrase, diastase sécrétée par la cellule de levure.

Barbet a imaginé un dénitreur continu pour les moûts de mélasses : il se compose d'une cuve en cuivre divisée sur sa hauteur par quelques cloisons transversales. La mélasse diluée traverse un réchauffeur tubulaire où elle s'échauffe, en refroidissant la mélasse chaude qui sort du dénitreur et qui vient circuler autour des tubes. Cet appareil a l'avantage de réduire la dépense de combustible et d'eau de refroidissement.

4° **Refroidissement de la mélasse.** — La mélasse ainsi diluée, acidifiée et chauffée, doit être refroidie à la température favorable à la fermentation alcoolique et amenée à la concentration voulue.

Le refroidissement peut s'effectuer, soit au moyen d'un réfrigérant système Baudelot ou Lawrence, comme nous l'avons vu pour les moûts de brasserie, soit dans l'appareil à chauffage lui-même, au moyen d'un serpentin réfrigérant parcouru par un courant d'eau. On amène ainsi le moût à la température voulue, et on lui ajoute la quantité d'eau nécessaire pour obtenir la densité désirée. Cette densité est ordinairement, en France, de 8° à 10° Baumé. Elle est plus élevée en Allemagne, où l'impôt sur la capacité des cuves entraîne l'emploi de jus plus concentrés.

CHAPITRE IV

PRÉPARATION DES MOÛTS AU MOYEN DES MATIÈRES AMYLACÉES.

Les matières amylacées renferment, comme principal produit alcoolisable, de l'amidon, qui doit être au préalable transformé en sucre pour subir la fermentation alcoolique. La préparation des moûts aux dépens des matières amylacées est donc plus complexe qu'avec la betterave et la mélasse, qui apportent le sucre tout formé, puisqu'il est nécessaire d'effectuer une opération supplémentaire, celle de la saccharification de l'amidon.

Cette saccharification peut s'opérer de deux manières : par la diastase du malt, ou par les acides. La seconde méthode est aujourd'hui fort délaissée, et on utilise soit la diastase du malt, soit, comme nous le verrons plus loin, la diastase sécrétée par certaines mucédinées.

La préparation du moût sucré doit donc, en général, être précédée de la fabrication du malt. C'est cette fabrication que nous étudierons d'abord.

A. — Préparation du malt.

Nous avons vu, en traitant la brasserie, les principes qui guident le travail de la malterie et les appareils employés. Nous n'aurons donc pas à y revenir ici, et nous nous bornerons à étudier les diverses sortes de malts utilisés en distillerie, en laissant de côté le malt d'orge, que nous avons déjà étudié plus haut.

Il existe cependant, entre le maltage en distillerie et le maltage en brasserie, certaines différences importantes. En distillerie, nous devons chercher à produire le maximum de diastase. Plus notre malt sera riche en diastase, moins nous devrons en employer pour la saccharification. Cette condition n'existe pas en brasserie, au moins quand on emploie le malt seul comme matière première. Il suffit dans ce cas que l'amidon du malt puisse se saccharifier, et nous avons vu que la condition principale à remplir pour cela était une désagrégation parfaite du grain sous l'action de la cytase. En distillerie, on fait donc un maltage plus prolongé pour obtenir un malt très riche en diastase.

En outre, on supprime aujourd'hui le plus souvent en distillerie la phase du touraillage et on utilise le *malt vert* au lieu du malt sec. Le malt vert possède, en effet, un pouvoir diastasique presque double de celui du malt sec, car on évite la destruction et l'affaiblissement de la diastase qui se produit forcément dans le touraillage. Le malt vert est en même temps plus économique à préparer.

Mais, par contre, l'emploi du malt vert présente quelques inconvénients. Le principal réside dans sa conservation difficile, à cause de la grande quantité d'eau qu'il contient. Il doit donc être employé aussitôt après sa préparation. En outre, en été, la préparation du malt devient très difficile, à cause de l'invasion des moisissures et des bactéries, et on est alors obligé d'avoir recours au malt sec.

La dessiccation du malt doit se faire à la plus basse température possible, afin de ne pas altérer la diastase. Il ne s'agit pas ici de donner au malt un arome spécial comme en brasserie ; on doit, au contraire, l'éviter. Cette dessiccation se fait tantôt par le fanage, tantôt par le touraillage. Le fanage consiste à étendre le malt en couches minces dans un local où règnent de violents courants d'air. Mais cette méthode ne permet qu'une dessiccation très imparfaite et elle ne convient que pour le malt qui doit être conservé peu de temps. Dans le cas contraire, il faut dessécher le malt à une douce chaleur sur la touraille. On commence par chauffer très lentement entre 30° et 40°, jusqu'à ce que l'humidité soit en grande partie évaporée, puis on achève la dessiccation à 50°-55°. On voit donc qu'il s'agit, en distillerie, non pas d'un touraillage proprement dit, avec torréfaction, mais d'une simple évaporation de l'humidité du malt pour pouvoir le conserver et l'utiliser quand on en a besoin.

Le broyage du malt vert, qui contient de fortes proportions d'eau, demande des appareils spéciaux. Ce broyage a pour but de mettre à nu l'amidon du grain et de permettre la diffusion de la diastase dans le liquide à saccharifier. Les broyeurs de malt vert sont en général constitués par deux cylindres lisses en fonte, tournant en sens contraire avec des vitesses différentes. Le malt passe entre les deux cylindres et se trouve broyé et moulu en légers flocons très fins. Le broyage doit être très uniforme si on veut obtenir un lait de malt bien actif et un bon rendement.

Quand le malt est broyé, il s'agit d'en dissoudre le mieux possible la diastase qu'il contient. On arrive à ce résultat en triturant le malt broyé avec de l'eau de manière à constituer un *lait de malt*. Il existe un grand nombre d'appareils à préparer le lait de malt. Certaines machines, comme celles de Paucksch, sont munies de meules qui permettent d'effectuer en même temps le broyage. La figure 44 représente un appareil très simple pour la préparation du lait de malt, construit par la maison Egrot et Grangé, et qui est très employé dans les distilleries de grains françaises. Il se compose d'une cuve dans laquelle on met l'eau nécessaire, puis le malt vert broyé. Cette cuve communique avec un broyeur centrifuge appelé *dépéleur*, qui aspire continuellement le liquide de la cuve et le refoule dans cette même cuve par le tuyau supérieur. La masse se transforme ainsi en lait, et la dissolution de la diastase est parfaite. Quand le lait de malt est préparé, on l'envoie au macérateur en fermant le robinet du tuyau supérieur situé à gauche, qui va à la cuve à lait de malt, et en ouvrant le robinet du tuyau placé à droite, qui se rend au macérateur ou à la cuve-matière.

On peut utiliser, pour la préparation du malt, non

Fig. 44. — Appareil centrifuge à préparer le lait de malt
(Egrot et Grangé, constructeurs).

seulement l'orge, mais aussi d'autres grains, tels que l'avoine, le seigle, le blé et le maïs.

Malt d'avoine. — Ce malt est surtout employé en Hongrie. La trempe doit être de courte durée, environ trente heures. On place le grain en couche épaisse sur le germoir, la température s'élève, et le malt est fait au bout de cinq jours.

Ce malt a l'avantage de donner des fermentations très actives à cause de sa richesse en azote.

Malt de seigle. — La durée du mouillage du seigle doit être faible, car le grain n'est pas, comme celui de

l'orge, protégé par les glumes. Elle est de trente à quarante heures. Le seigle est alors placé en tas de 10 à
12 centimètres. On le retourne toutes les six heures
environ, et le malt est achevé au bout de cinq jours.

Le malt de seigle est très employé pour la fabrication
des eaux-de-vie de grains et pour la préparation de la
levure pressée. Pour la saccharification en cuve-matière,
le malt de seigle seul ne donne pas des résultats très
satisfaisants, et il est préférable de le mélanger avec du
malt d'avoine.

Malt de blé. — Le malt de blé est beaucoup employé
dans les distilleries de Belgique. D'après Heinzelmann,
les meilleurs blés pour le maltage sont ceux qui sont
riches en amidon et pauvres en matières azotées. Le travail du blé ne diffère pas beaucoup de celui de l'orge ;
cependant, la durée de la trempe est un peu plus courte,
et la germination est plus rapide. Il doit être retourné
trois ou quatre fois par jour, et le malt est mûr au bout
de trois jours quand la température moyenne est environ
de 20°. Il est nécessaire d'arroser légèrement le grain au
bout du deuxième jour, à cause de la dessiccation rapide
du grain.

Le malt de blé a l'avantage de fournir une proportion
d'extrait plus considérable que le malt d'orge, ce qui a
une importance réelle dans les pays où la législation de
la distillerie exige l'emploi de moûts très concentrés.

Malt de maïs. — Le malt de maïs est employé surtout
en Amérique et quelquefois en France pour la fabrication de la levure pressée. Le maïs demande une très
longue trempe, à cause de la dureté de l'enveloppe : il
faut compter quatre ou cinq jours pour qu'elle soit complète. En pratique, on se contente souvent d'une trempe
de quarante heures dans une eau à 20° ou 25°, et on
achève le mouillage en arrosant les couches.

La germination se fait ordinairement à haute température ; on forme des couches de 25 centimètres de

hauteur qu'on maintient à la température de 30° en les retournant de temps à autre et en arrosant avec de l'eau. Le malt est mûr quand les radicelles ont deux à trois fois la longueur du grain. On obtient ainsi un malt ayant un pouvoir saccharifiant assez considérable. Si le malt est germé moins long, le pouvoir saccharifiant est beaucoup plus faible.

B. — Travail de la pomme de terre.

La préparation du moût sucré au moyen des pommes de terre comprend quatre opérations :

1° Lavage des pommes de terre ;
2° Cuisson ;
3° Saccharification ;
4° Refroidissement du moût.

1° LAVAGE DES POMMES DE TERRE.

Il est d'abord nécessaire de débarrasser la pomme de terre des particules terreuses qui la recouvrent. Les pommes de terre mal lavées salissent les cuiseurs et les macérateurs et occasionnent des accidents. Ce lavage peut s'effectuer dans les laveurs ordinaires, composés d'une bâche dans laquelle se trouve un arbre horizontal muni de bras. La bâche porte un faux fond à travers lequel passe la boue, et les bras de l'agitateur viennent passer près de ce faux fond et assurent le brassage des tubercules.

, Le laveur Eckert, très employé dans les distilleries agricoles allemandes, est muni à l'avant d'un tambour à claies qui tourne et dans lequel passent les pommes de terre avant d'entrer dans le laveur. Elles sont ainsi frottées les unes contre les autres et nettoyées d'abord à sec. Elles passent alors dans le laveur, où elles sont brassées dans l'eau par les bras de l'arbre horizontal.

2° CUISSON DE LA POMME DE TERRE.

La cuisson de la pomme de terre a pour but la transformation de l'amidon en empois et le déchirement des cellules qui le contiennent, afin qu'il soit mis à nu. L'action saccharifiante de la diastase est d'autant plus parfaite et, par suite, le rendement en alcool est d'autant plus élevé que la masse est mieux divisée et que l'amidon est mieux en contact avec la diastase.

L'opération de la cuisson peut se faire par deux méthodes différentes : la cuisson à air libre et la cuisson sous pression.

a. **Cuisson à air libre.** — Ce procédé a été exclusivement employé jusqu'en 1870, mais il est maintenant à peu près complètement abandonné et remplacé par la cuisson sous pression.

Dans la cuisson à air libre, les pommes de terre sont placées dans une cuve en bois portant à la partie inférieure un faux fond perforé. Sur le côté se trouve une ouverture de déchargement des pommes de terre cuites, susceptible d'être fermée par un étrier à vis. A la partie supérieure est placée une tubulure de chargement semblable à la précédente. On remplit cette cuve de pommes de terre, on la ferme et on fait arriver de la vapeur par un tuyau qui débouche au centre de la cuve. L'eau condensée s'écoule au-dessous du faux fond perforé ; la température s'élève et la cuisson demande ainsi deux ou trois heures. Quand elle est suffisante (ce qu'on reconnaît en introduisant dans l'appareil une petite sonde), on envoie les pommes de terre entre deux cylindres qui les broyent. La matière broyée tombe alors dans la cuve-matière où elle subit la saccharification par le malt.

Les broyeurs de pommes de terre sont tantôt à cylindres lisses, tantôt à cylindres cannelés. Ils sont mus à la main dans les petites distilleries, ou par la force motrice dans les installations plus grandes.

Les cuves à saccharifier sont de modèles très divers. Parfois l'agitation se fait à bras d'hommes ; mais le plus souvent les cuves sont munies d'un agitateur mécanique plus ou moins compliqué et mû par la vapeur.

La quantité de malt employée est de 4 à 5 kilogrammes par 100 kilogrammes de pommes de terre, et la saccharification s'effectue à la température de 63°-65°.

b. **Cuisson sous pression.** — L'ancien procédé que nous venons de décrire a le défaut de ne pas diviser suffisamment la masse pour que l'action de la diastase soit bien complète. Pour bien gélatiniser la fécule et pour déchirer toutes les cellules qui la contiennent, il est nécessaire de cuire la pomme de terre par la vapeur sous pression et de ramener ensuite brusquement la masse à la pression normale pour faire éclater les cellules.

Cette méthode a été mise en pratique pour la première fois par Hollefreund, qui réalisa dans un même appareil la cuisson sous pression, le broyage et la saccharification. Cet appareil très ingénieux se compose en principe d'un réservoir horizontal muni d'un arbre à palettes. On y place les pommes de terre et on cuit pendant une heure sous une pression de vapeur de 3 kilogrammes. On met alors en marche l'arbre à palettes, qui broye les tubercules, puis on laisse échapper la vapeur. On refroidit la masse en faisant le vide dans l'appareil : l'eau qui se vaporise produit un abaissement de température, et on atteint en quinze minutes environ la température de 65°. On fait alors entrer le lait de malt, on met l'agitateur en mouvement et on produit la saccharification. Cet appareil est surtout applicable à la grande distillerie, mais n'est pas économique pour les petites distilleries agricoles.

On emploie aujourd'hui principalement pour la cuisson

sous pression le cuiseur conique, dont le principe est dû à Henze. Il consiste à cuire les pommes de terre par la vapeur à haute pression dans un récipient en fer, sans agitateur destiné au broyage, et à vider la masse sous pression de vapeur par une étroite ouverture, ce qui assure une désagrégation parfaite.

Le cuiseur conique (fig. 45) se compose essentiellement d'un réservoir conique en tôle qui peut résister à une pression de vapeur de 3 ou 4 atmosphères. A la partie supérieure se trouve un couvercle solidement assujetti par un étrier à vis. L'admission de vapeur peut se faire à volonté par le bas et par le haut. La vidange de la matière s'effectue par la tubulure inférieure de l'appareil. Le cuiseur porte enfin, à la partie supérieure, un manomètre et une soupape de sûreté.

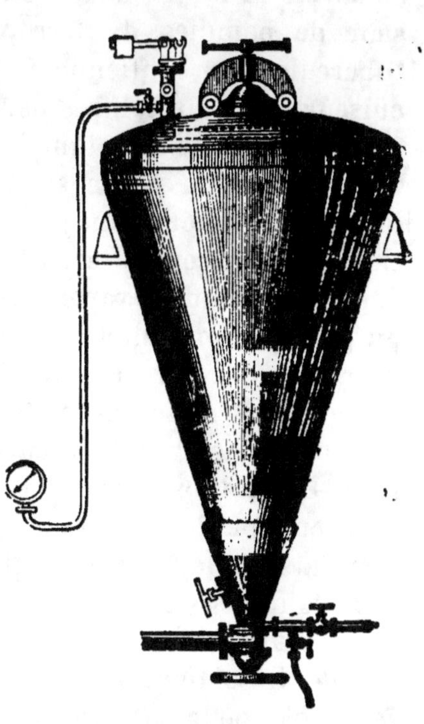

Fig. 45. — Cuiseur conique (Système Paucksch).

La distribution de la vapeur dans les cuiseurs présente une grande importance, car c'est elle qui doit maintenir la masse bien homogène, puisqu'il n'y a pas d'agitateurs. Elle se fait fréquemment dans les cuiseurs de forme cylindro-conique, par injection tangentielle de deux côtés opposés, de manière à produire dans le cuiseur un tourbillon giratoire.

Pour que la division de la masse soit parfaite, on

munit la soupape ou le tuyau de vidange de dispositifs particuliers, tels qu'arêtes vives, grilles à la partie inférieure du cône; on obtient ainsi un empois tout à fait homogène.

La cuisson des pommes de terre dans le cuiseur conique se fait de la façon suivante : on remplit d'abord le cuiseur de pommes de terre, sans ajouter d'eau, car les tubercules en contiennent assez pour la cuisson. Un cuiseur de 15 hectolitres peut être chargé ainsi de 900 à 950 kilogrammes de pommes de terre. On fait alors arriver la vapeur par la partie supérieure, en laissant ouvert à la partie inférieure un petit robinet qui sert à l'évacuation de l'eau condensée. La masse s'échauffe progressivement. Quand la vapeur se dégage par le robinet de purge, on ferme celui-ci et on injecte alors de la vapeur de manière à faire monter la pression jusqu'à 3 atmosphères. On maintient cette pression pendant un quart d'heure; puis on vide le cuiseur sous cette même pression. L'opération dure environ une heure et quart.

La cuisson de la pomme de terre sous pression a pour résultats : 1° la transformation de la fécule en empois ; 2° la solubilisation d'une certaine quantité de cet empois dans l'eau, c'est-à-dire la formation partielle d'*amidon soluble*. On obtient ainsi une masse à un état tout à fait favorable pour la saccharification par la diastase. Par contre, la température élevée de cuisson a pour résultat une certaine perte en matières hydrocarbonées fermentescibles par caramélisation. Les fortes pressions sont donc défavorables et il ne faut pas dépasser les pressions de $2^{atm},5$ à 3 atmosphères, qui sont suffisantes pour atteindre le but désiré.

3° SACCHARIFICATION.

Principes théoriques de la saccharification en distillerie. — Si nous nous reportons aux principes théoriques de la saccharification exposés plus haut, nous trouvons un certain nombre de faits qui présentent pour la distillerie de matières amylacées un intérêt considérable.

L'amidon se transforme sous l'action de la diastase en maltose, qui fermente sous l'action de la levure, et en dextrines non fermentescibles. La proportion relative de maltose et de dextrines formés est variable avec la température de saccharification : il se forme d'autant plus de dextrines et d'autant moins de maltose que la température s'approche davantage de 80°, à laquelle la diastase est détruite. A 50°-55°, il se forme environ 80 p. 100 de maltose et 20 p. 100 de dextrines. Aux températures plus élevées, la proportion de maltose s'abaisse, tandis que celle des dextrines s'élève. Les dextrines formées peuvent être partiellement saccharifiées par la diastase, si on fait disparaître le maltose qui paralyse son action.

Ces principes théoriques vont guider le distillateur dans la pratique de la saccharification. Nous avons d'abord intérêt à produire le maximum de maltose fermentescible et le minimum de dextrines. Notre température optima devrait donc être de 50° à 55°. Mais à cette basse température la saccharification de l'amidon du malt, qui n'est pas transformé en empois comme celui de la pomme de terre, est imparfaite. En outre, cette température est insuffisante pour s'opposer au développement des ferments secondaires qui sont apportés par le malt, et qui pourraient ultérieurement compromettre la bonne marche de la saccharification et de la fermentation. Donc, en pratique, le distillateur devra dépasser cette température optima de 55° et atteindre celle de 65°, qui permet une meilleure utilisation de l'amidon du malt et la destruction ou, au moins, l'affaiblissement des ferments secondaires.

Pour utiliser les dextrines produites, nous allons nous

baser sur ce fait que la diastase saccharifie les dextrines quand le maltose paralysant disparait par la fermentation. Il est donc nécessaire de conserver cette diastase intacte et, par conséquent, de ne pas dépasser la température à laquelle elle est détruite, et même celle à laquelle elle est affaiblie. Ce fait a pour résultat l'impossibilité de stériliser complètement le moût dans la distillerie de matières amylacées, et nous verrons bientôt, en étudiant la fermentation de ces moûts, les conséquences importantes de ce mode de travail.

Tels sont les principes théoriques généraux qui doivent guider la saccharification en distillerie. Pour que cette opération soit bonne, dans les conditions que nous venons d'indiquer, il est, en outre, nécessaire que le malt et la matière pâteuse soient intimement mélangés pendant la macération, et que la température soit bien maintenue au degré voulu pour éviter toute influence nuisible sur la diastase.

Appareils de saccharification. — Il existe un grand nombre d'appareils destinés à la saccharification par le malt.

Dans un grand nombre de distilleries de grains françaises, on emploie une cuve-matière analogue à celle qu'on utilise en brasserie, avec un agitateur plus ou moins puissant destiné à mélanger intimement la masse. Le lait de malt étant préparé au moyen de l'appareil centrifuge décrit plus haut, on l'envoie dans la cuve-matière, puis on fait arriver la masse sortant du cuiseur. Comme celle-ci est à une température trop élevée, on doit la refroidir par un appareil spécial appelé *exhausteur*. Cet exhausteur est composé d'une simple cheminée de tôle dans laquelle débouche le tuyau de décharge du cuiseur. On provoque dans cette cheminée un violent courant d'air en plaçant au haut de l'appareil un injecteur de vapeur. Le jet de matière amylacée se pulvérise contre une plaque de tôle, et se refroidit en tombant dans la cheminée au contact de l'air froid aspiré par la vapeur.

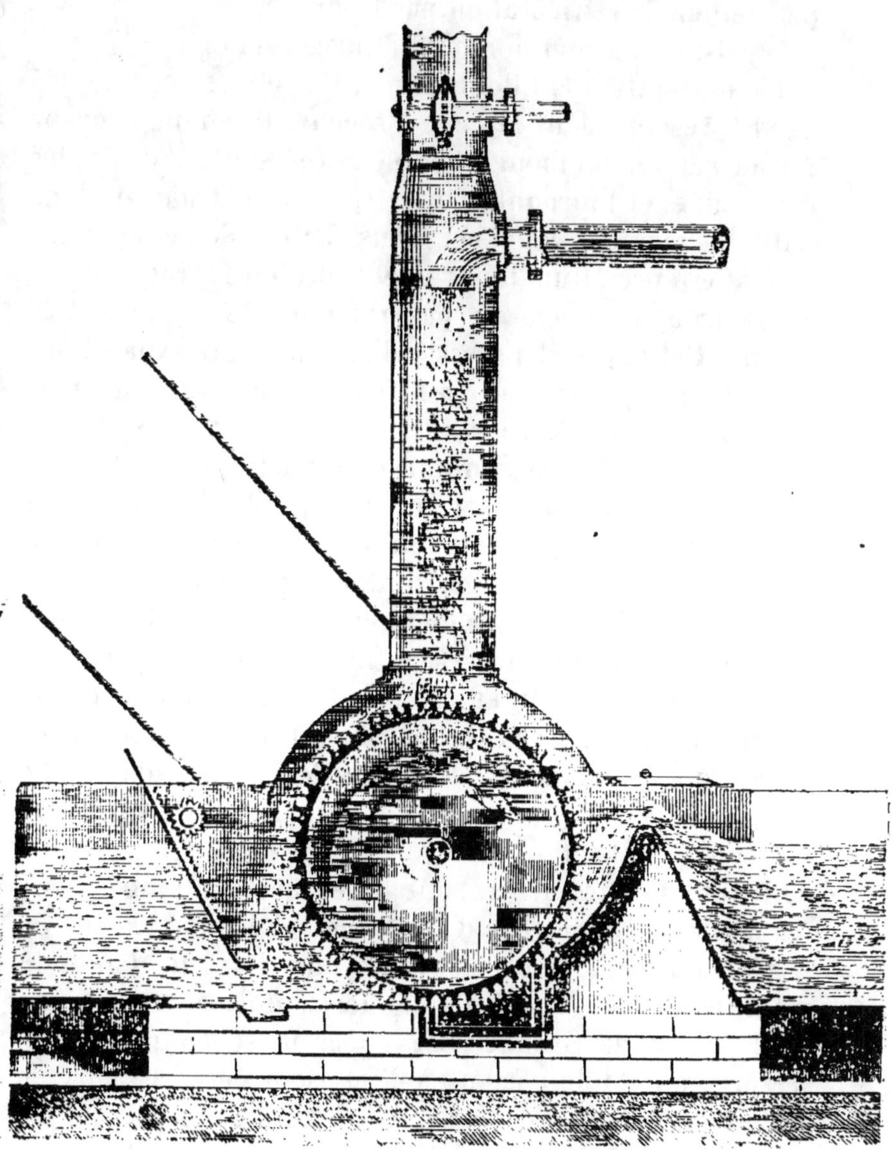

Fig. 46. — Macérateur Ellenberger
(Voy. p. 322).

Cet appareil est de moins en moins utilisé aujourd'hui,

par suite de l'emploi des macérateurs perfectionnés, qui permettent la réfrigération par l'eau.

Il existe un grand nombre de macérateurs.

Le macérateur d'Ellenberger (fig. 46) est caractérisé par la présence dans la cuve à saccharifier d'un broyeur formé par un tambour cannelé, situé sur un des côtés de la cuve, et tournant à une très petite distance d'une patine également cannelée. Sous l'action de ce tambour, la matière prend un mouvement giratoire dans la cuve, et se trouve broyée en passant entre le cylindre et la patine. Cet appareil nécessite l'emploi d'un exhausteur.

Un autre macérateur très répandu en Allemagne est celui de Paucksch (fig. 47). Cet appareil se compose d'une cuve cylindrique munie d'un puissant agitateur et d'un réfrigérant, qui permet de refroidir le moût à la température de fermentation dans le macérateur lui-même. Sur le disque horizontal supérieur sont fixées des poches d'eau, et tout autour de la paroi intérieure de la cuve se trouve un serpentin réfrigérant. Ces poches d'eau et le serpentin assurent le refroidissement. L'agitateur, formé de bras courbés, porte des tiges de fer verticales, qui viennent passer entre les poches d'eau. Le mélange du malt et de la matière amylacée est ainsi parfaitement réalisé.

D'autres macérateurs ont une forme allongée, par exemple le macérateur d'Hentschel et le macérateur de La Cambre que nous décrirons plus loin. La figure 48 représente un macérateur horizontal construit par MM. Egrot et Grangé. Cet appareil se compose d'un réservoir en tôle portant à l'intérieur des faisceaux de tubes en laiton dans lesquels on peut faire circuler de l'eau. L'agitateur est constitué par une hélice tournant très rapidement à l'intérieur d'un tube garni de dents. Il se produit ainsi un broyage énergique et une circulation du liquide autour des tubes.

Pratique de la saccharification. — On place d'abord

dans le macérateur la quantité de malt nécessaire, et on
procède à la préparation du lait de malt. La proportion

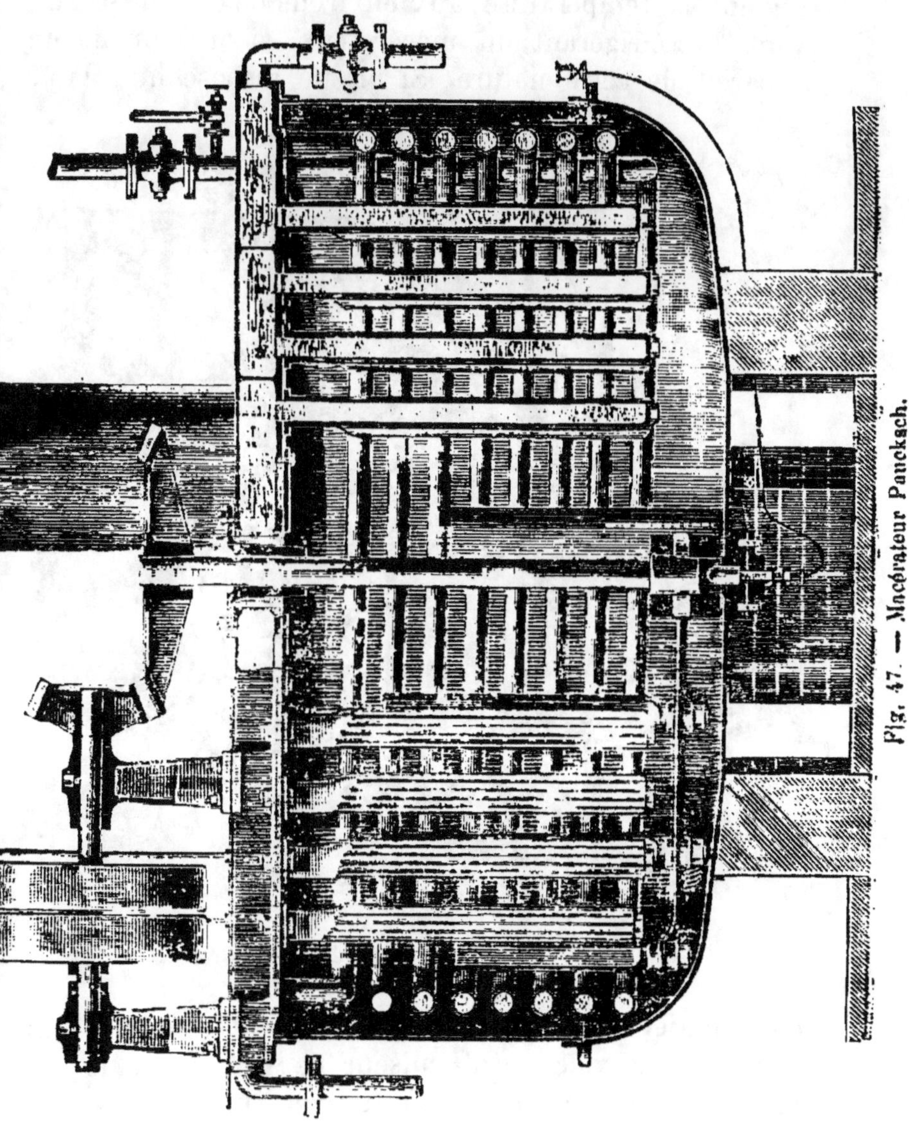

Fig. 47. — Macérateur Paucksch.

de malt employée pour la saccharification est environ de
2^{kg},5 à 3 kilogrammes par 100 kilogrammes de pommes
de terre. La cuisson étant terminée, on vide rapidement

le cuiseur jusqu'à ce que la température atteigne
50° C. On continue alors la vidange lentement, en
réglant la température aux environs de 55° en se servant du réfrigérant du macérateur, si on emploie un
appareil de cette nature. Si on ne dispose que d'une

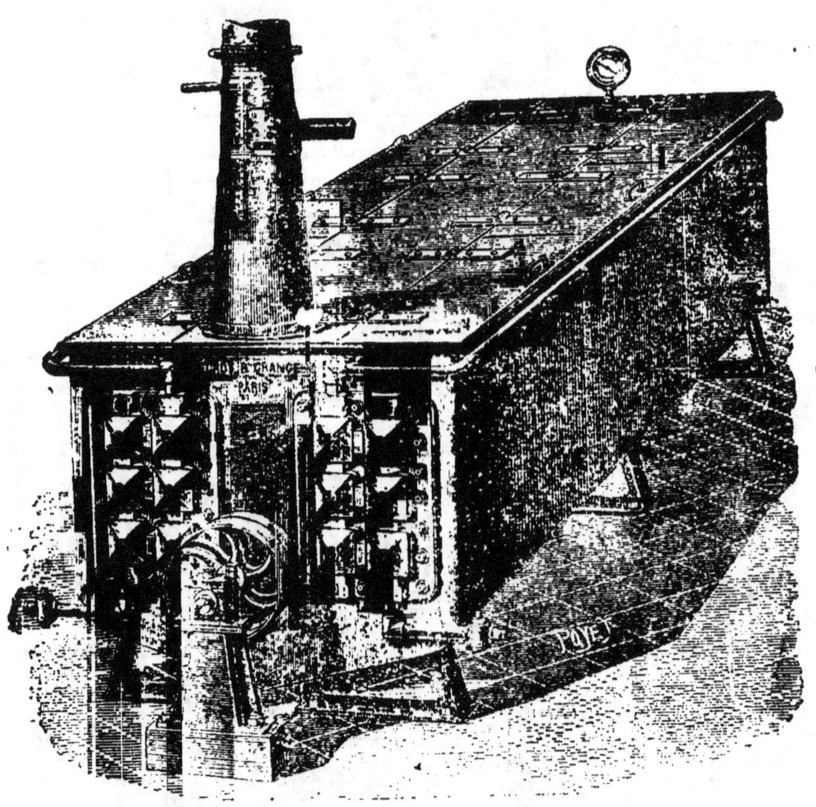

Fig. 48. — Macérateur horizontal Egrot et Grangé.

cuve-matière ordinaire, on doit veiller avec grand soin
à modérer la vidange du cuiseur de manière à ne pas
monter trop vite en température et surtout à ne pas
dépasser la température de 65°. Quand la plus grande
partie du cuiseur est évacuée, on augmente la vitesse
de la vidange pour atteindre la température de 65°,
qui permettra de combattre le développement des micro-

organismes nuisibles et d'augmenter le rendement du malt en extrait. Cette température doit être prolongée pendant un temps suffisant pour que son action soit efficace, c'est-à-dire pendant une demi-heure ou même une heure quand le moût est très sujet à s'infecter.

Le moût ainsi préparé doit alors être refroidi à la température convenable pour la fermentation alcoolique. Nous exposerons plus loin les méthodes employées pour le refroidissement des moûts préparés avec les matières amylacées.

C. — Travail des grains.

Le travail des grains peut s'effectuer par un grand nombre de procédés différents. Nous les diviserons en trois classes :

1° Les procédés de traitement des grains *sans pression,* avec saccharification par le malt ;

2° Les procédés de traitement des grains *sous pression,* avec saccharification par le malt ;

3° Les procédés de traitement des grains avec ou sans pression, avec saccharification par les acides.

1° TRAITEMENT DES GRAINS SANS PRESSION.

Les procédés de traitement des grains sans pression sont encore employés aujourd'hui dans les distilleries anglaises et dans un certain nombre de fabriques de levure pressée.

Le travail peut se faire, soit à moûts clairs, soit à moûts troubles. Dans le premier cas, on sépare toutes les parties insolubles du moût avant de l'envoyer en fermentation. Dans le second cas, on fait fermenter le moût accompagné de toutes ces parties insolubles.

a. **Travail à moûts clairs.** — Il existe plusieurs modes de travail des grains à moûts clairs, que nous étudierons à propos de la fabrication de la levure pressée. Nous nous bornerons ici à décrire une méthode qui a été autrefois très employée en France, et qui l'est encore beaucoup aujourd'hui dans les distilleries anglaises.

L'opération se fait dans une cuve-matière munie d'un faux fond perforé destiné à retenir la drèche. Le grain est d'abord moulu par des meules, et mélangé avec une proportion de malt concassé très variable, qui oscille entre 8 et 50 p. 100. La mouture passe dans un hydrateur qui la transforme en une pâte homogène, et tombe dans la cuve-matière. On empâte alors l'amidon au moyen d'eau à 60°, et on fait arriver de l'eau chaude de manière à atteindre la température de 65°. La saccharification s'opère à cette température, puis on soutire le moût clair par le faux fond de la cuve-matière, et on lave les drèches avec de l'eau à 80°. L'eau de lavage, soutirée à clair, sert à empâter l'opération suivante. Pour améliorer le rendement, certaines distilleries font trois ou quatre lavages, mais cette méthode a l'inconvénient de produire des moûts plus dilués.

Ce mode de travail a l'avantage de donner des alcools très purs et de permettre la distillation à feu nu, à cause de la limpidité des moûts qu'il fournit. Par contre, le rendement qu'il donne est inférieur à celui qu'on obtient avec les moûts épais.

b. **Travail à moûts épais.** — Ce mode de travail est encore employé en Allemagne et en Belgique, mais il est peu répandu aujourd'hui en France, où il a été remplacé par la cuisson des grains sous pression. Cependant, on le rencontre encore dans les distilleries de seigle et dans les fabriques de levure pressée.

La préparation du moût peut se faire par plusieurs méthodes. Le procédé le plus simple consiste à placer dans la cuve-matière l'eau nécessaire à la température de 70° à 80°, et à y introduire peu à peu la mouture de grains et de malt en agitant constamment. La température s'abaisse peu à peu au degré voulu pour la saccharification, qui s'opère à 65°. Cette méthode est très primitive, la trempe du grain n'y est pas uniforme, et il se produit facilement des grumeaux.

Un procédé plus parfait consiste à empâter au préalable la farine dans la cuve-matière avec de l'eau à 50° ou 60°, de manière à avoir une température finale de 45° environ. On monte alors à 64° par addition d'eau chaude, et on abandonne le moût à la saccharification. La durée de la saccharification doit être environ d'une heure ; si elle se prolonge trop longtemps, on doit craindre l'acidification par le ferment lactique. On peut également avec avantage remplacer l'addition d'eau chaude pour l'élévation du moût à la température de saccharification par une injection de vapeur, à condition de mélanger intimement la masse. On obtient ainsi un moût plus concentré qu'avec l'addition d'eau chaude.

Un autre mode de travail consiste à transformer l'amidon en empois par chauffage à 85° avant de procéder à la saccharification. On commence dans ce cas par faire l'empâtage avec de l'eau à 60°, puis on chauffe à 85° par injection de vapeur ou au moyen du double fond, si on emploie un macérateur. On refroidit ensuite à la température de saccharification et on introduit le lait de malt. On maintient la température au degré voulu, jusqu'à ce que la saccharification soit suffisante, puis on refroidit à la température de mise en fermentation. Il est préférable d'empâter à part le lait de malt, et d'y faire rentrer peu à peu l'empois formé à 85°, ce qui fait monter la température au degré convenable pour la saccharification.

Les appareils employés pour ces diverses méthodes sont très variables. Dans les petites distilleries, on se sert de cuves-matières en bois, dans lesquelles l'agitation se fait à bras d'hommes. Dans les usines plus grandes, on emploie les cuves-matières en bois, avec agitateurs mécaniques plus ou moins compliqués. Enfin, les distilleries modernes emploient les macérateurs perfectionnés analogues à ceux que nous avons décrits pour le travail des pommes de terre. Un appareil qui a été longtemps employé en France et qu'on rencontre encore beaucoup en Belgique est le macérateur La Cambre. Cet appareil a la forme d'une auge cylindrique munie d'une double enveloppe dans laquelle on peut envoyer à volonté de l'eau froide, de l'eau chaude ou de la vapeur. A l'intérieur de cette cuve se meut un agitateur formé de plusieurs bras placés en hélice, et portant des tringles transversales qui les font ressembler à des râteaux. Cet appareil convient particulièrement pour le travail avec transformation de l'amidon en empois à 85°.

2° TRAITEMENT DES GRAINS SOUS PRESSION.

Le traitement des grains par la cuisson sous pression peut s'effectuer de deux manières différentes : *a*, sur les grains concassés ou moulus ; ou *b*, sur les grains entiers.

a. **Travail avec les grains concassés ou moulus.** — Cette méthode a d'abord été réalisée par Hollefreund dans son appareil que nous avons décrit à propos de la cuisson des pommes de terre.

On peut cuire les grains concassés au moyen de cuiseurs munis d'agitateurs, ou de cuiseurs dans lesquels l'agitation est produite par l'injection de vapeur. L'agitateur n'est pas nécessaire et on peut parfaitement cuire dans les cuiseurs coniques, que nous avons signalés au sujet des pommes de terre, les grains concassés ou moulus. La distribution de vapeur dans ces appareils est aujourd'hui perfectionnée, et on obtient d'aussi bons résultats qu'avec un agitateur mécanique.

Le grain est d'abord concassé au moyen de moulins, ou broyé par des meules. On place alors dans le cuiseur de l'eau qu'on porte à l'ébullition et on y fait arriver le grain concassé en agitant fortement. On ferme le cuiseur et on fait monter la pression à 2 atmosphères, pression qu'on maintient pendant deux heures environ. L'empois ainsi formé est alors chassé sous pression dans l'exhausteur et tombe dans le macérateur où il subit la saccharification.

Cette méthode de travail à grains concassés présente l'avantage de réduire la durée de la cuisson et la pression. La caramélisation est moindre et le rendement meilleur.

b. **Travail avec les grains entiers.** — Cette méthode est presque exclusivement employée en Allemagne et on la rencontre dans un grand nombre de distilleries françaises.

La cuisson s'opère le plus souvent dans le cuiseur conique sans agitateur, que nous avons décrit pour la cuisson des pommes de terre. On travaille ordinairement le maïs par ce procédé.

Les conditions théoriques de réussite de cette opération de la cuisson sont les suivantes : 1° donner au maïs la quantité d'eau nécessaire pour que son amidon puisse se transformer en empois (cette quantité est environ de une fois et demie le poids du grain) ; 2° maintenir le maïs constamment en mouvement pendant la cuisson ; 3° vidanger à haute pression de manière à diviser finement la masse.

En pratique, le travail s'effectue de la façon suivante : on place dans le cuiseur 150 litres d'eau par 100 kilogrammes de maïs, et on la porte à l'ébullition. On fait alors arriver lentement le maïs, en maintenant l'ébullition jusqu'à ce que le chargement soit complet. On ferme l'appareil et on chauffe de manière à atteindre une pression de 3^{kg},500 en trois heures environ. La pression doit monter très lentement et on ne doit atteindre 3 atmosphères qu'au bout de deux heures et demie de cuisson. La soupape doit être réglée de manière à laisser échapper continuellement un filet de vapeur : c'est ce qu'on appelle *travailler à soupape soufflante*. Dans ces conditions, et grâce aux dispositifs d'injection de vapeur adoptés dans les cuiseurs modernes, la masse du maïs est constamment en mouvement et il ne se forme pas de grumeaux.

Quand la cuisson est terminée, on vide brusquement le cuiseur à 3^{kg},500 ou 4 kilogrammes. On obtient ainsi une masse bien divisée, dans un état tout à fait favorable pour subir la saccharification par le malt.

Il ne faut pas employer, pour la cuisson des grains, des pressions trop élevées. En effet, les fortes pressions produisent une caramélisation partielle des hydrates de carbone et une décomposition de l'huile de maïs. On doit donc cuire le plus possible à faible pression et ne maintenir l'empois à haute pression que le temps strictement nécessaire pour assurer la transformation complète de l'amidon en empois.

L'empois ainsi préparé est chassé dans le macérateur à travers l'exhausteur. Il tombe ainsi dans le lait de malt préparé à l'avance, et la saccharification s'opère d'après les mèmes principes que celle des moûts de pommes de terre. Nous n'y reviendrons donc pas ici. La proportion de malt employé atteint généralement 15 p. 100 du poids du grain.

Le travail du seigle, du blé et de l'orge par cette méthode s'exécute comme celui du maïs.

Quand il s'agit de travailler simultanément des grains et des pommes de terre, il y a quelques précautions à prendre. Si on emploie du maïs et des pommes de terre, on fait tremper le maïs pendant vingt-quatre heures dans l'eau chaude, puis on l'introduit dans le cuiseur avec les pommes de terre en plaçant au fond une couche de tubercules et ensuite le maïs trempé mélangé aux pommes de terre. On cuit alors comme à l'ordinaire, à très forte pression qui peut monter jusqu'à 4^{atm},5. Il est préférable, malgré tout, de cuire séparément le maïs dans un petit cuiseur.

Quand on travaille du seigle, du blé ou de l'orge avec des pommes de terre, on doit faire tremper le grain pendant douze heures dans de l'eau à 50°, additionnée d'un peu d'acide sulfurique pour éviter toute altération. On place alors dans le cuiseur une couche de pommes de terre destinée à retenir le grain, puis on introduit le grain trempé et on achève de remplir l'appareil avec les pommes de terre. On cuit alors comme s'il s'agissait de pommes de terre seules, en maintenant cependant la pression plus élevée et pendant plus longtemps. Il faut ordinairement monter à 3^{atm},5 ou 4 atmosphères pendant deux heures.

3° TRAITEMENT DES GRAINS PAR LES ACIDES.

Dans les méthodes exposées jusqu'ici, on opère la saccharification au moyen du malt. On peut également saccharifier l'amidon par les acides. Quand on traite l'amidon par les acides étendus, il se transforme en dextrine, puis en glucose. Aussi a-t-on cherché à remplacer la saccharification par le malt par la saccharification par l'acide, pour éviter les inconvénients qui résultent du développement des mauvais ferments apportés par le malt. Cependant cette méthode est assez peu employée, à cause de la grande diminution de valeur des drèches qu'elle entraîne ; elle est, par suite, peu avantageuse pour la distillerie agricole, qui se préoccupe surtout de la qualité des résidus.

La saccharification par l'acide peut s'effectuer soit à l'air libre, soit sous pression.

a. **Saccharification par l'acide à l'air libre.** — Les grains concassés sont placés dans de solides cuves en bois munies d'un barboteur de vapeur et d'un agitateur.

On commence par placer de l'eau (quatre fois le poids du grain environ) dans la cuve, et on l'additionne d'acide chlorhydrique dans les proportions d'environ 10 p. 100 du poids du grain, ou d'acide sulfurique (environ 5 p. 100 du poids du grain). On fait barboter la vapeur et, dès que le liquide est en ébullition, on introduit le grain concassé. On maintient l'ébullition jusqu'à ce que la saccharification soit complète, ce qui demande de huit à douze heures.

Il est assez difficile de déterminer le point où on doit arrêter la saccharification. Théoriquement, on doit prolonger l'ébullition jusqu'à ce que tout l'amidon soit transformé en glucose. Mais un deuxième phénomène intervient alors : l'ébullition prolongée détruit partiellement le glucose formé, le liquide noircit et il se produit du caramel qui rend la fermentation mauvaise. On doit donc s'arrêter assez tôt pour ne pas détruire trop de glucose, et prolonger cependant assez longtemps pour que la saccharification soit suffisante. La pratique seule permet de déterminer les meilleures conditions pour chaque mode de travail. On a cependant coutume de filtrer une certaine quantité de moût et de l'additionner de trois fois son volume d'alcool à 95°. Dans ces conditions, les dextrines se précipitent sous forme d'un magma floconneux. On considère la saccharification comme terminée quand il ne se produit plus qu'un léger louche, ce qui indique que toutes les dextrines ont été transformées en glucose. Mais ce procédé ne peut donner que des renseignements peu précis.

La saccharification terminée, on neutralise la majeure partie de l'acidité au moyen du carbonate de chaux, en laissant dans le moût une acidité de 1 gramme à 1^{gr},5 par litre, évaluée en acide sulfurique. On refroidit alors la masse à la température de fermentation.

b. **Saccharification par l'acide sous pression.** — La méthode précédente est très coûteuse à cause de la

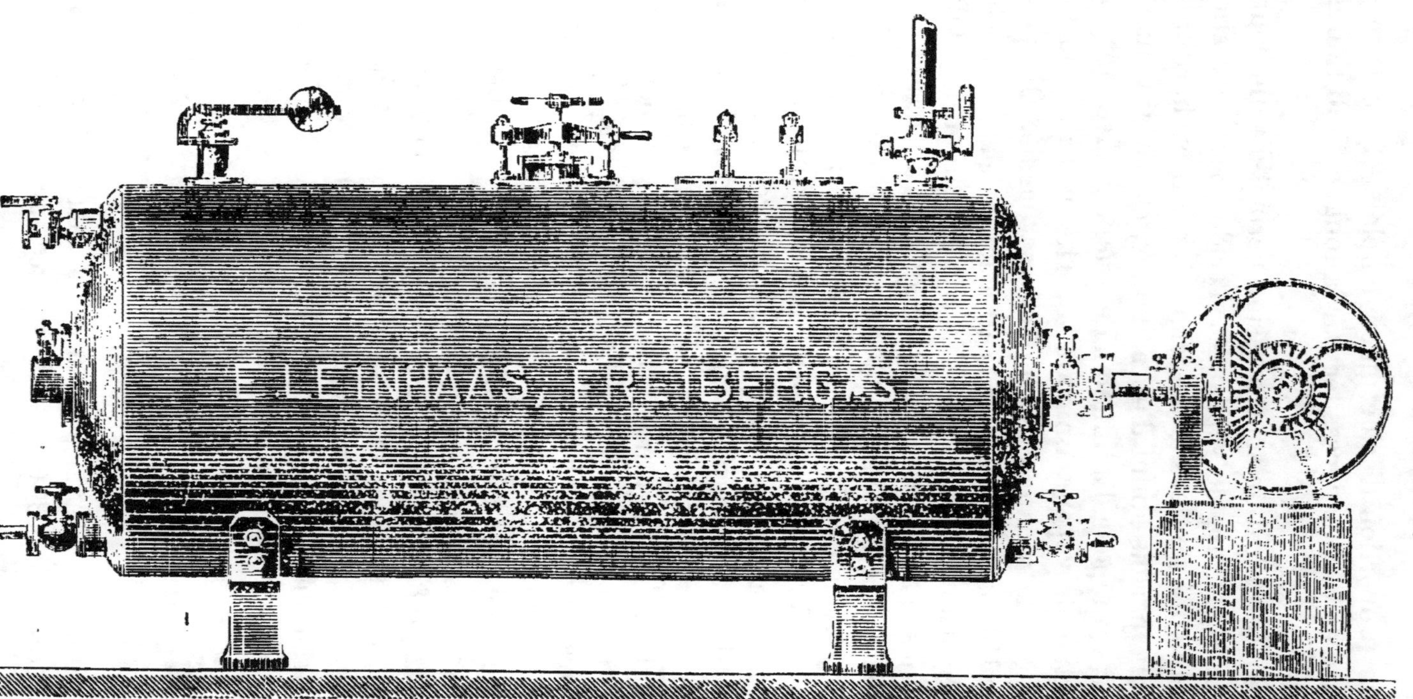

Fig. 49. — Saccharificateur par l'acide Leinhaas, constructeur à Freiberg (Saxe)].

19.

grande proportion d'acide qu'on emploie et de la forte dépense de vapeur nécessitée par la longue ébullition du liquide.

La saccharification sous pression permet d'obtenir une grande économie de vapeur et d'acide. Cette opération s'effectue dans un grand autoclave vertical ou horizontal (fig. 49), parfois muni d'un agitateur, et portant quatre tuyaux : un pour l'admission de l'eau acidulée, un pour l'injection de vapeur, un pour la sortie de l'air et le dernier pour la vidange du liquide saccharifié. On place d'abord dans l'appareil de l'eau acidulée par de l'acide chlorhydrique, à raison de 200 litres d'eau et de 4 kilogrammes d'acide par 100 kilogrammes de grains. On chauffe à l'ébullition en injectant de la vapeur, et on fait arriver lentement le grain sans interrompre l'ébullition. On ferme alors le trou d'homme, on injecte plus fortement la vapeur en laissant ouvert le robinet de purge. Quand l'air est chassé, on ferme ce robinet et on laisse monter la pression jusqu'à 2 kilogrammes pour le blé et le seigle, et 3 kilogrammes pour le maïs. Au bout d'une heure environ, et même au bout de quarante à cinquante minutes, si on a opéré à pression élevée, la saccharification est terminée. On ouvre alors le robinet de vidange et on envoie le liquide dans une cuve où il est neutralisé comme nous l'avons vu plus haut.

Il est préférable de cuire un peu plus longtemps à une pression plus basse, plutôt que de chercher à réduire la durée de l'opération en saccharifiant à haute pression. La caramélisation est plus faible avec les faibles pressions et le rendement est meilleur.

D. — Refroidissement des moûts saccharifiés.

Le moût se trouve, à la fin de la saccharification, à la température de 63°-65°, et il est nécessaire de le refroidir au degré convenable pour qu'il puisse être ensemencé par la levure.

Dans les pays où l'impôt est basé sur la capacité des cuves, par exemple en Allemagne, on procède, avant le refroidissement, à un épulpage du moût épais, de manière à enlever la majeure partie des drèches, ce qui permet d'introduire dans les cuves de fermentation une plus grande quantité de jus. Cette opération s'effectue au moyen d'*épulpeurs* constitués par un tambour perforé qui retient environ les deux tiers de la drèche.

Le moût, épulpé ou non, doit être refroidi.

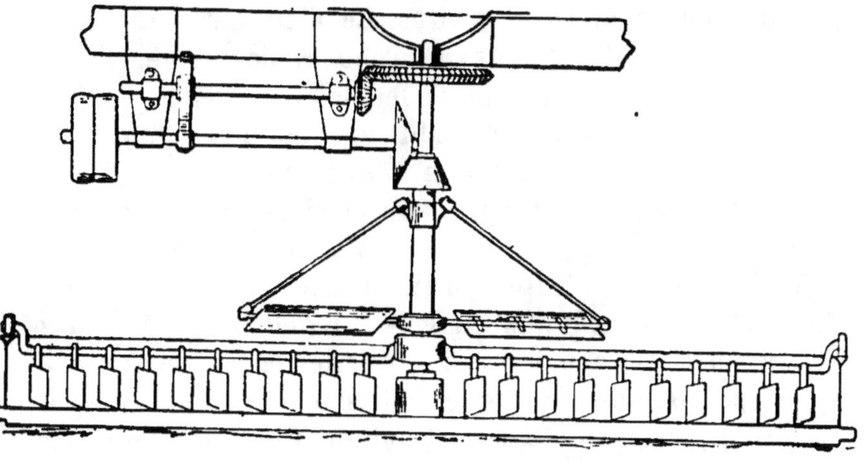

Fig. 50. — Réfrigérant plat pour moûts de grains.

Pendant très longtemps, le refroidissement des moûts s'est obtenu au moyen de l'air. Ce procédé est encore employé aujourd'hui dans un certain nombre de petites distilleries. Le réfrigérant employé (fig. 50) est formé dans ce cas par une large cuve plate, dans laquelle le moût se trouve exposé en couche mince. Cette cuve est munie d'un agitateur qui brasse la masse et renouvelle sans cesse la surface du liquide. Au-dessus se trouve un ventilateur formé de palettes et tournant rapidement à une très faible distance de la surface du moût. Il se produit ainsi une évaporation active qui refroidit la masse, mais ce refroidissement est long et, pendant toute sa durée, le moût est exposé à la contamination par les mauvais ferments répandus dans l'air.

Le refroidissement par l'eau est bien préférable, et il existe un grand nombre d'appareils basés sur ce principe. Nous avons déjà vu comment pouvait s'opérer le refroidissement dans un grand nombre de macérateurs. Un des appareils les plus répandus est le réfrigérant multitubulaire de Paucksch. Cet appareil se compose d'un certain nombre de cylindres en fonte, étagés les uns au-dessus des autres et contenant un faisceau de tubes en laiton fixés entre deux plaques tubulaires. Le moût circule à l'intérieur de ces tubes, tandis que l'eau froide circule à l'extérieur. Le refroidissement s'effectue ainsi à l'abri de l'air.

On peut également refroidir les moûts au moyen de réfrigérants analogues à ceux que nous avons décrits en brasserie, dans lesquels le refroidissement s'opère à la fois par l'évaporation au contact de l'air et par l'eau froide. On peut utiliser, particulièrement pour les moûts clairs, les réfrigérants du genre Baudelot ou du genre Lawrence. On a même construit des réfrigérants modifiés spécialement pour le refroidissement des moûts épais.

Enfin, en plein été, le distillateur a parfois avantage à refroidir au moyen de la glace. Le meilleur procédé consiste, dans ce cas, à placer la glace dans des flotteurs qu'on plonge dans le liquide, comme on le fait pour le refroidissement des cuves en brasserie.

CHAPITRE V

ANALYSE DES MOÛTS SUCRÉS.

L'analyse des moûts provenant des matières amylacées comprend les principales déterminations suivantes : le degré saccharométrique, l'amidon restant, le maltose, les dextrines et l'acidité.

Les moûts provenant des matières sucrées sont surtout examinés au point de vue de la densité, de la teneur en sucre et de l'acidité.

Analyse des moûts de grains. — Pratiquement, on détermine d'une façon approximative la teneur en sucre au moyen du saccharomètre Balling, que nous avons décrit à propos de la brasserie. Le moût doit d'abord être filtré avant d'être essayé au saccharomètre. Cette filtration s'opère facilement au moyen de chausses en laine, en faisant repasser sur la chausse le liquide filtré jusqu'à ce qu'il passe absolument clair. On amène alors le moût à la température de 17°,5 et on y plonge le saccharomètre.

Quand on veut connaître exactement la richesse en maltose et en dextrines, il est nécessaire de procéder à l'analyse chimique. Ces dosages s'effectuent au moyen de la liqueur de Fehling par les méthodes déjà indiquées en brasserie. Le dosage du maltose et des dextrines dans le moût est particulièrement intéressant pour le distillateur, car il lui fournit des renseignements précieux sur la marche de la saccharification et sur la manière dont s'effectuera ultérieurement le processus de la fermentation alcoolique. Celle-ci sera d'autant plus facile et d'autant plus complète que la proportion de dextrines sera moins considérable.

Il est également très important de connaître la force diastasique des moûts sucrés, c'est-à-dire l'activité de la diastase saccharifiante encore présente dans le moût. Cette détermination s'effectue ordinairement par la méthode d'Effront. On prépare une solution type d'empois d'amidon à 2 p. 100 et on en traite 10 centimètres cubes pendant une heure au bain-marie à 60°, par des quantités croissantes de moût sucré, 0cc,25, 0cc,5, 0cc,75, 1 centimètre cube, etc. On ajoute alors dans le liquide refroidi quelques gouttes d'une solution d'iode qui indique les tubes dans lesquels la saccharification a été complète. Si le liquide donne partout une coloration bleue, c'est que la diastase est affaiblie, et il est alors nécessaire de chercher, dans le processus de saccharification, les fautes qui ont pu être commises.

Le dosage de l'amidon restant présente également de l'intérêt pour le contrôle de la saccharification. Il s'opère en éliminant, par des lavages prolongés, le maltose et la dextrine, et en dosant l'amidon dans le résidu par les méthodes usuelles.

La détermination de l'acidité du moût avant et après fermentation permet de se rendre compte de la pureté de la fermentation. Quand l'acidité augmente très peu pendant la fermentation, on peut en conclure que la levure n'a pas été gênée par les ferments étrangers et que le rendement en alcool sera élevé. L'acidité se titre sur 10 ou 20 centimètres cubes de moût, au moyen d'une solution de soude normale. On fait des touches sur le papier tournesol rouge jusqu'à ce qu'une goutte du liquide le colore en bleu. L'acidité est évaluée en acide sulfurique.

Analyse des moûts de betteraves. — La densité peut se prendre au moyen d'un densimètre, et elle peut servir pratiquement à connaître d'une façon approximative la richesse en sucre en se reportant à des tables spéciales. Mais quand on veut connaître exactement la teneur en sucre du moût, on doit opérer le dosage du saccharose par la méthode indiquée plus haut pour l'analyse du jus de betteraves. On peut en conclure le rendement théorique en alcool, et se rendre compte ultérieurement du rendement pratique à la fermentation.

La détermination de l'acidité du jus, qui présente une grande importance, se fait sur 100 centimètres cubes de jus qu'on neutralise au moyen d'une solution titrée de soude. M. Sidersky a montré qu'il était très utile de déterminer, d'une part, l'acidité due aux acides minéraux et, d'autre part, l'acidité due aux acides organiques. On peut déterminer facilement ces deux acidités en se servant du papier réactif Congo, qui passe au bleu par les acides minéraux et ne change pas sous l'action des acides organiques. On verse donc la solution de soude peu à peu, en faisant de temps à autre des touches sur le papier Congo ; les taches, d'abord bleues, pâlissent de plus en plus jusqu'à ce que le papier ne change plus de couleur. A ce moment, tout l'acide sulfurique est saturé. On continue, après lecture de la burette, à verser la liqueur alcaline jusqu'à bleuissement du papier tournesol. La différence des deux lectures donne la quantité de liqueur de soude qui correspond à l'acidité organique. D'après Sidersky, un moût normal doit contenir une acidité minérale deux fois plus grande que son acidité organique.

Les moûts de mélasses s'analysent par les méthodes que nous avons indiquées à propos des mélasses. La densité se prend au densimètre, à l'aréomètre Baumé ou par le flacon. L'acidité se titre au moyen d'une solution de soude et s'évalue en acide sulfurique. Le sucre peut se doser par polarisation ou par la liqueur de Fehling, après inversion par l'acide chlorhydrique. Dans le cas de mélasses contenant du glucose, la réduction, avant et après inversion, permet de connaître la proportion de sucre réducteur présent dans ces mélasses.

TROISIÈME PARTIE

LA FERMENTATION DES MOÛTS SUCRÉS

CHAPITRE I

GÉNÉRALITÉS. — PRÉPARATION DES LEVAINS.

Les moûts sucrés, refroidis à une température convenable, doivent subir la fermentation alcoolique sous l'influence de la levure.

Le rendement en alcool est évidemment lié d'une façon très étroite au développement de la levure et à la qualité de la fermentation. Tous les efforts du distillateur doivent donc tendre à placer le ferment alcoolique dans les conditions les plus favorables pour sa bonne multiplication.

Pendant longtemps, on a employé en distillerie exclusivement la levure de bière ou la levure pressée pour la mise en fermentation des moûts. Aujourd'hui, on emploie beaucoup la levure artificielle préparée en multipliant, sous forme de *levain*, une levure cultivée pure. L'emploi de la levure artificielle rend le travail plus régulier et augmente le rendement en alcool. On l'utilise surtout pour la fermentation des moûts provenant des matières amylacées. Pour les jus de betteraves, on emploie souvent la levure de bière ou la levure pressée.

La mise en fermentation des moûts peut s'opérer par deux méthodes. Dans la première, on ensemence avec de la levure seulement la première cuve de moût, et on transmet la fermentation d'une cuve à l'autre en se servant d'une partie de la cuve en activité pour ensemencer la suivante. Ce mode de travail porte le nom de *fermentation par coupages* ; il est utilisé particulièrement pour la fermentation des jus de betteraves et de topinambours. Dans la seconde méthode, on ensemence chaque cuve séparément avec un levain préparé soit avec de la levure de bière fraîche ou de la levure pressée, soit avec de la levure cultivée pure. Ce procédé est appliqué surtout aux moûts de grains, de pommes de terre et de mélasses, et parfois aussi au jus de betteraves. C'est lui que nous étudierons d'abord, et nous retrouverons plus loin la fermentation par coupages à propos des jus de betteraves.

Préparation des levains.

La préparation des levains a pour but de placer dans la cuve au contact du moût sucré une grande quantité de cellules de levure bien vigoureuse, de manière à avoir une fermentation active et régulière. Les levains peuvent être préparés par des méthodes très différentes. On peut les diviser en deux grandes classes : les levains préparés par la méthode allemande, et les levains obtenus par stérilisation du moût et cultures de levures pures.

PRÉPARATION DES LEVAINS PAR LA MÉTHODE ALLEMANDE.

Les levains qu'on prépare par ce procédé sont fabriqués avec des grains. Théoriquement, le problème qui se pose est assez complexe. En effet, pour assurer le bon développement de la levure, il serait nécessaire de stériliser le moût. Mais la stérilisation du moût entraîne la destruction de la diastase qui saccharifie les dextrines, et la coagulation d'une certaine quantité de matières azotées qui sont utiles pour la bonne prolifération de la levure. On ne peut donc pas chauffer le moût à une température suffisante pour le stériliser, et, d'autre part, la température de saccharification, qui est ordinairement de 65°, est trop faible pour détruire les ferments étrangers contenus dans le liquide.

Pour tourner la difficulté, on emploie en Allemagne une méthode très particulière dans laquelle on préserve la levure contre le développement des microorganismes nuisibles en faisant subir au levain un commencement de fermentation lactique. Le principe de la méthode est le suivant : le moût préparé soit avec du malt seul, soit avec un mélange de grain et de malt, soit avec un mélange de malt et de moût saccharifié, est introduit dans une cuve spéciale où on l'abandonne à lui-même à la température la plus favorable pour l'acidification lactique. Quand l'acidification est jugée suffisante, on refroidit le moût à la température voulue, et on ensemence la levure, qui est tantôt de la levure de bière, tantôt de la levure pressée, tantôt de la levure cultivée pure. Quand la levure est suffisamment développée, c'est-à-dire quand le levain est *mûr*, on l'envoie à la cuve de fermentation pour ensemencer le moût, après avoir prélevé une portion de ce levain qui sert de *levure mère* pour le levain suivant.

a. **Préparation du moût.** — Les moûts de levains doivent être riches en matières nutritives pour la levure, de manière à assurer sa multiplication active. On emploie généralement du malt vert mélangé à du moût saccharifié. Pendant très longtemps, on a employé exclusivement du malt vert, ou un mélange de malt vert et de seigle, mais aujourd'hui on préfère employer le moût saccharifié et le malt, car cette méthode permet de préparer des moûts à la concentration voulue, et d'une façon plus économique.

On commence par faire subir au malt un lavage soigneux pour le débarrasser des ferments nombreux qu'il porte à sa surface, puis on le broie finement. Dans les petites usines, la macération s'effectue dans des cuviers en bois très propres, dans lesquels on place le malt et l'eau à 68°. On agite à la main au moyen d'un mouvron à vapeur, et on porte la température à 65° pour la saccharification par injection de vapeur. Quand la transformation de l'amidon est suffisante, on élève lentement la température pendant quinze minutes à 70°, et même à 75° si on a affaire à un moût très concentré, afin de produire une stérilisation partielle.

Dans les grandes distilleries, on emploie des macérateurs à levains, munis de double enveloppe et d'agitateur, dans lesquels on peut avec sûreté procéder à la saccharification, et maintenir la masse à la température voulue.

D'après Delbrück, on a intérêt à préparer des moûts de levains très concentrés, car la levure s'y conserve plus facilement pure, et elle s'y trouve ainsi dans des conditions d'existence analogues à celles qu'elle doit rencontrer dans le moût en cuve de fermentation. La concentration la plus favorable est, d'après Delbrück, de 20° à 24° Balling.

b. **Acidification du moût par le ferment lactique.** — Le moût ainsi préparé est envoyé dans des cuves à levains, en chêne, qui doivent être maintenues dans le plus grand état de propreté par des rinçages au bisulfite et passage à la vapeur après chaque opération. Ces cuves sont placées dans une salle spéciale, maintenue à une température de 25°.

L'acidification lactique doit avoir lieu à haute température. On cherche en effet à éviter le développement des ferments butyriques et acétiques qui sont très nuisibles à la levure. Ces ferments ne se multiplient plus quand on élève la température à 50°-55°, tandis que le ferment lactique n'est pas entravé dans son développement à cette température. En règle générale, l'acidification lactique est d'autant plus pure que la multiplication du ferment a lieu à plus haute température. Au-dessous de 60°, les ferments lactiques présents dans le liquide ou déposés par l'air commencent à se développer. On maintiendra donc pendant un temps suffisant le moût de levain à une température de 50°-58°, pour que l'acidification lactique se produise.

Pour avoir plus de sécurité dans l'acidification, on a beaucoup employé, dans ces dernières années, l'ensemencement des levains par une culture de ferment lactique pur. Ce procédé a donné de bons résultats.

La dose d'acide lactique formée doit être suffisante pour préserver ultérieurement la levure contre le développement des ferments nuisibles. L'acidité varie en général entre $3^{gr},5$ et 5 grammes par litre, évaluée en acide sulfurique. Une forte acidité du levain assure en général une bonne fermentation; mais dans les distilleries bien tenues, où toutes les précautions sont prises pour éviter les infections par les bactéries, une acidité plus faible dans le levain augmente le rendement en alcool.

La durée de l'acidification lactique est variable : on doit l'arrêter quand la dose d'acide nécessaire se trouve produite. Il faut ordinairement de douze à vingt heures.

c. **Refroidissement du moût acidifié.** — On refroidit alors rapidement le moût à la température convenable pour l'ensemencement de la levure. Ce refroidissement doit être rapide, car aux températures inférieures à 50° le moût est exposé à l'infection par les bactéries nuisibles : on doit donc réduire au minimum la durée du refroidissement.

La réfrigération s'opère au moyen de serpentins plongés dans les cuves à levains, et parcourus par un courant d'eau froide. Dans les anciennes installations, ces serpentins sont fixes et on agite le liquide à la main pendant le refroidissement. On emploie aujourd'hui des réfrigérants mobiles, mus mécaniquement, qui permettent d'obtenir un refroidissement rapide avec brassage de la masse.

La température à laquelle on refroidit le moût varie avec la nature des moûts et les conditions du travail de l'usine. Elle est en moyenne de 12° à 15°.

d. **Ensemencement de la levure.** — La levure employée pour l'ensemencement du levain est, au début de la campagne, de la levure pressée délayée dans l'eau, ou de la levure cultivée pure préparée dans un appareil à levures. Quand la fabrication est en marche, on se sert d'une portion d'un levain précédent, à laquelle on donne le nom de *levure mère.*

L'introduction de la levure pure dans la préparation des levains a donné d'excellents résultats au point de vue de la régularité de la fermentation et du rendement en alcool.

La durée de fermentation varie avec la nature de la levure, la concentration et la température de l'ensemencement. Avec les moûts concentrés à 22° Balling, la fermentation doit durer environ vingt-quatre heures. Le levain est alors considéré comme *mûr.* La levure n'a pas encore complètement achevé son action, mais la richesse alcoolique du liquide est suffisante pour protéger le levain contre les ferments nuisibles.

e. **Prélèvement de la levure mère.** — Avant d'envoyer le levain à la cuve de fermentation, on en prélève une partie qui sert de levure mère pour les opérations suivantes. La méthode la plus rationnelle consiste à prélever la levure mère au moment de l'utiliser pour l'ensemencement d'un nouveau levain. Ce procédé évite les dangers d'infection de la levure pendant l'attente. Quand l'ensemencement du nouveau levain ne coïncide pas avec la maturité du précédent, on doit conserver la levure dans un seau spécial, du dixième de la capacité de la cuve à levains, maintenu soigneusement propre. La conservation doit avoir lieu à 10° ou 12°, de manière à éviter toute altération de la levure et toute diminution d'activité. Il suffit pour cela de plonger le seau dans un bain d'eau maintenue froide par circulation ou par emploi de glace.

Tel est, dans ses grandes lignes, le procédé de préparation des levains par la méthode allemande. Il a de nombreux inconvénients ; il entraîne d'abord avec lui une perte de rendement, le sucre transformé en acide lactique étant perdu pour la fermentation alcoolique. En outre, cette préparation est extrèmement délicate : elle est la source de déboires continuels, et la plupart des mécomptes qu'on éprouve en fabrication proviennent de la préparation des levains. Il suffit souvent de petites négligences, qui paraissent sans importance, pour amener des résultats défectueux.

Aussi a-t-on cherché à substituer à l'acidification par le ferment lactique l'emploi de l'acide lactique industriel. Le prix élevé de l'acide lactique a, pendant longtemps, empêché toute tentative dans cette voie ; mais, depuis quelques années, le prix de cet acide s'est considérablement abaissé, et de nombreux essais pratiques ont été réalisés par Wehmer pour introduire en distillerie l'emploi de l'acide lactique industriel.

En ajoutant au moût, aussitôt après saccharification, 1 à 2 p. 100 d'acide lactique, Wehmer a obtenu une quantité de levure plus grande qu'avec l'acidification par le ferment, et la levure fabriquée était de qualité irréprochable. Les essais poursuivis pendant plus de six mois n'ont rien laissé à désirer, les résultats obtenus sont donc tout à fait satisfaisants. L'emploi de l'acide lactique industriel a de nombreux avantages. L'acidification est plus simple et plus sûre, car l'acidité est toujours régulière et au degré voulu, ce qu'il est parfois difficile d'obtenir avec le ferment. La méthode entraîne également une forte économie de combustible pour le chauffage de la chambre à levains, de main-d'œuvre et de temps; mais ces avantages doivent être mis en balance avec les frais d'achat de l'acide lactique, qui viennent grever la nouvelle méthode.

AUTRES MODES DE PRÉPARATION DES LEVAINS.

Il existe un certain nombre d'autres méthodes pour la préparation des levains, basées, en général, sur l'emploi de la levure pure.

M. Jacquemin utilise les levains de levure de vin pure pour la fermentation des moûts de mélasses. On introduit dans de petites cuves à levain métalliques, stérilisables et hermétiquement closes, une certaine quantité de moût de mélasses qu'on stérilise par la vapeur. On refroidit à 30° en injectant de l'air filtré et en faisant ruisseler de l'eau froide sur les parois extérieures de la cuve. On ensemence alors, avec toutes les précautions d'usage, une petite quantité de la levure pure qu'on veut propager. Au bout de quinze heures, la levure est développée. On vide alors le petit levain dans une cuve semblable à la première, mais dix fois plus grande, et remplie avec du moût de mélasse stérilisé. La fermentation se déclare, et, au bout de douze heures, quand la densité a déjà baissé de moitié, on envoie ce levain dans une cuve en bois ouverte, d'une contenance de 150 hectolitres, remplie de moût de mélasse stérilisé. Après quelques heures, on vide cette cuve dans la cuve principale et on fait arriver le moût de mélasse stérile à la température de 30° C.

On peut employer une méthode analogue pour la préparation des levains de levure pure pour la fermentation des jus de betteraves. On commence par multiplier la levure dans de petites cuves métalliques remplies de jus de betteraves stérilisé par la chaleur. La levure employée provient d'un appareil à levures pures analogue à ceux que nous avons décrits à propos de la brasserie. Quand la levure est suffisamment développée, c'est-à-dire au bout d'un jour et demi environ, on envoie son contenu dans un bac rempli à moitié de jus de betteraves stérilisé ; on aère avec de l'air filtré, et, au bout de trois à quatre heures, la fermentation devient très active. On achève alors de remplir le bac avec du jus stérile, et, quelques heures après, le levain est mûr. On en envoie la moitié comme pied d'une des cuves principales, et on remplit de nouveau le bac avec du moût stérile. On peut ainsi préparer avec ce bac six ou huit levains successifs. On recommence alors une nouvelle série en multipliant de nouveau la levure dans la petite cuve métallique, et en préparant un nouveau bac à levains. Quand on emploie cette méthode, il est bon d'ajouter au jus une certaine proportion de matières nutritives pour activer le développement de la levure. On emploie souvent, à cet effet, la maltopeptone.

On peut également préparer très simplement des levains pour les moûts de betteraves ou de mélasses en délayant de la levure de bière ou de la levure pressée dans du moût stérilisé et additionné de 500 centimètres cubes de maltopeptone par hectolitre. On aère avec de l'air filtré pendant la prolifération de la levure. Mais cette méthode est inférieure à la précédente, parce que la levure de bière et la levure pressée contiennent toujours de nombreux ferments étrangers, qui se développent dans le moût et viennent faire concurrence à la levure. L'emploi de la levure pure est bien préférable pour la régularité du travail, la qualité de l'alcool et l'élévation du rendement.

Procédé Effront. — Le procédé Effront est basé sur
l'emploi de l'acide fluorhydrique, qui a la propriété de
s'opposer au développement des ferments lactiques et
butyriques, et de conserver la force de la diastase et son
action. En outre, il est possible d'acclimater peu à peu
les levures à supporter de fortes doses d'acide fluorhydrique, en les faisant vivre en présence de quantités
croissantes de cet acide, et on peut ainsi obtenir des
fermentations très actives et très pures, tous les ferments
étrangers étant paralysés par l'action de l'acide.

L'opération s'effectue alors de la façon suivante : le
levain peut être préparé soit avec du malt saccharifié
à 60°, soit avec du moût principal. Le moût, refroidi
à 30° C., est placé dans la cuve à levains, et additionné de la quantité d'acide fluorhydrique nécessaire.
On supprime donc l'acidification lactique et tous ses
dangers. La quantité d'acide à ajouter est en moyenne
de 10 grammes d'acide fluorhydrique par hectolitre de
levain, et de 5 grammes par hectolitre de moût. On ensemence alors la levure mère à 25°, et on laisse la fermentation marcher entre 28° et 30°, sans dépasser cette température. La levure employée a été au préalable acclimatée
à vivre en présence de doses élevées d'acide fluorhydrique.
Cette acclimatation se fait au laboratoire, en la traitant
d'abord par des doses très faibles qu'on augmente progressivement pour arriver, au bout d'une série de cultures
suffisante, à faire vivre la levure dans des milieux très
riches en acide fluorhydrique et antiseptiques pour les
autres microbes.

L'acide fluorhydrique a pour résultat de réduire la
multiplication de la levure, et d'augmenter sa force fer-
mentative. Le travail de prolifération de la levure consomme donc une proportion de sucre moins considérable,
ce qui est avantageux pour le rendement en alcool. En
outre, Effront a remarqué qu'une levure accoutumée à
de fortes doses d'acide fluorhydrique, transplantée dans

un milieu plus faible en acide, se multiplie d'autant plus activement que la différence des richesses des deux milieux en acide fluorhydrique est plus considérable.

L'idée première de l'accoutumance des levures aux antiseptiques est due à Pasteur, et nous voyons les applications pratiques qui ont résulté de cette découverte. Seulement, il ne faut pas se dissimuler que l'accoutumance aux antiseptiques se fait également chez d'autres ferments et qu'il peut se former peu à peu des races de microbes nuisibles, habitués comme la levure à la présence des antiseptiques. Tel est l'inconvénient des méthodes basées sur l'emploi de ces substances : c'est là une conséquence physiologique naturelle des propriétés vitales des espèces microbiennes, qui savent se conformer peu à peu aux conditions d'existence les plus diverses.

CHAPITRE II

FERMENTATION DES MOÛTS DE DISTILLERIE.

La fermentation des divers moûts de distillerie diffère notablement suivant les matières premières dont ils proviennent. La conduite du travail n'est pas la même avec les moûts provenant de matières amylacées qu'avec les moûts fabriqués avec les matières sucrées; en outre, les caractères extérieurs de la fermentation sont assez différents. La fermentation des matières amylacées se produit en trois périodes distinctes : la fermentation préliminaire, la fermentation tumultueuse et la fermentation complémentaire. Avec les matières sucrées, la fermentation est régulière d'un bout à l'autre, jusqu'à ce que, le sucre ayant disparu, cette fermentation s'arrête presque brusquement.

L'opération s'effectue dans une salle spéciale, appelée

cuverie, dans laquelle on doit pouvoir maintenir une température bien constante. Le sol doit être dallé ou cimenté, pour qu'on puisse le laver à grande eau. Comme dans toutes les industries de fermentation en général, on doit pouvoir maintenir cette pièce dans le plus grand état de propreté, des nettoyages fréquents étant une des premières conditions de la pureté des fermentations et de l'obtention de hauts rendements en alcool. Les cuves de fermentation sont en bois, de section ovale ou circulaire ; elles sont placées sur un massif de maçonnerie qui les soutient. Après chaque opération, les cuves doivent être brossées au lait de chaux, ou même avec une solution de bisulfite de chaux si les fermentations laissent à désirer au point de vue de la pureté. Pour rendre les nettoyages plus faciles et éviter l'imprégnation du bois par le moût, on peut passer la cuve à l'huile de lin bouillante ou au vernis à la gomme laque.

On emploie aussi parfois des cuves de fermentation en tôle, dans lesquelles les nettoyages sont plus commodes. Le verre et la pierre ne sont utilisés qu'exceptionnellement.

La grandeur des cuves de fermentation varie naturellement avec l'importance de l'usine. Les grandes cuves ont l'avantage de prendre moins d'espace et de se maintenir plus facilement à la température voulue.

Fermentation des moûts de betteraves. — Il existe deux méthodes de fermentation du jus de betteraves : 1° par coupages ; 2° par levains. La première méthode est la plus employée. Elle consiste à mettre en route, au début de la campagne, une première cuve avec de la levure de bière ou de la levure pressée, puis à se servir d'une partie de cette cuve en fermentation pour transmettre la fermentation à la cuve suivante.

Une des premières conditions de succès dans la fermentation du jus de betteraves consiste à ne mettre en levure qu'un jus au degré d'acidité convenable. Nous avons vu que le moût devait être additionné d'acide sulfurique. Cet acide a pour résultat de déplacer d'abord les acides organiques de leurs combinaisons, et de les mettre en liberté, ce qui constitue un milieu favorable pour le développement de la levure. Mais l'acide sulfurique doit également jouer le rôle d'antiseptique vis-à-vis des ferments nuisibles, car les acides organiques sont beaucoup moins actifs sous ce rapport. La quantité d'acide ajoutée doit donc être suffisante, pour qu'il y ait dans le jus une certaine proportion d'*acide sulfurique libre*, et nous avons vu plus haut comment M. Sidersky conseille de déterminer cette proportion et les limites qu'elle doit atteindre, par rapport à l'acidité organique libre. Le meilleur moyen pour le distillateur consiste donc à déterminer, par des essais, la dose d'acide sulfurique la plus convenable pour avoir, après déplacement des acides organiques, la quantité nécessaire d'acide sulfurique restant.

Le jus provenant des macérateurs ou des diffuseurs est ordinairement envoyé d'abord dans deux cuves spéciales, appelées *cuves préparatoires*, qui permettent d'avoir un jus bien homogène et bien mélangé, qu'on peut amener à la température voulue au moyen de serpentins, et dont on titre l'acidité qu'on porte au degré favorable. On peut ainsi remédier aux défauts de refroidissement et d'acidification, puis on envoie le jus à la cuve de fermentation.

La fermentation *continue* est très employée dans les distilleries agricoles, à cause de la grande facilité du travail, dans lequel on supprime toute l'opération délicate de la préparation des levains. Les cuves doivent communiquer entre elles, ce qu'on obtient facilement par un tuyau qui passe devant toutes les cuves, et qui est relié à chacune d'elles par un robinet. Pour mettre deux cuves en communication, il suffit d'ouvrir le robinet correspondant à chaque cuve. Ce tuyau doit pouvoir être nettoyé à la vapeur, de manière à y éviter le séjour de jus qui se corromprait et occasionnerait des troubles dans la fermentation.

Le tuyau de communication est généralement placé à hauteur d'homme, assez bas pour qu'on puisse toujours vider une bonne portion de la cuve, même quand elle n'est pas complètement pleine, et assez haut pour ne pas s'ouvrir dans les dépôts qui se forment au fond de la cuve.

Au commencement de la campagne, on charge d'abord une première cuve au quart avec du jus, et on l'additionne de levure, à raison de 250 grammes par hectolitre. Cette levure doit être, au préalable, délayée dans une certaine quantité de jus à 35°. On agite alors fortement le liquide, de manière à bien faire pénétrer l'air dans la masse. Au bout de quelques heures, la fermentation est active. On envoie à ce moment la moitié de ce liquide en fermentation dans une deuxième cuve, et, quand la densité est tombée à 1010 ou 1015, on laisse couler d'abord dans la première cuve, puis dans la seconde, un filet de jus assez lent pour que la densité s'élève très peu, et pour que l'activité de la fermentation ne se ralentisse pas. Quand la première cuve est pleine, on la coupe en deux ; la première moitié sert à ensemencer une troisième cuve, la seconde moitié reste dans la cuve, où on continue à couler jusqu'à ce qu'elle soit remplie une dernière fois. La fermentation achevée, la cuve est envoyée à la distillation. La deuxième cuve, coupée à son tour en deux parties, sert à mettre en marche la quatrième, et le travail se continue ainsi régulièrement, jusqu'à ce que la première cuve soit de nouveau ensemencée par le coupage d'une cuve précédente, et rentre ainsi en série.

La fermentation du jus de betteraves est très rapide, car il constitue un milieu excellent pour la prolifération de la levure. La température de mise en fermentation est de 22° à 23°. Cette température s'élève à 27°-28° pendant la fermentation, mais elle ne doit pas dépasser 30°. Quand la levure a terminé son action, le dégagement d'acide carbonique cesse brusquement, le liquide s'éclaircit et la cuve est prête à être distillée.

Il est très utile, en fin de fermentation, de doser l'acidité du moût. Si la marche a été bonne, l'augmentation de l'acidité doit être faible. On doit également contrôler le degré de fermentation, en prenant la densité, qui tombe généralement dans les environs de 1000. Toutefois, ce chiffre n'a évidemment rien d'absolu, car la densité finale du moût dépend non seulement de la transformation du sucre en alcool, mais aussi de la richesse plus ou moins grande de la vinasse en matières solubles non sucrées.

Le procédé de fermentation continue que nous venons d'exposer réduit considérablement la dépense en levure, et théoriquement la même levure pourrait servir pendant très longtemps. Mais, en pratique, la pureté de la levure ne peut pas se conserver intacte ; au bout d'un certain temps, la fermentation se ralentit, le rendement en alcool baisse, et il est nécessaire de renouveler la levure. Le distillateur procède alors au nettoyage soigneux de ses cuves et recommence une nouvelle série de coupages avec de la nouvelle levure fraîche, sans interrompre le travail.

Pour éviter cet inconvénient, certaines distilleries préparent des levains par la méthode que nous avons exposée au chapitre précédent, en multipliant dans du jus de betteraves stérile une levure pure appropriée. Le bac à levains fournit ainsi l'ensemencement pour six ou huit cuves de jus de betteraves. Cette méthode est plus coûteuse que la méthode de fermentation continue, et elle est plus délicate ; mais elle présente l'avantage de donner beaucoup moins prise aux accidents de fabrication et de fournir des alcools plus purs. Elle est surtout recommandable dans les distilleries de betteraves importantes.

Les accidents qui se produisent parfois dans la fermentation des betteraves proviennent généralement de l'envahissement par les ferments de maladie. Le développement de ces mauvais ferments peut tenir à des causes multiples : manque de propreté dans les cuves, température de fermentation trop élevée, acidification sulfurique insuffisante, mauvaise qualité de la levure. Si on soupçonne la malpropreté des cuves, il faut les brosser avec une solution de bisulfite de chaux. La température de fermentation ne doit pas dépasser 30°, sous peine de voir l'acidité augmenter considérablement et la fermentation devenir paresseuse. Le développement actif des ferments nuisibles peut venir aussi d'un défaut d'acidification sulfurique. Dans ce cas, quand on constate que l'acidité monte peu à peu pendant la fermentation, il faut augmenter progressivement la dose d'acide sulfurique. Mais si cette acidité du jus fermenté dépasse déjà certaines limites, un excès d'acidité pourrait paralyser tout à fait la levure, et le seul remède dans ce cas consiste à diluer la vinasse avec de l'eau, ou même de rejeter cette vinasse et de recommencer après nettoyage une extraction à l'eau pure.

Fermentation des moûts de topinambours. — Les observations relatives à la fermentation des betteraves s'appliquent également à la fermentation des topinambours. Le procédé le plus employé est le coupage, qui réussit très bien à cause de la grande pureté des jus. La préparation des moûts de topinambours exige, en effet, comme nous l'avons vu, un chauffage prolongé à 100°, en présence d'acide pour la saccharification de l'inuline et des autres hydrates de carbone saccharifiables. Ces moûts sont donc parfaitement stériles, et la levure y trouve un terrain excellent pour son développement actif.

La prolifération du ferment alcoolique dans les moûts de topinambours est très considérable, et les distillateurs ont coutume d'écumer une partie de cette levure et de la donner aux porcs. Mais il ne faut pas perdre de vue que la multiplication de la levure se fait aux dépens du sucre, et que plus il y a de levure produite, plus le rendement en alcool diminue. On a donc intérêt à réduire cette prolifération, en ensemençant plus faiblement les cuves. La pureté du moût permet parfaitement ce mode de travail.

Fermentation des moûts de mélasses. — Les moûts de mélasses sont beaucoup moins riches que les moûts de betteraves en matières assimilables pour la levure; ils constituent donc un milieu moins favorable et se prêtent, par suite, mal à la fermentation par coupages. On doit donc ensemencer le moût par pieds de cuves.

Plusieurs méthodes sont employées dans ce but. Certains distillateurs utilisent la levure de bière. Dans ce cas, on place dans la cuve une certaine proportion de moût de mélasses dans lequel on délaye la levure nécessaire, et quand la fermentation est établie on achève de remplir la cuve avec du moût.

On peut également préparer des levains lactiques par la méthode allemande. Ce procédé, employé en Allemagne, a l'avantage de donner à la mélasse une grande quantité de matières nutritives, ce qui assure le développement actif de la levure. Mais il entraîne avec lui tous les inconvénients de la préparation de ces levains.

On peut enfin employer des levains de levure pure, soit de levure de vin, d'après la méthode de Jacquemin exposée précédemment, soit avec une levure bien appropriée qu'on multiplie de la même manière que la levure pure en distillerie de betteraves. Il est nécessaire, dans ce cas, d'opérer sur du moût de mélasses stérilisé et additionné de matières nutritives pour le ferment, tels que maltopeptone, peptonine, etc. Ce mode de travail est préférable à tous les autres, car il permet d'obtenir des fermentations très régulières avec un haut rendement en alcool.

La température de mise en fermentation des moûts de mélasses est généralement de 20° à 25°. Pendant la fermentation, la température ne doit pas s'élever au-dessus de 30°, si on ne veut pas s'exposer à des pertes de rendement.

Après fermentation, la densité est encore relativement élevée, à cause de la grande quantité de matières étrangères contenues dans les moûts de mélasses.

Les moûts qui n'ont pas été dénitrés à l'acide sulfurique donnent souvent lieu à un accident de fabrication désigné sous le nom de *fermentation nitreuse*. Cette fermentation s'effectue sous l'influence de bactéries réductrices qui ont la propriété de décomposer les nitrates et les nitrites, en donnant un dégagement d'azote et de bioxyde d'azote. Ce bioxyde d'azote se transforme au contact de l'air en vapeurs rutilantes de peroxyde d'azote qui sont très antiseptiques pour la levure et arrêtent son développement. La fermentation nitreuse se produit également dans les cas de fermentation butyrique du moût. Le ferment butyrique donne lieu à des dégagements d'hydrogène qui réduisent les nitrites et nitrates à l'état de bioxyde d'azote.

Le meilleur remède consiste à dénitrer parfaitement les mélasses avant de les mettre en fermentation, et, si on constate la fermentation butyrique, de procéder aussitôt à un nettoyage soigneux de la cuverie et des canalisations.

Fermentation des moûts de matières amylacées. — La fermentation de ces moûts peut être divisée en trois périodes : la fermentation préliminaire, la fermentation tumultueuse et la fermentation complémentaire.

La première période, celle de la fermentation préliminaire, correspond au départ de la fermentation et à la multiplication de la levure. Elle est donc d'autant plus longue que le levain employé a été moins abondant. Pendant cette période, la levure absorbe énergiquement l'oxygène en dissolution dans le moût et prolifère beaucoup. Le dégagement d'acide carbonique est faible et la cuve est à peu près en repos.

L'intérèt du distillateur est de favoriser le plus possible cette multiplication de la levure. Théoriquement, c'est à 28° que le phénomène se produit avec la plus grande intensité ; mais, en pratique, cette température élevée pour le départ de la fermentation présente l'inconvénient de donner des fermentations trop intenses, qui partent trop rapidement. Aussi adopte-t-on souvent la température de 20°. Quand la chose est possible, on a grand intérèt à mettre en levure dans le macérateur ou le réfrigérant à la température de 30° et à refroidir alors le moût à la température favorable pour le départ de la fermentation. Le moût se refroidissant assez lentement, la multiplication de la levure a le temps de se faire à cette température favorable.

A cette période préliminaire succède la fermentation tumultueuse. Le dégagement d'acide carbonique devient très abondant, le moût est sans cesse en mouvement, la densité baisse, et la température s'élève. Pendant cette phase, le maltose est transformé en alcool et en acide carbonique, et au fur et à mesure qu'il disparaît la diastase présente dans le liquide reprend son action et saccharifie une partie des dextrines. Mais, comme le travail de la levure est beaucoup plus actif que celui de la diastase, il arrive un moment où, le maltose ayant à peu près disparu, la fermentation se ralentit faute d'aliments.

Pendant cette fermentation tumultueuse, il se produit un fort dégagement de chaleur. Si le début de la fermentation a eu lieu à 25°, et si on abandonne la cuve à elle-mème, la température atteint bientôt 32°-34°, ce qui a pour conséquence une perte d'alcool et une augmentation de l'acidité. Indépendamment de la diminution du rendement qu'elle entraîne, l'augmentation de l'acidité a le grave défaut d'entraver l'action de la levure et celle de la diastase, de sorte que la fermentation est incomplète. Il est donc nécessaire de s'opposer à cette élévation de la température en refroidissant la cuve au moyen de réfrigérants, de manière à ne pas dépasser en cuve 29° à 30°.

La troisième phase de la fermentation, celle de la fermentation complémentaire, correspond à la saccharification et à la fermentation des dextrines. L'activité de la levure étant très supérieure à celle de la diastase, le ferment alcoolique a pu transformer, pendant la fermentation principale, tout le maltose avant que la diastase ait achevé la saccharification des dextrines. La fermentation complémentaire est donc lente. En outre, elle dépend essentiellement de l'état de la levure à ce moment, et de l'état de la diastase. La levure ne doit pas être affaiblie, et, pour que cette condition soit remplie, il faut que la température de fermentation n'ait pas dépassé 30°. La diastase elle-même doit être restée active. Le travail de la saccharification a donc dû être fait avec tous les soins nécessaires pour ne pas l'affaiblir, et l'acidité de la cuve ne doit pas être montée à un degré trop élevé qui arrêterait l'action de la dextrinase.

La température la plus favorable pour la fermentation complémentaire est celle de 30° à 32°; mais on doit pratiquement la réduire à 27°-28° pour éviter la multiplication des ferments secondaires.

La durée de la fermentation est très variable suivant les lois fiscales des divers pays. En Allemagne, la fermentation doit durer soixante-douze heures, et chacune des trois phases correspond à peu près à une période de vingt-quatre heures. En France, le distillateur peut adopter la durée qui lui convient : soit quarante-huit heures, soit soixante heures, soit trois jours, suivant la nature des moûts et les conditions de travail de l'usine.

La réfrigération des cuves pendant la fermentation s'opère soit au moyen de serpentins fixes, soit au moyen de serpentins mobiles. Il existe un grand nombre de systèmes de réfrigérants mobiles qui ont l'avantage de produire un refroidissement plus rapide et d'expulser l'acide carbonique du moût au fur et à mesure de sa formation. Le mouvement des réfrigérants peut être obtenu mécaniquement ou au moyen de l'eau.

Parfois, pendant la fermentation principale, on voit se former dans la cuve des mousses très persistantes qui montent de plus en plus et finissent par déborder hors de la cuve en occasionnant des pertes importantes. On donne à cette fermentation le nom de *fermentation mousseuse*. Elle est redoutée en distillerie à cause des pertes qu'elle entraîne. Elle paraît tenir en grande partie à la nature des matières premières, car on l'observe surtout avec les pommes de terre ou les seigles récoltés avant maturité. Elle peut aussi être produite par une cuisson imparfaite. Enfin la nature de la levure joue également un rôle : certaines levures ont une tendance toute particulière à produire la fermentation mousseuse.

Les remèdes à employer contre cette forme de fermentation consistent à réduire la multiplication de la levure et à chercher à abattre les mousses au moyen d'huile ou de suif fondu. On doit employer le moins possible de ces substances, qui ont le grave défaut de salir les colonnes et de donner parfois mauvais goût à l'alcool.

CHAPITRE III

SACCHARIFICATION ET FERMENTATION PAR LES MUCÉDINÉES.

On a considéré pendant longtemps, dans les industries de fermentation, toute moisissure comme un ferment de maladie. Cette notion est encore aujourd'hui exacte en général; cependant, il y a lieu de faire une exception pour certaines espèces qui ont été appliquées pendant ces temps derniers, avec le plus grand succès, à la fabrication de l'alcool de grains.

Il existe en effet toute une classe de mucédinées qui sont extrêmement intéressantes pour le distillateur. Parmi celles-ci, les mucors méritent d'attirer tout particulièrement l'attention. Ces organismes peuvent mener indifféremment la vie aérobie ou anaérobie, suivant les conditions qui leur sont offertes. Pasteur nous en a fourni un exemple remarquable avec le *Mucor racemosus*. Cette espèce vit normalement à la surface des liquides sucrés, en donnant un mycélium qui se couvre rapidement de spores aériennes : c'est la vie aérobie du mucor. Mais si on vient à immerger complètement ce mycélium dans le liquide nutritif, le mode d'existence de l'espèce change. On voit la plante se remplir de bulles de gaz carbonique, et il se forme de l'alcool. En même temps l'aspect microscopique se modifie. Dans la vie aérobie, on trouve de longs filaments peu cloisonnés et des spores aériennes ; dans la culture en profondeur, on voit un mycélium très cloisonné qui se renfle par places de manière à former des sortes de boules qu'on appelle *conidies mycéliennes*. Ces conidies se séparent bientôt du mycélium et bourgeonnent à la façon des levures. L'espèce possède donc deux modes d'existence : une vie aérobie, dans laquelle le sucre est brûlé à l'état d'eau et d'acide carbonique, et une vie anaérobie, dans laquelle la plante fonctionne comme un véritable ferment alcoolique.

En outre, ces mucédinées possèdent vis-à-vis de l'amidon une action saccharifiante. Cette action a été découverte par Atkinson dans l'*Eurotium Orizae*, moisissure qui joue un rôle important dans la fabrication du saké ou bière de riz, au Japon, et qui a la propriété de saccharifier énergiquement l'amidon.

Plus tard, MM. Gayon et Dubourg trouvèrent une autre mucédinée, le *Mucor alternans*, ayant la propriété de produire à la fois la saccharification de l'amidon et de la dextrine et la fermentation alcoolique. Cette découverte faisait présager une application industrielle possible, puisqu'une seule espèce microbienne semblait ainsi pouvoir remplir le double rôle du malt et de la levure dans la fabrication de l'alcool de grains.

Ce n'est cependant que dix ans plus tard que la question de l'application industrielle des mucédinées est entrée dans une phase décisive, grâce à l'impulsion scientifique donnée à ce problème par M. Calmette, le promoteur des idées nouvelles qui devaient conduire ses collaborateurs, MM. Collette et Boidin, au résultat pratique définitif.

En étudiant en Indo-Chine les procédés de fabrication de l'alcool de riz, M. Calmette fut frappé de voir les indigènes fabriquer de l'alcool de riz sans se servir de malt ni d'acide pour la saccharification, et pensa que la levure chinoise, dont se servent les distillateurs du pays, devait contenir une mucédinée saccharifiante analogue à l'*Eurotium Orizae* d'Atkinson. En procédant à l'analyse bactériologique de cette levure chinoise, qui se présente sous la forme de petits gâteaux aplatis, M. Calmette reconnut bientôt qu'à côté d'un certain nombre de levures on rencontrait sans cesse une moisissure particulière, qui se multipliait à l'aide d'un mycélium rameux en envahissant rapidement toute la surface des milieux de culture. M. Calmette a donné à cette espèce le nom d'*Amylomyces Rouxii* (fig. 51) ; elle a été classée ultérieurement par Wehmer dans le groupe des mucors.

Cette moisissure possède au plus haut degré la propriété de double existence aérobie et anaérobie signalée par Pasteur pour le *Mucor racemosus*. Au contact de l'air, l'*Amylomyces* brûle le sucre qu'il forme aux dépens de l'amidon. Mais si on le fait vivre en profondeur, il saccharifie l'amidon avec énergie, et transforme le sucre en alcool et en acide carbonique. On ne peut cependant pas priver complètement la plante d'oxygène, car son travail devient alors très difficile. Pour obtenir l'effet utile, il faut cultiver l'*Amylomyces* dans une atmosphère confinée, et cette condition est réalisée inconsciemment en Extrême-Orient par les distillateurs indigènes qui placent pendant trois jours un couvercle sur les jarres, après avoir

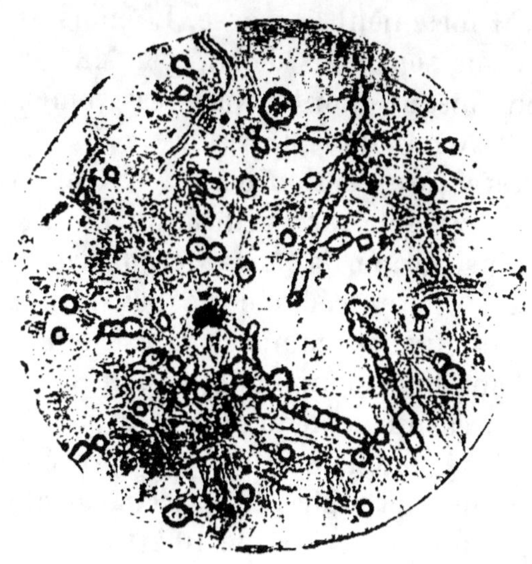

Fig. 51. — *Amylomyces Rouxii*. Mycélium et spores mycéliennes.

pris soin de ne remplir celles-ci qu'aux deux tiers avec le riz cuit mélangé de levure pilée.

L'important travail de M. Calmette sur l'*Amylomyces* a été le point de départ des études industrielles pour l'application des mucédinées dans la fabrication de l'alcool de grains. Ces études, effectuées à la distillerie de Seclin par MM. Collette et Boidin, assistés de M. Calmette, ont conduit à l'établissement d'un procédé, appelé *procédé Amylo*, permettant d'opérer la saccharification de l'amidon par les mucédinées et la fermentation alcoolique en milieu stérile.

Procédé Collette et Boidin. — Le procédé Collette et Boidin comprend les opérations suivantes : 1° *cuisson* *du grain*; 2° *liquéfaction*; 3° *stérilisation*; 4° *fermentation et saccharification simultanées.*

a. **Cuisson du grain.** — La matière première employée est généralement le maïs. La cuisson s'opère par les méthodes usuelles, soit dans le cuiseur conique sans agitateur, soit dans des cuiseurs munis d'agitateurs à palettes et de dispositifs qui permettent de cuire le grain en brassant fortement la masse. Le maïs est cuit entier, avec deux fois son poids d'eau, pendant trois heures et demie, en faisant monter progressivement la pression jusqu'à $3^{atm},5$ à 4 atmosphères.

b. **Liquéfaction de l'empois.** — Si on envoyait directement à la cuve de saccharification et de fermentation l'empois ainsi formé, la masse ferait prise par le refroidissement et la mucédinée ne pourrait se multiplier dans un milieu aussi compact. Il est donc nécessaire de liquéfier l'amidon par une faible quantité de malt, quantité qui représente seulement 1 à 2 p. 100 du poids du grain employé, tandis que dans les procédés ordinaires, où on cherche à produire une saccharification complète, on emploie une proportion de 10 à 15 p. 100 de malt.

On prépare donc dans le macérateur un lait de malt à raison de 10 à 20 kilogrammes de malt par 1000 kilogrammes de maïs, puis on vide le cuiseur dans le macérateur. L'empois se trouve ainsi en contact avec le malt, à une température qui ne doit pas dépasser 70°. Au bout d'une heure, la liquéfaction est obtenue. La masse, pâteuse au début, est devenue complètement fluide : une partie de l'amidon est déjà saccharifiée par la faible quantité de malt employée, et on obtient ainsi, au sortir du macérateur, un moût bien fluidifié, qui ne fait plus prise par le refroidissement et qui contient à la fois du maltose, de la dextrine et de l'amidon non transformé.

c. **Stérilisation.** — Le liquide ainsi obtenu est alors envoyé dans un vaste autoclave horizontal dans lequel il est chauffé pendant une demi-heure à une pression de vapeur de 1^{atm},5, c'est-à-dire à une température d'environ 128°. Le milieu est ainsi parfaitement stérilisé, et on l'envoie à la cuve de fermentation.

d. *Saccharification et fermentation.* — On obtient ainsi un moût stérile dans lequel on ensemence à l'état pur la mucédinée saccharifiante qui doit terminer la transformation de la dextrine et de l'amidon en sucre.

Cette opération s'effectue dans une immense cuve en tôle de 1000 hectolitres, hermétiquement close et stérilisable par la vapeur. A la partie supérieure de cette cuve se trouve le tuyau d'arrivée du moût venant du stérilisateur; à sa partie inférieure, le robinet d'évacuation du moût fermenté. Un tuyau de vapeur débouche dans le fond de la cuve et permet l'injection de vapeur dans le moût, pour le maintenir en ébullition pendant toute la durée du chargement. Par une manœuvre très simple, on peut remplacer la vapeur par de l'air comprimé qui se débarrasse de tout germe en traversant un filtre à coton flambé au préalable à 165°. On peut aussi injecter dans le moût de l'air stérile, et faire vivre ainsi l'*Amylomyces* en aération continue. La cuve porte en outre un puissant agitateur dont l'arbre est muni d'un calfat qui rend toute infection impossible. Cet agitateur permet de réaliser la culture de la mucédinée en profondeur, pour éviter les combustions du sucre qui se produisent quand l'espèce vit en surface. Enfin, de la partie supérieure de la cuve part un tuyau de dégagement des gaz, air et acide carbonique, qui va s'ouvrir dans un barboteur de 4 hectolitres rempli d'eau.

Les ensemencements s'opèrent par une petite tubulure située dans le dôme de la cuve, bien à portée de la main. Sur cette tubulure s'engage un tuyau de caoutchouc d'environ 20 centimètres, bouché par un manchon métallique qui l'obture hermétiquement. Une autre tubulure analogue, placée sur les côtés de la cuve, permet de prendre aseptiquement des échantillons du moût. Un thermomètre indique la température du liquide.

Le liquide stérilisé, venant de l'autoclave, arrive dans la cuve à l'ébullition. On injecte de la vapeur par la valve inférieure de la cuve, de manière à maintenir cette ébullition pendant tout le remplissage. La vapeur produite échauffe peu à peu la tôle, se condense sur les parois de la cuve en entraînant avec elle les germes qui peuvent s'y trouver. Bientôt elle commence à sortir par tous les orifices, stérilisant les tubulures d'échantillon et d'ensemencement, et chassant complètement l'air de la cuve. On ferme alors les tubulures avec les manchons métalliques flambés, et on achève de remplir la cuve de moût bouillant.

Il s'agit alors de refroidir ce moût sans l'infecter d'aucun microbe étranger. On ferme la vapeur qu'on remplace immédiatement par un fort courant d'air stérile. Cet air produit dans la cuve un excès de pression qui empêche toute rentrée de l'air extérieur impur. Au bout d'une heure environ, on met l'agitateur en mouvement, et on procède au refroidissement du moût en faisant ruisseler de l'eau froide sur les parois extérieures de la cuve. L'agitateur amène constamment de nouvelles couches de moût chaud au contact de la paroi froide, l'air comprimé qu'on injecte empêche le vide que produirait la condensation, et aère en même temps la masse. Il se produit, au contact de la nappe d'eau froide qui coule le long de la cuve, une évaporation intense qui refroidit rapidement le moût et amène en quelques heures à 38° les 1000 hectolitres de liquide.

On obtient ainsi, en cuve stérile, un moût stérile dans lequel on ensemence l'*Amylomyces*. Cet ensemencement s'effectue au moyen d'une culture pure d'*Amylomyces* obtenue sur 20 grammes de riz cuit réparti au fond d'un ballon d'un litre. Cette minime quantité de semence, qui ne représente à l'état sec que quelques centigrammes, sert à ensemencer l'énorme cuve de 1 000 hectolitres. On met alors l'agitateur en mouvement, et on aère énergiquement la masse. Grâce à cette aération et à la température très favorable de 38°, la mucédinée se multiplie rapidement, et au bout de vingt-quatre heures toute la masse est envahie par les filaments mycéliens de l'*Amylo*. L'agitation continue empêche la formation du mycélium superficiel et supprime, par suite, toute perte par combustion directe. On prend aseptiquement des échantillons du liquide, on en contrôle la pureté au microscope, et on suit la marche de la saccharification. La mucédinée saccharifie l'amidon restant et les dextrines, et son travail remplace ici celui de la diastase du malt dans la fermentation complémentaire, mais avec l'immense avantage de l'asepsie parfaite et d'un contrôle scientifique rigoureux.

La transformation de l'amidon et de la dextrine en sucre s'accompagne d'une fermentation alcoolique : la mucédinée décompose le sucre qu'elle forme en alcool et en acide carbonique. Mais cette fermentation, pour être complète, demande toujours un temps assez long et nous possédons dans la levure un ferment alcoolique beaucoup plus actif que la mucédinée. On utilise donc surtout les propriétés saccharifiantes de l'*Amylomyces*, et on confie à la levure vivant en symbiose le travail de la transformation du sucre en alcool. Il y a là en quelque sorte l'avantage évident qu'on retire en prenant un train express au lieu d'un train omnibus. Ce changement de train se fait, du reste, d'une façon très simple. On refroidit d'abord la cuve à 33°, parce que la température de culture de l'*Amylomyces* est un peu élevée pour la levure, et on ensemence avec toutes les précautions ordinaires d'asepsie, avec un ballon de 500 centimètres cubes d'une culture pure de levure en pleine fermentation. C'est cette minime quantité de semence qui assure, en se multipliant, la fermentation alcoolique du liquide. Au bout de vingt-quatre heures, toute la masse est peuplée de cellules de levures. Le travail symbiotique de la mucédinée et de la levure s'effectue ; l'*Amylomyces* saccharifie les dernières traces de dextrines et d'amidon, et la levure transforme le sucre en alcool. Trois jours après l'ensemencement de la levure, la réaction à l'iode ne permet plus de retrouver d'amidon, la saccharification est terminée, la fermentation alcoolique achevée, et la cuve est envoyée à la distillation.

Tel est le mode de travail désigné par MM. Collette et Boidin sous le nom de *procédé Amylo*. Nous l'avons exposé assez longuement pour montrer les beaux résultats que peut donner la collaboration assidue de la science pure et de la pratique.

M. Boidin a isolé depuis une nouvelle mucédinée saccharifiante, appelée par lui *mucor* β, qui présente sur l'*Amylomyces* l'avantage de pouvoir saccharifier des moûts concentrés. Les propriétés saccharifiantes de l'*Amylomyces* ne sont pas assez énergiques pour conduire à une bonne atténuation dans les moûts concentrés. Aussi emploie-t-on aujourd'hui le mucor β, qui donne une saccharification plus complète en moûts concentrés, une acidité moindre et un rendement plus élevé.

Le point délicat du procédé *Amylo* réside dans l'emploi de quantités de semence très minimes. Pendant les vingt-quatre heures que dure le développement de la mucédinée, le moût est maintenu à 38°, température très favorable pour le développement des ferments de maladie. La plus petite infection au moment de la fermeture de la cuve ou de l'ensemencement peut avoir les conséquences les plus graves. Mais il est, en réalité, très facile, avec un personnel dressé, d'arriver à une réussite parfaite ; les infections deviennent tout à fait exceptionnelles, et la moyenne des rendements reste excellente.

Un dernier perfectionnement du procédé a été son application aux distilleries agricoles. La méthode que nous venons de décrire est, en effet, inapplicable sur une petite échelle, à cause du matériel important qu'elle exige. La difficulté a été tranchée en combinant un appareil à usages multiples qui sert à la fois de cuiseur, de macérateur, de stérilisateur et de cuve de fermentation. Toutes les opérations se font ainsi dans un seul appareil.

Avantages de la saccharification par les mucédinées. — Les avantages de ce mode de travail sont très nombreux. D'abord, il devient possible d'opérer en milieu stérile et de supprimer de ce fait tous les inconvénients qui résultent de l'envahissement des ferments étrangers. Nous avons vu que la fabrication de l'alcool au moyen des matières amylacées ne permettait pas la stérilisation du moût, à cause de la nécessité dans laquelle on se trouve de ne pas détruire la diastase qui doit saccharifier les dextrines lors de la fermentation complémentaire. Cette impossibilité de stérilisation est un des gros dangers de la fabrication de l'alcool de grains. Il n'existe plus avec la saccharification par les mucédinées, puisqu'on peut stériliser le moût et y introduire ensuite la moisissure saccharifiante qui assurera la transformation complète de l'amidon et des dextrines.

La dépense en malt est également considérablement réduite, puisqu'on n'emploie que 2 p. 100 de malt. Le procédé entraîne, en outre, la suppression des levains lactiques, ce mal nécessaire de la distillerie de matières amylacées, qui est la cause de tant de mécomptes. Ce travail aléatoire est remplacé par le travail rigoureux du laboratoire où on prépare les ballons de cultures pures pour ensemencer les cuves.

Ce mode de travail conduit en outre à un rendement moyen en alcool supérieur à celui qu'on obtient par les autres méthodes. Ce rendement est au minimum de 37 à 39 litres d'alcool pur par 100 kilogrammes de grains, au lieu de 34 litres que donnent comme maximum les procédés les plus perfectionnés. Dans une cuve rigoureusement contrôlée par les savants chimistes anglais H. Brown, Roscoe et Macfadyen, le rendement a atteint 37ˡⁱᵗ,81 par 100 kilogrammes de grains, le rendement théorique maximum déduit de l'analyse du grain étant de 38ˡⁱᵗ,76. Le rendement en alcool atteint donc, dans cette expérience, 97,5 p. 100 du rendement théorique.

La quantité de combustible supplémentaire nécessitée par la stérilisation des moûts s'élève, d'après Delbrück, à 20 kilogrammes par hectolitre d'alcool.

L'alcool obtenu par la fermentation en milieu stérile est également plus pur et, suivant MM. Brown, Roscoe et Macfadyen, contient beaucoup moins d'alcools supérieurs que l'alcool produit par les méthodes ordinaires.

Enfin, la filtration des drèches devient très facile grâce à la présence des filaments mycéliens de la mucédinée, qui semblent exercer une action favorable en enveloppant les cellules de levure. Les drèches se laissent presser au filtre-presse sans difficulté. Les tourteaux ainsi obtenus sont alors soumis à la dessiccation dans l'appareil Donard et Boulet, puis épuisés de leur huile, et vendus sous forme de drèches sèches pour l'alimentation des animaux. Nous retrouverons cette question en étudiant les résidus de la distillerie.

Plusieurs usines qui travaillent par les mucédinées récupèrent aussi l'acide carbonique de fermentation. Les cuves closes laissent échapper des torrents de gaz carbonique qu'on recueille et qu'on comprime dans des cylindres pour le vendre à l'état liquide. Ce sous-produit est très rémunérateur, principalement dans les pays chauds.

CHAPITRE IV

FABRICATION DE LA LEVURE PRESSÉE.

Les matières premières employées pour la fabrication de la levure pressée sont les grains, et notamment l'orge maltée et le seigle, le maïs ou le blé, quelquefois le sarrasin ou la vesce.

Les méthodes employées pour cette fabrication peuvent se diviser en deux groupes : les méthodes à moûts troubles et les méthodes à moûts clairs. Parmi les premières (moûts troubles), une des plus anciennes et des plus appréciées est la méthode viennoise, qui est très répandue en France, en Allemagne et en Autriche. Parmi les procédés à moûts clairs, le plus important est le procédé de fabrication de la levure avec aération, introduit depuis quelques années en Allemagne dans un certain nombre de fabriques de levures.

Procédé viennois à moûts troubles.

Ce procédé a l'avantage de fournir de la levure d'excellente qualité, mais certaines de ses parties sont encore fortement empiriques, et il en résulte que, s'il donne de bons résultats entre des mains exercées, il amène souvent aussi des mécomptes. Il consiste en principe à préparer un moût de grains à un état assez mucilagineux pour que l'acide carbonique, en se dégageant, entraîne la levure à la surface, où elle est recueillie.

Les matières premières employées pour cette fabrication sont l'orge maltée, à l'état de malt vert ou de malt sec, le seigle, le maïs, le sarrasin. Le sarrasin facilite la montée de la levure à la surface, mais il ne faut pas en employer de trop fortes proportions, car la fermentation devient alors trop active et la levure montée se reprécipite. On emploie ces divers grains mélangés en proportions variables : tantôt le moût est préparé avec du malt et du seigle seul, tantôt avec ces deux grains auxquels on ajoute une certaine quantité de maïs ou de sarrasin. Le maïs présente l'avantage d'être riche en amidon et d'augmenter le rendement en alcool; en outre, ses drèches sont lourdes et ne remontent pas à la surface, ce qui facilite la récolte de la levure. Mais il ne donne pas des rendements en levure aussi élevés que les autres grains.

a. **Préparation du moût.** — Les grains doivent d'abord être nettoyés et triés, puis moulus par des meules ou des moulins à cylindres. Ces derniers sont très employés. Ils se composent ordinairement d'une paire de cylindres maintenus à écartement constant, entre lesquels passe le grain à broyer. La surface des cylindres porte de fines cannelures en hélice.

Les matières azotées présentes dans les grains jouent un rôle important dans le rendement en levure. Il importe donc de ne pas altérer les matières albuminoïdes solubles de certains grains qui en renferment de grandes quantités, comme le seigle, par exemple. On ne peut donc pas cuire ces grains à haute température.

La macération s'opère soit dans une cuve-matière munie d'un vagueur, soit dans un macérateur à réfrigérant analogue à ceux que nous avons décrits pour la distillerie de pommes de terre. On place d'abord dans l'appareil le malt broyé avec l'eau nécessaire, puis on fait arriver la farine de seigle bien hydratée. La température finale doit être d'environ 50°, et on maintient cette température pendant une demi-heure ou une heure, en brassant énergiquement la masse.

On monte alors jusqu'à la température de 60° qui est la plus favorable à la saccharification dans la fabrication de la levure. Cette élévation de température s'obtient, soit par addition d'eau bouillante, soit par injection de vapeur. Quand on emploie une certaine proportion de maïs, on le transforme à part en empois à la température de 90°, et on se sert de cet empois au lieu d'eau chaude pour réchauffer la masse. On peut également cuire le maïs sous pression ; cette méthode augmente le rendement en alcool, mais au détriment du rendement en levure.

Il est évident qu'avec un tel mode de travail la saccharification en cuve-matière ne peut pas être complète. D'après Maercker, il reste environ 30 à 34 p. 100 de résidu non saccharifié. Mais cette proportion est considérablement réduite par la saccharification complémentaire, le moût étant très riche en diastase.

Le liquide ainsi préparé est alors refroidi à 30° puis on l'envoie dans les cuves de fermentation, où on le dilue avec une certaine proportion de vinasse froide, provenant de la distillation d'une opération précédente. On amène ainsi le moût au degré de concentration voulu.

b. **Préparation des levains.** — L'ensemencement se fait le plus généralement au moyen des levains préparés par la méthode allemande; mais les conditions de préparation de ces levains sont différentes de celles qu'on observe pour les levains de distillerie. Les matières premières employées sont constituées par un mélange de malt et de seigle, moulus depuis huit jours au moins. On empâte le plus souvent à la main dans des cuveaux en bois, en agitant à l'aide de pelles en bois évidées en forme de grilles pour bien briser les grumeaux. Le mélange doit avoir finalement la température de 63°. La durée de la saccharification est de deux heures. Le moût doit être très concentré (22° ou 24° Balling).

On laisse alors refroidir, et à partir de 58° l'acidification lactique commence. Elle se poursuit activement entre 50° et 58°, et au bout de trente à quarante heures l'acidité atteint 12 à 15 grammes par litre. On refroidit alors rapidement à 17° et on ensemence la levure mère. La fermentation doit partir très rapidement, et au bout de neuf à dix heures la levure cesse de bourgeonner. La température monte à 32°-33°; on prélève alors la levure mère qu'on met à part et qu'on refroidit à 10° ou 12°. Quelques heures plus tard, le levain est mûr et bon à être employé.

c. **Fermentation du moût.** — La mise en levure du

moût se fait le mieux dans la cuve-matière, à une température égale à celle du levain. Après l'ensemencement, on ajoute une proportion de vinasses égale environ au tiers du volume du moût. Cette vinasse donne au moût une certaine acidité qui le protège contre les mauvais ferments, et apporte, en outre, des matières nutritives pour la levure et des hydrates de carbone fermentescibles. Le moût en cuve doit avoir une acidité de $0^{gr},5$ environ par litre. L'addition de vinasses est insuffisante pour arriver à ce titre d'acide, et on ajoute dans la cuve la quantité d'acide suffisante pour protéger la levure contre les bactéries.

d. **Montée de la levure.** — Peu de temps après l'ensemencement du levain, les drèches montent à la surface et constituent un chapeau. Au bout de trois heures environ, ce chapeau se fendille sous l'action de l'acide carbonique, et la mousse apparaît. Elle monte alors de plus en plus, et au bout de dix à douze heures on constate que les bulles perdent leur transparence et deviennent laiteuses par suite des nombreuses cellules de levure qui sont ramenées à la surface par le dégagement gazeux. A ce moment, la levure est mûre, et la mousse commence à redescendre. C'est à ce point qu'on doit opérer la récolte de la levure. Si on écume trop tôt, la levure se presse mal; si on écume trop tard, une grande partie retombe au fond de la cuve et se trouve perdue.

Le phénomène de la montée de la levure est lié intimement à l'état de viscosité du moût et tous les efforts du fabricant doivent tendre à obtenir le moût à l'état voulu. Cette constitution particulière du liquide dépend de la nature des grains mis en œuvre, de la concentration du moût, de la nature de la saccharification, du degré d'acidité des levains, etc. Nous avons vu que le sarrasin diminue la viscosité du liquide et facilite la montée. En outre, si le moût est trop concentré, sa consistance pâteuse entrave la montée : la meilleure concentration paraît être de 10°

à 12° Balling. La dextrine agit également sur l'état du moût ; quand la saccharification est mauvaise, et quand il se forme beaucoup de dextrines, il arrive fréquemment que les cuves moussent très fortement et débordent. La levure est également mauvaise quand le levain est insuffisamment acide. Il est alors nécessaire de veiller à l'acidification normale des levains.

e. **Récolte de la levure.** — La récolte de la levure se fait avec des palettes en fer-blanc, munies d'un long manche. On doit avoir soin de n'enlever que l'écume et non le moût ; car, si on recueille du moût, la levure devient très altérable. La levure recueillie doit être immédiatement lavée à l'eau froide. A cet effet, on la place dans une rigole où coule de l'eau froide, et la levure se trouve ainsi entraînée dans une cuve de décantation. On lui fait subir d'abord un tamisage qui la débarrasse des drèches et des matières étrangères qui la souillent. Il est bon d'employer à cet effet deux tamis, un à grosses mailles pour retenir la drèche et un autre en soie très serrée pour ne laisser passer que la levure. Dans les grandes usines, on emploie des tamiseurs mécaniques qui donnent d'excellents résultats.

La levure réunie dans la cuve de décantation doit alors être lavée. On emploie pour cette opération des bacs en bois qu'on remplit avec de l'eau très froide (9° à 10°). La levure doit se déposer rapidement. Dès qu'elle est déposée, on décante et on remet de nouveau de l'eau froide. On fait ainsi subir à la levure deux lavages. A chaque décantation, on élimine avec l'eau la couche supérieure du dépôt de levure, constituée surtout de particules très fines de drèches, de cellules mal développées, etc., et désignée sous le nom de *levure grise*. Les liquides décantés sont envoyés à la distillation pour récupérer l'alcool qu'ils contiennent.

La couche inférieure, constituée par la bonne levure, est alors recueillie et soumise au pressurage. Cette opération s'effectue dans les petites usines en enfermant la levure dans des sacs, qu'on presse au moyen de presses à vis. Mais on emploie maintenant le plus souvent les filtres-presses dans lesquels une pompe comprime la levure jusqu'à 6 ou 7 atmosphères. Cette filtration est parfois très difficile. Pour la rendre plus aisée, on ajoute souvent à la levure de la fécule ou de l'amidon. Cette addition doit être faite après l'écoulement de l'eau de lavage. La fécule absorbe très énergiquement l'eau de la levure : on en emploie une quantité variable, qui atteint jusqu'à 50 et 60 p. 100. Dans ce cas, le pressurage de la levure devient très facile.

Les tourteaux de levure sortant du filtre-presse sont mis en sacs ou en pains. Quand on place la levure en sacs, on la tasse fortement dans des sacs en toile et on passe les sacs à la presse. Pour la débiter en paquets, on se sert de machines à briquettes spéciales, qui font sortir la levure sous forme de pains qu'on coupe à la longueur voulue. On les emballe dans un premier papier parcheminé qu'on enveloppe lui-même d'un second papier plus résistant.

f. **Conservation de la levure.** — La levure se conserve très difficilement et on a préconisé un grand nombre de méthodes pour en éviter l'altération. On a recommandé la dessiccation par l'alcool (Kieselwalter), par le charbon pulvérisé et la farine (Balling), etc. Le mélange avec le charbon de bois pulvérisé donne de bons résultats. MM. Boidin et Collette ont préconisé l'emploi de la fécule anhydre. Cette méthode très simple assure la conservation parfaite de la levure pressée. La levure, réduite en petites boules, est mélangée d'abord de fécule ordinaire et placée dans des sacs en coton qu'on soumet à la dessiccation par la fécule anhydre dans des tambours rotatifs. On obtient ainsi une levure tout à fait sèche, qui se conserve admirablement et garde pendant très longtemps son pouvoir fermentescible.

Procédé de fabrication de la levure en moûts clairs avec aération.

Nous avons vu, dans l'expérience de Pasteur sur la culture de la levure en vase plat ou en profondeur, que l'aération augmente considérablement la production de la levure, en diminuant le rendement en alcool. Pour le fabricant de levure, le point important consiste à obtenir le rendement maximum en levure, quitte à voir baisser le rendement en alcool, et sous ce rapport la méthode viennoise est tout à fait défectueuse. L'aération est insuffisante pour amener la prolifération intense de la levure. Cet inconvénient, joint aux grandes difficultés pratiques qu'on rencontre dans le travail viennois, a fait rechercher d'autres méthodes plus rationnelles pour la fabrication de la levure.

Aujourd'hui, on fabrique en Allemagne d'assez grandes quantités de levure avec aération. Le procédé consiste à préparer un moût clair, dans lequel on injecte de l'air pour augmenter la production de levure.

Les matières premières employées sont les mêmes que par l'ancienne méthode, mais il est nécessaire d'employer une proportion de malt beaucoup plus forte pour pouvoir filtrer plus facilement le moût à clair. On utilise, par exemple, un tiers de seigle et deux tiers de malt.

On commence par faire tremper les grains pour faciliter le broyage au degré voulu. On emploie, à cet effet, de l'eau froide (15° à 16°) dans laquelle on laisse séjourner le grain pendant environ vingt heures. Les matières premières sont alors broyées dans les broyeurs à cylindres. Il importe de ne pas faire une mouture trop fine qui rendrait la filtration très difficile, et de ne pas abîmer les pailles qui font l'office de masse filtrante, surtout quand la filtration doit avoir lieu sur le faux fond d'une cuve filtrante.

L'empâtage se fait dans des cuves en bois avec de l'eau froide additionnée d'une petite quantité d'acide sulfurique ou d'acide chlorhydrique ou d'un mélange de ces deux acides. On envoie la masse dans la cuve-matière, et on saccharifie en montant lentement jusqu'à 63°.

Le moût saccharifié est alors filtré à clair. On peut employer deux méthodes : la filtration sur faux fond dans une cuve filtrante, et la filtration par filtres-presses.

La filtration sur faux fond se fait soit dans la cuve-matière elle-même disposée spécialement à cet effet, soit dans des cuves spéciales en bois munies de faux fond. A la partie supérieure se trouve une croix écossaise analogue à celle que nous avons décrite en brasserie, qui sert au lavage des drèches. Le soutirage s'effectue comme en brasserie. Le moût trouble est abandonné pendant deux heures au repos dans la cuve de filtration, à 60°. Au bout de ce temps, on commence à soutirer. Les premières portions qui passent troubles sont renvoyées à la cuve, puis on recueille le liquide clair. Quand la filtration touche à sa fin, le liquide recommence à passer trouble. On arrête alors la filtration, on lave à la croix écossaise avec de l'eau à 75° et on soutire de nouveau.

Cette méthode a l'inconvénient d'être longue, et elle a été remplacée dans certaines usines par la filtration aux filtres-presses. Le moût saccharifié est alors pompé dans les filtres-presses qui donnent un liquide clair. Les filtres-presses doivent pouvoir être lavés facilement, de manière à chasser la majeure partie du moût qui imprègne les drèches. La filtration aux filtres-presses a l'avantage d'être rapide, mais l'épuisement est imparfait et la filtration elle-même laisse souvent à désirer.

Le moût refroidi à 25° est mis aussitôt en fermentation. Les cuves de fermentation doivent être au moins du volume double de la quantité de moût à y faire fermenter, car il se produit une mousse énorme sous l'action de l'aération. Elles sont munies d'un serpentin réfrigérant et d'un tuyau perforé qui sert à l'injection d'air comprimé. Cet air passe au préalable à travers un filtre à coton qui le débarrasse de ses germes.

L'ensemencement a lieu avec de la levure viennoise, et on commence à injecter de l'air aussitôt. Sous l'influence de cette aération et de la température favorable (25°), la levure se multiplie rapidement. La température s'élève, mais on la maintient au-dessous de 30° pendant toute la durée de la fermentation au moyen du serpentin réfrigérant. Il se produit une mousse intense qui occupe toute la hauteur de la cuve.

Au bout de sept à huit heures, la fermentation est généralement assez avancée pour qu'on puisse récolter la levure. On refroidit alors rapidement le liquide à 10° ou 15°, et on l'envoie dans des cuves de dépôt, où la levure se précipite. Au bout de quatre ou cinq heures, la levure est déposée : on décante alors le liquide fermenté qui surnage, qu'on envoie à la distillation, et le dépôt de levure est soumis aux lavages comme dans l'ancien procédé.

Ce procédé a l'avantage de fournir des rendements en levure beaucoup plus considérables que la méthode viennoise. Avec cette dernière méthode, on obtient en moyenne en levure 10 p. 100 du poids du grain mis en œuvre, et 28 p. 100 d'alcool. Dans la fabrication de la levure avec aération, on obtient généralement 24 p. 100 de levure et 14 p. 100 d'alcool. La proportion de levure obtenue est donc plus forte, mais le rendement en alcool s'abaisse, car nous savons que les deux phénomènes de la multiplication de la levure et de la formation de l'alcool correspondent à des modes d'existence du ferment tout à fait différents, et qu'il n'est pas possible de favoriser l'un sans nuire à l'autre, ou inversement.

Indépendamment de cet avantage d'un rendement plus grand en levure, le procédé de travail à moûts clairs avec aération présente aussi l'avantage d'être plus simple, moins empirique et plus facile. Toutefois la levure qu'on obtient par ce procédé ne paraît pas avoir la qualité de celle qu'on prépare par l'ancienne méthode.

CHAPITRE V

ANALYSE DES JUS FERMENTÉS. — CONTRÔLE DU TRAVAIL ET RENDEMENT.

Analyse des jus fermentés. — L'analyse des jus fermentés de matières amylacées doit se faire sur le liquide filtré clair.

La prise de densité se fait au moyen d'un densimètre ou du saccharomètre Balling. Mais il faut remarquer qu'ici le saccharomètre ne donne pas la proportion exacte de matières fermentescibles restées dans le moût. En effet, le moût contient des substances autres que des sucres, qui élèvent la densité, et, d'autre part, l'alcool présent dans le moût vient abaisser la densité du liquide. On peut chasser l'alcool par ébullition et ramener le liquide au volume primitif, pour prendre le degré au saccharomètre. On évite ainsi l'erreur due à la présence de l'alcool, mais il reste toujours celle qui correspond aux substances solubles non sucrées.

Pour connaître exactement le sucre restant et la dextrine, il est nécessaire d'en faire le dosage direct, par les méthodes indiquées à l'analyse des bières.

L'acidité se détermine par les procédés ordinaires, au moyen d'une solution de soude titrée. On obtient ainsi en bloc l'acidité fixe et l'acidité volatile. Il est parfois très intéressant de doser les acides volatils du moût fermenté, car leur présence en quantité élevée est l'indice d'une fermentation impure. Ce dosage s'opère par une des méthodes indiquées à l'analyse des cidres, soit en titrant l'acidité après plusieurs ébullitions successives destinées à chasser les acides volatils, soit par la méthode de distillation fractionnée de M. Duclaux. Ce dernier procédé a le grand avantage de faire connaître non seulement la quantité d'acides volatils présents dans le jus, mais aussi d'indiquer la nature de ces acides, ce qui peut donner des renseignements précieux sur les défauts de la fermentation des moûts.

L'alcool se dose par distillation. Il importe de remarquer que le chiffre ainsi obtenu ne correspond pas au rendement industriel, qui lui est, en général, inférieur. Ce fait tient à la perte légère qui se produit dans les colonnes, et aussi à la difficulté de faire une correction exacte pour la drèche quand on emploie le moût filtré clair. Pour obtenir des résultats plus exacts, il est préférable de distiller une assez forte quantité de moût pâteux, un demi-litre ou 1 litre.

L'*examen microscopique* du liquide fermenté présente la plus haute importance, car bien souvent le microscope permet de trouver la cause de certaines fermentations vicieuses. Il se fait sur une gouttelette de moût exempt de grosses pailles, mais non filtré. Les cellules de levure doivent être régulières et homogènes, bien développées et présenter à l'intérieur un protoplasma peu granuleux. On doit tout particulièrement rechercher si le moût contient beaucoup de bactéries nuisibles. Elles doivent être très peu nombreuses, et, si on en trouve de grandes quantités, il est nécessaire de désinfecter les cuves et de rechercher quelles sont, dans le travail, les causes de l'infection afin d'y porter aussitôt remède.

Contrôle du travail des betteraves. — Les betteraves mises en œuvre sont pesées à la bascule de réception, et l'analyse saccharimétrique permet de connaître la quantité totale de sucre présent.

Le volume total du jus obtenu et sa teneur en sucre permettent de se rendre compte du degré auquel est poussée l'extraction des matières sucrées. Un bon travail ne doit laisser dans les pulpes qu'une quantité très faible de sucre. Il est bon de vérifier, par l'analyse des cossettes et de la pulpe, si la perte en sucre n'est pas trop considérable, quand on constate un écart anormal entre la quantité de sucre fournie par le jus recueilli et celle qui correspond théoriquement à la teneur en sucre des betteraves. Pour faire ce contrôle, on hache finement une certaine quantité de cossettes dont on exprime ensuite le jus. On prend 100 centimètres cubes de ce jus qu'on intervertit par l'acide sulfurique, et on y dose le sucre par la liqueur de Fehling. On en déduit le sucre contenu dans 100 grammes de cossettes, en admettant que les cossettes de diffusion renferment 95 p. 100 de jus.

On doit doser avec soin l'acidité avant et après fermentation. Dans une bonne fermentation, l'acidité doit augmenter au plus de $0^{gr},2$ par litre. Si cette augmentation est plus forte, c'est que la fermentation alcoolique n'est pas pure. Il est alors nécessaire de soigner tout particulièrement les diverses parties du travail et de rechercher la cause de ces infections dans la propreté du matériel, la qualité de la levure, etc., afin d'y porter remède.

On doit noter avec soin la durée de la fermentation et la densité initiale et finale. La composition du jus permet de se rendre compte du rendement probable en alcool. On emploie souvent à cet effet le coefficient 0,6, c'est-à-dire qu'en multipliant le poids de sucre en kilogrammes par ce coefficient, on obtient en litres le volume d'alcool à 100° que doit fournir pratiquement ce sucre avec une marche normale. Ce coefficient est établi en comptant que 1 kilogramme de sucre doit fournir 600 centimètres cubes d'alcool à 100°. Ce chiffre peut être dépassé dans les usines qui travaillent très bien.

L'examen de l'alcool effectivement recueilli renseigne sur la perte de fermentation et de distillation. On peut ainsi rapporter le rendement obtenu en alcool à 100 kilogrammes de betteraves, et on a tous les éléments pour établir les diverses pertes et les maintenir dans les limites normales.

Le contrôle du travail des topinambours et des mélasses se fait d'après les mêmes principes que celui des betteraves.

Contrôle du travail des matières amylacées. — Les matières employées sont pesées, et on détermine au laboratoire leur teneur en principes fermentescibles par les méthodes que nous avons indiquées.

L'analyse du moût après la saccharification permet de se rendre compte si ce phénomène s'est passé d'une manière satisfaisante. Le dosage de l'amidon restant, d'une part, celui de la dextrine, d'autre part, donnent des renseignements des plus utiles. S'il reste des quantités anormales d'amidon non saccharifié, on doit rechercher si la qualité du malt ne laisse pas à désirer au point de vue de sa force diastasique, ou s'il n'a pas été commis une fausse manœuvre qui a conduit à une température de saccharification ou d'empâtage trop élevée. Si la proportion de dextrines est élevée, on doit également en rechercher la cause dans la marche de la saccharification. Il est enfin bon de s'assurer du pouvoir diastasique du moût après la saccharification, pour savoir si les dextrines restantes peuvent être transformées avec assez d'énergie. Dans un moût bien fabriqué, il ne doit pas y avoir plus de 20 p. 100 des substances fermentescibles à l'état de dextrines : le reste doit être constitué par du maltose.

Le levain doit être examiné avec le plus grand soin au point de vue de la concentration, qui doit être élevée, et de l'acidité. On doit également contrôler le levain au microscope, et vérifier si l'acidification lactique a été bien pure, s'il n'y a pas d'infection butyrique ou acétique, et si la levure est bien saine. Si le levain est de mauvaise qualité, il faut veiller soigneusement à ce que l'acidification ait lieu à une température assez élevée, et voir si les matières premières employées ne sont pas les causes de la contamination.

Le moût fermenté doit être examiné au point de vue du degré de fermentation. On désigne sous le nom de *degré de fermentation apparent* celui qu'on observe avec le saccharomètre Balling dans le moût fermenté alcoolique. Nous avons vu que cette indication était faussée par la présence de l'alcool. Le degré de fermentation réel s'obtient en prenant le degré Balling du liquide débarrassé d'alcool par ébullition et ramené au volume primitif. La différence entre l'acidité du moût après et avant fermentation doit être faible. Un accroissement de $0^{gr},2$ par litre correspond à un bon travail.

Il est également intéressant de doser dans le moût fermenté le maltose et la dextrine restants pour se rendre compte de la qualité de la fermentation. Il reste toujours une certaine proportion de ces substances non transformées. La dose moyenne est de 0,5 p. 100 pour le maltose, et de 0,9 p. 100 pour les dextrines.

Si la quantité de maltose restant est faible, la proportion de dextrines étant élevée, on doit en conclure que l'action de la levure n'est pas en cause, mais que l'accident doit être attribué à la pauvreté du moût en diastase ou à l'affaiblissement de l'énergie de cette amylase. C'est donc du côté du malt que le distillateur doit chercher le remède. Au contraire, si on trouve, après fermentation, une quantité notable de maltose non transformé, l'activité de la levure est en cause, et on doit chercher s'il n'a pas été commis des fautes dans la préparation du levain ou dans la conduite de la fermentation alcoolique.

La quantité d'alcool obtenu à la colonne à distiller permet d'établir le rendement industriel par 100 kilogrammes de matières premières. Il est facile, en procédant aux analyses de contrôle indiquées ci-dessus, de se rendre compte des fautes qui ont pu occasionner un rendement anormal. En y joignant le dosage de l'alcool dans les

masses qui s'échappent de la colonne, on peut reconnaître
si la distillation s'opère bien, et découvrir les pertes qui
peuvent se produire dans cette partie du travail.

Rendement en alcool.

Le rendement en alcool des matières amylacées s'établit d'une façon rationnelle par la méthode de Maercker,
qui consiste à comparer la proportion d'alcool obtenue
avec 100 kilogrammes d'amidon dans le travail de l'usine,
avec la proportion d'alcool que pourraient donner théoriquement ces 100 kilogrammes d'amidon, s'ils étaient
intégralement transformés en alcool et en acide carbonique.

La méthode est très simple et très exacte. Les matières
premières sont soumises à l'analyse chimique, et on en
déduit la quantité d'amidon mise en œuvre. En divisant
cette quantité par le nombre de litres d'alcool effectivement obtenus avec elle, on déduit la quantité d'alcool
correspondant à 100 kilogrammes d'amidon. On compare
alors ce rendement au rendement théorique idéal que
peuvent donner 100 kilogrammes d'amidon, et on obtient
ainsi le rendement rapporté au rendement théorique.

Cent kilogrammes d'amidon transformés intégralement
en alcool et en acide carbonique peuvent donner théoriquement 71^{lit},61 d'alcool pur à 100°. Si nous n'obtenons en pratique que 58 litres, nous dirons que notre
rendement est de $\dfrac{58 \times 100}{71,61} = 81,7$ p. 100 du rendement
théorique.

Les causes qui font baisser le rendement pratique par
rapport au rendement théorique sont assez nombreuses
D'abord, une certaine quantité de l'amidon échappe à la
saccharification. Cette proportion varie, d'après Maercker,
de 1,5 à 4,5 p. 100 de l'amidon mis en œuvre. En outre,
toutes les matières fermentescibles formées pendant

la saccharification ne subissent pas la fermentation alcoolique. Il en reste de 3,9 à 11,5 p. 100. Enfin, une certaine partie du sucre se transforme en d'autres produits que l'alcool. La levure consomme pour sa formation une certaine proportion de sucre; elle donne en outre de la glycérine, de l'acide succinique, des acides volatils. Les ferments secondaires transforment également une partie du sucre en acides organiques. Le ferment lactique, dans la préparation du levain, consomme une certaine quantité de sucre pour son développement, et en transforme une autre en acide lactique. Ces pertes sont très variables avec les distilleries et le mode de travail adopté. Il faut y ajouter les pertes qui résultent de l'évaporation d'une partie de l'alcool.

Le tableau suivant, dû à Maercker (1), résume les diverses pertes de la fabrication, suivant la qualité du travail :

	Bon travail.	Travail moyen.	Mauvais travail.
	Parties.	Parties.	Parties.
Amidon mis en œuvre.....	100	100	100
Sur lesquelles restent non saccharifiées...........	1,5	3,0	4,5
	98,5	97,0	95,5
Sur lesquelles ne fermentent pas...........	3,9	6,8	11,5
	94,6	90,2	84,0
Dont il faut encore déduire par suite des fermentations secondaires et des pertes................	9,5	13,5	16,8
	85,1	76,7	67,2

On en conclut que sur 100 kilogrammes d'amidon mis en œuvre on obtient :

(1) Maercker, *Traité de la fabrication de l'alcool*, t. II, p. 250.

	Proportion du rendement théorique.	Rendement en alcool.
En travaillant bien	85,1 p. 100.	60^{lit},5 à 100°.
— moyennement.	76,7 —	55^{lit},0 —
— mal............	67,2 —	48^{lit},0 —

Le premier rendement est exceptionnel par les procédés ordinaires, où un rendement de 58 à 59 litres d'alcool à 100° pour 100 kilogrammes d'amidon peut être considéré comme bon. Par le procédé à l'*Amylomyces*, ces rendements sont fortement dépassés, et on atteint couramment 65 à 66 litres d'alcool à 100° par 100 kilogrammes d'amidon, soit 90 à 92 p. 100 du rendement idéal.

En distillerie de pommes de terre, le rendement est calculé ordinairement d'après le degré saccharimétrique du moût sucré. On prend le volume exact du moût, volume qu'on ramène à la température de 17°,5 ; on en déduit 2 p. 100, qui correspondent à la correction pour la teneur du moût en drèches. On prend, d'autre part, le degré Balling et on en déduit la teneur en sucre, en le multipliant par un coefficient spécial, qui est généralement de 0,9, et on évalue ce sucre en amidon. On connaît ainsi la quantité d'amidon mise en œuvre, on y ajoute celle qui provient du levain et, en divisant par le nombre de litres d'alcool obtenus, on obtient le rendement par 100 kilogrammes d'amidon.

Il serait préférable de substituer au rendement théorique idéal adopté par Maercker le rendement théorique scientifique déduit de la formule de Pasteur. Le rendement idéal de 71^{lit},6 d'alcool à 100° par 100 kilogrammes d'amidon serait possible, si la fermentation alcoolique était une réaction chimique qu'on puisse représenter par une formule simple. Mais nous savons que ce phénomène est d'ordre biologique et qu'il ne peut pas être enfermé dans une formule chimique. D'après Pasteur, 100 grammes de sucre de cannes ne peuvent donner, par la fermentation alcoolique, que 51^{gr},10 d'alcool, tandis que, si le phénomène se réduisait à la simple formule

$$C^{12}H^{22}O^{11} + H^2O = 4CO^2 + 4C^2H^6O,$$

100 grammes de sucre de cannes devraient donner 53^{gr},8 d'alcool. C'est à ce second chiffre que correspond le rendement idéal ; mais ce chiffre n'a évidemment aucune signification par rapport à la fermentation alcoolique, puisque l'équation ci-dessus ne représente pas tout le phénomène. Il est donc plus rationnel de se baser sur le rendement théorique, établi par Pasteur, qui est le rendement maximum qu'on puisse atteindre avec toute la précision des expériences scientifiques, et en évitant toute perte, de manière à avoir le bilan exact du phénomène de la fermentation. Ce rendement est de 51^{gr},10 d'alcool par 100 grammes de sucre de cannes, et si nous remarquons qu'à 100 grammes de sucre de cannes correspondent 105^{gr},26 de glucose, et qu'à 100 de glucose correspondent 90 d'amidon, nous tirons des chiffres de Pasteur les rendements théoriques suivants :

100 gr. de saccharose donnent	51^{gr},10 d'alcool, soit		64^{cc},33
100 gr. de glucose —	48^{gr},54	— —	61^{cc},10
100 gr. d'amidon —	53^{gr},94	— —	67^{cc},90

On voit que le rendement maximum établi par Pasteur atteint environ 94 à 95 p. 100 du rendement idéal. En prenant ce rendement maximum pour base, nous pourrons calculer le rendement pratique, d'après le nombre de litres d'alcool effectivement obtenus. On peut ainsi évaluer le rendement industriel des matières amylacées, connaissant l'amidon primitif, et des matières sucrées, connaissant la proportion de saccharose contenu dans ces matières premières.

QUATRIÈME PARTIE

DISTILLATION ET RECTIFICATION

CHAPITRE 1

DISTILLATION. — APPAREILS DISTILLATOIRES.

Le liquide fermenté, appelé *vin*, renferme, à côté de
l'alcool, un certain nombre d'autres produits. Parmi
ceux-ci, quelques-uns sont volatils, tels que les acides
acétique, butyrique, les éthers de ces acides, les alcools
supérieurs, l'aldéhyde ; d'autres sont fixes, tels que les
sucres restants, les sels, les matières albuminoïdes, etc.

Il s'agit de séparer l'alcool pur de tous ces produits :
on emploie pour cela la *distillation*. Ce travail comprend
le plus souvent deux sortes d'opérations successives : la
distillation proprement dite, dans laquelle on extrait
l'alcool brut ou impur des jus fermentés, et la *rectification*,
dans laquelle on raffine l'alcool brut pour le rendre tout
à fait pur.

Appareils distillatoires.

L'appareil à distiller le plus simple est l'alambic
ordinaire, que nous avons décrit à propos de la fabrication des eaux-de-vie de cidre. Le premier perfectionne-

ment de cet appareil fut imaginé par Argand, qui eut l'idée de condenser les vapeurs alcooliques en plongeant le serpentin réfrigérant dans le vin à distiller, au lieu de le plonger dans l'eau. Il créa ainsi le chauffe-vin.

C'est vers la fin du xviiie siècle qu'Adam appliqua le premier l'épuisement méthodique aux liquides fermentés. Il plaça en gradins un certain nombre de vases. La vapeur produite dans le vase inférieur venait barboter dans le vase placé immédiatement au-dessus. Celui-ci se mettait bientôt à bouillir et sa vapeur allait de même barboter dans le vase supérieur, et ainsi de suite. On plaçait le vin dans le vase supérieur et, au bout d'un certain temps, on le faisait descendre dans le vase au-dessous, et ainsi de suite, jusqu'à ce qu'il arrive au vase inférieur complètement dépouillé d'alcool. La vapeur produite par l'ébullition passait de vase en vase, en allant du vase inférieur au vase supérieur, et en s'enrichissant de plus en plus. L'appareil était discontinu et, à intervalles réguliers, on vidait le vase inférieur épuisé, on faisait descendre le liquide de chaque vase dans le vase immédiatement inférieur, et on remettait du vin dans le vase supérieur vide.

Trente ans plus tard, Cellier Blumenthal construisit un appareil basé sur le même principe que celui d'Adam, mais dans lequel le vin arrivait d'une façon continue dans le vase supérieur, pour descendre de vase en vase jusqu'à la chaudière, en s'épuisant de plus en plus en alcool. Cet appareil réalisait donc la continuité de la distillation, et il a été le point de départ de tous les appareils modernes.

Dans l'appareil de Cellier Blumenthal, les vases d'épuisement sont placés les uns au-dessus des autres dans une colonne. Ces vases sont constitués en principe par un grand nombre de capsules, à la surface desquelles coule le vin à distiller. Celui-ci arrive à la partie supérieure de la colonne, cascade de capsule en capsule en s'appauvrissant en alcool et arrive à la chaudière. Cette chaudière est chauffée par la vapeur d'une deuxième chaudière placée en contre-bas ; la vapeur produite circule en sens inverse du vin, c'est-à-dire de bas en haut ; elle se charge de plus en plus d'alcool. L'enrichissement de l'alcool se fait à la partie supérieure de la colonne dans six vases constitués par des plateaux à cheminée centrale recouverte par une calotte. Les vapeurs alcooliques passent alors dans un chauffe-vin, puis dans un réfrigérant où elles se condensent.

Cet appareil présentait évidemment sur les appareils discontinus de très grands avantages : rapidité plus grande, économie de combustible, degré plus élevé de l'alcool obtenu, pureté supérieure. Il a été beaucoup perfectionné par de nombreux constructeurs, notamment MM. Champonnois, Savalle, Egrot, etc.

PRINCIPAUX ORGANES D'UNE COLONNE A DISTILLER.

On peut distinguer dans une colonne à distiller les principaux organes suivants : les plateaux ou organes d'épuisement méthodique, l'appareil de chauffage, le régulateur de vapeur, le chauffe-vin, le réfrigérant, le récupérateur de chaleur des vinasses, l'éprouvette de contrôle.

Organes d'épuisement méthodique. — Dans les colonnes modernes, les vases d'épuisement de l'appareil Adam sont constitués par des plateaux placés les uns au-dessus des autres et assemblés de manière à former une colonne (fig. 52). Ces plateaux communiquent entre eux par des tuyaux de trop-plein qui établissent sur chacun d'eux un niveau constant en déversant l'excès de liquide sur le plateau inférieur. Pour que la vapeur puisse barboter dans le liquide et l'épuiser en alcool, l'orifice de chaque plateau est recouvert par une calotte.

qui forme joint hydraulique avec le liquide placé sur le plateau. La vapeur s'accumule en dessous de la calotte et bientôt, par sa pression, refoule le liquide, dans lequel elle barbote en l'échauffant.

Le vin à distiller, arrivant sur le plateau supérieur, descend de plateau en plateau par les tubes de rétrogra-

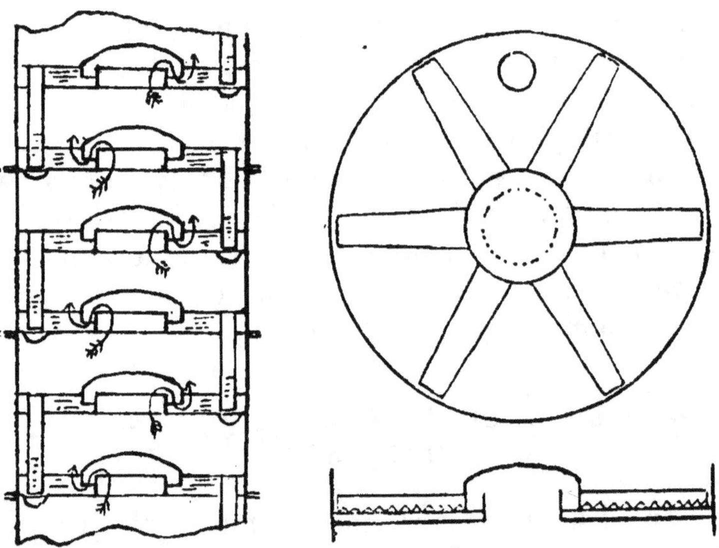

Fig. 52. — Schéma de la colonne à plateaux.

Fig. 53. — Schéma des plateaux de la colonne Champonnois.

dation en s'épuisant en alcool, tandis que la vapeur monte de plateau en plateau, en barbotant dans le liquide et en s'enrichissant de plus en plus en alcool.

Il existe un grand nombre de types de plateaux.

Pour favoriser l'épuisement du liquide, il faut multiplier le contact du vin et de la vapeur. On y arrive en donnant aux rebords des calottes une forme dentelée qui divise les bulles de vapeur, en faisant barboter celles-ci sur un espace plus étendu. Les plateaux de la colonne Champonnois (fig. 53) répondent tout à fait à cette condition. Ces plateaux sont munis d'une ouverture centrale recouverte par une calotte dentelée, portant une étoile à six ou dix branches. Chacune de ces branches est maintenue à quelques centimètres du plateau par des cales en bois. Toutes ces branches sont dentelées, et le contact de la vapeur avec le liquide est parfait.

Les plateaux de la colonne Savalle (fig. 54) sont rectangulaires. Le liquide s'accumule sur ces plateaux jusqu'à hauteur du trop-plein, et descend sur les pla-

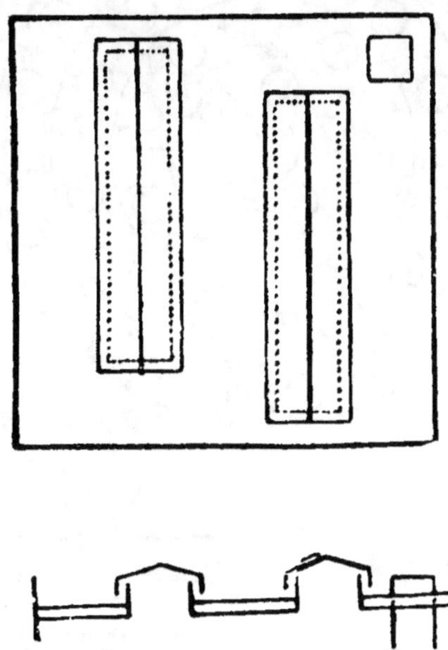

Fig. 54. — Schéma des plateaux de la colonne Savalle.

teaux inférieurs par les tubes disposés sur les côtés. Le plateau porte deux longs orifices rectangulaires, dont les rebords s'élèvent un peu au-dessus du niveau des tubes de trop-plein. Ces orifices sont recouverts de calottes en forme de toits dont les bords plongent dans le liquide. La vapeur passe ainsi de plateau en plateau en barbotant dans le liquide. Cette disposition a l'avantage de rendre les obstructions très rares.

Les plateaux des appareils Egrot (fig. 55) présentent une forme très particulière. Le vin arrive par le tuyau de décharge A, venant du plateau supérieur, et, pour s'écouler par le trop-plein E situé au centre du plateau, il doit parcourir un très long chemin dans le sens des flèches. Le liquide suit d'abord l'anneau extérieur jusqu'en B, où il rencontre une paroi qui le force à changer de sens

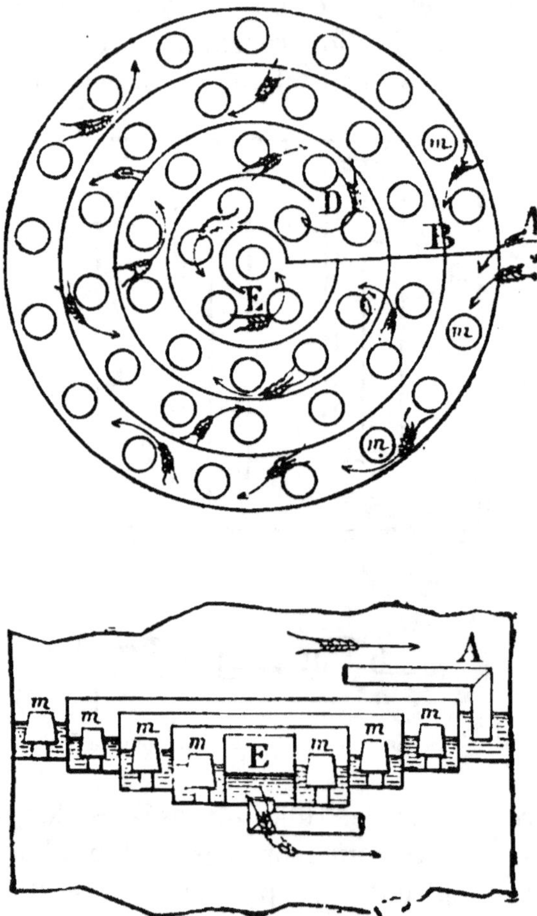

Fig. 55. — Schéma des plateaux de la colonne Egrot.

et à parcourir le deuxième cercle en sens inverse. Ce deuxième cercle achevé, le vin rencontre de nouveau la paroi B et passe dans le troisième cercle qu'il parcourt de même en sens inverse du deuxième. Le même fait se produit pour le quatrième anneau. Arrivé enfin au centre, en E, le liquide s'écoule par le trop-plein qui le conduit sur le plateau inférieur où il recommence une circulation semblable. Tout le long de ce parcours, il reçoit de la vapeur par un grand nombre de petites calottes *m*, ce qui assure un contact intime entre la vapeur de barbotage et le liquide alcoolique. Cette disposition permet d'épuiser le vin méthodiquement sur un nombre de plateaux beaucoup moins considérable. L'appareil est, par suite, moins volumineux, la pression à surmonter est plus faible et le travail est plus régulier.

Chauffage de la colonne. — On emploie toujours aujourd'hui le chauffage à la vapeur pour les colonnes à distiller, dans l'industrie de l'alcool. Le chauffage à feu nu ne se trouve que dans les distilleries de vins ou de fruits.

Le chauffage à la vapeur peut avoir lieu par barbotage ou par faisceau tubulaire. L'emploi de la vapeur de barbotage a l'avantage d'être simple, mais présente l'inconvénient de diluer les vinasses. C'est là un défaut grave, surtout en distillerie de mélasses, où on doit évaporer les vinasses pour en récupérer les sels. La dilution du liquide entraîne une dépense plus grande de combustible. Aussi donne-t-on, dans ce cas, la préférence au chauffage par serpentin ou par faisceau tubulaire.

L'introduction d'un serpentin fermé, parcouru par la vapeur, permet un chauffage très économique de la colonne ; malheureusement, le serpentin occupe une place assez considérable, nécessite l'agrandissement de la chaudière et s'encrasse fréquemment. On peut utiliser dans le serpentin la vapeur d'échappement des machines, et récupérer ainsi une grande partie de la chaleur de vaporisation de l'eau qui a produit cette vapeur.

Le chauffage tubulaire adopté par la maison Savalle se compose d'un faisceau de tubes à l'intérieur desquels circule la vinasse chaude sortant de la colonne. La vapeur entre dans la caisse et vient échauffer la paroi extérieure des tubes ; elle abandonne sa chaleur et s'écoule condensée à la partie inférieure. La vinasse qui circule dans les tubes s'échauffe, et les vapeurs produites passent dans la colonne distillatoire par un tuyau situé en haut de l'appareil tubulaire. La vinasse s'écoule sans interruption par un robinet placé au bas de la caisse de chauffage.

Cet appareil permet d'utiliser la vapeur d'échappement des machines ; il donne un chauffage économique et se nettoie aisément.

Régulateur de vapeur. — Le chauffage à la vapeur doit être réglé par un régulateur de vapeur automatique. Il est, en effet, très important que la quantité de vapeur injectée dans l'appareil soit bien régulière. Si cette quantité est trop forte, on dilue le liquide, et le degré de l'alcool produit s'abaisse ; si elle est trop faible, l'épuisement est imparfait.

Le régulateur de vapeur le plus employé est celui de Savalle (fig. 56). Il se compose de deux récipients qui communiquent ensemble par un tube qui plonge jusqu'au fond du récipient inférieur. Ce récipient inférieur est rempli d'eau et communique par un tube avec le bas de la colonne à distiller. La pression qui règne dans l'appareil vient s'exercer sur le niveau du liquide dans le récipient inférieur, et fait monter l'eau par le tube central dans le récipient supérieur où se trouve un flotteur. Ce flotteur agit par une tige sur un levier, qui ouvre ou ferme plus ou moins la soupape d'admission de vapeur de chauffage.

Pour faire varier la marche de la colonne, il faut augmenter ou diminuer la pression de régime qui règne dans l'appareil. Cette opération se fait, dans le régulateur Savalle, en élevant ou en abaissant plus ou moins la bâche supérieure. Mais il est nécessaire d'arrêter l'appareil pour exécuter ce travail.

Pour éviter cet inconvénient, M. Barbet a construit un

régulateur de vapeur à régime variable où, par l'adjonc-
tion de deux robinets supplémentaires à l'appareil
Savalle, on peut faire varier à tout instant l'allure de
l'appareil en pleine marche.

Chauffe-vin et réfrigérant. — Les appareils destinés

Fig. 56. — Régulateur de vapeur, système Savalle.

à condenser les vapeurs alcooliques sont constitués par
des réfrigérants tubulaires ou à serpentin.

Il est évidemment économique d'utiliser la chaleur
rendue libre par la condensation des vapeurs alcooliques
pour le chauffage du vin qui alimente la colonne. La
dépense en combustible est moins grande, et la marche
de la colonne plus régulière. En effet, l'admission d'un

liquide froid dans l'appareil peut occasionner des troubles graves dans la distillation. On utilise, pour chauffer le vin, soit la chaleur abandonnée par les flegmes qui se condensent, soit la chaleur des vinasses qui s'échappent de la colonne, comme nous le verrons tout à l'heure.

Le chauffe-vin est constitué par un faisceau tubulaire dans lequel arrive le vin. Celui-ci passe dans les tubes de l'appareil, tandis que la vapeur alcoolique circule autour des tubes et se condense en échauffant le vin.

La solution la plus économique paraît être évidemment celle dans laquelle le vin seul suffit à la réfrigération et à la condensation des vapeurs alcooliques : on récupère ainsi le maximum de chaleur. Mais, comme l'admission du vin dans le chauffe-vin se fait à une température d'environ 25° C., il est impossible d'abaisser le flegme condensé au-dessous de 30°, et il en résulte des pertes en alcool sensibles. Pour éviter cet inconvénient, on ajoute au chauffe-vin un deuxième réfrigérant à eau qui achève de refroidir le flegme. La récupération de chaleur est ainsi moins parfaite, mais la perte en alcool est évitée. Ce réfrigérant à eau est constitué soit par un système tubulaire, soit par un serpentin.

Récupérateur de chaleur des vinasses. — Les vinasses épuisées qui sortent du bas de la colonne sont bouillantes et il est évident qu'on doit, chaque fois que la chose est possible, utiliser la chaleur qu'elles renferment pour échauffer le vin à distiller. Cette récupération de chaleur est impossible en distillerie de mélasses, où on doit évaporer la vinasse ; et il serait absurde de la refroidir pour la réchauffer ensuite avec du combustible. On ne peut pas non plus utiliser le récupérateur de chaleur des vinasses dans le travail des grains à moûts troubles, quand on veut séparer les drèches au filtre-presse. La vinasse doit alors être aussi chaude que possible pour que la filtration s'effectue bien. Les distilleries de betteraves qui travaillent par macération à la vinasse ne peuvent employer que partiellement la récupération.

Au contraire, il est avantageux de se servir d'un récupérateur de chaleur des vinasses dans la fabrication de l'alcool de grains à moûts clairs, dans la distillerie de mélasses de cannes, dans la distillerie de betteraves par râpes et presses et même par diffusion.

Le récupérateur de chaleur des vinasses peut être constitué par un faisceau tubulaire ou par un serpentin. L'appareil tubulaire est le plus fréquemment employé. La vinasse chaude arrive à la partie supérieure, passe entre les tubes et s'écoule froide à la partie inférieure. Le vin entre dans l'appareil par le bas, circule dans les tubes où il s'échauffe et sort chaud en haut du récupérateur.

Éprouvette de contrôle. — Il est nécessaire de pouvoir contrôler à tout instant le degré alcoolique du liquide distillé, et on emploie souvent pour cela une éprouvette en cuivre dans laquelle plonge un alcoomètre et un thermomètre. Le liquide entre par le bas de l'éprouvette et s'écoule à la partie supérieure.

Ce dispositif très primitif a été perfectionné par Savalle dans son éprouvette-jauge, qui permet au distillateur de se rendre compte à tout instant de la température, du degré alcoolique et de la vitesse d'écoulement du liquide distillé. A cet effet, cet appareil porte un tube sur lequel se trouve une graduation dont chaque division indique la quantité d'alcool écoulée par heure. Le niveau du liquide dans l'éprouvette indique directement le volume du liquide qui distille, et en plongeant dans l'éprouvette un alcoomètre et un thermomètre, on peut contrôler, quand on le désire, la température et le degré alcoolique du flegme.

DESCRIPTION DE QUELQUES COLONNES
A DISTILLER.

Colonne Champonnois. — Cette colonne, représentée à la figure 57, se compose d'une série de plateaux à étoiles, du type décrit plus haut (fig. 53). Le chauffage se trouve à la partie inférieure de la colonne, et il est constitué par une série de tubes dans lesquels circule la vapeur. L'eau de condensation retourne directement au générateur. A la partie supérieure de la colonne se trouve un chauffe-vin formé par un faisceau tubulaire placé immédiatement au-dessus du plateau supérieur de l'appareil. Les vapeurs alcooliques passent à l'intérieur des tubes, tandis que le vin circule à l'extérieur.

La marche de l'appareil est la suivante : le vin entre à la partie inférieure du réfrigérant, s'échauffe au contact des vapeurs alcooliques qui se condensent, et sort à la partie supérieure. Il se rend alors au récupérateur de chaleur des vinasses, où il s'échauffe au contact de la vinasse bouillante qui sort de la colonne. Le vin chaud remonte par un tuyau vertical au chauffe-vin supérieur : il entre par le bas, passe entre les tubes du chauffe-vin, et sort par le haut pour s'écouler par un tube en siphon sur le plateau d'alimentation. Le liquide à distiller cascade de plateau en plateau en passant par les tubes de trop-plein, et arrive épuisé d'alcool à la partie inférieure. Les vapeurs produites par l'ébullition des vinasses montent dans la colonne, s'enrichissent de plus en plus en alcool en barbotant dans le liquide qui descend, arrivent au chauffe-vin, passent dans les tubes de cet appareil où elles rétrogradent en partie. Les parties non condensées vont au réfrigérant et coulent dans l'éprouvette.

Cet appareil peut donner des flegmes à 85°.

Colonne Savalle. — Les appareils Savalle sont assez variés : les uns sont chauffés par barbotage de vapeur,

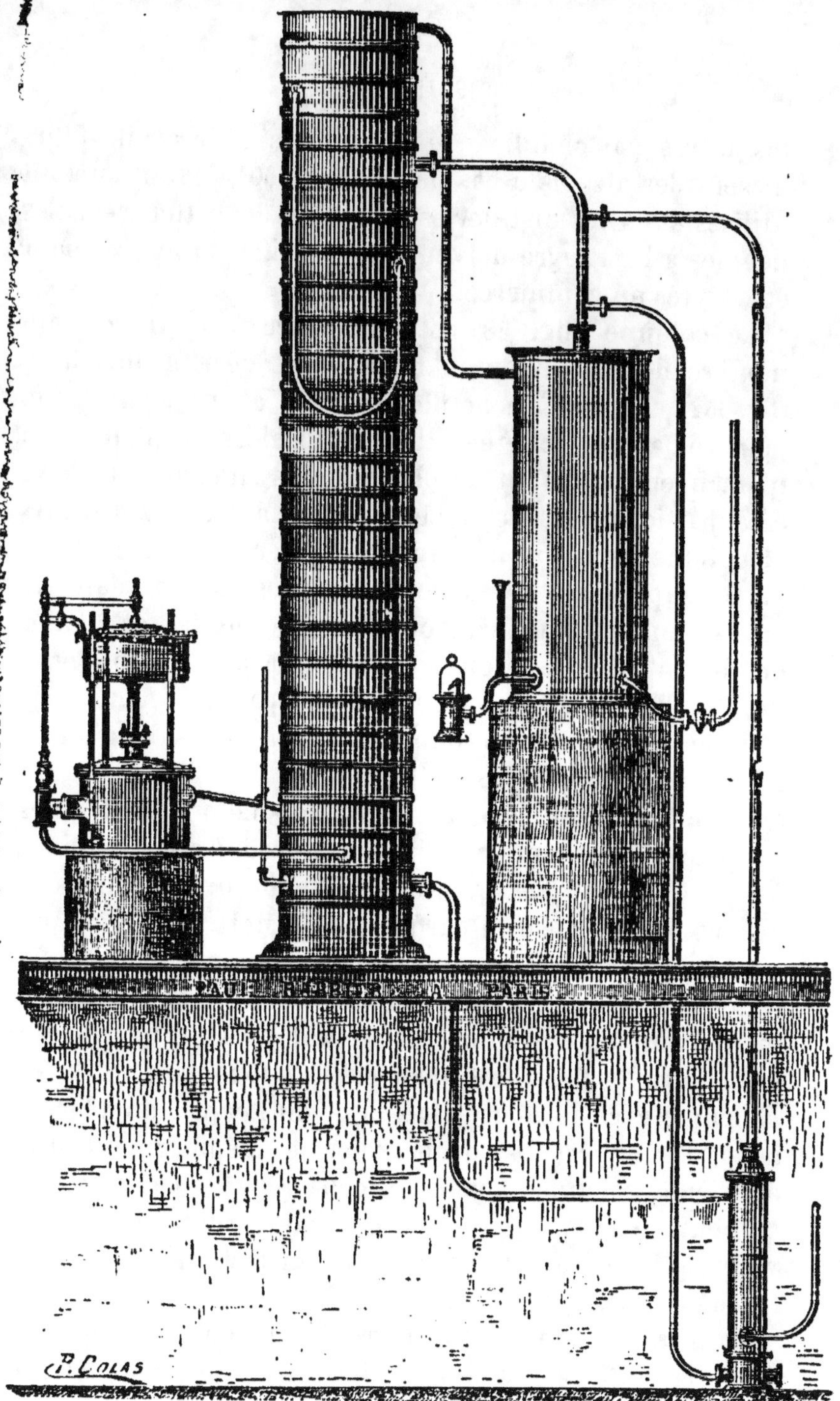

Fig. 57. — Colonne à distiller Champonnois (P. Barbier, constructeur).

les autres par chauffage tubulaire. En général, ils fournissent des alcools à bas degré, 45° à 60°, et sont surtout utilisés dans les distilleries agricoles de betteraves. Ces flegmes à bas degré doivent être rectifiés et épurés pour être livrés au commerce.

La colonne (fig. 58) est constituée par un certain nombre de plateaux que nous avons décrits plus haut (fig. 54). Le vin s'échauffe dans le chauffe-vin C, et pénètre dans la colonne. Il descend alors de plateau en plateau en s'épuisant de plus en plus en alcool et arrive à la partie inférieure à l'état de vinasse. Les vapeurs alcooliques suivent une marche inverse. Arrivées à la partie supérieure de la colonne, elles passent dans un brise-mousse B, qui renvoie à la colonne les particules de vin entraînées, et elles entrent à la partie supérieure du chauffe-vin. Elles s'y condensent partiellement, et la réfrigération s'achève dans le réfrigérant D, d'où le flegme se rend à l'éprouvette.

Quand les distilleries rectifient elles-mêmes les flegmes sur place, elles n'ont pas d'intérêt à produire des liquides à haut degré et la colonne précédente, qui fournit des alcools à 45°-60°, suffit parfaitement. Mais il n'en est pas ainsi pour les usines qui vendent leurs flegmes aux raffineurs d'alcool : dans ce cas, l'industriel a évidemment avantage à produire des liquides à haut degré, afin de réduire les frais de transport et de logement.

Pour élever le degré alcoolique du flegme, on place à la partie supérieure de la colonne d'épuisement une deuxième colonne appelée *colonne rectificatrice*, qui est alimentée par le liquide alcoolique qui vient du chauffe-vin et qui est traversée par la vapeur riche qui vient de la colonne d'épuisement.

Dans la colonne à haut degré de Savalle, le vin, après s'être échauffé dans le chauffe-vin, pénètre dans la colonne d'épuisement où il cascade de plateau en plateau. Les vapeurs alcooliques, arrivées à la partie supé-

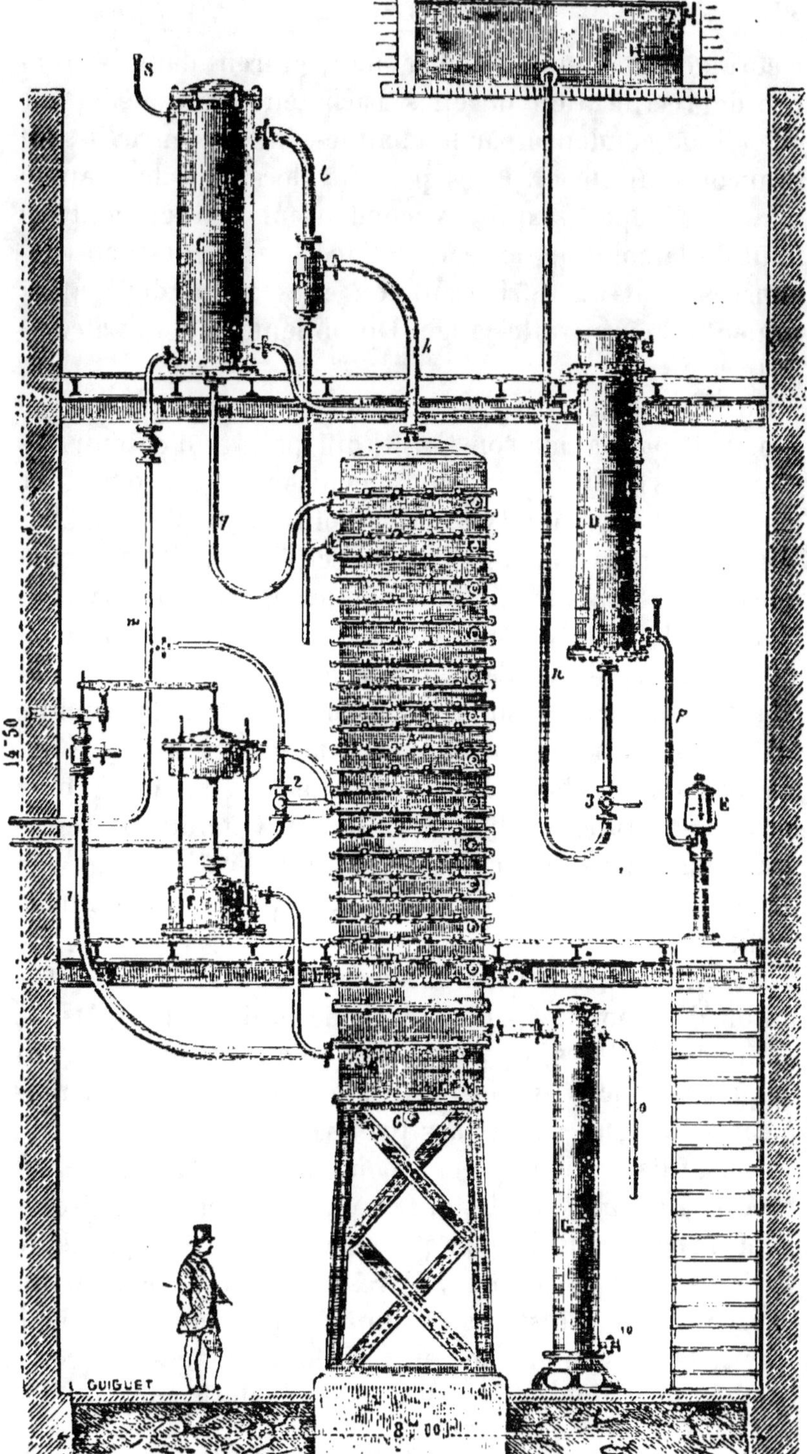

Fig. 58. — Colonne à distiller, système Savalle.

rieure de la colonne d'épuisement, entrent dans le tronçon de rectification où elles barbotent dans le liquide alcoolique condensé par le chauffe-vin, et s'enrichissent beaucoup en alcool. Elles passent alors dans le chauffe-vin. Les vapeurs qui s'y condensent rétrogradent au haut de la colonne de rectification; les vapeurs non condensées vont au réfrigérant, où elles se condensent et coulent à l'éprouvette-jauge. On obtient ainsi des alcools à 90°-93°.

Colonne Egrot. — La figure 59 représente un appareil construit par la maison Egrot, qui permet d'obtenir des flegmes à 85°-90°. La colonne d'épuisement est constituée par six plateaux du type décrit plus haut (fig. 55). Au-dessus se trouve la colonne de rectification D et le chapiteau rectificateur E. Les vapeurs alcooliques se condensent dans le chauffe-vin F et dans le réfrigérant G et l'alcool coule à l'éprouvette S. Le vin, sortant du chauffe-vin, se rend sur le premier plateau de la colonne d'épuisement par le tuyau K, circule sur les six plateaux, arrive dans la chaudière à l'état de vinasse, et s'écoule en *b* par le tube en siphon. Le tuyau N conduit la rétrogradation dans la colonne de rectification D. A la partie supérieure de l'appareil se trouve un régulateur de moût R.

Colonnes à distiller les moûts épais. — La distillation des moûts épais (moûts de grains et moûts de pommes de terre) demande des colonnes spécialement disposées pour éviter les obstructions qui sont fréquentes à cause de l'état pâteux des jus fermentés.

On utilise fréquemment pour la distillation de ces moûts la colonne Collette. Les plateaux rectangulaires y sont disposés en chicane et n'occupent qu'une partie de la largeur de la colonne. Il reste à chaque plateau un espace vide de plusieurs centimètres par lequel circule le moût, de plateau en plateau. La colonne fonctionne complètement pleine, et le large espace offert à la circulation du liquide rend les obstructions très rares. L'appareil est muni d'un chauffe-vin à tubes horizontaux, avec

Fig. 59. — Colonne à distiller de Egrot pour la production des alcools à 85°-90°

rétrogradation des vapeurs condensées : il fournit des flegmes à haut degré.

Appareil horizontal Sorel. — Cet appareil (fig. 60) est construit spécialement pour la distillation des moûts fermentés épais. Il est horizontal, ce qui permet de réduire l'élévation des bâtiments de la distillerie et de rendre les obstructions plus difficiles. Il reproduit exactement le fonctionnement des colonnes à distiller cloisonnées, avec cette différence que le liquide est présenté

Fig. 60. — Appareil horizontal à distiller de Sorel.

en nappes minces au courant de vapeurs, au lieu que celles-ci soient obligées de barboter dans le liquide.

On arrive à ce résultat en faisant tourner dans le liquide des disques montés sur des arbres de couche; ces disques entraînent le liquide par capillarité et lui permettent de se mettre en équilibre de tension avec le courant de vapeur.

D'autre part, le vase où se meuvent les disques est divisé par des cloisons en autant de compartiments qu'il y a de disques sur chaque arbre : ces cloisons sont percées autour des arbres par de larges orifices qui laissent librement circuler la vapeur, et celle-ci, pour passer d'un orifice au suivant, est obligée de lécher les disques ; de leur côté, ceux-ci sont munis d'une ou plusieurs palettes qui, à chaque tour, soulèvent le liquide et l'obligent à s'écouler par une échancrure de la cloison. On imite donc exactement le mouvement du liquide dans les colonnes à plateaux, sans permettre le mélange du contenu d'un compartiment avec celui du suivant, et on a l'avantage de ne créer aucune pression dans l'appareil; aussi l'alcool obtenu entraîne-t-il moins de corps de queue.

Ce dispositif, un peu modifié pour permettre l'adhérence de liquides très fluides à la surface des disques, se prête soit à l'épuisement de moûts clairs, soit à la concentration dans un appareil horizontal de déflegmation (1).

Colonne inclinée inobstruable de Guillaume. — Cette colonne (fig. 61) présente les avantages suivants, d'après l'auteur : elle occupe un faible volume et surtout une faible hauteur, elle est inobstruable, même avec des matières épaisses, et consomme très peu de vapeur.

La colonne proprement dite se compose d'une partie supérieure divisée en plusieurs compartiments pour former des chambres de vapeur, et d'un fond incliné sur lequel les moûts à distiller circulent à pleine section sans rencontrer aucun obstacle, alternativement de droite à gauche et de gauche à droite, en descendant, pour arriver dans le dernier compartiment au bas de la colonne.

La section de circulation de ce moût est demi-circu-

____

(1) E. Sorel, *La distillation*, p. 234.

laire, de façon à favoriser l'écoulement en empêchant
toute zone de repos. Les moûts circulent ainsi librement
suivant une section et une pente continues, la pression

Fig. 61. — Appareil de distillation continue à colonne inclinée,
système Guillaume.

hydrostatique s'exerçant de haut en bas, sans aucune
perte de charge, ni interruption, pour forcer cette circulation.

La vapeur de chauffage entre en *d* dans la colonne,
passe par-dessous tous les diaphragmes en barbotant

méthodiquement dans le moût à distiller ; elle se détend après chaque barbotage, dans une chambre qui retient les parties entraînées, et elle arrive finalement dans la chambre supérieure de la colonne.

Les vapeurs alcooliques brutes vont ensuite soit au chauffe-vin, s'il s'agit de produire des flegmes à bas degré, soit à un tronçon de concentration approprié, s'il s'agit de produire des flegmes à haut degré ou des alcools immédiatement rectifiés.

Comme on le voit, cette colonne n'est formée que de deux parties : le fond incliné qui est affecté à la circulation méthodique du moût par la formation d'un caniveau continu, et le dessus, qui est affecté à la formation des chambres de détente et des calottes de barbotage.

Pour visiter tout l'intérieur de la colonne, il suffit de desserrer les vis de rappel V et de défaire tous les boulons du grand joint. Le remontage et le démontage se font ainsi très rapidement.

L'appareil représenté à la figure 61 fonctionne de la façon suivante : le vin entre dans le chauffe-vin B en *a*, puis en sort à la partie supérieure et se rend dans la colonne à distiller A. Il descend de compartiment en compartiment en s'appauvrissant méthodiquement en alcool et sort en *c* de la colonne, à l'état de vinasse. Cette vinasse est extraite d'une façon continue de l'appareil par l'extracteur de vinasses D. La vapeur introduite en *d* est réglée automatiquement par le régulateur C, barbote méthodiquement de compartiment en compartiment en s'enrichissant en alcool. Dans l'appareil représenté figure 61, la colonne de concentration fait partie de la colonne à distiller A elle-même, dont elle est le prolongement supérieur, les compartiments du haut de la colonne faisant l'office de plateaux de concentration. Cette disposition n'est appliquée que dans certains cas spéciaux. Ordinairement la colonne de concentration est placée au-dessus de la colonne inclinée à distiller A.

L'alimentation de l'appareil se fait directement au moyen d'une pompe qui doit, bien entendu, fonctionner constamment.

Cette disposition doit être choisie de préférence lorsque les liquides qu'on distille sont pâteux et susceptibles de déposer : la pompe à employer est à débit variable.

L'alcool sort par les éprouvettes G et G'. L'épuisement de la vinasse est vérifié constamment au moyen de l'éprouvette G" par laquelle on voit couler le liquide provenant de la condensation de la vapeur des vinasses. Le réglage du degré se fait au moyen du robinet *o*.

Cette colonne travaille à la fois comme une colonne fonctionnant pleine et comme une colonne à plateaux. Elle présente de très grands avantages : diminution du prix du bâtiment, entretien presque nul de l'appareil, plus d'arrêts pour nettoyer ou pour déboucher, surveillance très facile, tous les robinets à portée de la main, réglage automatique du degré, colonne et condenseurs démontables et visitables dans toutes leurs parties, épuisement régulier et complet.

CHAPITRE II

RECTIFICATION ET ÉPURATION DE L'ALCOOL.

La distillation des moûts fermentés permet d'obtenir un liquide alcoolique à un degré plus ou moins élevé, appelé *flegme*, qui contient, indépendamment de l'alcool, un certain nombre d'impuretés qu'on doit séparer pour obtenir l'alcool pur et de bon goût.

Les impuretés contenues dans l'alcool sont très nombreuses et très variables : on les classe ordinairement en deux catégories : les *impuretés de tête*, qui distillent plus vite que l'alcool et se trouvent, par suite, dans les premières portions du liquide distillé, et les *impuretés de queue*, qui distillent plus lentement que l'alcool et se rencontrent surtout à la fin de la distillation.

Les principaux produits qu'il s'agit de séparer de l'alcool par la rectification sont :

L'aldéhyde éthylique, qui bout à		22°
L'acétate d'éthyle,	—	74°
L'alcool isopropylique,	—	85°
— propylique,	—	97°
— isobutylique,	—	109°
— butylique,	—	116°
— isoamylique,	—	127°
— amylique,	—	132°
Le furfurol,	—	162°

Nous voyons donc que l'alcool contient des aldéhydes, des éthers, des alcools supérieurs. On y trouve aussi des acides gras volatils, tels que l'acide formique, l'acide acétique, l'acide butyrique, et des bases, ammoniaques et amines, qu'on rencontre principalement dans les flegmes de betteraves et de mélasses.

Les acides gras proviennent en partie de l'action de la levure (acide acétique) et des ferments secondaires (acides acétique, butyrique, valérianique).

La présence des alcools supérieurs dans les flegmes a été étudiée par plusieurs expérimentateurs, notamment par MM. Kruis, Lindet, Gentil, etc. M. Lindet a constaté que la proportion d'alcools supérieurs dans le moût fermenté augmente rapidement lorsque la fermentation est achevée ; cette proportion est très faible au commencement de la fermentation et pendant les premières heures. Donc, plus on laisse les jus fermentés séjourner en cuve avant de les distiller, plus on s'expose à avoir des alcools supérieurs et à augmenter la perte à la rectification. D'après M. Lindet, la présence de l'alcool amylique dans les fermentations doit être attribuée aux ferments secondaires qui accompagnent la levure. M. Gentil est arrivé aux mêmes conclusions.

Les éthers proviennent de l'éthérification des divers alcools par les acides gras provenant surtout des fermentations secondaires.

La rectification a pour but de séparer l'alcool pur des impuretés qui l'accompagnent. Elle peut s'effectuer de deux manières : la rectification *discontinue*, qui est généralement employée, et la rectification *continue*.

Rectification discontinue.

Principe de la méthode. — L'alcool, dilué à 40°, est introduit dans une chaudière chauffée par un serpentin de vapeur et surmontée d'une colonne à plateaux. La chaudière doit avoir un volume suffisant pour pouvoir contenir tout le flegme à rectifier, car la rectification est d'autant plus économique que la quantité d'alcool contenue dans la chaudière est plus considérable. L'alcool doit être au préalable dilué à 40°, car les flegmes concentrés fournissent un rendement plus faible en alcool fin.

Les plateaux de concentration sont formés par les mêmes organes que les plateaux des colonnes à distiller : on emploie soit les plateaux rectangulaires à longues calottes de Savalle, soit des plateaux à calottes multiples, soit des plateaux perforés.

L'appareil doit être complété par un puissant condenseur placé à la partie supérieure, dans lequel la vapeur alcoolique se scinde en deux parties : la partie condensée *rétrograde* dans le haut de l'appareil, et les vapeurs non condensées se rendent au réfrigérant, où elles se condensent et coulent à l'éprouvette.

On a considéré pendant longtemps que le rôle du condenseur était de faire rétrograder dans la colonne les vapeurs les plus aqueuses, de sorte que les vapeurs alcooliques non condensées se trouvaient enrichies et allaient se condenser au réfrigérant (théorie de Dœnitz). M. Barbet a démontré en 1889 que cette théorie est inexacte. En effet, le liquide condensé présente à peu près la même composition chimique que le mélange primitif des vapeurs ou, si on préfère, dans le condenseur la vapeur alcoolique ne s'analyse pas d'une façon appréciable. Le raffinage et la rectification se font donc *dans la colonne* et non point *au condenseur*, ou du moins en très faible proportion et grâce à des artifices spéciaux qui n'existent presque jamais dans les condenseurs ordinaires. Un condenseur ne peut avoir d'effet utile qu'autant que sa rétrogradation soit analysée dans une série de plateaux ne recevant aucun autre liquide que cette rétrogradation (1).

D'après Pampe, on peut obtenir une déflegmation dans le condenseur en le disposant à contre-courant, c'est-à-dire en faisant circuler en sens inverse la vapeur alcoolique et le liquide condensé. Cette disposition est adoptée dans le rectificateur de Pampe et dans celui de Heckmann.

M. Sorel a donné la théorie suivante des phénomènes qui se passent dans la rectification discontinue (2). Le flegme, étendu à 38-50 p. 100 d'alcool, est porté à l'ébullition et ses vapeurs s'élèvent dans la colonne rectificatrice, d'où elles pénètrent dans le condenseur, qu'on refroidit énergiquement. Là, elles se liquéfient et redescendent vers la chaudière; repassant à l'état de vapeurs, elles fournissent de l'alcool plus riche qui vient se condenser de nouveau, et fait écouler peu à peu l'alcool moins riche primitivement accumulé dans les plateaux, de sorte que, quand ceux-ci sont pleins, la moyenne partie de la colonne est chargée d'alcool très concentré.

Alors l'opération proprement dite commence. On diminue l'arrivée d'eau au condenseur, une partie seulement des vapeurs est condensée et retourne à la colonne, l'autre partie va au réfrigérant et est recueillie. L'ouvrier

(1) E. BARBET. *Les appareils de distillation et de rectification.*
(2) E. SOREL, *La rectification de l'alcool.*

rectificateur règle une fois pour toutes la quantité d'eau à employer pour avoir une rétrogradation telle que l'alcool reste toujours au degré convenable dans la majeure partie des plateaux de la colonne.

Une fois l'opération proprement dite commencée, les impuretés les plus volatiles, déjà accumulées dans les plateaux supérieurs, s'échappent dès le début; comme il n'y en a qu'une quantité limitée, et comme elles tendent à gagner le haut de la colonne, la chaudière s'en épuise assez rapidement; l'appauvrissement gagne les plateaux inférieurs, puis peu à peu les plateaux supérieurs, qui sont eux-mêmes bientôt épuisés des impuretés les plus volatiles. Ce sont les *mauvais goûts de tête*. En même temps que ces corps, se sont élevés dans la colonne d'autres corps moins volatils auxquels on donne le nom de *moyens goûts de tête*. Ces corps sont éliminés plus lentement, car ils doivent, avant de s'échapper, s'accumuler peu à peu dans la partie inférieure de la colonne jusqu'au niveau où ils peuvent la traverser sans s'y arrêter. L'élimination de ces moyens goûts demande au moins sept heures sur trente-six.

Pendant ce temps, une autre catégorie de corps s'échappe bien de la chaudière et des plateaux inférieurs où l'alcool est relativement peu concentré, mais est retenue progressivement dans la série de plateaux chargés d'alcool fort. La diminution du taux de ces impuretés dans les étages successifs chargés d'alcool fort est très rapide. Donc, plus le nombre des plateaux à fort degré sera considérable, plus la colonne opposera d'obstacle à ces impuretés, de sorte qu'avec une quarantaine de plateaux chargés d'alcool à fort degré on peut considérer pratiquement que l'alcool recueilli à l'éprouvette est pur. On est alors dans la *période de cœur* de l'opération, période qui se prolongera d'autant plus que le nombre des plateaux encore chargés d'alcool à fort degré sera plus grand.

Mais, pendant ce temps, la chaudière s'est peu à peu épuisée d'alcool; les plateaux inférieurs de la colonne se sont appauvris, et ces impuretés de queue se sont concentrées dans une zone de la colonne, zone qui s'élève au fur et à mesure que la chaudière s'épuise, à moins qu'on n'augmente la rétrogradation, à grand renfort d'eau, au condenseur, par suite en s'astreignant à consommer beaucoup de combustible pour revaporiser l'alcool qui rétrograde. Bientôt tous les efforts deviennent pratiquement inutiles; la zone dangereuse s'élève de plus en plus, en même temps qu'elle devient plus chargée d'impuretés, et finalement celles-ci envahissent progressivement l'appareil entier, et les plus entraînables arrivent à l'éprouvette. A la période de cœur succède alors la période des *moyens goûts de queue*. Elle est beaucoup plus courte que celle des moyens goûts de tête. Bientôt toute barrière est surmontée et on voit arriver à flots les impuretés les moins entraînables au début; en effet, quand l'alcool des plateaux s'appauvrit, le rapport des impuretés dans les vapeurs aux impuretés dans le liquide augmente très rapidement, si bien que ces impuretés arrivent presque entièrement à l'éprouvette avant que tout l'alcool soit éliminé. On a alors les *mauvais goûts de queue* et les *huiles* (1).

Rectificateur Savalle. — La figure 62 représente un rectificateur construit par la maison Savalle. L'appareil se compose d'une chaudière A destinée à recevoir le flegme. Cette chaudière est chauffée par un serpentin de vapeur; le chauffage est réglé par le régulateur de vapeur E. Les vapeurs produites par l'ébullition de l'alcool passent d'abord dans un vase de sûreté K, muni d'un thermomètre, puis elles entrent dans la colonne qui est constituée par des plateaux à longues calottes rectangulaires représentés plus haut à la figure 54. Arrivées à la partie

---

(1) E. SOREL, *La rectification de l'alcool.*

supérieure, elles se rendent au condenseur C ; la partie condensée rétrograde dans le haut de la colonne, et les vapeurs alcooliques vont au réfrigérant D et coulent dans l'éprouvette F.

L'opération de la rectification s'effectue pratiquement de la façon suivante :

La chaudière est chargée de flegmes ramenés à 40°-45° ; on les neutralise exactement avec du carbonate de potasse ou du carbonate de soude ; puis on fait arriver la vapeur dans le serpentin de chauffage. Quand l'ébullition commence, on ouvre tout grand le robinet d'eau du condenseur, de manière à le refroidir énergiquement. Les vapeurs alcooliques s'élèvent dans la colonne en portant successivement à l'ébullition le liquide des divers plateaux, et elles arrivent finalement au condenseur énergiquement refroidi. Toutes les vapeurs se condensent et rétrogradent dans la colonne, et les plateaux se chargent ainsi de haut en bas d'alcool concentré.

Quand la colonne est en pleine marche, on diminue l'arrivée de l'eau au condenseur, la rétrogradation devient moins forte, et une partie des vapeurs va se condenser au réfrigérant et coule à l'éprouvette.

Les premières parties recueillies sont constituées par les *mauvais goûts de tête*, d'odeur forte et piquante, constitués surtout par l'aldéhyde et l'éther acétique. On les recueille dans un bac spécial.

A cette période succède celle des *moyens goûts de tête*, constitués par un mélange d'alcool éthylique et d'impuretés moins entraînables, qu'on recueille à part pour les redistiller en mélange avec d'autres flegmes.

On arrive alors à la *période de cœur*, pendant laquelle passent l'alcool bon goût, l'alcool extra-fin ou cœur, et l'alcool fin. On recueille ces alcools bons goûts. D'après M. Sorel, cette période se termine généralement quand le thermomètre placé sur la chaudière accuse entre 99° et 100°. A ce moment, si l'appareil de rectification est bien

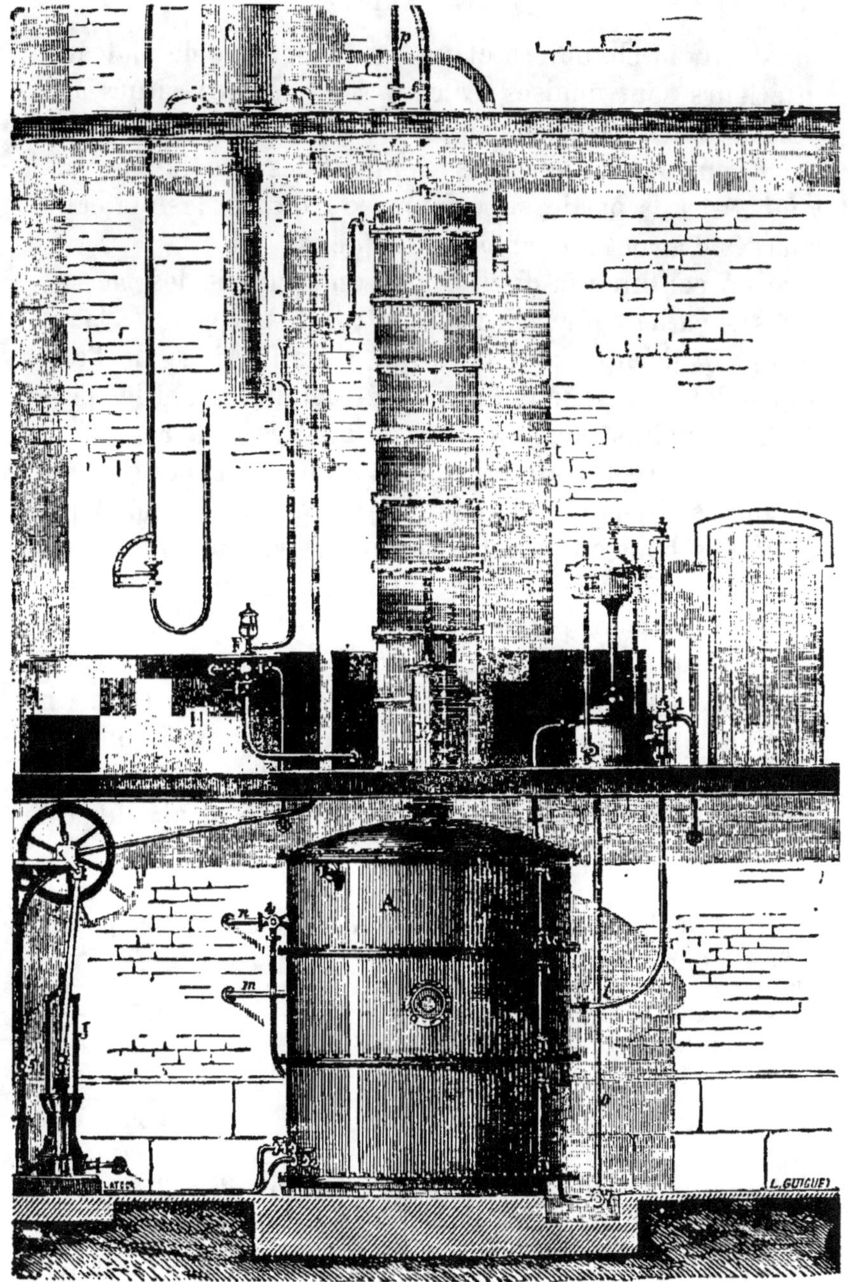

Fig. 62. — Rectificateur Savalle.

construit, la chaudière et un grand nombre de plateaux inférieurs sont épuisés d'alcool. Les plateaux situés au-dessus sont chargés d'eau alcoolisée faible sur laquelle surnagent des huiles; puis viennent des alcools mauvais goûts, et à la partie supérieure se trouvent les plateaux chargés d'alcool moyen goût de queue.

Si on continue la distillation, on recueille les *moyens goûts de queue* pour les redistiller ; enfin arrivent les *mauvais goûts de queue* ; on diminue alors l'arrivée de l'eau au condenseur pour réduire la rétrogradation, et les produits recueillis sont envoyés au bac des mauvais goûts.

Certains rectificateurs sont munis d'appareils de vidange sur chaque plateau, de sorte que, quand la période des bons goûts est terminée, il suffit d'ouvrir les robinets de chaque plateau pour laisser couler le produit dans le bac correspondant.

Voici un exemple, dû à M. Sorel (1), qui montre comment se répartissent les différentes qualités d'alcool. Un rectificateur Savalle rectangulaire n° 10, dont la colonne a 49 plateaux, fut chargé de 395^{hl},87 d'alcool étendu à 39° G.-L., correspondant à 154^{hl},39 d'alcool absolu. On obtint :

	Hectol.			
Mauvais goûts de tête....	7,657	Alcool absolu :	4,96	p. 100.
Moyens goûts de tête....	34,057	—	22,06	—
Bons goûts...............	94,820	—	61,42	—
Moyens goûts de queue..	9,205	—	5,97	—
Mauvais goûts de queue.	8,198	—	5,31	—
Perte....................	0,453	—	0,28	—
	154,390		100,00	p. 100.

La proportion d'alcool pur qu'on retire d'un flegme est d'ailleurs très variable avec la nature du flegme soumis à la rectification ; elle descend à 60 p. 100 dans certaines usines et peut dépasser 75 et 80 p. 100 dans d'autres.

(1) E. SOREL, *La rectification de l'alcool.*

Rectification continue.

La méthode de rectification discontinue exposée ci-dessus présente d'assez nombreux inconvénients. Le principal réside dans la nécessité de repasser une assez grande quantité de produits intermédiaires, ce qui occasionne une forte dépense de combustible. Aussi a-t-on cherché à rectifier l'alcool d'une façon continue, en extrayant également d'une façon continue les impuretés qui l'accompagnent.

Les premiers essais dans cette voie ont été réalisés par Leplay et Savalle. L'introduction véritable de cette méthode dans la pratique est due à M. Barbet.

Rectification continue, système Barbet. — Dans une opération préliminaire, M. Barbet s'est attaché à débarrasser le flegme de tous les produits plus volatils que l'alcool, ou *produits de tête*.

Une fois le flegme ainsi épuré, il est envoyé au rectificateur continu proprement dit, qui se charge de l'amener à 96°-97° et d'éliminer les *produits de queue*.

1° *Fonctionnement de l'épurateur*. — Les flegmes à 40°-45° préalablement chauffés par le récupérateur R (fig. 63) entrent dans l'épurateur A au plateau dit *d'alimentation*, et descendent en s'épuisant progressivement en éthers par une distillation partielle et méthodique, tout comme le vin dans une colonne à distiller s'épuise en alcool.

Supposons, en effet, une colonne distillatoire quelconque, munie d'un condenseur et de quelques plateaux de déflegmation convenablement aménagés. On peut régler l'appareil pour donner à l'éprouvette 6, 8 ou 10 p. 100 de liquide, et ce liquide (flegme) emporte toute la partie la plus volatile du vin, c'est-à-dire l'alcool et ses congénères.

De même à l'épurateur, si on règle l'eau et la vapeur

de façon à récolter à l'éprouvette 2, 3 ou 5 p. 100 de l'alcool qui entre dans l'appareil, on peut être assuré que ce liquide emportera tout ce qu'il y a de plus volatil dans les flegmes soumis à la distillation, c'est-à-dire précisément tous les *produits de tête*, aldéhydes, éthers, etc.

On obtient l'épuisement des flegmes en produits de tête, tout comme on obtient l'épuisement du vin en alcool. L'analogie avec la distillation du vin est complète. L'ancien rectificateur discontinu n'est, en somme, qu'un alambic ; le chauffage du flegme dans la chaudière produit progressivement l'épuisement en produits de tête, tout comme le chauffage du vin dans l'alambic en amène l'épuisement. Mais cet épuisement est très lent, parce que les aldéhydes ont pour l'alcool du flegme une affinité bien plus grande que l'alcool pour l'eau, et parce que le rectificateur possède une volumineuse rétrogradation qui est un obstacle sérieux à la sortie définitive des éthers et qui oblige à les réévaporer bien des fois.

Aussi l'épurateur continu a-t-il sur l'ancien rectificateur, pour l'expulsion des éthers, une supériorité considérable, beaucoup plus remarquable encore que la supériorité de la colonne distillatoire continue sur l'ancien alambic.

Si nous continuons la comparaison, nous voyons que l'ancien alambic fournissait un grand volume de produits à bas degré qu'il fallait repasser, tandis que les flegmes des alambics continus sont à degré constant élevé et d'une pureté relative. De même, le rectificateur discontinu donne un grand volume de produits bâtards, à basse teneur éthérique, qu'il faut repasser, tandis que les *éthers continus* sont à degré constant (93-94) et d'une grande concentration en éthers.

En un mot, l'épurateur supprime les *moyens goûts de tête*.

2° **Rectification continue proprement dite.** — Le problème précédent résolu, la rectification continue est

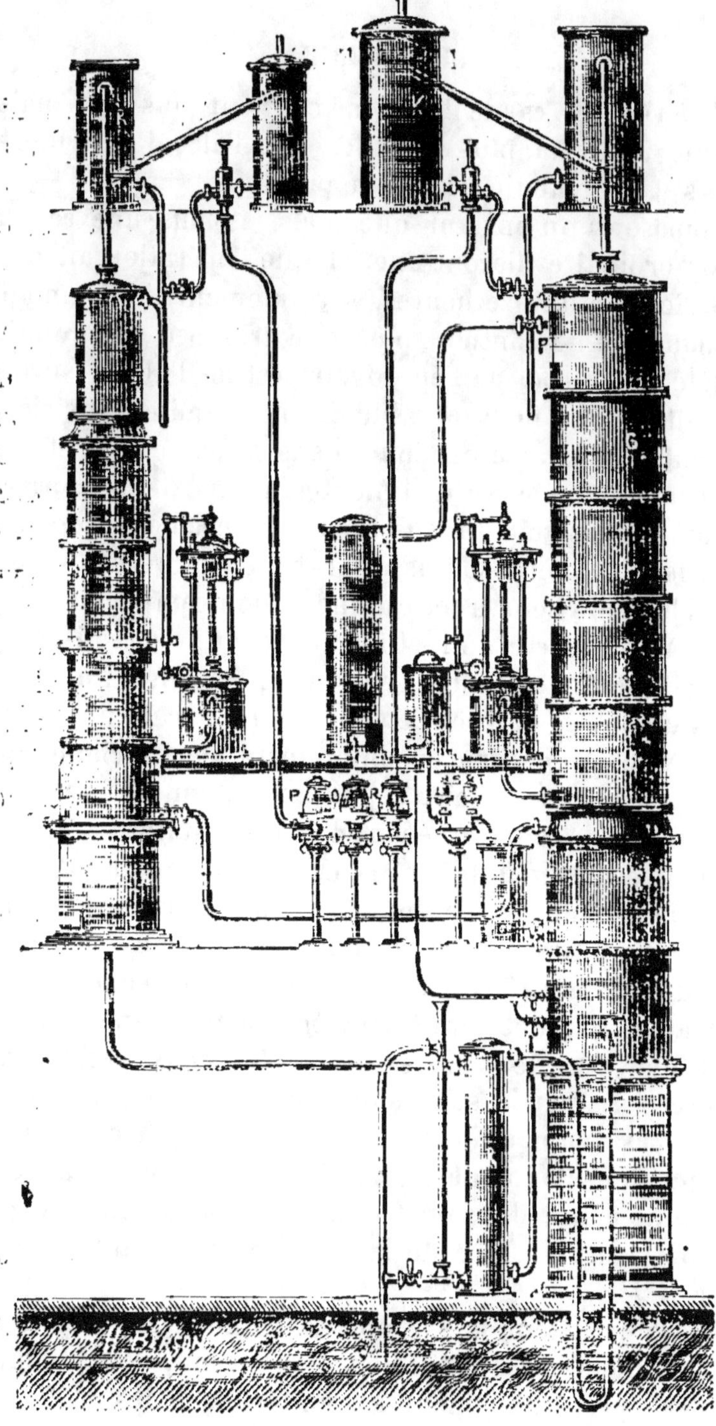

Fig. 63. — Rectificateur continu, système E. Barbet.

facile à réaliser, car le flegme ne contient plus désormais, comme partie la plus volatile, que l'alcool éthylique, qu'il s'agit d'obtenir à l'état de pureté.

Supposons un instant que nous fassions une rectification ordinaire discontinue, et que l'opération ait déjà duré douze à quinze heures. A ce moment, le flegme de la chaudière ne contient plus que très peu de produits de tête, et l'alcool de l'éprouvette est de l'alcool surfin. Admettons que nous possédions un grand approvisionnement du flegme ainsi épuré dans la chaudière, et que ce flegme épuré serve à alimenter un deuxième appareil discontinu qui soit, lui aussi, dans la période de cœur, et dont la chaudière soit assez grande pour recevoir pendant plusieurs heures cette alimentation complémentaire.

Voilà une sorte de rectification continue réalisée, et pendant toute sa durée elle nous fournira un alcool équivalent à de l'alcool de cœur de rectification. Elle ne prendra fin que par l'encombrement de la chaudière, qui nous obligera à faire l'épuisement, afin de pratiquer l'extraction de tout l'excédent d'eau et d'huiles.

Remplaçons maintenant la chaudière unique par une série de chaudières étagées, c'est-à-dire par une colonne à plateaux. Grâce à ce sectionnement, nous pourrons introduire d'une façon continue le flegme épuré sur le plateau du haut, et faire sortir, également d'une manière continue, par le soubassement, les eaux résiduaires épuisées. La partie supérieure de l'appareil n'en continuera pas moins à nous fournir de l'alcool de cœur, tout comme dans l'hypothèse précédente. Si nous produisons le flegme épuré dans un épurateur continu, on voit que la continuité absolue de la rectification se trouve réalisée.

Examinons toutefois ce que deviennent les *produits de queue*. Dans un rectificateur discontinu, ces produits tendent perpétuellement à monter dans les plateaux. M. Duclaux a montré que ces produits, quoique moins volatils que l'eau, quand ils sont anhydres, distillent avant l'eau elle-même en présence de celle-ci, et un mélange de 5 p. 100 d'alcool amylique avec l'eau est plus vite épuisé à l'alambic que ne le serait un vin à 5 p. 100 d'alcool éthylique.

Donc, l'obligation où nous sommes d'épuiser complètement les eaux résiduaires en alcool éthylique nous conduit nécessairement à produire en même temps l'épuisement total en produits de queue. Par conséquent, la sortie du bas de l'appareil ne donne issue qu'à de l'eau complètement privée d'alcool et de *produits de queue*.

L'alimentation continue du flegme apportant sans cesse de nouvelles proportions d'huiles amyliques, et celles-ci ne sortant pas avec les vinasses, il va se former une accumulation de ces impuretés et la qualité de l'alcool s'en ressentira.

L'accumulation s'opère, en effet, sur certains plateaux inférieurs d'épuisement. Pour y remédier, il suffit de pratiquer une extraction continue sur un de ces plateaux et de recueillir le liquide impur à une éprouvette spéciale. Si on soutire ainsi une quantité d'huiles qui corresponde au volume d'impuretés de queue qu'apporte l'alimentation continue du flegme, on comprend que, la sortie balançant l'entrée, l'accumulation devient impossible et l'appareil fonctionne exactement comme les discontinus, dans lesquels la proportion des huiles est limitée.

C'est le goût de l'alcool obtenu à l'éprouvette qui montre si l'extraction d'huiles est suffisante. La proportion de cette extraction dépend essentiellement de la qualité du flegme, et on voit sans peine qu'on a un moyen facile d'améliorer la qualité de l'alcool en extrayant de fortes proportions d'huiles. Il en est de même pour l'épuration en éthers : plus on pratique une large extraction de produits de tête à l'épurateur, et plus l'alcool est fin.

Dans la plupart des usines, on règle l'extraction des éthers à environ 5 p. 100 et l'extraction des huiles amyliques à 2 ou 3 p. 100 de l'alcool à 100° qui entre dans l'appareil. Dans ces conditions, on a environ 91 à 92 p. 100 de *bon goût*.

L'extraction continue des huiles remplit un second rôle très important : c'est elle qui règle la conduite du rectificateur continu comme alimentation en flegmes. Il faut, en effet, que l'entrée des flegmes apporte exactement autant d'alcool qu'il en sort par les diverses éprouvettes, afin que l'appareil conserve une allure invariable. Si l'alimentation est insuffisante, on s'en aperçoit au degré alcoolique des huiles qui s'affaiblit. S'il augmente, au contraire, on a la preuve que l'alimentation est exagérée. On règle donc le robinet d'alimentation de manière à avoir un degré alcoolique constant à l'éprouvette des huiles, c'est-à-dire de manière à donner à l'appareil un régime permanent invariable. L'addition d'un thermomètre à cadran, placé à l'étage d'extraction des huiles, donne un deuxième contrôle très pratique de l'alimentation.

Telle est, d'après M. Barbet (1), la théorie de la rectification continue.

Si nous nous reportons maintenant à la figure 63, les huiles sont refroidies en D et coulent à l'éprouvette T. Les vapeurs alcooliques s'enrichissent et se purifient dans les tronçons de rectification G, grâce à la rétrogradation du condenseur H. L'excès de vapeur passe au réfrigérant K, puis à l'éprouvette R. N, N sont les régulateurs de vapeur. Enfin, une autre éprouvette S, alimentée par les vapeurs qui se dégagent des vinasses contenues dans le soubassement et qui viennent se condenser dans le petit réfrigérant E, donne toujours, d'une façon certaine, l'épreuve de l'épuisement, l'alcoomètre devant toujours y marquer zéro.

____

(1) E. BARBET, *Les appareils de distillation et de rectification.*

Les eaux résiduaires bouillantes sortant de l'appareil passent au récupérateur R, où elles échauffent le flegme qui va alimenter le récupérateur.

M. Barbet a introduit dans ses appareils de nombreuses améliorations, notamment la *pasteurisation*, dont nous devons donner le principe.

Pasteurisation. — Lorsqu'une vapeur très volatile barbote dans un liquide moins volatil qu'elle, elle le traverse sans rien céder à ce liquide, comme s'il n'existait pas. C'est ce principe qui a été appliqué par M. Barbet dans la pasteurisation.

Supposons un rectificateur continu qu'on aurait privé de l'épurateur continu préalable. On obtiendra à l'éprouvette non plus de l'alcool pur, mais de l'alcool mélangé de toute la proportion de produits de tête que contenaient les flegmes. Le liquide de la rétrogradation contient également de ces impuretés de tête, et ce liquide rentre dans la colonne à plateaux. Là, l'ébullition expulse les produits les plus volatils, et le liquide qui reste sur les plateaux au bout de quelques instants n'est plus que de l'alcool beaucoup plus pur que la rétrogradation, c'est-à-dire bien plus pur que l'alcool de l'éprouvette, puisque les vapeurs alcooliques ne s'analysent pas d'une façon sensible dans le condenseur. Il est vrai qu'il arrive continuellement, par le fait même de l'alimentation ininterrompue de l'appareil en flegmes impurs, une certaine quantité de vapeurs aldéhydiques qui souillent la vapeur alcoolique ascendante. Mais, d'après le principe exposé ci-dessus, ces impuretés très volatiles ne peuvent être arrêtées et traversent le liquide des plateaux comme si ce liquide n'existait pas. Donc, il suffira de faire une extraction continue du liquide des plateaux pour avoir de l'alcool particulièrement pur.

M. Barbet a donné à cet alcool extrait des plateaux supérieurs le nom d'*alcool pasteurisé*. L'opération de la pasteurisation est représentée sur la figure 63. L'extraction se fait en P, et l'alcool pasteurisé, après s'être refroidi dans le réfrigérant L, vient couler à l'éprouvette Q.

M. Guillaume a construit également des rectificateurs continus dans lesquels il a adjoint à la colonne de rectification un récipient dit *ballon accumulateur*, d'une capacité telle que l'invariabilité de la marche reste assurée, quand bien même l'équilibre entre le volume d'alcool introduit et le volume d'alcool qui en sort dans le même temps serait rompu.

Distillation-rectification directe.

On a cherché pendant longtemps à produire directement de l'alcool rectifié en partant des jus fermentés. Ce problème a été résolu, de deux manières différentes, par M. Barbet et par M. Guillaume.

L'appareil de M. Barbet est basé sur un fractionnement fait dans la distillation même des moûts, et il constitue l'extension du rectificateur continu des flegmes à l'emploi de flegmes de plus en plus dilués. L'opération de la rectification directe des moûts demande des plateaux d'une grande puissance. M. Barbet emploie des plateaux à nombreuses calottes-peignes, qui donnent à la vapeur de barbotage une très grande surface d'action.

Les appareils de distillation-rectification directe de M. Guillaume sont basés sur l'emploi des vapeurs alcooliques brutes venant d'une colonne à distillation continue. L'appareil se compose : 1° d'une colonne à distiller inclinée inobstruable pour la distillation des moûts fermentés ; 2° d'une première colonne de rectification destinée à séparer les produits de queue et les moyens goûts, et à concentrer l'alcool ; 3° d'une deuxième colonne affectée à l'extraction des produits de tête, dans laquelle se rendent les vapeurs alcooliques venant de la première colonne de rectification. Dans cette deuxième colonne, la concentration des produits de tête se fait dans la partie supérieure, tandis que la distillation proprement dite se fait dans toute la partie inférieure, laquelle partie forme une véritable colonne de distillation. On obtient ainsi, d'après M. Guillaume, 90 à 92 p. 100 d'alcool bon goût et 6 à 8 p. 100 de moyens goûts, le reste constituant des produits de tête et de queue. Ces résultats sont obtenus avec une dépense de vapeur qui ne dépasse pas celle nécessitée par la production de flegmes seuls.

Dans l'appareil de distillation-rectification directe de Guillaume, type 1896 mixte, la distillation se fait dans la colonne inclinée, puis on opère d'abord la séparation des produits de tête dans une colonne spéciale. L'alcool séparé des produits impurs de tête se rend dans une deuxième colonne où on procède à l'extraction des produits de queue et à la concentration de l'alcool à haut degré; enfin, les alcools passent dans la colonne d'épuration finale, qui a pour but de séparer les nouveaux produits de tête formés pendant la rectification.

Épuration des alcools par le charbon.

La filtration des alcools sur le charbon est un des moyens les plus pratiques pour les épurer et les débarrasser des odeurs d'origine tenaces. On utilise à cet effet le charbon de bois, tantôt en morceaux, tantôt en poudre. Le charbon le meilleur paraît être celui qui provient de bois très légers, comme le tilleul et le fusain. On emploie aussi beaucoup le pin.

Le charbon a la propriété de décolorer l'alcool et d'absorber les substances odorantes. A côté de cette action physique, il semble y avoir aussi une action chimique due à l'oxygène condensé dans les pores du charbon. D'après Gladenapp (1), l'action du charbon est même sur-

____
(1) Gladenapp, *Moniteur scientifique*, 1898.

tout chimique ; il y a transformation d'une partie de l'alcool éthylique et des alcools étrangers en aldéhydes, cétones et acides. D'autre part, le charbon retient une forte quantité des aldéhydes et des éthers qui proviennent de son action oxydante, mais il ne retient qu'une très faible quantité de fusel.

En pratique, on a coutume de ramener les flegmes à filtrer à 45°-40°, de manière à diminuer la solubilité des huiles et éthers lourds et à rendre ainsi l'absorption par le charbon plus facile.

Quand on emploie le charbon en morceaux, on utilise une batterie de cylindres verticaux de grande hauteur. Chaque cylindre porte, à une faible distance du fond, un faux fond perforé, et un trou d'homme pour le déchargement du charbon épuisé. Ces cylindres communiquent entre eux au moyen de tuyaux, de sorte qu'on peut faire passer le flegme qui sort d'un des cylindres sur le cylindre suivant.

Les filtres étant pleins de charbon et fermés, on injecte de la vapeur, qui circule de haut en bas dans le cylindre, jusqu'à ce qu'il soit chaud. Lorsque l'air est chassé, on ferme et on laisse refroidir. On fait alors arriver les flegmes sur le charbon. La circulation dans la batterie de filtres s'effectue exactement comme dans une batterie de diffusion, c'est-à-dire que chaque élément devient à son tour premier, second, troisième, etc., dernier de la série. La vidange se fait en refoulant dans le filtre suivant le flegme au moyen de la vapeur. Le filtre vidé est alors traité par la vapeur pour l'épuiser d'alcool et les vapeurs alcooliques sont envoyées à un réfrigérant. On enlève le charbon épuisé, on le remplace par du charbon neuf, et on soumet le charbon épuisé à la revivification.

Cette opération peut s'effectuer de deux manières, par calcination ou par la vapeur surchauffée. La première méthode est la plus simple. On introduit le charbon à revivifier dans des cornues en tôle analogues à celles qu'on emploie pour la distillation du bois dans les fabriques d'acide pyroligneux. On le porte au rouge sombre et, quand il ne se dégage plus de vapeurs au col de la cornue, on bouche le col et on retire la cornue du four pour la laisser refroidir. Le refroidissement du charbon a lieu ainsi à l'abri de l'air. Il faut avoir soin de ne pas chauffer au rouge vif, pour ne pas fondre certains sels insolubles, ce qui rendrait le charbon moins poreux et diminuerait son pouvoir absorbant.

La méthode de revivification par la vapeur surchauffée est surtout employée en Allemagne. On introduit le charbon dans une cornue, on y fait passer un courant de vapeur pour chasser l'air et on fait circuler la vapeur surchauffée autour de la cornue, à une température de 320°. Quand la revivification est achevée, on arrête la vapeur et on établit un tirage dans la cornue en ouvrant le couvercle et un robinet d'air. Le charbon surchauffé s'enflamme spontanément et, quand toute la masse est incandescente, on referme la cornue et on fait tomber, par une porte à vis, le charbon dans des étouffoirs.

D'après M. Barbet, ce procédé est coûteux et d'un maniement délicat, et le charbon n'est pas mieux revivifié que dans les cornues en tôle à feu nu.

La filtration est une opération assez coûteuse. Pour réduire la dépense, M. Barbet conseille d'éliminer les éthers et les fusels au préalable par la rectification, et de ne demander au noir que l'élimination des goûts et des odeurs d'origine qui offrent la plus grande résistance à l'action des rectificateurs. En utilisant, en outre, le charbon en poudre, dont le pouvoir épurant est beaucoup plus considérable, on arrive à n'employer ainsi que 1 kilogramme environ de charbon par hectolitre de flegme à 40°, au lieu de 4 kilogrammes qu'on emploie en moyenne avec le charbon en morceaux.

MM. René et Auguste Collette ont fait breveter un procédé basé sur l'emploi du charbon en poudre. Le mélange de flegme et de charbon en poudre est filtré dans un filtre-presse à lavage. Le charbon est alors distillé, puis revivifié par calcination dans des pots en grès. D'après MM. Collette, le charbon s'améliore au fur et à mesure qu'il est recuit.

CHAPITRE III

|ANALYSE DES ALCOOLS.

Analyse qualitative.

La recherche *qualitative* des impuretés de l'alcool comprend principalement : la recherche des aldéhydes, celle des alcools supérieurs, et notamment de l'alcool amylique, celle du furfurol.

Recherche des aldéhydes. — Il existe un grand nombre de réactifs capables de caractériser les aldéhydes. Deux des plus sensibles sont le bisulfite de rosaniline et le chlorhydrate de métaphénylène diamine.

On obtient le premier réactif en mélangeant dans une petite fiole bouchée 200 centimètres cubes d'eau et 30 centimètres cubes d'une solution fraîche de fuchsine à 1 p. 1000 ; on ajoute 20 centimètres cubes de bisulfite de soude à 30° Baumé, puis 3 centimètres cubes d'acide sulfurique pur. La décoloration de la fuchsine se produit rapidement. Pour faire l'essai d'un alcool, on le ramène à 50° avec de l'eau, et à 2 centimètres cubes de cet alcool dilué on ajoute 1 centimètre cube de réactif. On agite et on laisse reposer. S'il y a de l'aldéhyde, il se produit une coloration violette, d'autant plus intense que ce corps est en proportions plus grandes.

Windisch a indiqué le chlorhydrate de métaphénylène diamine comme un réactif très sensible des aldéhydes. On verse une solution chaude toute fraîche de chlorhydrate de métaphénylène diamine, goutte à goutte, dans l'alcool à essayer. S'il y a des aldéhydes, il se forme à la surface de contact une coloration jaune, et on observe une fluorescence verte.

Recherche des alcools supérieurs. — Le procédé le plus pratique paraît être celui de MM. Ch. Girard et X. Rocques. Il consiste à engager les aldéhydes dans une combinaison stable, puis à distiller et à faire agir sur l'alcool privé de ces aldéhydes l'acide sulfurique. On fait dissoudre dans 200 centimètres cubes d'alcool à 50°, 3 grammes de chlorhydrate de métaphénylène diamine ; on fait bouillir une demi-heure au réfrigérant ascendant. Le liquide prend une teinte jaune clair. On laisse refroidir pendant une demi-heure, et, vers la fin du refroidissement, on agite un peu. La couleur du liquide fonce de plus en plus, s'il y a de l'aldéhyde, et prend une belle fluorescence verte. On distille assez rapidement et on recueille 125 centimètres cubes d'alcool distillé qui marque 75° (1). On fait alors sur cet alcool l'essai Savalle.

Cet essai consiste à traiter l'alcool par un volume égal d'acide sulfurique monohydraté. En chauffant le mélange, il se produit une coloration brune plus ou moins forte, si l'alcool est impur. Avec l'alcool pur, le mélange reste incolore. On apprécie l'intensité de la teinte obtenue en la comparant avec une série de verres types progressivement colorés et allant de 1 à 10. Savalle a donné à cet appareil le nom de *diaphanomètre* ; chaque numéro correspond à 1 p. 10 000 d'impuretés.

Avec le produit obtenu précédemment après l'élimination des aldéhydes, on fait donc l'essai ci-dessus, et on compare les teintes obtenues avec celles que donnent des solutions types d'alcool amylique pur dans de l'alcool à 75°.

On peut également caractériser l'alcool amylique par le

______

(1) X. Rocques, *Analyse des alcools et des eaux-de-vie.*

procédé Uffelmann. On agite l'alcool avec de l'éther, puis on ajoute de l'eau pour séparer l'éther qu'on décante. On évapore l'éther dans une capsule de porcelaine, on arrose d'acide sulfurique et on chauffe doucement. L'acide se colore en jaune, puis en rouge et enfin en brun.

Recherche du furfurol. — Le furfurol se reconnaît au moyen de l'acétate d'aniline. On ajoute à l'alcool quelques gouttes d'aniline et un peu d'acide acétique, et, s'il y a du furfurol, on voit apparaître une belle coloration rouge.

Analyse quantitative.

La détermination *quantitative* des impuretés contenues dans l'alcool peut se faire soit en dosant en bloc toutes les matières étrangères, soit en dosant séparément les diverses substances.

Parmi les premières méthodes, qui donnent la teneur totale en matières étrangères, il faut citer les méthodes de Rœse, de Traube, de Savalle et de Barbet.

La méthode de Rœse est basée sur ce fait que le chloroforme dissout plus fortement les homologues supérieurs de l'alcool éthylique que celui-ci. Connaissant le pouvoir dissolvant pour l'alcool pur d'un degré déterminé, et l'augmentation de volume de la couche chloroformique par suite de cette dissolution, on peut, en se basant sur l'augmentation plus grande de cette couche dans le cas d'un alcool impur, déduire de cette augmentation, au moyen d'une échelle spéciale, la quantité d'impuretés qui y sont contenues. En distillant au préalable l'alcool avec une petite quantité de lessive de soude (Stutzer et Reitmayr), on élimine les aldéhydes, les éthers et les acides qui viennent influencer l'augmentation de la couche chloroformique, et celle-ci est alors due seulement au fusel. On se sert, pour faire l'essai, d'un tube gradué de forme spéciale, construit par Rœse; et des tables dressées par Stutzer et Reitmayr donnent directement, connaissant l'augmentation en centimètres cubes de la couche de chloroforme, les impuretés correspondantes en millièmes.

La méthode de Traube est basée sur ce fait que l'élévation d'un alcool dans un tube capillaire est d'autant plus faible que cet alcool renferme davantage d'alcool amylique. L'appareil se compose d'un tube capillaire pourvu d'une échelle divisée en demi-millimètres. Connaissant la hauteur de la colonne avec l'alcool pur, on déduit de l'abaissement de cette colonne la teneur en alcool amylique.

Nous avons vu plus haut, à propos de la recherche des alcools supérieurs, quel était le principe de la méthode de Savalle.

La méthode de Barbet est basée sur l'emploi du permanganate de potasse. Elle peut rendre de grands services pour l'étude des alcools fins d'industrie, mais elle est incertaine pour les alcools mauvais goûts et les alcools naturels. On prend 50 centimètres cubes de l'alcool à essayer, on l'amène à la température de 18°, puis on y verse 10 centimètres cubes d'une solution de permanganate de potasse à 0gr,2 par litre et on agite. La décoloration est d'autant plus rapide que l'alcool est plus impur. La coloration violette disparaît et fait place à une coloration nuance saumon. On note exactement le temps qu'elle a exigé. On doit opérer avec l'alcool ramené au degré alcoolique de 42°,5. Les alcools extra-neutres ordinaires du commerce décolorent en vingt-cinq à quarante-cinq minutes, les extra-fins en deux à dix minutes, et les alcools dits « fin Nord » descendent en dessous d'une minute.

Dosage des aldéhydes. — Le dosage des aldéhydes s'effectue par la méthode colorimétrique, soit au moyen du bisulfite de rosaniline, soit au moyen du chlorhydrate de métaphénylène diamine.

Avec le bisulfite de rosaniline, on effectue la réaction sur l'alcool ramené au titre alcoolique de 50°, et on compare au colorimètre la coloration obtenue avec celle que donne une liqueur type d'aldéhyde à 0,05 p. 1000 dans l'alcool à 50°. On opère avec 10 centimètres cubes d'alcool et 10 centimètres cubes de liqueur type, dans lesquels on ajoute 4 centimètres cubes de réactif. Si la coloration est égale, on en déduit que l'alcool renferme 0,05 p. 1000 d'aldéhyde. Si elle est plus forte avec l'alcool à essayer, on le dilue avec de l'alcool pur à 50° jusqu'à ce qu'on arrive à l'égalité de teinte. Si elle est plus forte avec la liqueur type, on dilue la liqueur type jusqu'à ce qu'on obtienne la même coloration qu'avec l'alcool examiné.

Dosage des éthers. — Les éthers sont dosés par saponification. M. Lindet a proposé le procédé suivant, qui donne de bons résultats dans les flegmes.

On traite 500 centimètres cubes de flegmes par 100 centimètres cubes d'eau de baryte, et on fait bouillir pendant six heures dans un réfrigérant à reflux. La saponification effectuée, on précipite l'excès de baryte par un courant d'acide carbonique, on chasse l'alcool, et on dose la baryte à l'état de sulfate. La quantité obtenue correspond à la totalité des acides organiques libres et combinés des flegmes. D'un autre côté, on dose les acides libres et la différence représente les acides combinés sous forme d'éthers. En multipliant les acides exprimés en acide sulfurique par 1,795, on a la quantité des éthers évaluée en acétate d'éthyle.

On peut également saponifier au moyen de la potasse. On dose d'abord les acides libres, puis, après saturation exacte, on saponifie par la potasse (20 centimètres cubes de potasse demi-décime pour 100 centimètres cubes d'alcool) pendant une heure au réfrigérant à reflux. On ajoute alors 20 centimètres cubes d'acide sulfurique demi-décime, et on dose l'acide non saturé avec la solution alcaline titrée. On évalue les éthers en acétate d'éthyle.

Dosage du furfurol. — Le dosage du furfurol se fait par colorimétrie, d'après les mêmes principes que le dosage des aldéhydes, au moyen de l'acétate d'aniline. On se sert, comme point de comparaison, d'une solution type alcoolique renfermant 5 milligrammes de furfurol par litre.

Dosage des alcools supérieurs. — Le meilleur procédé de dosage des alcools supérieurs est le dosage par fractionnement. Dans cette méthode, on concentre d'abord les alcools supérieurs dans une quantité de liquide relativement faible, en distillant aux deux tiers ou aux trois quarts le flegme primitif et en opérant sur le liquide resté dans l'appareil à l'état de vinasse contenant encore une notable portion de l'alcool. Par des distillations fractionnées répétées, on arrive à avoir un résidu qui contient la plus grande partie des alcools supérieurs.

Mais cette méthode est très longue et dans la pratique on emploie soit la méthode de Rœse, dont nous avons indiqué plus haut le principe, soit la méthode de MM. Ch. Girard et Rocques, basée sur l'emploi de l'acide sulfurique après élimination des aldéhydes, que nous avons également décrite ci-dessus.

CINQUIÈME PARTIE

LES RÉSIDUS DE LA DISTILLERIE

CHAPITRE I

RÉSIDUS DE LA DISTILLERIE DE MATIÈRES SUCRÉES.

Distillerie de betteraves.

Les résidus de la distillerie de betteraves sont les pulpes et les vinasses.

Pulpes. — Les *pulpes* constituent un aliment de grande valeur pour les animaux de la ferme. Elles sont différentes suivant le mode de travail de la distillerie. Les pulpes qui proviennent des usines travaillant par râpes et presses sont moins aqueuses que celles qui proviennent des distilleries qui utilisent la macération ou la diffusion. La pulpe provenant des presses continues ne contient que 75 p. 100 d'eau environ, tandis que les cossettes de diffusion ou de macération en contiennent 95 p. 100. Mais nous avons vu qu'il est possible d'éliminer une assez grande quantité d'eau par l'emploi des presses à cossettes. On peut ainsi réduire la teneur en eau des cossettes à 88-90 p. 100. On voit cependant que la pulpe provenant de l'extraction du jus de betteraves par les presses est toujours plus riche en matière sèche que la pulpe de macération ou de diffusion pressée.

La pulpe de betteraves est également différente suivant qu'on utilise la macération à l'eau ou à la vinasse. La pulpe des distilleries qui travaillent à la vinasse est plus riche en matières azotées que la pulpe de sucrerie où la diffusion a lieu à l'eau. La pulpe de distillerie est donc supérieure à celle que fournissent les sucreries. Le fait s'explique aisément. En effet, l'extraction des éléments utiles des pulpes, et notamment des matières azotées, se fait sans peine quand le liquide de diffusion est très pauvre en ces éléments. C'est le cas de la diffusion à l'eau. Mais si le liquide de diffusion est déjà chargé de ces substances dans la même proportion que la betterave (et c'est le cas pour la diffusion à la vinasse), l'extraction de ces éléments devient impossible, et il en résulte que la pulpe reste plus riche en matières utiles.

D'après Briem (1), la substance sèche de la pulpe de distillerie renfermerait 11,20 p. 100 de protéine brute, et celle de sucrerie 10,95 p. 100. Les substances extractives non azotées atteignent 58,41 p. 100 de la matière sèche dans la pulpe de distillerie, et 57,67 p. 100 dans la pulpe de sucrerie. D'autres auteurs ont donné des différences encore plus grandes, au point de vue de la teneur en matières azotées, entre les deux sortes de pulpes.

La pulpe se conserve facilement en silos, à condition que l'opération soit faite avec soin. Les dimensions des silos sont variables avec les quantités de pulpes qu'on veut conserver et l'espace dont on dispose. En général, on donne une largeur de 4 mètres et une profondeur de 1 mètre à 1^m,50, avec une longueur variable. On protège ordinairement les deux côtés du silos contre les éboulements par des murs en maçonnerie; mais, lorsque la terre

____

(1) Briem, *Die Rübenbrennerei*

est bien ferme, cette précaution n'est pas nécessaire. Le fond doit avoir une légère pente pour assurer l'écoulement des eaux, et au point le plus bas on creuse une fosse qu'on remplit de mâchefer pour permettre aux eaux de s'y réunir et d'être absorbées par le sol sans former de flaques dans le silo.

Pour bien conserver la pulpe, on doit l'ensiler mélangée à de la menue paille qui a pour but d'absorber les liquides qui s'échappent de la pulpe en fermentation. Ces liquides contiennent des matières nutritives qu'on a intérêt à retenir. On place donc au fond du silo une couche de 2 à 3 centimètres de menue paille, puis on y dispose la pulpe en une couche de 20 centimètres au maximum. On la recouvre de 3 centimètres de paille hachée, puis on fait une nouvelle couche de pulpe, et on continue ainsi jusqu'au niveau du sol. A partir de là, on dispose les couches de menue paille et de pulpe en réduisant peu à peu leur largeur de manière à former finalement un toit à deux versants. On recouvre le silo de longue paille, et on tasse sur cette paille une couche de terre de 25 centimètres d'épaisseur.

La pulpe ainsi disposée fermente lentement, et contracte une odeur spéciale qui ne déplaît pas au bétail.

La conservation de la pulpe ensilée peut être longue quand l'opération a été bien conduite ; mais il se produit des pertes assez considérables quand on attend longtemps avant de la consommer. La perte au bout de six mois atteint déjà 25 p. 100 de la matière sèche ; au bout d'un an, elle est de près de 50 p. 100.

Aussi a-t-on cherché à éviter ces pertes et à rendre la conservation plus facile en desséchant les cossettes. Maercker a le premier démontré que, pour ramener à 10 p. 100 d'eau des pulpes qui en contiennent 90 p. 100, il faut dépenser $14^{kg},8$ de houille ; d'autre part, on évite par cette dépense une perte de 30 p. 100 de la matière sèche, perte qui correspond à un ensilage de cinq mois.

Partant de ce principe, on a imaginé un assez grand nombre d'appareils pour la dessiccation des cossettes.

L'appareil de Buttner et Meyer se compose de trois chambres dans lesquelles circulent à la fois la pulpe et les gaz chauds venant d'un foyer à coke. La tonne de pulpe ainsi traitée revient à 50 francs environ, si on attribue à la cossette humide une valeur de 5 francs. Or on vend la pulpe sèche de 70 à 100 francs la tonne. L'avantage est donc certain pour l'industriel qui vend ses pulpes. Pour le distillateur qui fait consommer les pulpes à son bétail, il y a aussi avantage, car on évite la perte considérable des silos, on réduit les frais de manutention, et on obtient pour le bétail une nourriture excellente. Il suffit d'y ajouter l'eau nécessaire avant de la faire consommer.

Nous avons vu, par la composition des pulpes, que ces résidus, au sortir de la presse à cossettes, contiennent toujours une notable proportion d'eau. Pour la réduire, on ajoute à la pulpe des aliments secs, tels que tourteaux, féveroles, paille et fourrages hachés.

Vinasses. — Les vinasses de betteraves ne peuvent être employées pour l'alimentation. En effet, elles sont constituées par un liquide très aqueux, dans lequel la proportion de matière sèche est très faible, et qui est très fortement acidifié par l'acide sulfurique et les acides organiques de la betterave. La matière sèche est formée d'une faible quantité de matières azotées, de traces de sucres, et principalement des bases salines contenues dans la betterave.

La seule valeur des vinasses de betteraves est donc constituée par les sels qu'elles renferment, et il est tout naturel de restituer au sol ces matières salines en épandant les vinasses sur les champs de la ferme. On installe donc, quand la chose est possible, des caniveaux qui conduisent les vinasses dans les terres avoisinantes, et on cherche à faire profiter le plus large espace possible des matières fertilisantes contenues dans ces résidus.

D'après M. Hannicotte, les vinasses de betteraves contiennent à l'hectolitre :

Azote .... 36 grammes.
Potasse....... 528   —
Acide phosphorique.......... 130   —

On voit donc quelle est l'importance de la perte en éléments fertilisants dans les distilleries qui n'utilisent pas ces résidus et les envoient à la fosse ou aux cours d'eau. M. Hannicotte conseille, quand la chose est possible, de faire au préalable décanter les vinasses dans des fosses en maçonnerie. On utilise alors la partie claire pour l'irrigation des parties facilement accessibles, et les résidus solides, déposés au fond des fosses, sont mélangés à la paille des silos et servent, au commencement de l'automne suivant, à fumer les terres plus difficiles à irriguer. La décantation enlève à la vinasse la moitié environ de ses principes fertilisants, moitié qui se retrouve dans les dépôts et est restituée aux champs dans lesquels l'irrigation n'est pas possible.

Distillerie de mélasses.

Les *vinasses*, en distillerie de mélasses, possèdent une grande valeur à cause de la grande quantité de sels de potasse qu'ils renferment. Nous avons vu en effet que les cendres de mélasses contiennent, d'après Wolf, environ 70 p. 100 de potasse. Pour extraire ces sels, il suffit de concentrer les vinasses et de les calciner ; on obtient ainsi un résidu sec qu'on appelle *salin*.

Puisque l'extraction des salins doit se faire par concentration des vinasses, on a évidemment intérêt à diluer celles-ci le moins possible, afin de réduire au minimum la dépense en combustible nécessitée par l'évaporation. On doit donc employer pour la distillation le chauffage tubulaire ou par serpentin, et non par barbotage. En outre, a récupération de la chaleur des vinasses pour l'échauffement du vin à distiller n'est pas applicable, car il faudrait dépenser ensuite du combustible pour réchauffer la vinasse refroidie.

L'évaporation des vinasses se fait le plus souvent dans le four à potasse de Porion. Ce four se compose de deux parties : une chambre de concentration et une chambre d'incinération. Dans la chambre de concentration se trouvent des agitateurs à palettes, tournant à une vitesse de 200 tours à la minute, qui projettent dans l'atmosphère gazeuse la vinasse sous forme de fines gouttelettes. Quand la concentration atteint environ 20° B., les vinasses passent dans la chambre d'incinération, formée de plusieurs soles chauffées par des foyers. Les vinasses achèvent de s'y dessécher ; l'extrait sec obtenu est calciné, et les matières organiques sont brûlées. Tous les gaz chauds qui se dégagent pendant cette incinération passent dans la chambre de concentration, où ils sont utilisés pour l'évaporation des vinasses. La calcination terminée, on sort du four les salins bruts obtenus, et on les laisse refroidir à l'air.

Dans les installations perfectionnées, on évapore la vinasse dans des appareils à triple ou à quadruple effet, et on envoie la vinasse concentrée à 20° B. environ aux fours d'incinération. Les gaz chauds obtenus par la combustion des matières organiques des salins se rendent aux générateurs et cette chaleur supplémentaire suffit à produire la vapeur dépensée par l'appareil à triple ou à quadruple effet. Dans ce cas, l'évaporation des vinasses n'entraîne donc, comme dépense de combustible, que celle qui est indispensable pour la mise en marche des appareils, les matières organiques des salins produisant ultérieurement le calorique nécessaire.

25.

Composition et analyse des salins. — Voici une analyse complète d'un salin due à Pellet (1) :

Eau à 200°...........................	3,75
Matières volatiles au rouge sombre, le creuset fermé	3,05
Carbone..............................	7,03
Insolubles	26,40
Sulfate de potasse...................	6,41
Chlorure de potassium...............	18,93
Carbonate de potasse	28,88
— de soude..............	4,14
Sulfure de potassium................	0,30
Silicate de potasse	0,77
Chaux (acide phosphorique, traces et pertes)	0,34
	100,00

Les dosages s'effectuent en général par la méthode suivante :

L'*humidité* se dose en chauffant 10 grammes de salins à 180° jusqu'à poids constant. Un chauffage à une température inférieure est insuffisant; le chauffage au rouge donne des résultats trop forts.

Pour le dosage des chlorures, de l'acide sulfurique, de la potasse, on pèse 25 grammes de salins, on les épuise par l'eau et on amène le liquide clair à 500 centimètres cubes. On dose alors sur 20 centimètres cubes le *chlore* par le nitrate d'argent, et on exprime le résultat en chlorure de potassium. Sur un autre volume de 20 centimètres cubes, on dose l'*acide sulfurique* en le précipitant par le chlorure de baryum à l'état de sulfate de baryte et on l'évalue en sulfate de potasse. On prend le *titre alcalimétrique* qui représente l'alcalinité due au carbonate de potasse et au carbonate de soude réunis.

Le dosage de la *potasse* se fait au moyen de chlorure de platine. A 50 centimètres cubes de la liqueur filtrée on

(1) Pellet, *Bulletin de l'Association des chimistes de France*, 1897-1898.

ajoute un léger excès de baryte caustique pure, puis on fait bouillir et on ajoute quelques centimètres cubes de carbonate d'ammoniaque pour précipiter l'excès de baryte. On filtre, on lave à l'eau chaude, on acidifie légèrement par l'acide chlorhydrique, on évapore à sec et on calcine légèrement aussi, pour détruire les sels ammoniacaux qui peuvent se trouver dans le salin. On pèse les deux chlorures, on redissout dans l'eau distillée et on filtre. On additionne alors de chlorure de platine et on dessèche le tout presque complètement. On reprend par l'alcool à 80° additionné d'un sixième d'éther, et on recueille le chloroplatinate de potasse qu'on pèse (méthode de Pagnoul).

On obtient ainsi la potasse, et on peut vérifier le résultat en réduisant le chloroplatinate de potasse par le formiate de soude. D'après le platine pesé, on a la potasse, qui doit être sensiblement la même que par le chloro-platinate.

Du chloroplatinate total, on retranche la quantité de potasse qui correspond au chlorure et au sulfate, et la différence est attribuée au carbonate de potasse. On calcule l'alcalinité qui lui correspond et, en déduisant cette alcalinité de l'alcalinité totale, on obtient l'alcalinité due au *carbonate de soude* et, par suite, la proportion de ce dernier.

Pour doser l'*insoluble*, M. Lacombe conseille d'opérer par décantations successives. On met la prise d'essai dans une capsule, on traite par l'eau bouillante, on laisse déposer et on décante sur un filtre. On recommence cette opération à quatre ou cinq reprises, puis on lave le filtre à l'eau chaude. On est ainsi certain de dissoudre la totalité des sulfates.

CHAPITRE II

RÉSIDUS DE LA DISTILLERIE DE MATIÈRES AMYLACÉES.

Les résidus de la distillerie de matières amylacées présentent pour l'agriculteur une très grande importance. Les drèches et les vinasses provenant des pommes de terre et des grains contiennent en effet une forte quantité d'éléments nutritifs : les matières azotées, les matières grasses, les sels contenus dans les matières premières se retrouvent dans les résidus, à côté d'une certaine proportion d'hydrates de carbone qui n'ont pas subi la fermentation alcoolique.

La valeur de la drèche est très différente suivant le mode de travail adopté dans la distillerie. Quand on emploie la saccharification par l'acide, il est nécessaire de soumettre les drèches à des traitements spéciaux si on veut les utiliser pour l'alimentation du bétail. En effet, l'acide chlorhydrique qu'elles contiennent, même neutralisé par la soude ou la chaux, rend ces drèches difficilement utilisables.

MM. Porion et Mehay ont appliqué le procédé suivant pour l'utilisation pratique des drèches de maïs saccharifié aux acides. La vinasse est envoyée au sortir de la colonne dans des filtres-presses pour séparer les parties solides. Les tourteaux ainsi obtenus sont délayés dans l'eau bouillante, et filtrés de nouveau aux filtres-presses. On élimine ainsi à peu près complètement les matières salines qui proviennent de la neutralisation de l'acide. Les tourteaux de deuxième lavage sont alors desséchés jusqu'à ce qu'ils ne contiennent plus que 10 p. 100 d'eau environ, puis ils sont broyés et traités par le sulfure de carbone ou l'éther de pétrole, afin d'en extraire l'huile.

On obtient ainsi finalement des tourteaux qui peuvent être employés pour l'alimentation du bétail. Si les tourteaux doivent servir non à l'alimentation des animaux de la ferme, mais comme engrais, le second lavage au filtre-presse devient inutile.

Il existe un certain nombre d'autres méthodes qui permettent l'utilisation des résidus qui proviennent des moûts saccharifiés par les acides. Mais c'est par la saccharification au moyen du malt qu'on obtient la meilleure utilisation des matières nutritives ; c'est donc ce procédé qui doit être adopté dans les distilleries agricoles, et ce qui va suivre s'applique particulièrement aux drèches obtenues par cette méthode.

Composition des drèches. — La composition des drèches de matières amylacées est variable avec la matière première employée. Voici, d'après divers auteurs, la composition moyenne des drèches de pommes de terre, de seigle et de maïs :

NATURE DE LA DRÈCHE.	EAU.	MATIÈRES azotées.	MATIÈRES non azotées.	MATIÈRES grasses.	MATIÈRES minérales.	CELLULOSE.	AUTEURS.
Drèche de pommes de terre.							
Maximum.........	96,2	1,9	2,64	0,23	0,8	1,4	Dietrich et Kœnig.
Moyenne.........	95,0	1,3	2,17	0,18	0,5	0,9	Id.
Minimum...... .	92,0	0,8	1,13	0,14	0,4	0,5	Id.
Drèche de seigle..	92,2	1,69	4,56	0,45	0,41	0,66	Id.
Id. ..	91,0	1,9	5,2	0,3	0,5	1,00	Wolff.
Drèche de maïs.							
Maximum.........	92,2	2,0	6,0	1,2	»	1,3	Kühn.
Moyenne.	90,6	2,0	4,9	1,0	0,5	1,0	Id.
Minimum.........	89,0	1,9	3,8	0,8	»	0,6	Id.

La composition donnée ci-dessus n'est qu'une composition moyenne et les proportions relatives des divers éléments utiles peuvent varier beaucoup suivant les conditions de travail de la distillerie. La drèche dépend d'abord du degré de fermentation. Si la fermentation a été poussée très loin, il ne reste plus dans le liquide que des traces de maltose, de dextrines et d'amidon non transformé. Au contraire, si la saccharification a été mauvaise, si la fermentation a été défectueuse, il peut rester dans les matières solides une proportion sensible d'amidon, et dans la vinasse de la dextrine et du maltose. La composition des matières premières employées influe également sur la qualité de la drèche, puisque cette drèche contient tous les éléments constitutifs des pommes de terre ou des grains, sauf ceux qui ont subi la fermentation alcoolique. On doit aussi tenir compte de la dilution plus ou moins grande du moût fermenté dans l'appareil à distiller, de la concentration de ce moût, etc. On voit donc que la composition et, par suite, la valeur d'une drèche de distillerie sont très variables et qu'il est nécessaire, pour apprécier cette valeur, de soumettre la drèche à l'analyse ou de connaître parfaitement les conditions de son obtention. Ce dernier cas est celui de la distillerie agricole, qui consomme ses propres drèches.

Utilisation des drèches par le bétail. — Nous venons de voir que la drèche de distillerie de matières amylacées est une nourriture très aqueuse, puisqu'elle contient 90 à 96 p. 100 d'eau.

Pour la faire consommer utilement par le bétail, on peut employer deux méthodes : 1° la consommation directe en mélange avec d'autres aliments secs; 2° la concentration ou la dessiccation, de manière à obtenir un aliment moins aqueux.

La première méthode est la plus avantageuse pour la distillerie agricole. En effet, le bétail se trouve en général dans le voisinage de l'usine et on peut faire consommer la drèche sur place. Dans les grandes installations industrielles, la seconde méthode est préférable, car, si elle exige une dépense supplémentaire de combustible, elle permet d'extraire l'huile qui, dans le cas de drèches de maïs, est un sous-produit important et livre des drèches sèches qui peuvent se conserver facilement et être expédiées au loin.

Quand on utilise les drèches aqueuses, il est nécessaire de prendre certaines précautions, à cause de la grande quantité d'eau qu'elles contiennent. L'absorption d'une nourriture trop aqueuse par l'animal nécessite une dépense de chaleur plus considérable, qui doit être empruntée aux éléments nutritifs ; en outre, les sucs digestifs se trouvent dilués par l'eau contenue dans les drèches. On doit donc ne donner à la drèche, dans l'alimentation des animaux, qu'une place limitée, et on doit la donner mélangée à d'autres aliments secs.

D'après Maercker, il importe de faire consommer la drèche par les animaux aussi chaude que possible.

En effet, si un animal absorbe 50 kilogrammes de drèches à 15°, il faudra, pour porter cette quantité à la température du sang, c'est-à-dire à 38°,

$$50 \times 23 = 1150 \text{ calories.}$$

Ces 1150 calories doivent être fournies par 295 grammes environ d'amidon, qui sont perdus pour l'alimentation. Il est donc beaucoup plus avantageux de donner à l'animal la drèche aussi chaude que possible. En outre, cette méthode a l'avantage d'empêcher le développement des ferments nuisibles et l'altération des drèches, quand la température est assez élevée. Il est donc utile de munir le réservoir de drèches d'un tuyau de vapeur, pour pouvoir au besoin réchauffer le liquide.

Maercker a fait l'étude de la quantité de drèches qu'on peut faire prendre aux différents animaux. D'après le savant agronome allemand, on ne doit pas employer les fortes rations de 100 à 120 litres, et une ration de 60 litres est suffisante pour l'engraissement des bœufs, quand on mélange cette drèche avec des aliments convenables. Pour les vaches à lait, 40 à 50 litres paraissent la dose la plus favorable. Avec ces proportions, on n'a pas à craindre les troubles dans les fonctions de l'organisme, troubles qui se manifestent fréquemment avec les doses plus élevées.

Les aliments à donner en mélange avec les drèches sont le foin de prairie, de luzerne ou de trèfle, la paille hachée, et certains aliments concentrés, tels que tourteaux et maïs concassé. Maercker conseille de donner une ration de 5 kilogrammes de fourrage par tête de bétail pesant environ 500 kilogrammes.

Voici quelques types de rations préconisées par Maercker pour 500 kilogrammes de viande sur pied.

1° *Ration de drèche faible.*

Base de l'alimentation :

Paille et balles...	4 kg.
Foin	2 kg.
Drèches liquides	40 litres.

Complément :

Pour les vaches à lait.

a.	Son	3 kg.
	Tourteaux	0kg,750
b.	Tourteaux	2 kg.
	Maïs concassé	2 kg.
c.	Orge	2 kg.
	Tourteaux ou haricots concassés	1kg,500

Pour les bœufs à l'engrais.

a.	Son	3 kg.
	Tourteaux	2 kg.
b.	Tourteaux	2kg,500
	Maïs concassé	2kg,500
c.	Orge	3 kg.
	Tourteaux	3 kg.

2° *Ration de drèche plus forte.*

Base de l'alimentation :

Paille et balles	4 kg.
Foin	2 kg.
Drèches liquides	60 litres.

Complément :

<table>
<tr><td rowspan="5">Pour
les vaches
à lait.</td><td>a.</td><td>Son</td><td>3 kg.</td></tr>
<tr><td rowspan="2">b.</td><td>Maïs concassé</td><td>1^{kg},500</td></tr>
<tr><td>Tourteaux</td><td>1^{kg},500</td></tr>
<tr><td rowspan="2">c.</td><td>Orge concassée</td><td>2 kg.</td></tr>
<tr><td>Tourteaux</td><td>1 kg.</td></tr>
</table>

<table>
<tr><td rowspan="6">Pour
les bœufs
à l'engrais.</td><td rowspan="2">a.</td><td>Son</td><td>2 kg.</td></tr>
<tr><td>Tourteaux</td><td>2 kg.</td></tr>
<tr><td rowspan="2">b.</td><td>Tourteaux</td><td>2 kg.</td></tr>
<tr><td>Maïs concassé</td><td>2 kg.</td></tr>
<tr><td rowspan="2">c.</td><td>Tourteaux</td><td>2 kg.</td></tr>
<tr><td>Orge</td><td>2 kg.</td></tr>
</table>

3º Ration de drèche maxima.

Base de l'alimentation :

Paille et balles.......................... 4 kg.
Foin .... 2 kg.
Drèches liquides......................... 80 litres.

Complément :

<table>
<tr><td rowspan="10">Pour
les vaches
à lait.</td><td rowspan="2">a.</td><td>Orge concassée</td><td>2 kg.</td></tr>
<tr><td>Tourteaux</td><td>0^{kg},500</td></tr>
<tr><td rowspan="2">b.</td><td>Maïs concassé</td><td>1^{kg},500</td></tr>
<tr><td>Tourteaux</td><td>0^{kg},500</td></tr>
<tr><td rowspan="2">c.</td><td>Son de froment</td><td>2 kg.</td></tr>
<tr><td>Orge concassée</td><td>0^{kg},750</td></tr>
<tr><td rowspan="2">d.</td><td>Son de froment</td><td>2 kg.</td></tr>
<tr><td>Maïs concassé</td><td>0^{kg},750</td></tr>
<tr><td rowspan="2">e.</td><td>Maïs concassé</td><td>1^{kg},500</td></tr>
<tr><td>Haricots concassés</td><td>0^{kg},500</td></tr>
</table>

<table>
<tr><td rowspan="5">Pour
les bœufs
à l'engrais.</td><td rowspan="2">a.</td><td>Son</td><td>1^{kg},500</td></tr>
<tr><td>Tourteaux</td><td>1^{kg},500</td></tr>
<tr><td rowspan="2">b.</td><td>Maïs concassé</td><td>1^{kg},500</td></tr>
<tr><td>Tourteaux</td><td>1^{kg},500</td></tr>
<tr><td>c.</td><td>Tourteaux</td><td>3 kg.</td></tr>
</table>

Ce sont là des rations intensives, qui peuvent être réduites suivant les ressources.

L'alimentation par les drèches convient particulièrement aux bœufs à l'engrais et aux vaches laitières. Dans ce dernier cas, la vinasse amène une augmentation de la production du lait. La drèche ne doit être donnée aux moutons qu'en quantité très faible ; on ne doit pas dépasser, d'après Maercker, 1 ou 2 litres par tête.

Dessiccation de la drèche.

La drèche contient une forte proportion d'eau et se conserve très difficilement. Aussi a-t-on songé à la dessécher de manière à obtenir une substance aisément transportable et de conservation facile.

Pour la petite distillerie agricole, le problème ne présente pas grand intérêt. En effet, on peut arriver à faire consommer à l'état liquide les drèches produites sans forcer les animaux à en absorber des quantités trop considérables. On peut aussi donner la drèche, mélangée à d'autres aliments dans les proportions utiles, et l'utiliser ainsi parfaitement, sans qu'il soit nécessaire d'installer un matériel coûteux pour la dessiccation des produits.

Mais la question est très différente pour les grandes distilleries qui vendent leurs drèches, ou qui ne peuvent en utiliser qu'une partie pour ne pas augmenter outre mesure le nombre des animaux. Dans ce cas, la dessiccation des drèches peut être très avantageuse, car elle permet d'obtenir un produit sec, qui se transporte et se conserve facilement, et qui constitue un résidu de grande valeur nutritive. Les distilleries peuvent ainsi écouler leurs drèches à l'époque la plus favorable, et les expédier dans les régions où le fourrage manque.

Il existe un assez grand nombre d'appareils à dessécher les drèches. Ordinairement, la dessiccation se fait dans des cylindres chauffés à la vapeur, et animés d'un mouvement de rotation ; des grattoirs enlèvent la drèche desséchée. Dans certains systèmes, on presse d'abord les drèches pour leur enlever la majeure partie de leur eau, mais on perd alors une certaine quantité de matières alimentaires dissoutes.

Voici, d'après divers auteurs, la composition moyenne des drèches desséchées :

NATURE DES DRÈCHES.	EAU.	PROTÉINE.	MATIÈRES grasses.	MATIÈRES extractives non azotées.	CENDRES.	CELLULOSE.	AUTEUR.
Drèche de maïs....	7,52	29,75	13,16	36,47	6,20	6,90	Schulze.
Id. ...	11,12	21,44	11,44	38,96	6,50	10,55	Soxhlet.
de pommes de terre..	7,83	23,08	3,55	40,54	16,40	8,60	Id.
de seigle et orge	11,0	20,90	4,20	»	»	»	Bötticher.
de seigle...	5,82	20,81	4,23	58,20	3,86	7,08	Soxhlet.

La figure 64 représente l'appareil Otto à dessécher les drèches, construit par les ateliers de la Bleuse-Borne (d'Anzin). Il est principalement utilisé pour les drèches de brasserie.

MM. Donard et Boulet ont construit des appareils très pratiques pour la dessiccation des drèches et pour l'extraction de l'huile. Leur méthode consiste à dessécher les drèches sous un vide partiel, à basse température. On évite ainsi toute altération de l'huile, et on soumet les tourteaux desséchés au traitement par l'éther de pétrole qui les dégraisse complètement.

Le procédé Donard et Boulet exige deux appareils : 1° un appareil à dessécher les drèches dans le vide ; 2° un appareil à extraire les matières grasses.

Les vinasses sortant de la colonne à distiller sont d'abord envoyées aux filtres-presses qui séparent les matières solides.

Les liquides obtenus, qui contiennent une certaine proportion de matières azotées et de sels, sont concentrés à part et utilisés comme engrais. Les gâteaux fournis par le filtre-presse sont envoyés dans l'appareil à dessécher.

Cet appareil (fig. 65) se compose d'un grand cylindre A qui peut tourner autour d'un axe horizontal. Cet axe est creux et sert à l'introduction de la vapeur de chauffage et à l'évacuation de la vapeur d'évaporation. Le chauffage est obtenu par une série de tubes de chauffe B, placés à l'intérieur du tambour. La vapeur condensée sort en P; la vapeur d'évaporation se rend, par l'axe creux de l'autre extrémité du cylindre, dans une pompe à vide à condenseur V. Deux tubulures C, C′ permettent le chargement et le déchargement de l'appareil. Le tambour est muni d'une denture E qui lui communique un mouvement de rotation de trois tours à la minute.

L'appareil est chargé de 2500 kilogrammes de drèches provenant du filtre-presse; on chauffe en maintenant une pression réduite de 40 millimètres de mercure, et en trois heures et demie la drèche est amenée à un taux d'humidité de 15 p. 100.

Les drèches sèches ainsi obtenues sont alors traitées dans l'appareil à extraction de l'huile par l'éther de pétrole, pour les dégraisser.

L'appareil utilisé dans ce but (fig. 66) est un appareil jumeau, constitué de deux chaudières A, A′, surmontées chacune de leur appareil extracteur B, B′, auquel elles sont reliées par les tuyaux E, E′. A la partie supérieure des extracteurs se trouvent deux serpentins T, T′, dans lesquels on peut à volonté envoyer de l'eau par les robinets U, U′ ou de la vapeur par les robinets V, V′. Les extracteurs B, B′ communiquent par leur partie inférieure avec les chaudières A, A′ au moyen des tuyaux F, F′ qui aboutissent tous deux au serpentin G, lequel est relié aux chaudières par les tuyaux H et H′. Au milieu de la bâche se trouve un second serpentin K, relié par la partie supérieure aux tuyaux F, F′ par les conduits J, J′; il aboutit au réservoir M. Les chaudières A, A′ sont chauffées par des serpentins de vapeur S, S′, et peuvent être vidées en O, O′.

L'opération se fait de la façon suivante. Les extracteurs

Fig. 64. — Appareil Otto à dessécher les drêches (Ateliers de la Bleuse-Borne, à Anzin).

sont chargés de drèche sèche qu'on veut épuiser d'huile, et il reste dans la chaudière A de l'eau, de l'huile et de l'éther de pétrole provenant d'une opération précédente. La chaudière A′ est vide. On ouvre alors les robinets F, J et H, on ferme F′, J′, H′, et on chauffe la chaudière A en ouvrant le robinet de vapeur S. L'éther de pétrole distille, monte par le tuyau E et vient se condenser dans l'extracteur B au contact du réfrigérant T dans lequel passe de l'eau froide.

Il vient tomber en pluie chaude sur la matière, dissout l'huile, s'échappe par le tuyau F, passe dans le serpentin G, où il se refroidit, et coule dans la chaudière A′. Des thermomètres placés sur les tuyaux E, E′ et à l'entrée du serpentin G permettent de suivre la distillation de l'éther de pétrole et de régler la vapeur de chauffage. Quand on atteint 85° dans le tuyau E, la chaudière A est épuisée d'éther de pétrole, et il n'y reste plus que l'huile et l'eau. En outre, l'huile de la matière contenue dans l'extracteur B est déplacée. On chauffe alors jusqu'à ce que la température atteigne 100°, en remplaçant au préalable, dans le serpentin T, l'eau par la vapeur. La vapeur d'eau provenant de A entraîne les dernières traces d'essence, se condense dans G et va rejoindre dans A′ l'huile et l'éther de pétrole. Quand le thermomètre placé à l'entrée du serpentin G marque 100°, l'opération est terminée. La chaudière A contient alors seulement de l'huile et de l'eau ; on la vide, ainsi que l'extracteur B qui est rempli de drèche épuisée. L'air entraîné dans A′ remonte par E′, rencontre le serpentin T′, traverse la matière non épuisée de l'extracteur B′ où il abandonne l'essence qui ne serait pas condensée, puis traverse par J le serpentin de sûreté K et le réservoir M.

On recharge B de drèches nouvelles, et l'appareil est de nouveau prêt à fonctionner, la chaudière A′ fournissant cette fois l'éther de pétrole qui épuise la matière contenue dans l'extracteur B′ et qui se rend en A. L'appareil

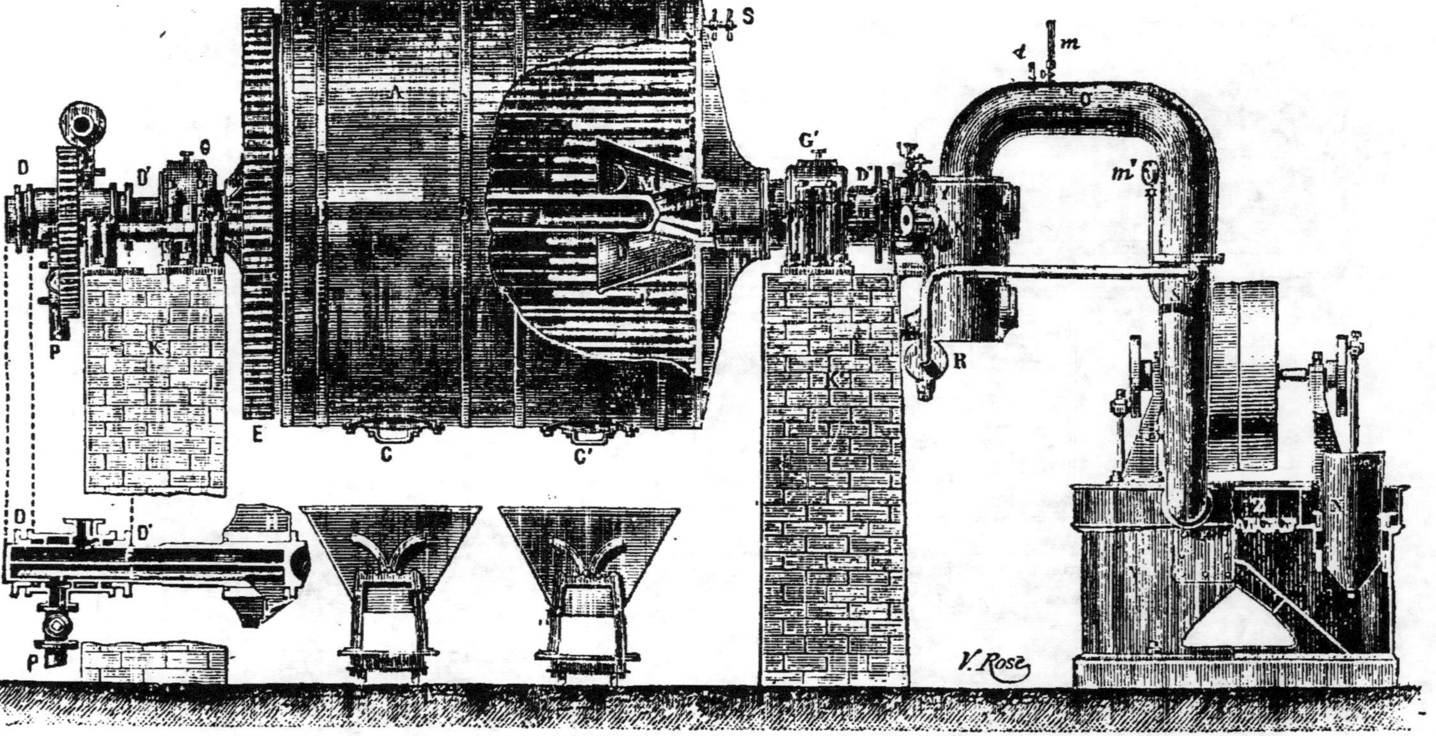

Fig. 65. — Appareil rotatoire Donard et Boulet (de Rouen) pour dessécher les drêches. (Voy. p. 452.)

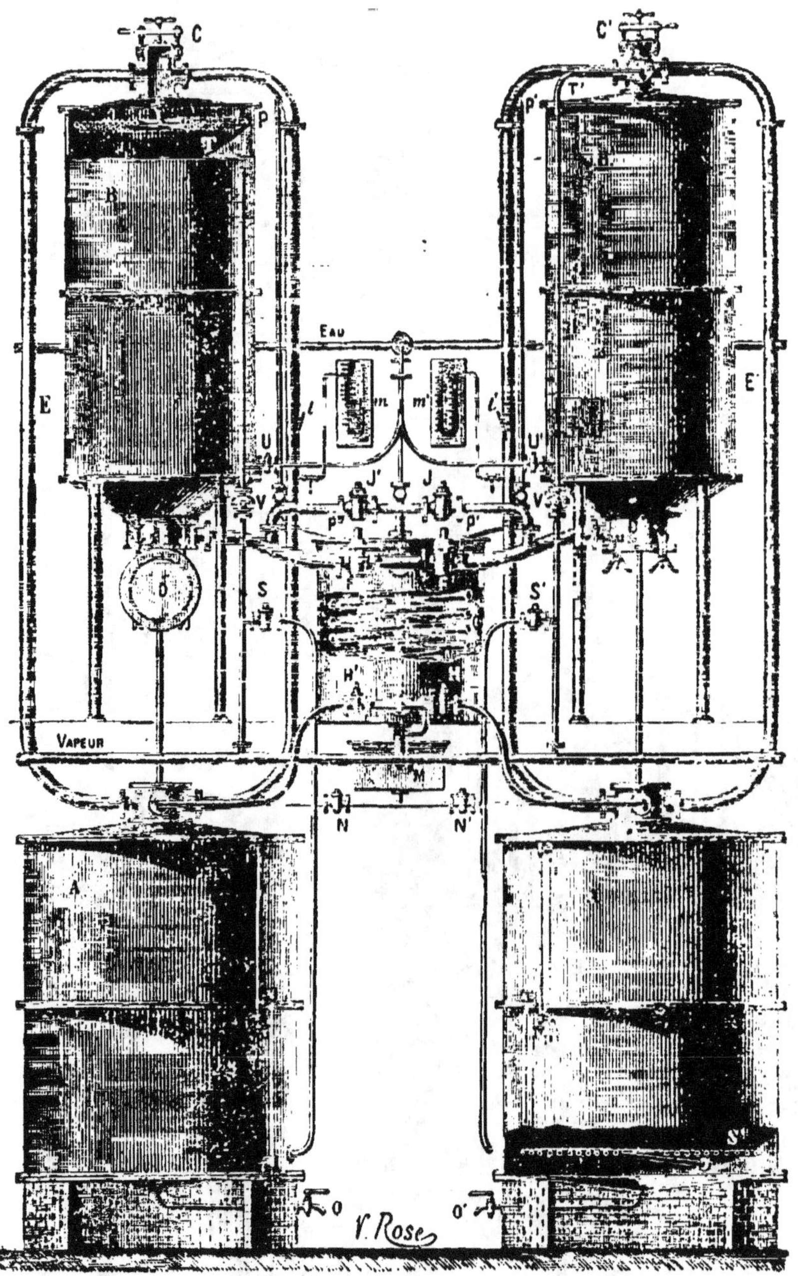

Fig. 66. — Appareil pour l'extraction de l'huile des drèches,
système Boulet et Donard (de Rouen). (Voy. p. 452.)

n'a donc d'autres arrêts que ceux qui sont nécessités par la vidange et le rechargement. Pour le rendre tout à fait continu, les inventeurs ont ajouté un troisième vase et, quand on veut vider une des chaudières, il suffit d'interrompre la communication avec les deux autres qui continuent à fonctionner. On augmente ainsi beaucoup la puissance de l'appareil.

Les drèches ainsi obtenues sont presque complètement épuisées d'huile. Comme elles sont parfaitement desséchées, elles se conservent bien et peuvent s'expédier au loin ; aussi leur écoulement est-il facile.

———

TABLE ALPHABÉTIQUE DES MATIÈRES

FIN DE LA TABLE ALPHABÉTIQUE DES MATIÈRES.

(TABLE DES MATIÈRES).

TABLE DES MATIÈRES

INTRODUCTION

CIDRERIE

BRASSERIE

HYDROMELS
EAUX-DE-VIE DE CIDRES, DE FRUITS, DE MIELS, RHUMS

DISTILLERIE

FIN DE LA TABLE DES MATIÈRES.

6620-02. — Corbeil. Imprimerie Éd. Crété

L'Industrie agricole, par F. CONVERT, professeur à

l'Institut agronomique. 1901. 1 vol. in-16 de 443 pages, cart.. 5 fr.

Climat, sol, population de la France.
Les céréales et la pomme de terre. — Le blé. — Pays exportateurs. — Législation. — La farine, le pain, le son. — Le seigle, l'avoine, l'orge, le maïs. — La pomme de terre, les légumineuses alimentaires.
Les plantes industrielles. — Les betteraves à sucre et l'industrie de la sucrerie. — La betterave de distillation et l'alcool. — Les plantes oléagineuses et textiles. — Le houblon, la chicorée à café, le tabac. — La viticulture. — Les vins étrangers, les vins de raisins secs. — L'olivier.
Le bétail et ses produits. — Les espèces chevaline, bovine, ovine, porcine. — Le lait, le beurre et le fromage. — La viande de boucherie. — Le commerce extérieur du bétail. — La laine et la soie. — La production agricole de la France.

Précis de Chimie agricole, par EDOUARD GAIN, maître

de conférences à la Faculté des Sciences de Nancy, 1895, 1 vol. in-16 de 436 pages, avec 93 figures, cartonné...................... 5 fr.

Après avoir étudié le principe général de la nutrition des végétaux, l'auteur trace rapidement l'historique des différentes doctrines relatives à l'alimentation des plantes. Abordant ensuite la physiologie générale de la nutrition, il passe en revue les rapports de la plante avec le sol et l'atmosphère, les fonctions de nutrition, le chimisme dynamique et le développement des végétaux. La deuxième partie traite de la composition chimique des plantes. La troisième est consacrée à la fertilisation du sol par les engrais et les amendements. La quatrième comprend la chimie des produits agricoles.

Analyse et Essais des Matières agricoles,

par A. VIVIER, directeur de la Station agronomique et du Laboratoire départemental de Melun. 1897, 1 vol. in-16 de 470 pages, avec 88 figures, cartonné.. 5 fr.

L'auteur indique les *méthodes générales de séparation et de dosage des éléments les plus importants dans les engrais, dans les sols et dans les plantes.*
Il étudie l'*analyse des engrais* et des *amendements*, et à propos des *engrais commerciaux*, des exigences des plantes, ainsi que des conditions d'emploi des engrais dans les différents sols et pour les différentes cultures. Vient ensuite l'*analyse du sol* et celle des *roches*. L'*analyse des eaux*, les méthodes générales applicables à l'analyse des matières végétales et animales. Enfin, M. Vivier indique l'*application de ces méthodes aux cas particuliers, fourrages, matières premières végétales des industries agricoles, produits et sous-produits de ces industries*, etc.

Le Pain et la Panification, chimie et technologie de

la boulangerie et de la meunerie, par L. BOUTROUX, professeur de chimie à la Faculté des Sciences de Besançon, 1897, 1 vol. in-16 de 358 pages, avec 57 figures, cartonné.................... 5 fr.

Dans une première partie, M. Boutroux étudie la farine. La seconde partie est consacrée à la transformation de la farine en pain. Etude théorique de la fermentation panaire, opérations pratiques de la panification usuelle, procédés de panification employés en France ou à l'étranger. Composition chimique du pain et opérations par lesquelles le chimiste peut en apprécier la qualité ou y déceler les fraudes. Au point de vue de l'hygiène, valeur nutritive du pain en général et des diverses sortes de pain.

Le Tabac, culture et industrie, par ÉMILE BOUANT, agrégé des

Sciences physiques. 1901, 1 vol. in-16, 347 pages, avec 104 figures, cartonné.. 5 fr.

Historique. — Culture. — Technologie. — Matières premières. — Fabrication des scaferlatis. — Cigarettes. — Cigares. — De la poudre. — Des tabacs à mâcher. — Économie politique et hygiène.

J.-B. BAILLIÈRE ET FILS, 19, RUE HAUTEFEUILLE A PARIS

Constructions agricoles et Architecture rurale, par J. BUCHARD, ingénieur-agronome. 1889, 1 vol. in-16 de 392 pages, avec 143 figures, cartonné................... 4 fr.

Matériaux de construction ; préparation et emploi ; maison d'habitation, hygiène rurale, étables, écuries, bergeries, porcheries, basses-cours, granges, magasins à grains et à fourrages, laiteries, cidreries, pressoirs, magnaneries, fontaines, abreuvoirs, citernes, pompes hydrauliques agricoles ; drainages ; disposition générale des bâtiments, alignements, mitoyenneté et servitudes ; devis et prix de revient.

Le Matériel agricole, Machines, outils, instruments employés dans la grande et la petite culture, par J. BUCHARD. 1891, 1 vol. in-16 de 384 p., avec 142 figures, cartonné............. 4 fr.

Charrues, scarificateurs, herses, rouleaux, semoirs, sarcleuses, bineuses, moissonneuses, faucheuses, faneuses, batteuses, râteaux, tarares, trieurs, hache-paille, presses, coupe-racines, appareils de laiterie, vinification, distillation, cidrerie, huilerie, scieries, machines hydrauliques, pompes, arrosages, brouettes, charrettes, porteurs, manèges, roues hydrauliques, moteurs aériens, machines à vapeur.

La Prévision du Temps, par G. DALLET. 1887, 1 vol. in-16 de 336 pages, avec 39 figures................. 3 fr. 50

Qui n'est curieux de connaître d'avance les variations de la température ? Qui n'a besoin, au point de vue de ses intérêts matériels, de savoir le temps qu'il fera demain ? Les Agriculteurs ont un intérêt capital à savoir quand il viendra de la chaleur ou du froid, de la neige ou de la pluie. L'ouvrage de M. Dallet intéressera non pas seulement ceux qui font de la météorologie une étude spéciale, mais aussi ceux, moins savants et tout aussi curieux, qui désirent simplement connaître les indications utiles que donne cette science attrayante et pratique.

Le Chauffage et les Applications de la Chaleur, dans l'industrie et l'économie domestique, par Julien LEFÈVRE, professeur à l'Ecole des sciences de Nantes. 1893, 1 vol. in-16 de 356 pages, avec 188 figures, cartonné............. 4 fr.

Ventilation naturelle, par cheminée chauffée et mécanique. Chauffage par les cheminées et par les poêles, fixes ou mobiles ; chauffage des calorifères, par l'air chaud, l'eau chaude, la vapeur ; chauffage des cuisines, des bains des serres, des voitures et des wagons, etc. Transformation des liquides en vapeur : *distillation, évaporation, séchage et essorage*. Désinfection et conservation des matières alimentaires. Production du froid : *fabrication et conservation de la glace*.

L'Industrie du Blanchissage et les blanchisseries, par A. BAILLY. 1895, 1 vol. in-16 de 383 pages, avec 106 figures, cartonné... 5 fr.

Ce livre est divisé en trois parties : 1° *le blanchiment des tissus neufs, des fils et des cotons* ; 2° *le blanchissage domestique du linge dans les familles* ; 3° *le blanchissage industriel*. L'ouvrage débute par une étude des matières premières employées dans cette industrie. A la fin sont groupés les renseignements sur les installations et l'exploitation moderne des usines de blanchisserie ; on y trouvera décrites : 1° *l'installation et l'organisation des lavoirs publics* ; 2° *les blanchisseries spéciales du linge des hôpitaux, des restaurants, des hôtels à voyageurs, des établissements civils et militaires* ; 3° *la manière d'établir la comptabilité du linge à blanchir* ; 4° *les relations entre la direction des usines, leur personnel et leur clientèle*.

ENVOI FRANCO CONTRE UN MANDAT POSTAL

L'Industrie agricole, par F. CONVERT, professeur d'économie rurale à l'Institut national agronomique. 1901, 1 vol. in-16 de 443 pages, cartonné.. 5 fr.

L'agriculture a réalisé des progrès considérables dans le cours du siècle qui vient de s'écouler. Ses méthodes de travail n'ont cessé de se perfectionner, mais, en même temps, sa situation économique s'est profondément modifiée.

Nos cultivateurs sont parvenus à accroître, dans de très fortes proportions, la production de notre sol ; ils éprouvent maintenant des difficultés qu'ils ne soupçonnaient même pas autrefois pour le placement de leurs récoltes. Aussi, après s'être longtemps préoccupés surtout de l'amélioration de leurs procédés techniques, et sans renoncer à persévérer dans une voie dans laquelle ils ont obtenu des succès si remarquables, ils s'attachent de plus maintenant à l'étude des problèmes que soulève la vente de leurs produits. La connaissance des ressources dont ils disposent, des quantités de denrées diverses qu'ils ont à livrer à la consommation, celle de l'organisation du marché national et du marché international les intéressent d'une manière toute spéciale, à un point de vue essentiellement pratique.

Chargé de l'enseignement de l'économie rurale à l'Institut national agronomique, M. CONVERT était mieux placé que tout autre pour suivre le mouvement agricole dans toutes ses évolutions.

L'Industrie agricole est un inventaire raisonné de nos richesses culturales au commencement du XXᵉ siècle. Ce travail paraîtra particulièrement justifié, au moment où vient de se clore l'Exposition universelle de 1900, qui a invité à de curieux rapprochements avec le passé, ainsi qu'à des comparaisons instructives entre les diverses nations du globe.

Voici un aperçu des matières traitées dans le volume.

Climat, sol, population de la France. — Le climat et le sol. — Le territoire agricole : sa répartition. — La valeur de la propriété. — La population agricole. — Le matériel ; le bétail ; les engrais.

Les céréales et la pomme de terre. — Les productions végétales. — Le blé. — Les pays exportateurs de blé. — La législation des céréales. — Les mesures proposées pour relever le cours des blés. — La farine, le pain, le son. — Le seigle, l'avoine, l'orge, le maïs. — La pomme de terre, les légumineuses alimentaires.

Les plantes industrielles. — La betterave et le sucre: histoire et législation. — La betterave à sucre: état actuel de la culture et de l'industrie de la sucrerie. — La betterave de distillation et l'alcool. — Les plantes oléagineuses et textiles. — Le houblon, la chicorée, le café, le tabac. — La viticulture et l'invasion phylloxérique. — Les vins étrangers, les vins de raisins secs. — L'olivier.

Le bétail et ses produits. — Les animaux de ferme. — L'espèce chevaline. — Les espèces bovine, ovine et porcine. — Le lait, le beurre et le fromage. — La viande de boucherie. — Le commerce extérieur du bétail. — La laine et la soie. — La production agricole de la France.

L'Union du Sud-Est des Syndicats agricoles, par SILVESTRE. 1900, 2 vol. gr. in-8 de 600 pages chacun et 1 atlas.......... 25 fr.

Les Syndicats unis. — Les Unions locales. — L'Union régionale. — Achats et Ventes. — Coopérative agricole. — Enseignement professionnel. — Prévoyance et Assistance. — Crédit agricole. — Assurances contre les Accidents agricoles, la mortalité du bétail.

Les Paysans français, sous le rapport économique, agricole, médical et administratif, par COMBES. 1853, 1 vol. in-8........ 1 fr.

Album des constructions rurales. Logement des espèces chevaline, bovine, ovine et porcine, par L. MILON. 1897, 1 atlas in-folio de 25 pl. noires.. 12 fr.
Planches coloriées .... 26 fr.

La Menuiserie, par A. POUTIERS, professeur à l'École des
Arts industriels d'Angers. 1896, 1 vol. in-16 de 376 pages, avec
133 figures, cartonné..................................... ... 4 fr.

M. Poutiers, tout d'abord, passe rapidement en revue la *Menuiserie* à travers les âges et chez les différents peuples. — Dans le deuxième chapitre, il développe l'*Art du Menuisier*, la connaissance des bois, leur choix et leur appropriation aux différentes sortes de travaux ; les préparations que l'on doit faire subir avant de les employer, et enfin les opérations chimiques auxquelles on les soumet dans certains cas. — Le troisième chapitre traite de la *Menuiserie plane* en général, tracé et construction, application, des différentes sortes de menuiserie aux divers usages auxquels on les destine. — Le quatrième chapitre est un abrégé de l'*Art du Trait* proprement dit, s'appliquant à toutes les parties de menuiserie où s'emploient les divers tracés. — La *description des escaliers* et l'exposé des méthodes employées pour leur construction font l'objet du cinquième chapitre, dans lequel l'auteur donne, à côté des théories, les procédés employés dans les ateliers pour le tracé et l'assemblage de ce genre de travail.

Les Machines à Bois Américaines, par VAUTIER
1896, 1 vol. gr. in-8 de 144 pages, avec 107 figures......... 3 fr. 50

Scies et machines à scier. — Machines à mortaiser et à raboter. — Machines à découper, moulurer et sculpter.

Les Industries d'Amateurs, Le papier et la toile,
la terre, la cire, le verre et la porcelaine, le bois, les métaux, par
H. DE GRAFFIGNY. 1889, 1 vol. in-16 de 365 pages, avec 395 figures,
cartonné... 4 fr.

Cartonnages, abat-jour, masques, papiers de tenture, encadrements, brochage et reliure, fleurs artificielles, cerf-volant, aérostats, feux d'artifices. — Modelage, moulage, gravure sur verre, peinture de vitraux, lanterne magique, mosaïques. — Menuiserie, tour, découpage du bois, marqueterie et placage. — Serrurerie, gravure en taille-douce, mécanique, électricité, galvanoplastie, nickelage, métallisation, horlogerie.

Les Moteurs, par JULIEN LEFÈVRE, professeur à l'École des
sciences de Nantes. 1896, 1 vol. in-16 de 384 pages, avec 141 fig.,
cartonné... 4 fr.

Moteurs hydrauliques. — Puissance. — Roues en dessus, de côté, en dessous. — Turbines centrifuges, centripètes, parallèles, mixtes, américaines. — *Moulins à vent.* — Moulins à axe horizontal, à axe vertical, américains. — *Moteurs à gaz tonnants.* — Comparaison des machines thermiques. — Gazogènes. — Carburation de l'air. — Moteurs à gaz. — Moteurs à essence de pétrole, à huile de pétrole. — Applications : appareils de levage, distribution d'énergie, éclairage électrique, voitures, cycles, bateaux.

La Machine à Vapeur, par A. WITZ, docteur ès sciences,
ingénieur des arts et manufactures. 1902, 1 vol. in-16 de 396 p., avec
117 figures, cartonné.. 5 fr.

La Traction mécanique et les Voitures
automobiles, par G. LEROUX et A. REVEL, ingénieurs du
service de la traction mécanique à la Compagnie générale des Omnibus. 1900, 1 vol. in-16 de 394 pages, avec 108 figures, cart.   5 fr.

LIBRAIRIE J.-B. BAILLIÈRE ET FILS.

La Bière et l'Industrie de la Brasserie,

par Paul PETIT, professeur à la Faculté des sciences, directeur de l'Ecole de brasserie de Nancy. 1895, 1 vol. in-16 de 420 pages, avec 74 figures, cartonné.................................... 5 fr.

Matières premières : Maltage. — Etude de l'eau, du houblon, de la poix. — Brassage : Cuisson et houblonnage, refroidissement et oxygénation des moûts. — Fermentation : Maladies de la bière. — Contrôle de fabrication. — Consommation et valeur alimentaire de la bière. — Installation d'une brasserie. — Enseignement technique.

Chimie du Distillateur, *matières premières et produits*

de fabrication, par P. GUICHARD, ancien chimiste de distillerie. 1895, 1 vol. in-16 de 408 pages, avec 75 figures, cartonné.... 5 fr.

Ce volume a pour objet l'étude chimique des matières premières et des produits de fabrication de la distillerie. M. Guichard étudie successivement les éléments chimiques de la distillerie, leur composition et leur essai industriel.

Microbiologie du Distillateur, *ferments et fermen-*

tations, par P. GUICHARD. 1895, 1 vol. in-16 de 392 pages, avec 106 figures et 38 tableaux, cartonné........................ 5 fr.

Historique des fermentations ; matières albuminoïdes ; ferments solubles, diastases, zymases ou enzymes ; ferments figurés et levures ; fermentations ; composition et analyse industrielle des matières fermentées, malt, moûts, drèches, etc. Tableaux de la force réelle des spiritueux, du poids réel d'alcool pur, des richesses alcooliques, etc.

L'Industrie de la Distillation, *levures et alcools,*

par P. GUICHARD. 1897, 1 vol. in-16 de 415 pages, avec 138 figures, cartonné... 5 fr.

Fabrication des liquides sucrés par le malt et par les acides. — Fermentation de grains, pommes de terre, mélasses, etc. — Industrie de la levure de brasserie, de distillerie et levure pure. — Fabrication de l'alcool ; grains, pommes de terre, mélasses. — Distillation et purification de l'alcool. — Applications : levures, alcools, résidus.

Placé pendant longtemps à la tête du laboratoire d'une fabrique de levure, M. Guichard a pu apprécier les besoins de cette grande industrie, et le traité qu'il publie aujourd'hui y donne satisfaction, en mettant à la portée des industriels, sous une forme simple, quoique complète, les travaux les plus récents des savants français et étrangers.

Le Sucre et l'Industrie sucrière, par Paul

HORSIN-DÉON, ingénieur-chimiste. 1895, 1 vol. in-16 de 405 pages, avec 83 figures, cartonné.................................... 5 fr.

Ce livre passe en revue tout le travail de la sucrerie, tant au point de vue pratique de l'usine, qu'au point de vue purement chimique du laboratoire ; c'est un exposé au courant des plus récents perfectionnements. Voici le titre des différents chapitres :

La betterave et sa culture. — Travail de la betterave et extraction du jus par pression et par diffusion, travail du jus, des écumes et des jus troubles, filtration, évaporation quite. — Appareils d'évaporation à effets multiples. — Turbinage. — Extraction du sucre de la mélasse. — Analyses. — Sucre de canne ou saccharose. — Glucose, lévulose et sucre interverti. — Analyse de la betterave, des jus, des écumes, des sucres, des mélasses, etc. — Le sucre de canne, culture et fabrication. — Raffinages des sucres.